远程防空导弹
飞行控制方法研究

魏明英　著

中国宇航出版社
·北 京·

图书在版编目（CIP）数据

远程防空导弹飞行控制方法研究 / 魏明英著 . -- 北京 : 中国宇航出版社, 2022.12

ISBN 978-7-5159-2151-8

Ⅰ.①远… Ⅱ.①魏… Ⅲ.①远程导弹一防空导弹一飞行控制一方法研究 Ⅳ.①TJ761

中国版本图书馆 CIP 数据核字(2022)第 209001 号

责任编辑 赵宏颖　　**封面设计** 宇星文化

出　版
发　行 中国宇航出版社

社　址 北京市阜成路 8 号　**邮　编** 100830
(010)68768548

网　址 www.caphbook.com

经　销 新华书店

发行部 (010)68767386　(010)68371900
(010)68767382　(010)88100613 (传真)

零售店 读者服务部　(010)68371105

承　印 天津画中画印刷有限公司

版　次 2022 年 12 月第 1 版
2022 年 12 月第 1 次印刷

规　格 787×1092

开　本 1/16

印　张 19.25　**彩　插** 6 面

字　数 468 千字

书　号 ISBN 978-7-5159-2151-8

定　价 128.00 元

序

现代战争对防空导弹的综合性能要求越来越高，尤其是为了破袭敌空中防区外攻击体系，打击其预警机、加油机等核心支点，防空导弹的射程需不断向远程拓展。但远程飞行并非简单增加推进剂即可实现，在防空导弹武器系统对导弹弹径、重量、发射装置载弹量等多种因素综合约束下，其主要技术途径是利用大气高层作为飞行走廊，规划飞行弹道轨迹，快速抵达目标区域，拒敌于千里之外。实践证明，这一技术体制在解决一系列关键技术问题的基础上，可有效支撑防空导弹的扩远设计。

首先，导弹在大气层内长时间高速飞行，弹体与大气不断摩擦产生热量，引起弹体温度持续升高，这将导致弹体的弹性模态越来越偏离其常温状态，如果不妥善处理，将严重影响控制性能，甚至导致弹体失稳；其次，导弹在远程飞行过程中，空域和速域均大范围变化，伴随着大量的外界干扰和参数不确定性，这些因素均会对弹道特性产生影响，加之积分效应，射程越远，影响越大；再者，在大气高层飞行时，由于空气稀薄，气动控制力有限，为了满足机动性要求，一般需要配备姿控/轨控发动机、推力矢量控制等附加执行机构，或者采取导弹变外形的敏捷机动技术，这些措施在提高导弹机动能力和操稳特性的同时，也使得控制系统结构复杂化，并导致较强的多维耦合特性；最后，远程防空导弹的作战纵深大，制导链路长，中末制导交班时自主截获更难，需要研究多弹协同探测和弹道规划问题，借助于多飞行器协同的思路来提升系统能力。

本书系统地介绍了远程防空导弹设计中有关控制、制导和弹道问题的解决途径，是国内首次系统阐述远程防空导弹设计技术的专著。导弹总体、制导控制等相关专业的研究生和初涉防空导弹领域的设计人员，通过阅读本书可以比较全面地了解远程防空导弹的设计理论与工程方法。本书亦可供多年工作在该领域的科研人员参考。

2022 年 8 月

前　言

近年来，防空导弹领域技术发展迅猛，美俄等军事强国不断提升导弹射程、作战高度以及制导精度。据报道，美国舰载标准-6导弹射程可达370 km；配置于俄罗斯S-500防空系统的40N6M导弹，其射程已达400 km。这些导弹的射程拓展均极大提升了武器系统的保卫区，具有极高的军事意义。

但截至目前，全世界尚未见发展具备上千公里射程和超远程拦截能力的防空导弹。为实现全程灵活机动、低成本、大过载、高火力密度的远程防空导弹能力的快速生成，利用大气高层作为飞行走廊，极速抵达并拒敌于千里之外，扩大拦截边界和防御范围，是远程防空导弹优选的技术途径之一；同时在临近空间拦截高速飞行器也是未来武器发展的方向之一，拦截目标的多样性对防空导弹的机动能力和操纵敏捷性提出了更高要求。

飞行控制技术是远程防空导弹的关键技术之一。远程防空导弹大多采用细长轴对称弹体，在大气高层长时间超高声速飞行，加热量大，弹体温升高，弹性模态变化大，影响弹体控制性能；导弹远程飞行跨越大空域和宽速域，飞行过程中气动参数不确定性高、气动干扰严重，对弹体响应特性和弹道控制特性产生了很大的影响；远程防空导弹采用多级设计实现增程，在大气高层气动控制力受限，需要采用姿控直接力、轨控直接力、推力矢量等单个或多个执行机构，提高弹体机动能力和操稳特性；为进一步满足超远程拦截需求，具有高升阻比外形的敏捷机动变外形导弹控制技术也值得进一步探索。此外，防空导弹远程飞行过程需要满足过载、控制量、交会关系等多种约束条件，对弹道设计、初中制导段导引方法提出了很高的要求；考虑到长时间飞行的中制导段制导信息源质量存在一定的不确定性，远程防空导弹中末制导交班精度受到一定影响，可以采用多弹协同探测、搜索的方式提高交班精度，这对多弹协同探测的弹道规划方法研究提出了迫切需求。本书重点对远程防空导弹飞行控制的主要难点进行探讨和研究。

全书共分12章。第1章绪论，涉及控制理论及思想追溯、防空导弹控制技术发展、远程防空导弹飞行控制面临的主要技术问题和关键技术；第2章介绍远程防空导弹控制相关的准备知识；第3章介绍防空导弹稳定控制系统设计一般性准则；第4章介绍摆动喷管在防空导弹上的应用；第 5 章介绍基于参数辨识的自适应控制方法；第 6 章介绍稀薄大气层直接侧向力/气动力复合控制方法；第 7 章介绍直接力/气动力复合控制系统稳定性分析方法；第 8 章介绍导弹多操纵机构复合控制方法；第 9 章浅谈变外形控制技术；第 10 章介绍基于能量约束的初中制导方法；第 11 章介绍远程防空导弹滑跃弹道设计方法；第 12 章介绍中制导末段多约束多弹协同弹道规划方法。

全书由魏明英研究员负责统稿。第 1 章由魏明英、郑勇斌编写；第 2 章由贾倩编写；第 3 章由魏明英编写；第 4 章由郑勇斌编写；第 5 章由周荻、郑勇斌编写；第 6 章由魏明英、贾倩编写；第 7 章由赵明元、魏明英编写；第 8 章由周荻、李运迁编写；第 9 章由郑勇斌、魏明英编写；第 10 章由魏明英、马自茹编写；第 11 章由李运迁、魏明英编写；第 12 章由魏明英、崔正达编写。

在本书编写过程中，阅读和参考了大量文献资料，谨对各位作者表示由衷的感谢。

本书的编写和审阅得到了广大科技工作者的支持与帮助，在此谨一并致谢。

本书对于从事防空导弹控制系统工程技术的科研人员，可作为系统论证、设计和工程应用的辅助；对于航空航天相关专业的高等院校师生，也可作为方法研究的参考。

远程防空导弹控制方法的研究仍在不断探索中，本书涉及远程防空导弹控制领域的多个方面，难免有不足之处，敬请读者批评指正。

作者

2022 年 7 月

目　录

第1章　绪　论

1.1　控制理论及思想的某种追溯

1.1.1　控制论由来

1.1.1.1　生物进化论

自科学启蒙以来的漫长历史进程中，始终贯穿着科学自然观和神创论的殊死斗争。神创论是人类社会早期蒙昧时代的必然产物，随着社会生产力的发展，越来越成为阻碍社会健康发展和科学技术进步的绊脚石。1859年达尔文《物种起源》正式面世，其深远影响大大超出了生物学本身，成为整个人类科学思想发展史上一块划时代的里程碑，从根本上改变了人类的世界观。

生物进化论研究的两位先驱是法国的布丰和拉马克。布丰是第一个从科学上讨论物种变异的人，拉马克则突出强调环境的作用，认为环境变化使生物发生适应性变化。达尔文的进化论一方面得益于前人的研究成果，另外一方面来自于自己两次科学灵感的激发：一次是加拉帕戈斯群岛上的鸟雀通过不断变异而产生新物种的事实启发了达尔文“物种可变”思想的形成，一个物种完全可以通过渐变或“间断平衡”的方式演变成另一个新物种；一次是马尔萨斯的《人口论》，使达尔文联想到，生存斗争驱使物种不断因适应环境而演变的主要动力是自然选择作用。

生物进化论主要内容是遗传变异、生存斗争和自然选择。在自然界无处不在、无时不有的生存斗争中，生物的各种微小变异不可避免地要经受自然选择作用的“筛选”：对生物适应有利的变异得以保存和积累，不利的变异终将遭到淘汰。在生物演化进程中有内因和外因，内因是生物体本身固有的遗传和变异特性，外因是生物生活的环境条件。比如植物和原始生物的趋光性和趋热性、人类身体内部温度的体内调节机制等，都是外因通过内因共同作用的结果。

1.1.1.2　信息论

人类的社会生活离不开信息。人类社会实践活动不仅需要了解周围世界的情况并作出反应，而且还要与周围的人群沟通关系并协调行动，就是说人类不仅时刻需要从自然界获得信息，而且人与人之间也需要进行通信、交流信息。人类需要随时获取、传递、加工及利用信息，否则人类无法生存。

信息论是关于信息的本质和传输规律的科学理论，是研究信息的计量、发送、传递、交换、接收和储存的一门学科。信息论的创始人是美国数学家香农，他于1948年发表了《通信的数学理论》，该论文运用统计方法研究通信理论，引用了维纳在第二次世界大战时期的研究成果，香农认为“通信理论在很大程度上归功于维纳的基本哲学和理论”。香农把发射信息和接收信息作为一个整体的通信过程来研究，提出了通信系统的一般模型，同时建立了信息量的统计公式，奠定了信息论的理论基础。

信息到底衡量了什么？信息是定义了物质在相互作用中表征外部情况的一种普遍属性，是一种物质系统以一定形式在另一种物质系统中的再现。信息方法具有普遍性，是通过对信息流程的分析和处理，达到对事物复杂运动规律认识的一种方法。

1.1.1.3 控制论

控制论（Cybernetics）来自希腊语，原意是“掌舵人”，包括调节、操纵、管理、指挥、监督等多方面涵义。控制论是研究生命或非生命系统的调节和控制规律的科学，是自动控制、通信技术、计算机科学、数理逻辑、神经生理学、统计力学等多种学科相互渗透的一门学科。

控制论创始人是美国数学家诺伯特·维纳，他原本对生物研究感兴趣，读博士时开始研究哲学，后来读了罗素和怀德海编写的《数学原理》后又专攻数理逻辑。在 1925 年开始与范内瓦·布什合作研究计算机，后与李郁荣合作，对反馈特别是负反馈和电路网络的循环因果现象产生了极大兴趣，萌生了“受负反馈和循环因果逻辑支配的有目的性的行为”思想。维纳确定了构成宇宙的一系列新的基础实体：消息、信息、基础通信、控制过程，将思维现象和物质现象纳入控制论的理解范围。1948 年《控制论》出版之后，有数十个新的技术和科学领域，或直接来源于控制论，或得益于控制论的灵感或贡献，比如人工智能、认知科学、环境科学和现代经济学理论等。

维纳认为，信息是我们适应外部世界、同外部世界进行交换内容的名称，是了解机器、有机体、人脑乃至人类社会运行机理的基本模式。无论是机器还是生物所构成的控制系统，功能主要体现在信息的获取、使用、保存和传递，而不在于物质和能量的交换。控制过程实质就是一种通信的过程，把系统运动过程抽象为一个信息变化的过程，不需要对事物结构进行解剖分析，重点是要发现环境的影响和作用与系统的相应变化之间的联系。利用信息论的思想，可以将两者分别对应于输入信号和输出信号，通过在两者之间建立函数表达式达到目的，这恰恰是维纳经典控制论的独到之处。

控制论是研究动态系统在变化的环境条件下如何保持平衡状态或稳定状态的科学。控制的基础是信息，同时又依赖于信息反馈来实现。“反馈”是将输出量通过恰当的检测装置返回到输入端，并与输入量进行比较的过程；“控制”根据反馈所揭示的成效与标准之间的差异，对系统内外部的各种变化进行调整，不断克服系统随机性，使系统保持某种特定的状态或实现某一系统目标。

维纳没有将控制论的源头归因于技术，而是归于生物学。更重要的是，控制论带来的是一种整体的、综合性的思考方式。

1.1.1.4 系统论

古希腊的唯物主义哲学家德谟克利特提出“宇宙大系统”的概念，并最早使用“系统”一词。辩证法奠基人之一的赫拉克利特认为“世界是包括一切的整体”，亚里士多德名言可归结为“整体大于部分的总和”，这是系统思想最早的体现和系统论的基本原则之一，早期的系统思想具有“只有森林”和比较抽象的特点。

15世纪下半叶，力学、天文学、物理学、化学和生物学等相继从哲学的统一体中分离出来，形成了自然科学。古代朴素的唯物主义哲学思想逐步让位于形而上学的思想，工程学有了直接和重要的认知基础。这时系统思想具有“只见树木”和具体化特点。

19世纪自然科学取得了巨大成就，尤其是能量转化、细胞学说、进化论这三大发现，使人类对自然过程相互联系的认识有了质的飞跃。这个阶段系统思想具有“通过森林看清树木”的特点。

从20世纪60年代中后期开始，伴随着自然科学、社会科学及数学的发展，国际上出现了许多新的系统理论，如普利高津的耗散结构理论、艾根的超循环理论、托姆的突变论，以及微分动力系统理论、分岔理论、灰色系统理论等。我国著名科学家钱学森以其国内外的卓越科研实践为基础，对系统工程研究作出了独到贡献，鼓励工程技术人员用更系统的方法去思考技术问题，指导工程实践。

系统论是研究系统的一般模式、结构和规律，用数学方法定量描述其功能，寻求并确立适用于一切系统的原理、原则和数学模型。系统论核心思想体现在：

1）一个有生命系统和非生命系统是不同的；有生命的系统需要和外界进行物质、能量或者信息的交换；

2）热力学第二定律：一个封闭系统总是朝着熵增加的方向变化，即从有序变为无序；

3）对于一个有生命的系统而言，其功能并不等于每一个局部功能的总和。

辩证唯物主义认为，世界是无数相互关联、相互依赖、相互制约和相互作用的过程所形成的统一整体。这种普遍联系和整体性的思想，就是系统科学思想的实质。系统思想源远流长，其代表人物是美籍奥地利人理论生物学家贝塔朗菲，在1952年发表《抗体系统论》，提出了系统论的思想。贝塔朗菲强调、任何系统都是一个有机整体，不是各个部分的机械组合或简单相加，反对以局部说明整体的机械论观点，同时认为系统中各要素不是孤立存在着，每个要素在系统中都有特定的作用，要素之间相互关联，构成了一个不可分割的整体。

1.1.2　控制理论方法在工程应用中的几点认识

1.1.2.1　控制论基本思想认识

（1）负反馈原理

为解决放大器中真空管的非线性及其带来的信号失真，贝尔实验室通信工程师H. Black经过几年摸索终于在1927年发现，如果把放大器的输出信号乘以一个很小系数，然后从输入信号中减去，可以使放大器的失真下降50分贝，这就是著名的负反馈放大器原理。一般放大器开环增益很高，在负反馈作用下系统动态特性与放大增益无关，从而非线性和不确定特性都被负反馈抑制住了。

（2）瓦特原理

18世纪瓦特为了控制蒸汽机转速发明了离心调速器，通过弹簧和钢球所需的向心力达到调节蒸汽机转速的目的，实现了转速闭环控制。瓦特这个发明的成功说明了自动控制一个基本原理：为了使被控量跟踪给定值，控制量要与给定值和被控量的差成正比。瓦特原理的中心思想是纠错机制，是一种“基于误差而消除误差”的控制思想。

（3）指南车原理（抗扰原理）

指南车是我国古代的伟大发明，采用巧妙的齿轮传动，根据左右转速的差得到车向变化的信息，并通过相应补偿使战车上的木头仙人能够“手常指南”。指南车原理也可称为抗扰原理，本意是根据造成被控量偏移的扰动而不是被控量本身，构造控制量以抵消扰动影响，使被控量不偏移。扰动分为内部扰动和外部扰动。抗扰就是降低扰动对被控量的影响，类似方法有内模原理、扰动测量补偿、扰动观测等。

（4）前馈控制原理

前馈控制本义是区别于反馈控制，把控制量直接作用在执行机构上，特点是响应快；也可根据扰动测量通过前馈进行补偿。

（5）控制论本质问题

控制系统基本要求是在系统和环境大范围变化时让被控对象快速、精确地跟踪一个给定的参考输入信号，其本质问题就是如何抗扰和如何提高控制品质。

针对扰动一般有下列几种方法：

1）依靠系统的稳定裕度适应扰动变化影响；

2）测量扰动大小并给与补偿控制；

3）对扰动进行观测估计，进行控制策略调整或者控制参数优化；

4）借用多模型自适应控制思想，通过模型概率的变动实现自适应变结构调整。

1.1.2.2　理论方法与工程实践关联

自然界是不断演化的，人类必须认识自然、思考自然，必须认识和掌握自然的运动和发展规律。生物、人类和人类社会文明是自然史、地球史演化的产物。工程实践是人类为了改善自身的生存、生活条件，并根据当时、当地对自然的认识水平而进行的各种改造活动。

理论方法是研究自然界和社会事物的构成、本质及其运行规律的系统性、规律性的科学方法，科学理论方法活动的特征是探索和发现；而工程实践是运用科学理论知识，有组织、有目的地去改造自然，强调的是集成与构建。因此，在方法上往往需要突破“还原论”方法的局限，通过系统论、控制论、信息论等高度综合性学科的知识，识别复杂系统的合理构成和动态运行过程。与科学理论方法研究相比，工程实践考虑更多的是可行性、可操作性、运筹性等问题，具体来说就是在现有基础上如何利用有限资源解决工程的突出问题。

理论方法与工程实践相互独立，但又相辅相成。宋健院士曾指出：“没有工程技术的实际知识和实践经验，就缺少完全理解和彻底掌握工程控制理论的基础。”几十年来控制理论飞速发展，但始终面临着如何与工程实践相结合的挑战。盲目追求理论先进，不考虑工程实践，无法真正推动工程应用并改造自然；但仅关注工程实践，不上升到理论研究从而提炼出控制本质问题，工程实践无法达到最优化，有时甚至会产生难以解释的现象。这就亟需从理论上开展分析，加深认识，采取措施加以避免。

1.1.2.3 模型论还是控制论

以应用数学的思维方式研究控制，必然走建模优化的路子，建立控制系统数学模型、分析系统模态特征、依靠模型寻求控制律是模型论的主要思考方式。而控制论的思想方法是根据系统对信号的某些响应特征或过程的某些实时信息来确定控制好一个过程的控制律，是一种过程控制方法。

控制系统的许多结构性质，如能控性、能观性、抗干扰性、解耦性、稳定性等，与系统的数学模型密切相关，研究这些性质就得依赖对象的数学模型。现代控制理论很多方法依赖建立的数学模型，如极点配置、反馈线性化、逆系统方法等。而工程中的调节理论和导引理论建立的控制律并不完全依靠系统的精确数学模型，控制论的目的是对一个“过程”的某种优化，不是模型中的“全局”控制。

了解模型论和控制论的差异，有助于更好地把握控制的精髓，解决客观世界中不确定性和非线性影响。例如，在控制结构里可以根据响应过程引入非线性环节，确保响应平稳；根据积分环节作用考虑积分分离特性，响应初始阶段不考虑积分以提高快速性，响应平稳阶段加入积分来提高控制精度；加入前馈以提高系统快速性，同时加上限幅环节来避免前馈作用太大进而影响控制品质；根据导弹飞行气动特性随攻角非线性变化的特征，引入攻角维度进行控制参数调整；针对执行机构的连续性或者离散特性，设计连续控制律或者变结构控制律；根据直接力和气动力各自特征以及任务需求，协调设计控制参数。甚至可以在不知道被控对象内部扰动和外部扰动的前提下，通过设计观测器去估计扰动，从而进行补偿；或者利用智能控制思想对系统的不确定性进行泛逼近。

1.1.2.4 还原论还是系统论

微积分基本思想可升华为一种哲学世界观：每一种事物都是一些更为简单的或者更为基本的东西的集合体；系统的总体运动，是其中每一个局部或元素的运动总和。这种观点就是还原论。由确知局部或部分之数学和物理特性，再通过求和来了解整体特性的方法，就是还原论方法。原子分子学说、细胞学说、大爆炸学说、能量守恒原理等，都是还原论方法的成功应用。

系统论主张用整体观点看待事物，从宏观上把握事物特征和规律。这一点是还原论方法的局限。在工程管理中尤其需要运用系统思维，避免“只见树木不见森林”、“头痛医头脚痛医脚”的片面孤立观念。当然系统是由部分构成的整体，对其深入理解离不开对局部的精细了解，因此系统思维本身并不排斥局部思维。

1.1.2.5 工程应用认识

同一个对象，在不同的观察、分析和研究视野中会显现出不同的侧面和不完全相同的

“图像”，因此工程设计师必须有意识地去汲取其他学科中出现的研究工程方法的新成果，并加以应用；同时在使用过程中，要注意新成果有利的一面和不利的一面，以及使用的前提条件，重视“兼容”问题。

1.2　防空导弹控制技术发展

导弹技术是当今世界科技中最为尖端的技术之一，也是一个国家科技水平和综合国力的重要体现。自第二次世界大战期间第一枚导弹出现以来，导弹技术得到了飞速发展。作为现代战争克敌制胜的尖端武器，各种先进导弹武器装备不断被各军事强国列入发展规划，并持续取得重要进展。

随着科学的发展和技术的进步，空袭与反空袭的斗争日趋激烈。未来战场具有大纵深、立体化、信息化以及快速机动等特点，作战空域进一步向远程和高空扩展。空袭兵器（高超声速飞行器、隐身飞机、巡航导弹、弹道导弹等）不仅在种类、数量上增多，而且采用了许多新的科学技术成果，作战能力不断提升，使作为反空袭兵器的防空导弹面临新的挑战。在未来相当长的一段时间内，防空导弹主要需要应对空天一体化打击的现实与潜在威胁。随着高空、高速、大机动进攻武器及侦察武器的飞速发展，新时期的防空导弹不但要应对一般的作战飞机，还要重点针对巡航导弹、战术导弹、隐身飞机、电子战飞机、预警机等先进武器装备，这对防空导弹的性能提出了更高的要求。另一方面，现代战争对制导武器打击精度的要求也越来越高，与过去依靠导弹战斗部爆炸产生的能量和碎片对目标进行间接杀伤不同，现在的设计方案期望导弹能够直接命中目标，实现趋零脱靶量。这些作战需求给防空导弹制导控制技术带来了新的挑战，未来防空导弹技术为适应形势发展的需求，对精确制导和控制能力提出了更高的要求，控制性能必须进一步提升，功能进一步拓展。

与此同时，各军事强国越来越重视发展导弹防御系统：美国逐渐形成了高、中、低空和远、中、近程多层次互为补充的导弹防御系统；俄罗斯在战术导弹防御方面，也研制并部署了中高空反战术弹道导弹和反飞机防空系统；另外，我国周边国家与地区也逐步开展了主要以反战术弹道导弹为目的的导弹防御计划的研究。随着导弹技术的进一步扩散化，我国已经处于各种弹道导弹的射程以内，防空形势异常严峻。从 20 世纪 40 年代中期到 80 年代末期，通过提高探测跟踪设备对目标和导弹相对位置的测量精度，改善制导方法和导引规律，防空导弹的制导精度已大幅提高，从而使同样射程的防空导弹的发射重量不断降低，杀伤效能不断提高。进入 20 世纪 90 年代后，由于空袭目标实施防区外攻击以及巡航导弹和战术弹道导弹的大量使用，传统防空导弹已明显不适应这样的作战环境，客观上要求防空导弹的射程不断增加，制导精度不断提高。这就需要开辟新的技术途径，于是改进控制方法成为提高制导控制精度新的技术重点。

1.3 远程防空导弹飞行控制面临的主要技术难点

远程防空导弹的控制系统将以高精度、强适应、自主飞行为特征，具备快速任务响应能力，能够满足未来作战任务的需求，其最大的特点在于所攻击目标的复杂性和作战使用环境的严酷性。因此，远程防空导弹制导控制系统面临如下技术问题。

1.3.1 跨空域跨速域自适应控制

作为被控对象的防空导弹是一个高速、大机动的飞行器。在作战空域内，其飞行高度和飞行速度的变化范围很广，飞行状态跨度大，跨越临近空间、稀薄大气层和稠密大气层，经历高低温、气动热等复杂环境，飞行环境恶劣。飞行中运动参数和控制参数都会有大范围的变化，导弹的动态特性随之改变。为了获得满意的导弹控制品质和飞行性能，控制系统必须具有自适应的控制能力，并具备一定的在线参数辨识能力。这样会带来设计中的非线性、变参数和多输入—多输出等难题。

当前飞行器的主要控制方法是基于小扰动线性化和系数冻结法获得模型。这种基于近似时不变线性系统的方法对变参数、非线性系统的适应性较差，需要在此基础上改进控制算法，来较好地满足远程防空导弹的使用需求。

随着工业水平的提升，导弹软、硬件水平也大幅提高，运算和存储能力大幅增强。应用模型在线辨识技术，通过对测量信息进行综合处理，获得更多的导弹实时状态信息，将模型的不确定性大幅降低，在参数大范围变化的情况下，可以为后续控制系统的设计提供参数失真较小的被控对象模型，提升飞行控制系统设计的针对性。

1.3.2 多操纵机构复合控制

区别于传统的地地、巡航类远程导弹，远程防空导弹所攻击的目标一般具有高速、机动等特点，这就要求远程防空导弹需要在长时间飞行后保持足够的机动能力和操控性，为此需要配备多种类型的操纵机构，如姿控或轨控直接力，以提升弹体的响应速度或过载能力。由此增加了控制系统的结构复杂性，且多操纵机构导致控制系统存在多维强耦合特性。

为满足大空域、宽速域飞行的高精度控制要求，直接力、推力矢量、气动力等复合控制技术受到高度重视，对于高速远程精确打击武器制导控制技术发展具有深刻影响。在低动压条件下，由于气动控制力受限，需要采用姿控直接力、轨控直接力、推力矢量等单个或多个执行机构，提高弹体机动能力。姿控直接力控制可以有效地提高力矩控制回路的动态响应速度；轨控直接力可以直接解决导弹控制力不足的问题。相同条件下，采用复合控制比采用单一的气动力控制响应速度更快，控制效率更高。

因此，利用复合控制解决导弹响应速度慢、过载能力不足已经成为业内的共识。但需要重点解决多操纵机构条件下的解耦与协调控制，以及复杂控制回路结构的稳定性分析问题。

1.3.3 远程飞行弹道设计

远程防空导弹必须具备快速介入拦截空中目标区域的能力，同时具备防空导弹敏捷性、快速性及大机动的能力。因此要求导弹轻质化、成本较低，区别于传统的地地、巡航类远程导弹，防空导弹在能量受限条件下，如何飞行 1 000 千米以上，保证导弹末速及机动过载足够大，是远程飞行弹道设计的难点。

远程防空导弹需要通过助推发动机到达临近空间稀薄大气层后，在临近空间长时间飞行。全程制导过程通常可分为初制导段、中制导段、中制导末段以及末制导段。其中，中制导段的飞行时间最长，空气阻力对速度衰减影响较大。因为导弹姿轨控动力系统推进剂有限，为创造更为有利的中末制导交班条件，需要研究推进剂消耗小、弹道平稳、交班精度高的导引规律，以满足过载、控制量、交会关系等多种约束条件。

1.3.4 远程防空多弹协同探测制导弹道规划

受限于远程防空导弹的动力系统的能量，其携带的战斗部重量有一定的限制，为确保对目标构成有效的毁伤条件，远程防空导弹的制导精度必须满足目标的命中精度要求。通常远程防空制导信息源的质量比传统地空导弹地面制导雷达的测量精度相差较大，采用多弹协同探测、协同制导、协同拦截的策略会有效提高远程防空的杀伤概率和杀伤效果。因此，确保导弹经过长时间飞行后，满足必要的中末制导交班条件和良好的操控性是确保制导精度的前提，由此也带来了远程防空导弹多弹协同探测制导的弹道规划问题。

为了实现多弹协同探测，提高中末制导交班概率，通常在中制导的末段进行弹道规划，以保证多枚导弹的导引头协同探测视场拼接；但导弹在稠密大气层中被动减速较快、状态参数变化剧烈，并且由于发射时间、多弹个体的差异等多种因素相互影响和累积，弹道散布很大，实现同时到达的协同航迹规划非常困难。为满足多弹协同拦截所需的空间、时间、方位等约束，需要在单弹约束（导弹飞行环境、机动能力、控制量）的基础上，研究新的中制导末段弹道规划方法，协调弹群飞行路径，实现协同探测弹道的快速规划。

1.3.5 变外形控制技术

为了满足对空中目标拒止的拓远需求，对防空导弹提出了进一步提高导弹射程的要求。现有防空导弹，由于考虑高机动能力而采用轴对称外形，升阻比较低，拓远潜力有限。通常设计人员希望在保持防空导弹原有高机动、低成本、单车高火力密度优势的前提下，创新设计新型气动布局，采用主动变外形方式，将面对称导弹的高升力性能和轴对称导弹的高机动性能相结合，使其兼具高升阻比和敏捷防空高机动优势。因此，变外形控制技术也是未来需要研究的重点。

1.4 本章小节

远程防空导弹跨空域跨速域飞行的特点对导弹的飞行控制技术带来新的挑战。这就需要重点解决参数大范围变化条件下的鲁棒控制问题，进一步提升导弹的可控性、抗干扰能力和制导精度，研究解决上述问题的新方法。

第 2 章　准备知识

2.1　引言

为方便研究，本章简单介绍一下准备知识，包括几种坐标系、导弹质心运动方程和姿态运动方程，及相平面控制、滑模控制和自适应控制的理论知识等。

2.2　坐标系及转换关系

2.2.1　坐标系定义

(1) 地理坐标系（发射点惯性坐标系）

地理坐标系记为 $ox_dy_dz_d$ ，坐标原点选在发射时刻导弹质心在水平面内的投影上；ox_d 轴方向与发射瞬间目标速度矢量方向在水平面上的投影平行；oy_d 轴位于 ox_d 所在的铅垂面内，垂直于 ox_d 轴，向上为正；oz_d 轴垂直于 ox_dy_d 平面，正方向由右手法则确定。

(2) 弹体坐标系

弹体坐标系记为 $ox_ty_tz_t$ ，坐标原点取在导弹质心上；ox_t 轴重合于弹体轴线，指向头部为正；oy_t 轴在导弹的纵对称平面内，垂直于 ox_t 轴指向上为正；oz_t 轴垂直于 ox_ty_t 平面，正方向由右手法则确定。

(3) 弹道坐标系

弹道坐标系记为 $oxyz$ ，坐标系的原点取在导弹的瞬时质心上；ox 轴与导弹速度矢量重合；oy 轴位于包含速度矢量的铅垂面内，垂直于 ox 轴，向上为正；oz 轴垂直于 oxy 平面，正方向由右手法则确定。

(4) 速度坐标系

速度坐标系记为 $ox_vy_vz_v$ ，坐标系的原点取在导弹的质心上；ox_v 轴与导弹质心的速度矢量重合；oy_v 轴位于弹体纵向对称面内与 ox_v 垂直，指向上为正；oz_v 轴垂直于 ox_vy_v 平面，正方向由右手法则确定。

(5) 视线坐标系

视线坐标系（又称测量坐标系）记为 $ox_sy_sz_s$ ，ox_s 轴为目标视线，指向目标为正；oy_s 轴位于包含目标视线的铅垂平面内，垂直于 ox_s 轴，向上为正；oz_s 轴垂直于 ox_sy_s 平面，正方向由右手法则确定。

2.2.2　坐标系转换关系

在描述从一个坐标系向另一个坐标系转换时，如果这些坐标系的原点不重合，则采用平移法将其重合，再进行旋转。

（1）弹体坐标系与地理坐标系的转换关系

弹体坐标系可由地理坐标系旋转得到（见图 2－1），即先偏航后俯仰再滚动。弹体相对地理坐标系的姿态，通常用三个角度 ϑ 、ψ 、γ 来确定。图中：ϑ 为俯仰角，ψ 为偏航角，γ 为倾斜角。

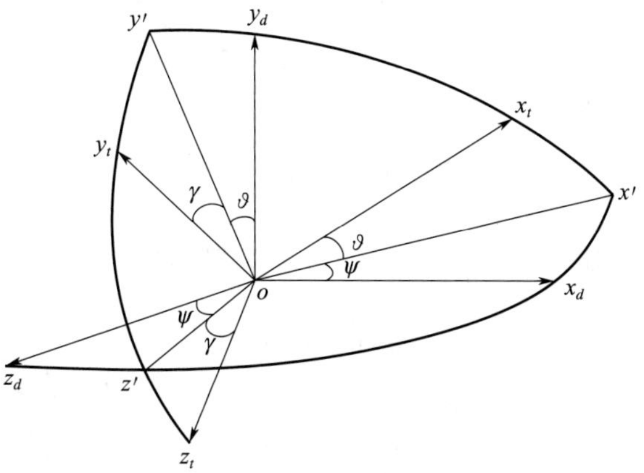

图 2－1　地理坐标系与弹体坐标系之间的关系

转换关系如下：

$$
\begin{bmatrix} x_t \\ y_t \\ z_t \end{bmatrix} = \begin{bmatrix} 1 & 0 & 0 \\ 0 & \cos\gamma & \sin\gamma \\ 0 & -\sin\gamma & \cos\gamma \end{bmatrix} \begin{bmatrix} \cos\vartheta & \sin\vartheta & 0 \\ -\sin\vartheta & \cos\vartheta & 0 \\ 0 & 0 & 1 \end{bmatrix} \begin{bmatrix} \cos\psi & 0 & -\sin\psi \\ 0 & 1 & 0 \\ \sin\psi & 0 & \cos\psi \end{bmatrix} \begin{bmatrix} x_d \\ y_d \\ z_d \end{bmatrix}
$$

$$
= \begin{bmatrix} \cos\psi\cos\vartheta & \sin\vartheta & -\sin\psi\cos\vartheta \\ -\cos\psi\sin\vartheta\cos\gamma + \sin\gamma\sin\psi & \cos\vartheta\cos\gamma & \sin\psi\sin\vartheta\cos\gamma + \cos\psi\sin\gamma \\ \cos\psi\sin\vartheta\sin\gamma + \sin\psi\cos\gamma & -\cos\vartheta\sin\gamma & \cos\psi\cos\gamma - \sin\psi\sin\vartheta\sin\gamma \end{bmatrix} \begin{bmatrix} x_d \\ y_d \\ z_d \end{bmatrix} \tag{2-1}
$$

（2）弹道坐标系与地理坐标系的转换关系

地理坐标系和弹道坐标系之间的关系通常由两个角度来决定，分别为弹道倾角 θ 和弹道偏角 ψ_v ，如图 2－2 所示。

转换关系如下所示

$$
\begin{bmatrix} x \\ y \\ z \end{bmatrix} = \begin{bmatrix} \cos\theta & \sin\theta & 0 \\ -\sin\theta & \cos\theta & 0 \\ 0 & 0 & 1 \end{bmatrix} \begin{bmatrix} \cos\psi_v & 0 & -\sin\psi_v \\ 0 & 1 & 0 \\ \sin\psi_v & 0 & \cos\psi_v \end{bmatrix} \begin{bmatrix} x_d \\ y_d \\ z_d \end{bmatrix}
$$

$$
= \begin{bmatrix} \cos\theta\cos\psi_v & \sin\theta & -\cos\theta\sin\psi_v \\ -\sin\theta\cos\psi_v & \cos\theta & \sin\theta\sin\psi_v \\ \sin\psi_v & 0 & \cos\psi_v \end{bmatrix} \begin{bmatrix} x_d \\ y_d \\ z_d \end{bmatrix} \tag{2-2}
$$

（3）弹道坐标系与速度坐标系的转换关系

由弹道坐标系与速度坐标系的定义可知，ox 轴和 ox_v 轴都是与导弹的速度矢量重合，

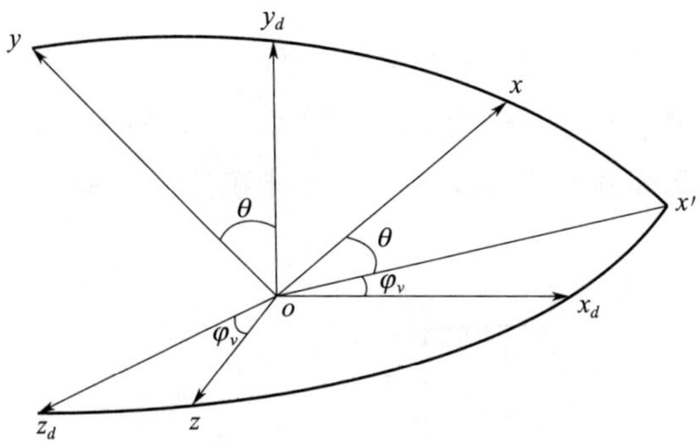

图 2-2　地理坐标系与弹道坐标系之间的关系

所以，这两个坐标系之间的关系用一个角度 γ_v（速度倾斜角）即可确定，如图 2-3 所示。

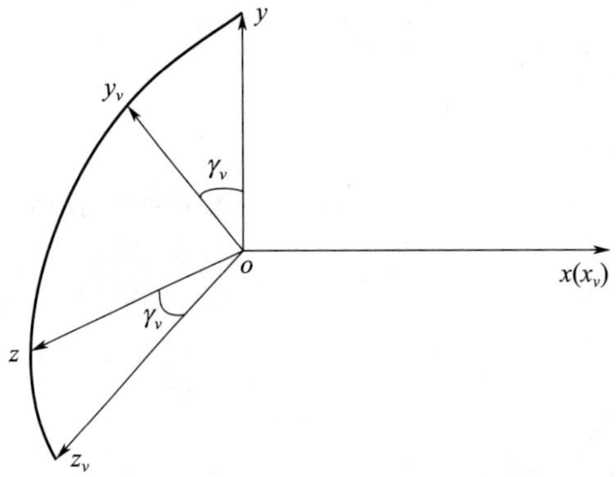

图 2-3　弹道坐标系和速度坐标系之间的关系

转换关系如下所示

$$\begin{bmatrix} x_v \\ y_v \\ z_v \end{bmatrix} = \begin{bmatrix} 1 & 0 & 0 \\ 0 & \cos\gamma_v & \sin\gamma_v \\ 0 & -\sin\gamma_v & \cos\gamma_v \end{bmatrix} \begin{bmatrix} x \\ y \\ z \end{bmatrix} \tag{2-3}$$

（4）弹体坐标系与速度坐标系的转换关系

根据速度坐标系和弹体坐标系的定义知，ox_v 轴和 ox_t 轴均在导弹纵向对称平面内，两个坐标系之间的关系通常由两个角度来确定，分别为攻角 α 和侧滑角 β，如图 2-4 所示。

转换关系如下所示

$$\begin{aligned} \begin{bmatrix} x_t \\ y_t \\ z_t \end{bmatrix} &= \begin{bmatrix} \cos\alpha & \sin\alpha & 0 \\ -\sin\alpha & \cos\alpha & 0 \\ 0 & 0 & 1 \end{bmatrix} \begin{bmatrix} \cos\beta & 0 & -\sin\beta \\ 0 & 1 & 0 \\ \sin\beta & 0 & \cos\beta \end{bmatrix} \begin{bmatrix} x_v \\ y_v \\ z_v \end{bmatrix} \\ &= \begin{bmatrix} \cos\alpha\cos\beta & \sin\alpha & -\cos\alpha\sin\beta \\ -\sin\alpha\cos\beta & \cos\alpha & \sin\alpha\sin\beta \\ \sin\beta & 0 & \cos\beta \end{bmatrix} \begin{bmatrix} x_v \\ y_v \\ z_v \end{bmatrix} \end{aligned} \tag{2-4}$$

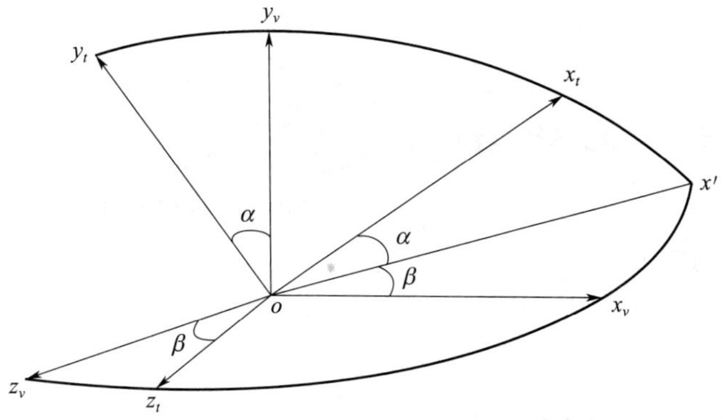

图 2-4　弹体坐标系和速度坐标系之间的关系

(5) 视线坐标系和地理坐标系的转换关系

视线坐标系和地理坐标系间的关系通常由两个角度来确定，分别是视线方位角 q_β 和视线高低角 q_ε 。

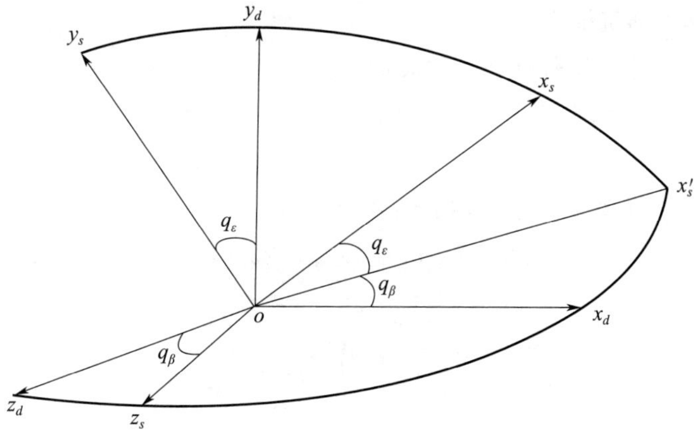

图 2-5　视线坐标系和地理坐标系之间的关系

其旋转关系如图 2-5 所示，转换关系如下所示

$$\begin{bmatrix} x_s \\ y_s \\ z_s \end{bmatrix} = \begin{bmatrix} \cos q_\varepsilon & \sin q_\varepsilon & 0 \\ -\sin q_\varepsilon & \cos q_\varepsilon & 0 \\ 0 & 0 & 1 \end{bmatrix} \begin{bmatrix} \cos q_\beta & 0 & -\sin q_\beta \\ 0 & 1 & 0 \\ \sin q_\beta & 0 & \cos q_\beta \end{bmatrix} \begin{bmatrix} x_d \\ y_d \\ z_d \end{bmatrix}$$

$$= \begin{bmatrix} \cos q_\varepsilon \cos q_\beta & \sin q_\varepsilon & -\cos q_\varepsilon \sin q_\beta \\ -\sin q_\varepsilon \cos q_\beta & \cos q_\varepsilon & \sin q_\varepsilon \sin q_\beta \\ \sin q_\beta & 0 & \cos q_\beta \end{bmatrix} \begin{bmatrix} x_d \\ y_d \\ z_d \end{bmatrix} \tag{2-5}$$

2.3　导弹运动模型

2.3.1　导弹质心运动的动力学方程

设弹道坐标系相对于地理坐标系的位移速度为 $\boldsymbol{V}$ ，转动角速度为 $\boldsymbol{\Omega}$ ，由矢量的绝对导数和相对导数之间的关系可得

$$\frac{\mathrm{d}\boldsymbol{V}}{\mathrm{d}t}=\frac{\delta\boldsymbol{V}}{\delta t}+\boldsymbol{\Omega}\times\boldsymbol{V} \tag{2-6}$$

式中 $\frac{\mathrm{d}\boldsymbol{V}}{\mathrm{d}t}$ ——在地理坐标系中速度矢量的绝对导数；

$\frac{\delta\boldsymbol{V}}{\delta t}$ ——在弹道坐标系中速度矢量的相对导数。

所以导弹质心运动的动力学方程矢量表达式为

$$m\frac{\mathrm{d}\boldsymbol{V}}{\mathrm{d}t}=m\left(\frac{\delta\boldsymbol{V}}{\delta t}+\boldsymbol{\Omega}\times\boldsymbol{V}\right)=\boldsymbol{F}+\boldsymbol{P} \tag{2-7}$$

式中 $\boldsymbol{P}$ ——导弹发动机推力；

$\boldsymbol{F}$ ——除推力外导弹所有外力的矢量和。

设 $\boldsymbol{i}_2$、$\boldsymbol{j}_2$、$\boldsymbol{k}_2$ 分别为沿弹道坐标系各轴的单位矢量，Ω_{x2}、Ω_{y2}，Ω_{z2} 分别为弹道坐标系相对地理坐标系的转动角速度 $\boldsymbol{\Omega}$ 在弹道坐标系各轴上的分量；V_{x2}、V_{y2}、V_{z2} 分别为导弹质心速度矢量 $\boldsymbol{V}$ 在弹道坐标系各轴上的分量，则

$$\boldsymbol{V}=V_{x2}\boldsymbol{i}_2+V_{y2}\boldsymbol{j}_2+V_{z2}\boldsymbol{k}_2 \tag{2-8}$$

$$\boldsymbol{\Omega}=\Omega_{x2}\boldsymbol{i}_2+\Omega_{y2}\boldsymbol{j}_2+\Omega_{z2}\boldsymbol{k}_2 \tag{2-9}$$

$$\frac{\delta\boldsymbol{V}}{\delta t}=\frac{\mathrm{d}V_{x2}}{\mathrm{d}t}\boldsymbol{i}_2+\frac{\mathrm{d}V_{y2}}{\mathrm{d}t}\boldsymbol{j}_2+\frac{\mathrm{d}V_{z2}}{\mathrm{d}t}\boldsymbol{k}_2 \tag{2-10}$$

根据弹道坐标系定义可知

$$\begin{bmatrix}V_{x2}\\V_{y2}\\V_{z2}\end{bmatrix}=\begin{bmatrix}V\\0\\0\end{bmatrix},$$

于是

$$\frac{\delta\boldsymbol{V}}{\delta t}=\frac{\mathrm{d}\boldsymbol{V}}{\mathrm{d}t}\boldsymbol{i}_2,$$

$$\begin{aligned}\boldsymbol{\Omega}\times\boldsymbol{V}&=\begin{vmatrix}\boldsymbol{i}_2&\boldsymbol{j}_2&\boldsymbol{k}_2\\\Omega_{x2}&\Omega_{y2}&\Omega_{z2}\\V_{x2}&V_{y2}&V_{z2}\end{vmatrix}\\&=\boldsymbol{V}\Omega_{z2}\boldsymbol{j}_2-\boldsymbol{V}\Omega_{y2}\boldsymbol{k}_2\end{aligned} \tag{2-11}$$

根据弹道坐标系与地理坐标系之间的转换关系可得：$\boldsymbol{\Omega}=\dot{\psi}_V+\dot{\theta}$ ，式中 $\dot{\psi}_V$ 、$\dot{\theta}$ 分别在地理坐标系 oy_d 轴上和弹道坐标系 oz 轴上，有

$$\begin{bmatrix}\Omega_{x2}\\ \Omega_{y2}\\ \Omega_{z2}\end{bmatrix}=L(\theta,\psi_V)\begin{bmatrix}0\\ \psi_V\\ 0\end{bmatrix}+\begin{bmatrix}0\\ 0\\ \dot{\theta}\end{bmatrix}=\begin{bmatrix}\dot{\psi}_V\sin\theta\\ \dot{\psi}_V\cos\theta\\ \dot{\theta}\end{bmatrix} \tag{2-12}$$

于是

$$\boldsymbol{\Omega}\times\mathbf{V}=\mathbf{V}\dot{\theta}\boldsymbol{j}_2-\dot{\psi}_V\cos\theta\boldsymbol{k}_2 \tag{2-13}$$

将 $m\dfrac{\mathrm{d}\mathbf{V}}{\mathrm{d}t}=m\left(\dfrac{\delta\mathbf{V}}{\delta t}+\boldsymbol{\Omega}\times\mathbf{V}\right)$ 展开，得

$$\begin{aligned}&m\frac{\mathrm{d}\mathbf{V}}{\mathrm{d}t}=F_x+P_x\\&m\mathbf{V}\frac{\mathrm{d}\theta}{\mathrm{d}t}=F_y+P_y\\&-mV\cos\theta\frac{\mathrm{d}\psi_V}{\mathrm{d}t}=F_z+P_z\end{aligned} \tag{2-14}$$

式中　F_x，F_y，F_z ——是除推力外导弹所有外力分别在弹道坐标系各轴上分量的代数和；

P_x，P_y，P_z ——分别是推力 P 在弹道坐标系各轴上的投影。

2.3.1.1　空气动力和空气动力矩

作用在导弹上的总空气动力 $\boldsymbol{R}$ 沿速度坐标系可分解为阻力 X，升力 Y 和侧向力 Z，即

$$\begin{bmatrix}R_{xv}\\ R_{yv}\\ R_{zv}\end{bmatrix}=\begin{bmatrix}-X\\ Y\\ Z\end{bmatrix} \tag{2-15}$$

其中

$$\begin{aligned}X&=C_x qS\\ Y&=C_y qS\\ Z&=C_z qS\end{aligned} \tag{2-16}$$

令

$$\begin{aligned}f_{q\_x}&=X\\ f_{q\_y}&=Y\\ f_{q\_z}&=Z\end{aligned} \tag{2-17}$$

空气动力矩在弹体坐标系中的表达式为

$$\begin{aligned}M_{q\_x}&=m_x qSL\\ M_{q\_y}&=m_y qSL\\ M_{q\_z}&=m_z qSL\end{aligned} \tag{2-18}$$

式中　q ——来流动压，$q=\dfrac{1}{2}\rho V^2$ ；

C_x，C_y，C_z ——分别为阻力系数、升力系数、侧向力系数；

S ——导弹特征面积；

L ——导弹特征长度；

m_x、m_y、m_z ——分别为滚动力矩系数、偏航力矩系数和俯仰力矩系数；

ρ ——大气密度。

2.3.1.2 重力 G 在弹道坐标系各轴上的投影

对于战术导弹，重力 G 可认为是沿地理坐标系 oy_d 轴的负向，在地理坐标系上可表示为

$$\begin{bmatrix} G_{xd} \\ G_{yd} \\ G_{zd} \end{bmatrix} = \begin{bmatrix} 0 \\ -mg \\ 0 \end{bmatrix} \tag{2-19}$$

2.3.1.3 主动段推力矢量控制伺服系统模型

$$\frac{\delta_{y,z}}{U_{dy,dz}} = \frac{K_\delta (T_a \times s + 1)}{(T_b \times s + 1)[(T_c \times s)^2 + 2 \times T_c \times \xi_c \times s + 1]} \tag{2-20}$$

式中 $\delta_{y,z}$ ——摆动喷管的摆角；

$U_{dy,dz}$ ——摆动喷管的控制指令；

K_δ ——伺服控制系统增益；

T_a，T_b，T_c ——伺服系统时间常数；

ξ_c ——阻尼比。

2.3.1.4 主动段推力矢量控制力及力矩模型

$$F_{\delta_y} = P_f \sin\delta_y \tag{2-21}$$

$$F_{\delta_z} = P_f \sin\delta_z \tag{2-22}$$

$$Mb_y = -P_f \sin\delta_z (X_t - X_{bp}) \tag{2-23}$$

$$Mb_z = P_f \sin\delta_y (X_t - X_{bp}) \tag{2-24}$$

式中 $F_{\delta y}$、$F_{\delta z}$、Mb_y、Mb_z ——弹体坐标系内的推力矢量控制力及力矩；

X_t、X_{bp} ——分别为导弹质心位置及伺服系统摆动喷管的作用点的位置。

2.3.1.5 姿、轨控系统模型

导弹采用姿控发动机控制其姿态运动，采用轨控发动机控制导弹在轨道方向的运动。本书为了滚动控制逻辑设计方便，减小通道控制间的交叉耦合，将姿控发动机设为 8 个：即姿控发动机中 1、3 和 2、4 用来调整导弹的滚转角，5、7 调整导弹的俯仰角，6、8 调整导弹的偏航角。轨控发动机中 1、3 用来调整导弹在 Y 方向上的运动，2、4 用来调整导弹在 Z 方向上的运动。轨控发动机安装示意图如图 2-6 所示，姿控发动机安装示意图如图 2-7 所示。

(1) 轨控发动机模型及轨控力与力矩

四个轨控发动机编号如图 2-6 所示。

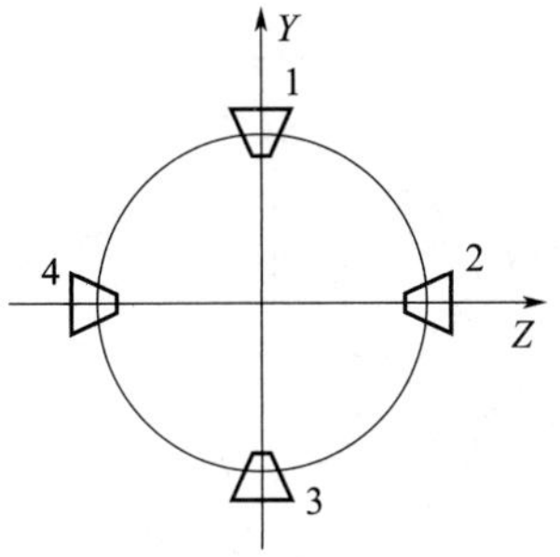

图 2-6　轨控发动机安装示意图

设 4 个轨控发动机产生的推力为 F_{g1}，F_{g2}，F_{g3}，F_{g4}，f_{g_x}，f_{g_y}，f_{g_z} 分别表示沿弹体坐标系 x_t，y_t，z_t 轴的轨控发动机推力分量，M_{g_x}，M_{g_y}，M_{g_z} 分别表示绕弹体坐标系 x_t，y_t，z_t 轴的轨控发动机推力偏心所产生的力矩分量，则

$$
\begin{aligned}
&f_{g\_x}=F_{g1}\cdot P_{1x}+F_{g2}\cdot P_{2x}+F_{g3}\cdot P_{3x}+F_{g4}\cdot P_{4x}\\
&f_{g\_y}=F_{g3}-F_{g1}+F_{g4}+P_{4y}+F_{g2}\cdot P_{2y}\\
&f_{g\_z}=F_{g4}-F_{g2}+F_{g3}\cdot P_{3z}+F_{g1}\cdot P_{1z}\\
&M_{g\_x}=(-F_{g3}\cdot P_{3z}+F_{g1}\cdot P_{1z}+F_{g4}\cdot P_{4y}-F_{g2}\cdot P_{2y})\times l_g+(F_{g3}-F_{g1})\times l_{jz}+(F_{g2}-F_{g4})\times l_{jy}\\
&M_{g\_y}=(F_{g2}\cdot P_{2x}-F_{g4}\cdot P_{4x})\times l_g+(F_{g4}-F_{g2})\times l_{zh}\\
&M_{g\_z}=(F_{g3}\cdot P_{3x}-F_{g1}\cdot P_{1x})\times l_g+(F_{g1}-F_{g3})\times l_{zh}
\end{aligned}
\tag{2-25}
$$

式中　l_g ——轨控发动机推力作用点到轴向的距离（力臂）；

l_{jz}，l_{jy} ——沿 Z 和 Y 方向的径向质心漂移；

l_{zh} ——轴向质心漂移；

P_{1x}，P_{1z}，… ——推力偏心。

（2）姿控发动机模型及姿控力与力矩

8 个姿控发动机编号如图 2-7 所示；设姿控发动机 1，2，3，4，5，6，7，8 产生的推力分别用 F_{z_1}，F_{z_2}，F_{z_3}，F_{z_4}，F_{z_5}，F_{z_6}，F_{z_7}，F_{z_8} 表示。姿控发动机的输入信号为 8 个开关指令，输出为 3 个控制力矩和 3 个方向的控制力。

设 f_{z_x}，f_{z_y}，f_{z_z} 分别表示姿控力矢量沿弹体坐标系 x_t，y_t，z_t 轴的分量，M_{z_x}，M_{z_y}，M_{z_z} 分别表示绕弹体坐标系 x_t，y_t，z_t 轴的力矩分量，则

$$
\begin{aligned}
&f_{z\_x}=0\\
&f_{z\_y}=F_{z\_7}-F_{z\_5}\\
&f_{z\_z}=F_{z\_8}-F_{z\_6}+F_{z\_1}-F_{z\_2}+F_{z\_4}-F_{z\_3}\\
&M_{z\_x}=(F_{z\_1}-F_{z\_2}+F_{z\_3}-F_{z\_4})\times l_x\\
&M_{z\_y}=(F_{z\_1}-F_{z\_2}+F_{z\_3}-F_{z\_4})\times l_y+(F_{z\_8}-F_{z\_6})\times l_y\\
&M_{z\_z}=(F_{z\_5}-F_{z\_7})\times l_z
\end{aligned}
\tag{2-26}
$$

式中　l_x，l_y，l_z ——姿控力在弹体坐标系 x_t，y_t，z_t 轴上的力臂。

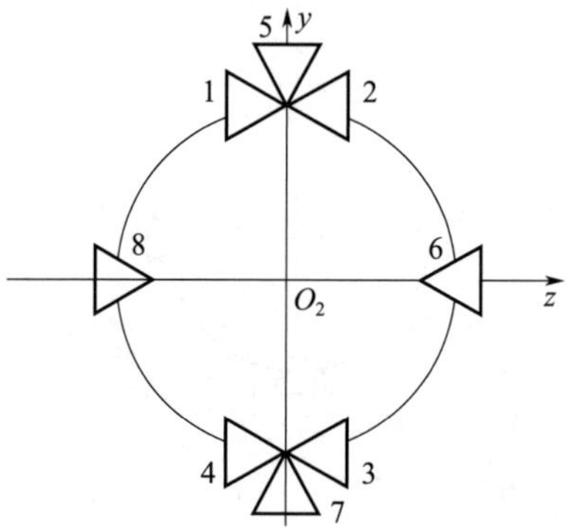

图 2-7　姿控发动机安装示意图

2.3.1.6　侧向喷流气动干扰模型

对于直接侧向力/气动力复合控制导弹，主要干扰因素有以下两个方面。

(1) 侧向喷流气动干扰

侧喷干扰模型需要通过大量数值模拟方法建立，并通过风洞试验验证，最后利用少量飞行试验校核。在导弹实际飞行过程中，由于直接力发动机产生的侧向喷流与外部流场相互作用，加上不同海拔大气温度与空气流速的不同，造成发动机推力与干扰力矩大小变化规律十分复杂。目前，对导弹飞行过程中直接侧向力发动机喷流与外部流场相互作用规律的研究，大多为对侧向喷流气动干扰效应的研究，而发动机喷流与外部流场相互作用产生的干扰力和干扰力矩不仅改变了直接力发动机的推力，同时也改变了全弹的气动特性和气动舵效率。

当采用直接力发动机对导弹进行控制时，侧向喷流与围绕导弹的气流发生相互干扰，使飞行器的边界层发生改变，并诱发直接力发动机上游的流动区域发生分离。分离激波在喷口上游诱发一个高压区，在喷口下游产生一个低压区，如图 2-8 所示。

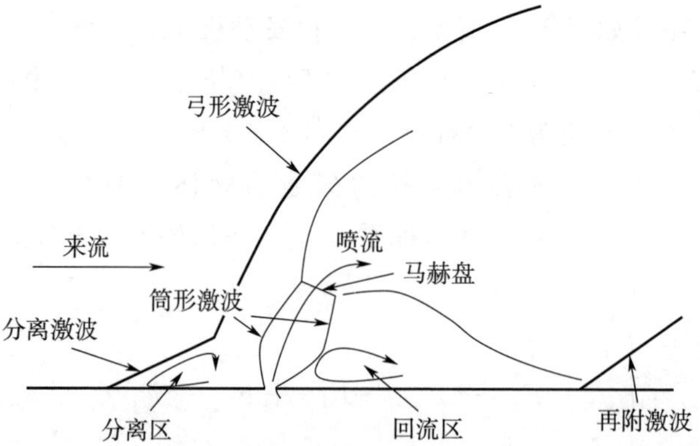

图 2-8　喷口附近的流场结构示意图

由于喷流与来流相互干扰，形成复杂的干扰流场，使得直接力发动机推力有一个正增益或负增益，并且影响喷管下游的控制舵面，使得飞行器的气动力及压心位置发生很大变化，并改变表面热环境。相关文献用喷流干扰的俯仰力矩放大因子等参数可以初步描述导弹飞行过程中干扰力和干扰力矩的模型，但是在研究过程中还存在许多难以解决的问题，精确建模很难实现。

（2）轨控发动机工作时质心漂移影响

由于弹体空载质量配平问题、安装误差以及轨控发动机工作时的质心漂移等原因，导弹的质心和轨控发动机侧向力作用点很难完全重合，因此在轨控发动机工作时，除了对质心有直接的作用力，还会相对质心产生力矩，影响导弹姿态稳定，同时影响侧向力的作用效果。

将侧向喷流气动干扰与质心漂移相结合，对于直接侧向力控制方式，采用推力干扰因子和推力作用点偏移来描述干扰效应带来的影响。

推力干扰因子 K_f

$$K_f = \frac{F_i + F_j}{F_j} \tag{2-27}$$

推力作用点偏移 X_{cpi}

$$X_{cpi} = \frac{M_{mi} + M_{mj}}{F_i + F_j} \tag{2-28}$$

式中　F_i ——侧向喷流气动干扰效应产生的干扰力合力，N；

F_j ——轨控发动机推力合力，N；

M_{mi} ——侧向喷流气动干扰效应产生的干扰力合力相对于参考点的力矩，N·m；

M_{mj} ——轨控发动机推力合力相对于参考点的力矩，N·m。

为了表示方便，记 $F = F_i + F_j = K_f F_j$ 为弹体所受侧向喷流气动干扰作用下直接侧向力合力。考虑控制通道间的交连耦合，将 F_j 投影到弹道系中。设侧向力在弹体系中分解为 F_{y1} 及 F_{z1}，沿弹道系分解为 F_{x2}，F_{y2}，F_{z2}，则有

$$\begin{cases} F_{x2} = -F_{y1}\sin\alpha\cos\beta + F_{z1}\sin\beta \\ F_{y2} = F_{y1}(\cos\alpha\sin\gamma + \sin\alpha\sin\beta\cos\gamma) + F_{z1}\cos\beta\cos\gamma \\ F_{z2} = F_{y1}(\cos\alpha\cos\gamma - \sin\alpha\sin\beta\sin\gamma) - F_{z1}\cos\beta\sin\gamma \end{cases} \tag{2-29}$$

2.3.2　导弹绕质心转动的动力学方程

导弹绕质心转动的动力学方程为

$$\begin{aligned} \frac{\mathrm{d}\boldsymbol{H}}{\mathrm{d}t} &= \frac{\delta \boldsymbol{H}}{\delta t} + \boldsymbol{\omega} \times \boldsymbol{H} \\ &= \boldsymbol{M} + \boldsymbol{M}_p \end{aligned} \tag{2-30}$$

式中　$\boldsymbol{H}$ ——刚体相对于质心的动量矩；

$\boldsymbol{M}$ ——作用在导弹上的外力对质心的力矩；

$\boldsymbol{M}_p$ ——发动机推力产生的力矩；

$\boldsymbol{\omega}$ ——弹体坐标系相对于地理坐标系的转动角速度。

设 $\boldsymbol{i}_1$、$\boldsymbol{j}_1$、$\boldsymbol{k}_1$ 分别为沿弹体坐标系 $ox_ty_tz_t$ 各轴的单位矢量，ω_{x1}，ω_{y1}、ω_{z1} 为弹体坐

标系相对地理坐标系的转动角速度 $\boldsymbol{\omega}$ 在弹体坐标系各轴上的分量；H_{x1}、H_{y1}，H_{z1} 为动量矩 $\boldsymbol{H}$ 在弹体坐标系各轴上的分量，则

$$\frac{\delta \boldsymbol{H}}{\delta t}=\frac{\mathrm{d}\boldsymbol{H}_{x1}}{\mathrm{d}t}\boldsymbol{i}_1+\frac{\mathrm{d}\boldsymbol{H}_{y1}}{\mathrm{d}t}\boldsymbol{j}_1+\frac{\mathrm{d}H_{z1}}{\mathrm{d}t}\boldsymbol{k}_1 \tag{2-31}$$

动量矩 $\boldsymbol{H}$ 可以表示为

$$\boldsymbol{H}=\boldsymbol{J}\cdot\boldsymbol{\omega} \tag{2-32}$$

式中　$\boldsymbol{J}$ ——惯性张量。

动量矩 $\boldsymbol{H}$ 在弹体坐标系各轴上分量可表示为

$$\begin{bmatrix}H_{x1}\\H_{y1}\\H_{z1}\end{bmatrix}=\begin{bmatrix}J_{x1x1} & -J_{x1y1} & -J_{x1z1}\\-J_{y1x1} & J_{y1y1} & -J_{y1z1}\\-J_{z1x1} & -J_{z1y1} & J_{z1z1}\end{bmatrix}\begin{bmatrix}\omega_{x1}\\\omega_{y1}\\\omega_{z1}\end{bmatrix} \tag{2-33}$$

式中　J_{x1x1}，J_{y1y1}，J_{z1z1} ——导弹对弹体坐标系各轴的转动惯量；

J_{x1y1}，J_{x1z1}，…，J_{z1y1} ——导弹对弹体坐标系各轴的惯量积。

对于轴对称的导弹，可以认为弹体坐标系就是它的惯性主轴系。在此条件下，导弹对弹体坐标系各轴的惯性积为零。将上述转动惯量分别以 J_{x1}、J_{y1}、J_{z1} 表示，则式（2-33）可简化为

$$\begin{bmatrix}H_{x1}\\H_{y1}\\H_{z1}\end{bmatrix}=\begin{bmatrix}J_{x1}\omega_{x1}\\J_{y1}\omega_{y1}\\J_{z1}\omega_{z1}\end{bmatrix} \tag{2-34}$$

将式（2-34）代入式（2-31）中，可得

$$\frac{\delta \boldsymbol{H}}{\delta t}=J_{x1}\frac{\mathrm{d}\omega_{x1}}{\mathrm{d}t}\boldsymbol{i}_1+J_{y1}\frac{\mathrm{d}\omega_{y1}}{\mathrm{d}t}\boldsymbol{j}_1+J_{z1}\frac{\mathrm{d}\omega_{z1}}{\mathrm{d}t}\boldsymbol{k}_1 \tag{2-35}$$

$$\begin{aligned}\boldsymbol{\omega}\times\boldsymbol{H}&=\begin{vmatrix}\boldsymbol{i}_1 & \boldsymbol{j}_1 & \boldsymbol{k}_1\\\omega_{x1} & \omega_{y1} & \omega_{z1}\\J_{x1}\omega_{x1} & J_{y1}\omega_{y1} & J_{z1}\omega_{z1}\end{vmatrix}\\&=(J_{z1}-J_{y1})\omega_{z1}\omega_{y1}i_1+(J_{x1}-J_{z1})\omega_{x1}\omega_{z1}j_1+(J_{y1}-J_{x1})\omega_{y1}\omega_{x1}k_1\end{aligned} \tag{2-36}$$

将式（2-35）、式（2-36）代入式（2-30）中，得到导弹绕质心转动的动力学方程为

$$\begin{cases}J_{x1}\dfrac{\mathrm{d}\omega_{x1}}{\mathrm{d}t}+(J_{z1}-J_{y1})\omega_{z1}\omega_{y1}=M_{x1}\\J_{y1}\dfrac{\mathrm{d}\omega_{y1}}{\mathrm{d}t}+(J_{x1}-J_{z1})\omega_{x1}\omega_{z1}=M_{y1}\\J_{z1}\dfrac{\mathrm{d}\omega_{z1}}{\mathrm{d}t}+(J_{y1}-J_{x1})\omega_{y1}\omega_{x1}=M_{z1}\end{cases} \tag{2-37}$$

式中　J_{x1}、J_{y1}、J_{z1} ——分别为导弹对于弹体坐标系（即惯性主轴系）各轴的转动惯量，它们随着推进剂燃烧产物的喷出而不断变化；

ω_{x1}，ω_{y1}、ω_{z1}——弹体坐标系相对于地理坐标系的转动角速度 $\boldsymbol{\omega}$ 在弹体坐标系各轴上的分量；

$\dfrac{\mathrm{d}\omega_{x1}}{\mathrm{d}t}$，$\dfrac{\mathrm{d}\omega_{y1}}{\mathrm{d}t}$，$\dfrac{\mathrm{d}\omega_{z1}}{\mathrm{d}t}$——分别为弹体转动加速度矢量在弹体坐标系各轴上的分量。

2.3.3　导弹质心运动的运动学方程

导弹质心相对于地理坐标系 $ox_\mathrm{d}y_\mathrm{d}z_\mathrm{d}$ 的位置方程为

$$\begin{bmatrix}\dfrac{\mathrm{d}x}{\mathrm{d}t}\\ \dfrac{\mathrm{d}y}{\mathrm{d}t}\\ \dfrac{\mathrm{d}z}{\mathrm{d}t}\end{bmatrix}=\begin{bmatrix}V_x\\ V_y\\ V_z\end{bmatrix} \tag{2-38}$$

根据弹道坐标系的定义可知，导弹质心的速度矢量与弹道坐标系的 ox_2 轴重合，即

$$\begin{bmatrix}V_{x2}\\ V_{y2}\\ V_{z2}\end{bmatrix}=\begin{bmatrix}V\\ 0\\ 0\end{bmatrix} \tag{2-39}$$

利用地理坐标系与弹道坐标系的转换关系可得

$$\begin{aligned}\begin{bmatrix}V_x\\ V_y\\ V_z\end{bmatrix}&=\begin{bmatrix}\cos\psi_v & 0 & -\sin(-\psi_v)\\ 0 & 1 & 0\\ \sin(-\psi_v) & 0 & \cos\psi_v\end{bmatrix}\begin{bmatrix}\cos\theta & \sin(-\theta) & 0\\ -\sin(-\theta) & \cos\theta & 0\\ 0 & 0 & 1\end{bmatrix}\begin{bmatrix}V\\ 0\\ 0\end{bmatrix}\\ &=\begin{bmatrix}V\cos\theta\cos\psi_v\\ V\sin\theta\\ -V\cos\theta\sin\psi_v\end{bmatrix}\end{aligned} \tag{2-40}$$

将式（2-40）代入式（2-38），即得导弹质心运动的运动学方程

$$\left.\begin{aligned}\frac{\mathrm{d}x}{\mathrm{d}t}&=V\cos\theta\cos\psi_v\\ \frac{\mathrm{d}y}{\mathrm{d}t}&=V\sin\theta\\ \frac{\mathrm{d}z}{\mathrm{d}t}&=-V\cos\theta\sin\psi_v\end{aligned}\right\} \tag{2-41}$$

2.3.4　导弹绕质心转动的运动学方程

根据地理坐标系与弹体坐标系的转换关系可得

$$\omega=\dot{\psi}+\dot{\vartheta}+\dot{\gamma} \tag{2-42}$$

由于 $\dot{\psi}$ 、$\dot{\gamma}$ 分别与地理坐标系的 oy_d 轴和弹体坐标系的 ox_t 轴重合，而 $\dot{\vartheta}$ 与 oz' 轴重合

（见图 2-1），所以

$$\begin{bmatrix}\omega_{x1}\\ \omega_{y1}\\ \omega_{z1}\end{bmatrix}=\begin{bmatrix}1&0&0\\0&\cos\gamma&\sin\gamma\\0&-\sin\gamma&\cos\gamma\end{bmatrix}\begin{bmatrix}\cos\vartheta&\sin\vartheta&0\\-\sin\vartheta&\cos\vartheta&0\\0&0&1\end{bmatrix}\begin{bmatrix}\cos\psi&0&-\sin\psi\\0&1&0\\\sin\psi&0&\cos\psi\end{bmatrix}\begin{bmatrix}x_d\\y_d\\z_d\end{bmatrix}\begin{bmatrix}0\\\dot{\psi}\\0\end{bmatrix}$$

$$+\begin{bmatrix}1&0&0\\0&\cos\gamma&\sin\gamma\\0&-\sin\gamma&\cos\gamma\end{bmatrix}\begin{bmatrix}0\\0\\\dot{\vartheta}\end{bmatrix}+\begin{bmatrix}\dot{\gamma}\\0\\0\end{bmatrix}=\begin{bmatrix}\dot{\psi}\sin\vartheta+\dot{\gamma}\\\dot{\psi}\cos\vartheta\cos\gamma+\dot{\vartheta}\sin\gamma\\-\dot{\psi}\cos\vartheta\sin\gamma+\dot{\vartheta}\cos\gamma\end{bmatrix}\tag{2-43}$$

由式（2-43）变换得

$$\begin{cases}\dot{\vartheta}=\omega_{y1}\sin\gamma+\omega_{z1}\cos\gamma\\\dot{\psi}=\dfrac{1}{\cos\vartheta}(\omega_{y1}\cos\gamma-\omega_{z1}\sin\gamma)\\\dot{\gamma}=\omega_{x1}-\tan\vartheta(\omega_{y1}\cos\gamma-\omega_{z1}\sin\gamma)\end{cases}\tag{2-44}$$

将式（2-14）改写为弹体坐标系内描述的运动方程与式（2-37）、式（2-41）和式（2-44）组成描述导弹的空间运动方程组。这里忽略了导弹在发射筒内的运动，只考虑导弹出筒后导弹及拦截器运动数学模型

$$dV_x/dt=g\times(P_f+f_a)/G_d+\omega_{z1}\times V_y-\omega_{y1}\times V_z-g_y\times\sin\vartheta$$

$$dV_y/dt=g\times f_n/G_d+\omega_{x1}\times V_z-\omega_{z1}\times V_x-g_y\times\cos\vartheta\times\cos\gamma$$

$$dV_z/dt=g\times f_z/G_d+\omega_{y1}\times V_x-\omega_{x1}\times V_y+g_y\times\cos\vartheta\times\sin\gamma$$

$$d\omega_{x1}/dt=M_{x1}/J_{x1}+(J_{y1}-J_{z1})\times\omega_{z1}\times\omega_{y1}/J_{x1}$$

$$d\omega_{y1}/dt=M_{y1}/J_{y1}+(J_{z1}-J_{x1})\times\omega_{x1}\times\omega_{z1}/J_{y1}$$

$$d\omega_{z1}/dt=M_{z1}/J_{z1}+(J_{x1}-J_{y1})\times\omega_{y1}\times\omega_{x1}/J_{z1}$$

$$f_a=f_{q\_x}+f_{z\_x}+f_{g\_x}$$

$$f_n=f_{q\_y}+f_{z\_y}+f_{g\_y}+F_{by}$$

$$f_z=f_{q\_z}+f_{z\_z}+f_{g\_z}+F_{bz}$$

$$M_{x1}=M_{z\_x}+M_{g\_x}+M_{q\_x}$$

$$M_{y1}=M_{z\_y}+M_{g\_y}+M_{q\_y}+M_{by}$$

$$M_{z1}=M_{z\_z}+M_{g\_z}+M_{q\_z}+M_{bz}$$

$$N_x=P_f+f_a/G_d$$

$$N_y=f_n/G_d$$

$$N_z=f_z/G_d$$

$$G_d=m_d g_y$$

$$\dot{m}_d=-\Delta m_g\sum_{i=1}^{4}K_{gi}-\Delta m_{zx}\sum_{i=1}^{4}K_{zi}-\Delta m_{zy}\sum_{i=5}^{8}K_{zi}$$

$$\frac{dx}{dt}=V\cos\theta\cos\psi_V$$

$$\frac{\mathrm{d}y}{\mathrm{d}t}=V\sin\theta$$

$$\frac{\mathrm{d}z}{\mathrm{d}t}=-V\cos\theta\sin\psi_V$$

$$\dot{\vartheta}=\omega_{y1}\sin\gamma+\omega_{z1}\cos\gamma$$

$$\dot{\psi}=\frac{1}{\cos\vartheta}(\omega_{y1}\cos\gamma-\omega_{z1}\sin\gamma)$$

$$\dot{\gamma}=\omega_{x1}-\tan\vartheta(\omega_{y1}\cos\gamma-\omega_{z1}\sin\gamma)$$

$$g_y=\frac{9.806\times 6\ 371\ 110^2}{(6\ 371\ 110+y)^2}$$

式中　f_a、f_n、f_z、M_{x1}、M_{y1}、M_{z1}——分别为作用于弹体的力和力矩在弹体坐标系上投影；

$\dot{m}_d$——姿轨控发动机推进剂消耗的变化速率；

Δm_g——轨控发动机推进剂的秒耗量；

Δm_{zx}、Δm_{zy}——姿控发动机推进剂的秒耗量；

K_{zi}、K_{gi}——姿轨控发动机开机指令；

G_d——导弹重量；

g——海平面重力加速度，取值为 9.806；

g_y——导弹所处位置重力加速度；

P_f——发动机推力。

2.3.5　导弹单通道姿态运动简化模型

在研究导弹姿态控制方法时，首先进行单通道姿控系统设计方法研究，需要对导弹及拦截器的运动模型作一些简化。

因为导弹的外形是轴对称的，纵向扰动运动和侧向扰动运动具有相同的形式，在上一节推导的导弹运动模型的基础上，做以下假设：

1）结构参数及大气参数在扰动前后不变，它们对扰动运动没有影响；

2）假定导弹在理想弹道附近运动，即小扰动运动；

3）导弹未扰动运动的侧向运动参数都比较小。

则描述导弹在纵向平面内线性化后的短周期扰动运动学模型如下

$$\begin{cases}\ddot{\vartheta}=\dot{\omega}_z=\dfrac{M_z^{\alpha}}{J_z}\alpha+\dfrac{M_z^{\delta_z}}{J_z}\delta_z+\dfrac{M_z^{\omega_z}}{J_z}\omega_z+\dfrac{M_z^{\dot{\alpha}}}{J_z}\dot{\alpha}+\dfrac{M_z^{\dot{\delta}_z}}{J_z}\dot{\delta}z+\dfrac{K_fF_{y1}X_{cpi}}{J_z}\\ \dot{\theta}=\dfrac{Y}{mV}+\dfrac{K_fF_{y1}}{mV}\\ \theta=\vartheta-\alpha\end{cases}\tag{2-45}$$

其中要考虑两个因素：

1）在控制中，正常式导弹主要对 δ_z 和 α 进行控制和测量，因此忽略含 $\dot{\delta}z$ 及 $\dot{\alpha}$ 的项。

2）升力 Y 可由两部分提供，一部分由攻角产生，另一部分由舵偏产生，因此可分解为 $Y = Y_{\alpha}\alpha + Y_{\delta_z}\delta_z$。

则以上方程改写为

$$\begin{cases} \ddot{\vartheta} = \dot{\omega}_z = -a_1\dot{\vartheta} - a_2\alpha - a_3\delta_z - a_3{}'F_{y1} \\ \dot{\theta} = a_4\alpha + a_5\delta_z + a_5{}'F_{y1} \\ \theta = \vartheta - \alpha \end{cases} \tag{2-46}$$

其中

$$a_1 = -\frac{M_z^{\omega_z}}{J_z}(\mathrm{s}^{-1})$$

$$a_2 = -\frac{M_z^{\alpha}}{J_z}(\mathrm{s}^{-2})$$

$$a_3 = -\frac{M_z^{\delta_z}}{J_z}(\mathrm{s}^{-2})$$

$$a'_3 = -\frac{K_f X_{cpi}}{J_z}\ (\mathrm{kg}^{-1}\cdot\mathrm{m}^{-1})$$

$$a_4 = \frac{Y^{\alpha}}{mV}(\mathrm{s}^{-1})$$

$$a_5 = \frac{Y^{\delta_z}}{mV}(\mathrm{s}^{-1})$$

$$a'_5 = \frac{K_f}{mV}\ (\mathrm{s}\cdot\mathrm{kg}^{-1}\cdot\mathrm{m}^{-1})$$

法向过载

$$N_y = \frac{Y^{\alpha}}{mg}\alpha + \frac{Y^{\delta_z}}{mg}\delta_z + \frac{K_f}{mg}F_{y1} \tag{2-47}$$

2.4 相平面控制理论简介

非线性微分方程的解，不像线性系统那样，可以给出它的解析表达式。非线性系统中可能发生的运动类型，即非线性微分方程的解的类型，也是多种多样的，而且有哪些类型也不清楚。正因为这样，在微分方程领域中，发展起来一个分支——常微分方程定性理论。定性理论的内容是：不求解微分方程，根据微分方程本身来获得关于微分方程的解的一般性质。

相平面控制方法的独特之处在于：不解微分方程，直接求出能显示系统全部运动概况及运动类型的相图——即从相平面上所有点出发的相轨线的定性图。从理论上讲，由于系统的轨线具有存在性、唯一性、可延拓性、与初始状态在有限时间间隔上的连续相关性，使得我们可能有规律地绘制系统的相图。而且现在已发展了一些绘制相图的实用方法。相平面方法是研究二阶系统的有力工具，用这个方法，能够获得关于系统全部动态性质的详尽（虽然主要是定性的）知识。

设有一个二阶系统可以用下述微分方程式来描述

$$\ddot{x}+f(\dot{x},x)=0 \tag{2-48}$$

式中　$f(\dot{x},x)$——x 和 $\dot{x}$ 的线性函数或非线性函数。

设系统的时间解可以用 $x(t)$ 与 t 的关系图来表示，也可以用 t 为参变量，然后用 $\dot{x}(t)$ 和 $x(t)$ 的关系图来表示。如果用 x 和 $\dot{x}$ 作为平面的直角坐标轴，则系统在每一时刻的状态均对应于该平面的一点，当时间 t 变化时，这一点在 $x-\dot{x}$ 平面上便描绘出一条相应的轨迹线。该轨迹线表征系统状态的变化过程，称为相轨迹，由 $x-\dot{x}$ 所组成的平面坐标系称为相平面。用相轨迹这种几何方法表示系统的动态过程叫做系统动态特性的相平面表示法，在相平面上能给出二阶系统相轨迹的清晰图像。由于在相平面上对应每一个给定的初始条件，根据解析函数的微分方程解的唯一定理，可证明通过由初始条件确定的点的相轨迹只有一条，因此由所有可能初始确定的相轨迹不会相交，只有在奇点上，由于该点斜率不定，可以有无穷多个相轨迹逼近或离开它。由一簇相轨迹组成的图像叫做相平面图。例如，设系统的运动方程为

$$\ddot{x}+\omega_0^2x=0 \tag{2-49}$$

描述系统相轨迹的相轨迹方程由运动方程求得为

$$(\dot{x})^2+(\omega^0x)^2=A^2\omega_0^2 \tag{2-50}$$

式中　A——由初始条件确定的振幅值。

由相轨迹方程求得相应的相平面图为一簇椭圆，如图 2-9 所示。如果非线性控制系统在放大系数 K 的一些取值下是稳定的，而在另一些取值下是不稳定的，则该系统可能产生自持振荡。这时在相平面图上出现一个或数个极限环。极限环是非线性控制系统的重要特性，代表一个稳定的振荡状态。极限环在相平面中具有特殊的几何图形，它是一个孤立的封闭轨迹。对于一个给定的非线性系统，可以有一个或多个极限环，所有极限环附近的相轨迹都将卷向极限环，或从极限环卷出，因此极限环将相平面分成内部平面和外部平面两部分，极限环内部（或外部）的相轨迹，不可能穿过极限环而进入它的外部（或内部）。

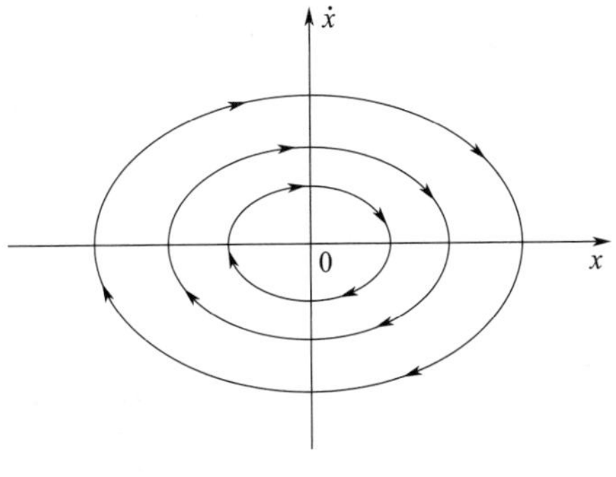

图 2-9　极限环示意图

在非线性控制系统中，根据极限环可确定出自持振荡的振幅和周期。当非线性控制系统产生自持振荡时，其等效阻尼等于零。

假设整个相平面被非线性特性分成三个区域，如图 2 - 10 所示，并设区域Ⅰ内有实奇点（0，0），因此Ⅱ，Ⅲ内只能有虚奇点，它们的坐标是点（0，0），又设区域Ⅰ内的实奇点是不稳定的，区域Ⅱ，Ⅲ内的虚奇点是稳定的，在上述假设条件下可以看出，在任何初始条件下的相轨迹都应该进入区域Ⅰ。这是因为根据假设，区域Ⅱ，Ⅲ内的虚奇点是稳定的，但是由于区域Ⅰ内的实奇点是不稳定的，所以相轨迹不能保持在区域Ⅰ内，最终将离开区域Ⅰ。因此，因为实奇点不稳定，所以相轨迹最终不能终止于奇点。因为虚奇点稳定，所以相轨迹又不能趋于无穷大。在这种情况下，相轨迹可能具有的唯一形式是稳定的极限环。

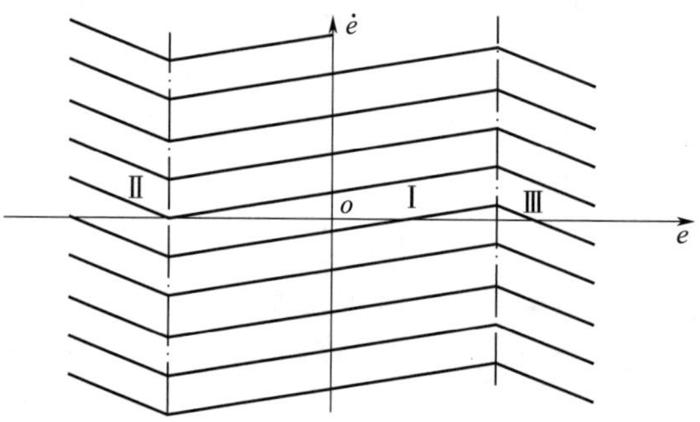

图 2 - 10　相平面示意图

如果在极限环附近，起始于极限环外部或内部的相轨迹均收敛于该极限环，则称该极限环为稳定极限环，表示在系统中产生等幅自持振荡。这时，极限环内部是不稳定区域，极限环外部则是稳定区域。设计具有这种极限环的非线性控制系统的准则通常是尽量缩小极限环的大小，以满足准确度要求。

如果极限环附近的相轨迹是从极限环向外发散，则该极限环为不稳定极限环，极限环内部是稳定区域，相轨迹收敛于环内奇点，而极限环外部为不稳定区域，相轨迹发散至无穷远。设计具有这种不稳定极限环的非线性控制系统的准则是尽可能增大稳定区域。

如果起始于极限环外部各点的相轨迹，从极限环向外发散，而起始于极限环内部各点的相轨迹，收敛于极限环，或者相反，则这种极限环称为半稳定极限环。如果非线性控制系统具有两个极限环，并且假设这两个极限环彼此靠得很近，其中一个是稳定极限环，另一个是不稳定极限环，则系统表现出半稳定极限环的特性。

2.5　滑模变结构控制理论简介

变结构控制（Variable Structure Control，VSC）起源于继电磁滞控制和 Bang - Bang 控制，最初由留美的苏联科学家 V. I. UTKIN 等人于 20 世纪 60 年代初提出，至今已发展成为一种具有系统理论且比较成熟的控制策略，在非线性控制系统中得到广泛应用，并取得较为显著的效果。

变结构控制是一类特殊的非线性控制系统。它在动态控制过程中，系统的控制器结构可以根据系统当时的状态偏差及其各阶导数值（或者是根据某些外界扰动的影响），有目的地以跃变的方式按设定规律做相应改变，从而获得所期望的状态轨迹。滑模控制就是其中的一种。它是预先在状态空间中设定一个特殊的超越曲面，由不连续的控制规律，不断变换控制系统结构，使其沿着这个特定的超越曲面向平衡点作滑动，最后渐进稳定至平衡点。

2.5.1　滑模变结构控制系统的定义

设非线性控制系统 $\dot{X}=f(X, t, u)$，状态变量 $X\in\mathbf{R}^n$ 和控制量 $u\in\mathbf{R}^m$，试确定一个切换函数矢量 $\boldsymbol{S}(X)=[S_1(X), S_2(X), \cdots, S_m(X)]^{\mathrm{T}}$（其中 $S\in\mathbf{R}^m$）和一组相应的控制量

$$u_i(X)=\begin{cases}u_i^+(X),当\ S_i(X)>0\\u_i^-(X),当\ S_i(X)<0(i=1,2,\cdots,m)\end{cases}\tag{2-51}$$

使得切换面 $S_i(X)=0$ 以外的相轨迹线于有限时间内进入切换面；切换面是滑动模态区；滑动运动渐近稳定，动态品质良好。

这样的控制系统，称为滑动模态变结构控制系统，简称滑模变结构控制系统。

2.5.2　滑模变结构控制的到达条件

到达条件是指，当系统状态处于切换面 $\boldsymbol{S}(X)=0$ 以外的相轨迹线时，将于有限时间内到达切换面。考虑两种情况：

1）对于 $\dot{X}=f[X, t, u^+(X)]$ 的解

$$X^+(t)=X^+(X_0,t_0,t),S(X_0)>0\tag{2-52}$$

上式中，(X_0, t_0) 为初始条件。当 t 从 t_0 增大时，应满足

$$\dot{S}[X^+(t)]<0$$

且存在正数 t_z^+，当 $t=t_z^+$ 时，$S[X^+(X_0, t_0, t_z^+)]=0$。

2）对于 $\dot{X}=f[X, t, u^-(X)]$ 的解

$$X^-(t)=X^-(X_0,t_0,t),S(X_0)<0\tag{2-53}$$

当 t 从 t_0 增大时，应满足：$\dot{S}[X^-(t)]>0$。也存在正数 t_z，当 $t=t_z^-$ 时 $S[X^-(X_0, t_0, t_z^-)]=0$。

上述两种情况，可归纳为 $S\cdot\dot{S}<0$。这是滑动模态存在的充分条件。

2.5.3　限制 $\dot{S}$ 的趋近律法求取滑模变结构控制

比较常见的趋近律有以下 4 种。

（1）等速趋近律

$$\dot{s}=-k\,\mathrm{sign}(s),k>0 \tag{2-54}$$

假设在 t_0 时刻，s 不为零，$s(t_0)>0$ 时，$\dot{s}=-k$，$t=t_0+s(t_0)/k$ 时，$s=0$；同理，当 $s(t_0)<0$ 时，$\dot{s}=k$，$t=t_0-s(t_0)/k$ 时，$s=0$。所以无论哪种情况，当 $t\geqslant t_0+|s(t_0)|/k$ 时，系统都将进入滑动面。即在上述趋近律下，经过有限的时间，系统能够到达滑动面。此时系统进入滑动面的时间与 k 成反比，k 越小，系统到达滑动面的时间越长，系统抗干扰能力减弱；k 越大，系统到达滑动面的时间越短，系统抗干扰能力增强，但同时会加剧系统的抖动，因此系数 k 应根据具体情况适当选取。

（2）指数趋近律

$$\dot{s}=-k\,\mathrm{sign}(s)-ws,k>0,w\geqslant 0 \tag{2-55}$$

同上，假设在 t_0 时刻，s 不为零，$s(t_0)>0$ 时，$\dot{s}=-k-ws$，$t=t_0-\dfrac{1}{w}\ln\dfrac{k}{ws(t_0)+k}$ 时，$s=0$；同理，$s(t_0)<0$ 时，$\dot{s}=k-ws$，$t=t_0-\dfrac{1}{w}\ln\dfrac{k}{-ws(t_0)+k}$ 时，$s=0$。所以无论哪种情况，只要 $t\geqslant t_0-\dfrac{1}{w}\ln\dfrac{k}{w|s(t_0)|+k}$，系统都能进入滑动面。此时，对于确定的 k，可以通过选择适当的 w 加快到达滑动面的时间，从而既能快速地进入滑动面，又可以削弱抖动对系统带来的不利影响。

（3）幂次趋近律

$$\dot{s}=-k|s|^a\,\mathrm{sign}(s),k>0,0<a<1 \tag{2-56}$$

（4）一般趋近律

$$\dot{s}=-k\,\mathrm{sign}(s)-f(s),k>0,f(0)=0,\text{当 } s\neq 0 \text{ 时，有 } s\cdot f(s)>0 \tag{2-57}$$

这些趋近律都满足 $s\cdot\dot{s}<0$ 这个条件，同时，又对趋近切换面的规律进行了限制。如果选择切换面 $s=c_1x_1+c_2x_2+\cdots+c_nx_n$，同时，让 $\dot{s}=c_1\dot{x}_1+c_2\dot{x}_2+\cdots+c_n\dot{x}_n$ 满足上述趋近律之一，便可得到相应的变结构控制，从而保证正常运动段的某种品质，这就是限制 $\dot{S}$ 的趋近律法。

2.5.4 滑模变结构控制系统的不变性和抖振问题

滑模变结构控制系统的不变性指的是：系统中产生的滑动模态运动，只依赖于切换面方程的系数 c_i，不依赖外部扰动和内部参数，对外部扰动作用和内部参数的变动具有不变性。不变性是滑模变结构控制的主要优点。

滑模变结构控制系统的抖振问题指的是：实际系统中，由于开关器件的时滞及惯性等因素的影响，系统的状态到达滑模面后，不是保持在滑模面上做滑动运动，而是在滑模面附近做来回穿越运动，甚至产生极限环振荡，这种现象称为抖振。它有可能激励起系统中未建模高频运动成分，引起系统的高频振荡。抖振问题是滑模变结构控制的最大缺点。

抖振问题产生的原因有两点：

1）时间延迟。设控制应于 $s=0$ 时由 $-u$ 切换到 u，就是说，切换要瞬时完成。事实上，由于惯性的存在，控制的切换不可能在瞬时完成。

2）空间滞后。时间延迟是经过时间长度 τ 才切换，空间滞后是 s 经过相空间长度 Δ 才切换。由 $-u$ 切换到 u 不是发生在 $s=0$ 而是 $s=\Delta$ ，同样地，由 u 到 $-u$ 不是发生在 $s=0$ 而是 $s=-\Delta$ 。

时间延迟和空间滞后都使变结构控制的滑动模态伴随着抖振，因为在实际的开关控制中，延迟与滞后都不可避免，所以抖振也不可避免。理想的滑模控制是不存在的，现实的滑模变结构控制均伴随着抖振。因此削弱或消除抖振是变结构控制在实际应用中要着重解决的重要问题，一些学者在这方面开展了广泛而深入的研究。下面介绍一种比较常用的削弱抖振的方法，即准滑模控制方法。

准滑动模态是指系统的滑动模态被限制在理想滑动模态的某一邻域内的模态。准滑模控制规则是：一定范围内的状态点均被吸引到切换面的某一邻域，通常称这一邻域为滑模模态面的边界层。由于在边界层外，二者相轨迹完全相同，只是在边界层内，后者不满足滑动模态存在的条件，因此，后者不是真正的滑动模态，而是一种近似的滑动模态，故通常称之为准滑动模态。

由于在边界层内准滑动模态不要求满足 $s\cdot\dot{s}<0$ 的到达条件，因此准滑模控制不要求在滑动模态切换面上进行结构的切换，准滑动模态控制在实现上的这种差别，使它从根本上避免或削弱了抖振，在实际工作中得到了广泛的应用。本文所采用的准滑模控制规律，在边界层内采用死区滞环非线性环节，减小了控制切换的频率，削弱了常规变结构控制中的抖振。

综上所述，滑模变结构控制有以下特点：

1）该控制方法，对系统参数的时变规律、非线性程度以及外界干扰等，不需要精确的数学模型，只要知道它们的变化范围，就能对系统进行精确的轨迹跟踪控制；

2）控制器设计对系统内部的耦合不必作专门解耦，因为其设计过程本身就是解耦过程。因此在多输入多输出系统中，多个控制器的设计可按独立系统进行，其参数选择也不是十分严格的；

3）系统进入滑态后，它对系统的参数及扰动的变化反应迟钝，始终沿着设定滑模运动，具有很强的鲁棒性；

4）控制计算量小，实时性强，快速性好；

5）缺点是存在抖振问题。

2.6　自适应控制方法简介

2.6.1　自适应控制的发展情况

高超声速导弹在跨空域飞行的过程中，由于长时间飞行过程中导弹的气动参数相对于理论计算或试验数值发生比较明显的变化，这种变化的趋势又难以验前确定。因此，用传统的线性时不变控制系统设计方法难以设计出高性能的导弹稳定控制系统，需要在气动力系数在线估计的基础上，引入自适应控制方法，才可能提升导弹控制系统的品质。

一个完善的自适应控制系统应该具有以下三个功能：

1）在线进行系统结构和参数辨识，了解系统当前的状态；

2）按照一定的规律，确定当前的控制策略；

3）在线修改控制器的参数或可调系统的输入信号。

一般认为，经典的自适应控制有两种类型：模型参考自适应控制系统和自校正控制系统。除了这两种经典类型之外，还有基于人工神经网络的自适应控制、基于模糊逻辑的自适应控制以及其他自适应控制方法等。

2.6.2 模型参考自适应控制系统

参考模型是一个辅助系统，用来规定希望的性能指标。输入信号同时作用于参考模型和可调系统，参考模型的输出就是期望的输出，如图 2－11 所示。可调系统的输出与参考模型输出之间的误差构成了广义误差信号，自适应机构根据广义误差及某一准则，调整控制器参数或施加一个辅助控制信号，以使广义误差的某个泛函趋于极小或使广义误差趋于零。这样，使得可调系统的特性逐步逼近参考模型的特性。

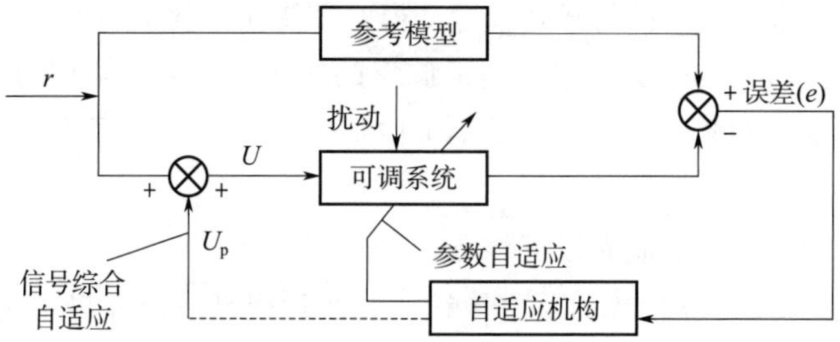

图 2－11 模型参考自适应控制系统的典型结构图

模型参考自适应控制系统的设计方法有局部参数优化方法、基于 Lyapunov 稳定性理论的设计方法和基于超稳定性理论的设计方法。

局部参数优化方法又称为 MIT 法，这种方法首先由美国麻省理工学院（MIT）的学者提出，并在飞行器控制中得到了应用，其缺点是不能保证自适应控制系统的全局渐近稳定。

基于 Lyapunov 稳定性理论的设计方法最早由英国的 Parks 在 20 世纪 60 年代提出，后来又有一些学者对这个方法进行了一些改进。这个方法可以保证自适应控制系统的全局稳定性，但是自适应律的实现依赖于具体的 Lyapunov 函数的选择。

法国的 Landau 在 20 世纪 70 年代提出了基于 Popov 超稳定性理论的自适应控制系统设计方法。这种方法可以得到一族自适应控制律，具有较大的灵活性。

模型参考自适应控制方法不但适用于线性系统的自适应控制，而且可在相当范围内推广到非线性系统的自适应控制，这使得模型参考自适应控制具有更广泛的应用价值。

2.6.3　自校正控制系统

自校正控制系统的设计思想是先假设被控系统的参数已知，适当选择目标函数，决定控制规律。即先确定控制器结构，接着根据输入输出信息，进行系统参数辨识，将辨识参数看作系统的实际参数，进而修改控制器参数。由图 2-12 可见，自校正控制系统有一个参数辨识环节，参数辨识方法通常采用最小二乘法、扩张最小二乘法或卡尔曼滤波器。

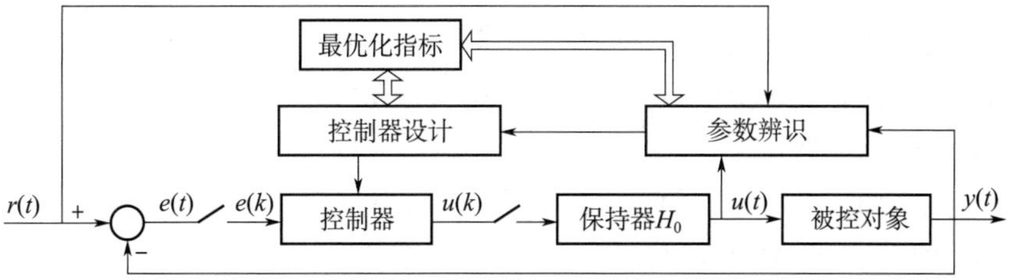

图 2-12　自校正控制系统的典型结构图

2.6.4　基于神经网络的自适应控制系统

神经网络自适应控制主要包含基于神经网络理论的自校正控制或模型参考自适应控制。自校正控制根据对系统的辨识结果，直接按自适应规律调节控制器结构参数，使系统满足既定的性能指标。而在模型参考自适应控制中，闭环控制系统的期望性能则由一个参考模型来描述，自适应控制系统的控制目标是使被控对象的输出响应一致渐近地趋于参考模型的输出响应。因此，神经网络自适应控制的设计主要是神经网络控制器和神经网络估计器的设计。

神经网络自校正控制可分为直接控制和间接控制。在直接控制中，控制器和估计器都采用神经网络来实现，且估计器可以在线修正。在间接控制中，控制器采用常规控制器，估计器采用神经网络实现。

神经网络模型参考自适应控制可分为直接模型参考自适应控制和间接模型参考自适应控制。两者的共同之处是都采用神经网络作为控制器，不同之处是间接模型参考自适应控制还采用神经网络作为被控对象的正向模型估计器。

神经网络结构选取情况对辨识和控制效果起着非常关键的作用。网络类型、隐层数、各层节点数及特性函数类别的不同，会在不同程度上影响控制效果及精度。隐层数及各层节点数太少，会使网络的非线性逼近功能不强；隐层数及各层节点数太多，会使网络结构复杂，训练周期延长，迭代过程减慢，并容易造成神经元中非线性函数饱和。

2.6.5　基于模糊逻辑的自适应控制

模糊自适应控制是指具有自适应学习算法的模糊逻辑系统，其学习算法是依靠数据信息来调整模糊逻辑系统的参数，与传统的自适应控制相比，模糊自适应控制的优越性在于可以利用操作人员提供的语言性模糊信息，而传统的自适应控制则不能，这对于具有不确定性的复杂系统尤其重要。根据模糊控制器结构的不同，模糊自适应控制有两种不同的形式，一种是直接自适应模糊控制，根据实际系统性能与期望性能之间的偏差，通过自适应律直接调整模糊控制器的参数；另一种是间接自适应模糊控制，通过模糊辨识获得被控对象的模型，然后根据所得模型在线设计模糊控制器。

2.6.6 无模型自适应控制

无模型自适应控制的理论基础是利用一个新引入的伪偏导数（伪梯度向量或伪 Jacobi 矩阵）和伪阶数的概念，在受控系统轨线附近用一系列的动态线性时变模型（紧格式、偏格式、全格式线性化模型）来替代一般非线性系统，并仅用受控系统的 I/O 数据在线估计系统的伪偏导数（伪梯度向量或伪 Jacobi 矩阵），从而实现非线性系统的无模型自适应控制。无模型自适应控制的主要理论分析方法是基于压缩映射的分析方法，主要特点是控制器的设计和分析不需要已知系统的任何知识，仅依赖于系统的输入输出数据，与模型结构、系统阶数均无关。从而从根本上消除了未建模动态对控制系统的影响，能够实现受控系统的参数自适应控制和结构自适应控制。

2.6.7 全系数自适应控制

全系数自适应控制吸取了自校正控制和模型参考自适应控制的优点。其主要特点是建立一个全系数之和等于 1 的数学模型，确定参数范围，从工程角度出发，完成自适应控制预报和控制器设计。由于它给出了估计参数范围的方法及选择初始参数的方法，因此基本上解决了一般自适应控制的过渡过程问题，同时也解决了线性反馈控制和参数辨识问题，且算法简单，使用方便，具有很强的适应能力。但是，全系数自适应控制方法的应用对象主要还是参数未知且定常（或缓慢变化）的单输入单输出系统，对于某些非线性被控对象也能适用。

2.6.8 其他自适应控制方法

其他的自适应控制方法也有很多，比如鲁棒自适应控制、自适应逆控制、混合自适应控制方法等，此外还有针对非线性系统的自适应控制方法，比如基于反馈线性化的自适应控制方法、基于 backstepping 方法的自适应控制方法、基于分段线性化的自适应控制方法等。

2.7 本章小结

本章给出了防空导弹常用坐标系定义及其转换关系，以及具有轴对称气动外形的导弹运动数学模型，简单介绍了相平面控制、滑模控制和自适应控制等基础理论知识。

第3章　防空导弹控制系统设计一般性准则

3.1　引言

中远程防空导弹控制过程一般由初、中、末三级复合制导及级间交班过程组成，导弹制导控制需要在不同飞行制导段满足相应的设计要求。

1）对于初制导段，制导控制系统按照导弹飞行任务设计，在初制导结束时将导弹速度矢精确控制在要求的空间指向，其精度应满足武器系统总体提出的要求，有时需要提供探测制导雷达（或其他探测传感器）对导弹完成稳定截获所需要的导弹弹道条件，同时为优化的全弹道形状提供初始条件；

2）导弹的中制导一般采用捷联惯导系统加探测制导雷达（或其他探测信息源）低速指令修正，制导回路设计通过选择导引律给出优化弹道设计，给末制导提供良好攻击条件，完成中末制导稳定可靠交班；

3）导弹的末制导段通常采用导引头寻的体制，要求制导过程协调平稳，对目标的拦截具有尽量高的制导精度。

制导控制系统由导弹稳定控制回路和导弹制导控制回路组成，组成导弹制导控制系统的硬件设备包括：弹上信息处理器、捷联惯导系统、舵系统、数据链系统、导引头以及完成地面探测任务的雷达系统（或其他探测信息源）。另外，采用直接力/气动力复合控制的导弹，还包括直接力控制装置，如姿控发动机等。

制导控制系统设计需要考虑的因素很多，主要包括初始对准误差、雷达测量误差（或其他探测信息源的误差）、惯导测量误差、导引头测量误差、天线罩折射误差、目标角闪烁、目标 RCS 随弹目姿态变化、导弹气动参数、主发动机推力、姿控发动机推力及工作时间的离散度、目标机动等。如选用雷达主动导引头，其热噪声（量测精度）随弹目相对距离而变化，相对距离较远时其热噪声较大且测量精度较差，反之则精度较高，因此为了抑制热噪声的影响，制导回路带宽在远距离时较窄，引起的动态滞后较大，对末制导精度影响也比较大；同时，弹体响应时间也会影响末制导精度。上述误差因素、制导控制设备的建模均需通过半实物仿真、各设备单项试验及其他地面试验的验证。

本章重点介绍稳定控制系统设计需要考虑的主要因素。

3.2　稳定控制系统设计的一般性准则

中远程防空导弹一般采用无翼式气动布局外形。无翼式导弹的基本特性是利用大攻角产生大升力，同时对应较大的舵偏角。通常情况下，1）当攻角 $\alpha \leqslant 15^{\circ}$ 时，附面层涡流尚未分离；2）当 $15^{\circ} < \alpha \leqslant 25^{\circ}$ 时，附面层涡流分离，但基本对称；3）当 $\alpha > 25^{\circ}$ 时，附面层涡流分离，且不对称，产生滚转干扰力矩；4）当 $\alpha > 30^{\circ}$ 时，此时的涡流分离成为"第四类流动""卡门涡"，对控制舵面影响很大，产生涡分裂干扰力矩。

另外随着马赫数增大和攻角变化，压心会前移，若考虑弹性变形引起的压心变化，导弹会向静不稳定方向发展。

由于导弹压心变化范围大、攻角变化范围大、导弹飞行速度快，弹体气动参数非线性严重，而且弹体在部分飞行段处于静不稳定状态，这些因素对稳定控制系统设计提出了新的更高的要求。

3.2.1 制导控制系统对稳定回路指标的一般要求

1）初制导转弯角度精度要求。在初制导段结束时，一般要求在考虑干扰条件下，速度矢量角指向误差不大于 4°；对于末制导精度要求更高的导弹，通常速度矢量角指向误差不大于 2°。

2）对指令过载响应的上升时间（纯气动控制）一般为 0.1～0.5 s。

3）无频率低于 5 Hz 的自振荡。

3.2.2 导弹操纵性及稳定性选择

导弹的设计准则是质量轻、工艺易于实现、刚度好；稳定控制系统的设计准则是快速性、稳定性好，精度高，质量轻。

这两个系统的设计准则结合在一起，要想确定最优准则很难，一般都是折中考虑——最小性能损失准则（两个系统性能损失最小）。二者在最初设计时，要做到互相配合，控制系统在导弹最初设计时一定要先考虑，否则后期将承担很大的风险。

但最初考虑设计时，往往缺少足够的分析参数，一般先遵循一个共同的简化准则，通过反复的迭代设计形成最终的结果。在不同阶段，模型的复杂度不同。

为保证要求的响应时间和超调量，并考虑保证高频段稳定裕度（－6 dB），低频段稳定裕度（＋6 dB），大于 25°的相位裕度，以及足够的弯曲裕度，一般要求导弹最大静稳定度不大于 6％。

3.2.3 导弹频率规划设计

一般先将稳定控制系统的结构确定，再选择固定频率进行分析，根据指标要求进行幅值相位反向设计。如图 3－1 所示。图中参数说明如下。

ω_1：刚体频率，表征刚体运动特性，影响大回路的快速性；

ω_2：角速度反馈回路频率，满足刚体幅相裕度特性，满足角速度反馈回路稳定性的频率；

ω_3：加速度反馈回路频率，满足线加速度反馈回路的稳定性分析，保证良好的过载响应，影响大回路的稳定性；

ω_4：弹体一阶弹性频率，在此频率处设计抗弯滤波器以满足幅值要求。

通过以上四个频率点，稳定回路传递函数结果就确定了。

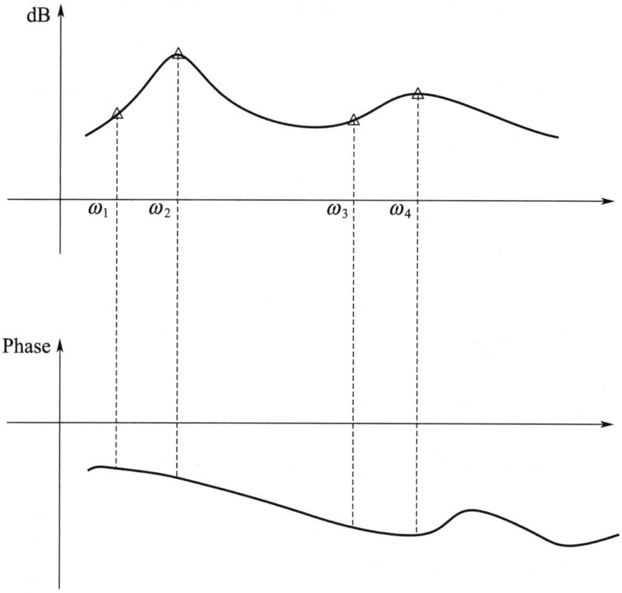

图 3-1　系统频率规划设计示意图

弹体气动弹性回路不稳，在某些条件下会产生高频自激振荡，使系统工作性能降低，阻塞有用信号，使导弹性能下降甚至失稳。在以往飞行试验中曾经出现过类似问题，所以要保证弹性回路的稳定性，必须进行弹体频率规划设计。弹体有几阶振型，只要有一个阶次的振型不稳，整个系统就会不稳定而发散。弹性弹体稳定与舵系统特性相关性很大，舵系统是非线性系统。在论证阶段，可以通过改变舵系统的固有频率，避开弹体的弹性频率。

但是，要改变弹体振型是很困难的，还要注意弹体本身和舵系统之间的颤振问题。需要重点关注：

1）气流作用下弹体变形，多重因素导致颤振问题（弹体本体或者局部）；

2）弹性弹体与稳定回路的相互作用（伺服弹性问题）。

气动弹性造成颤振，翼面局部攻角增大，导致翼面受力加大，系统需要承受气弹力的影响。舵系统的破坏不一定都是舵本身的问题，整个导弹都有可能参与了颤振。舵系统的固有频率随导弹的静不稳定度增加而呈非线性增加，对舵机功率要求也相应增大。

为避免上述问题需要采取以下措施：

1）提高导弹的静稳定度。

2）改变传感器的安装位置。一般要求角速度传感器安装在 $f'_i(x)=0$ 的位置，加速度传感器安装在 $f_i(x)=0$ 的位置。例如爱国者 PAC-3 导弹的速率陀螺安装在发动机前封头，即 $f'_i(x)$ 小的地方。陀螺和加表往往是作为惯性测量装置安装在同一位置，但二者安装位置又互相矛盾，这时往往优先保证陀螺安装位置。

3）提高导弹的固有刚度，弹体一阶频率不能太低。

4）舵系统频率要远离弹体的一、二阶弹性频率，且舵系统的模态频率要弯曲高、扭转低。

如图 3－2 所示，舵系统的扭转频率一般选在弹体弹性一、二阶频率 ω_{I} 和 ω_{II} 之间。气动弹性最严重的是零攻角附近，C_y^α 、C_y^δ 在 $\alpha=0$ 时斜率最大。舵系统引起的弹性变形要比弹身严重，很多与舵系统有关。舵系统的弹性力传递到弹体造成弹身弯曲。如果弹体的Ⅰ、Ⅱ阶弹性频率很高，就可退化为舵面本身的颤振问题分析。

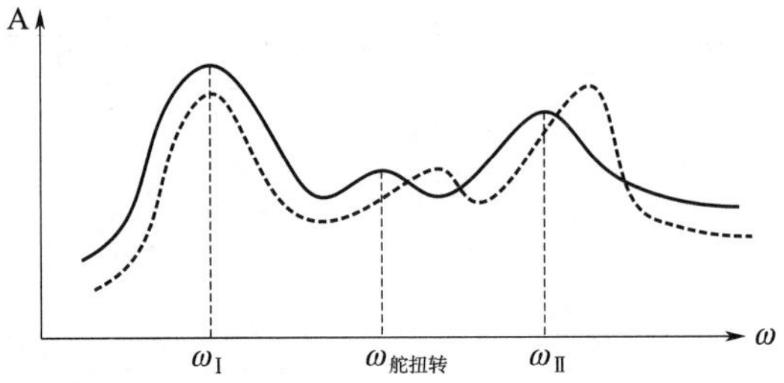

图 3－2　舵系统扭转频率与弹体弹性频率关联曲线

3.3　稳定控制系统设计的一般要求

3.3.1　稳定设计一般方法

一般分为频域设计和时域设计两种方法。频域设计通常采用开环对数幅相特性（Bode图）设计法；时域设计通常采用微分方程来描述弹性弹体特性。在最初设计阶段，初步采用简单的二阶环节表示弹体，逐步丰富弹体方程，通常在最后阶段采用复杂的微分方程。

频域特性与时域特性并不一定能完全对应，在频域初步设计之后需用时域校正。频域设计时要关注：

1）低频段（低于增益交界频率区域），表征闭环系统的稳定精度，所以在低频段的增益 K 要充分大；

2）中频段，表示系统的相对稳定性，ω_b 附近，斜率应接近－20 dB/10 oct，且保持这一频率所处的频段足够宽，以使系统具有适当的幅相裕度；

3）高频段，开环增益 K 应快速下降，抑制噪声的影响。

稳定控制反馈回路一般包括：阻尼（反馈）回路、过载（反馈）回路。

3.3.2　阻尼控制回路

阻尼控制回路的作用是：

1）增大导弹短周期运动的阻尼。弹体阻尼小，有害摆动会增大诱导阻力，引起速度和斜距下降。阻尼一般取 0.35～0.5。

2）保证导弹具有较高的短周期振荡频率。为保证制导回路的稳定性，阻尼回路应在保证自身稳定的情况下，提高通频带，通常比大回路开环频率高 5 倍以上。舵系统的带宽是小回路带宽的 5～10 倍。另外还要注意舵系统谐振频率要远离弹体弹性振动频率。

3）校正网络的作用是补偿执行机构引入的相位滞后，同时抑制弹性。

3.3.3　过载控制回路

过载控制回路的作用是：

1）保证传递比＞0.7。由于阻尼回路设计是为了改善阻尼 ξ，回路的主导极点配置结果使开环增益较小，故要引入加速度反馈。

2）改善制导系统的稳定性和动态品质。引入合适的校正网络、微积分校正，有利于提高大回路的稳定性。

3）弹体弹性抑制的传感器补偿及安装位置选择。一般角速度回路对稳定回路的影响较大，所以惯性测量装置优先考虑陀螺的安装点，同时尽量靠近 $f_i(x)=0$ 的位置。

由于质心一般在发动机上，线加速度计会敏感到一、二阶弹性过载及角速度。为抵消影响，除了加滤波器之外，在回路中可引入一个一阶惯性环节。

$$Y_L = \frac{1}{1 + T_L s}$$

$$T_L = K_{xa} \cdot L / K_{xs}$$

其中 L 为质心到加速度计的距离。

如图 3-3 所示，陀螺置于 A_1 最好，对弹性角速度最不敏感；加速度表置于 A_1 最差，弹性振动过载最大；而现在使用的多为捷联式惯性测量装置，采取折中方法，放置于质心点到弹尖距离的 1/2～2/3 处。

采用安装位置与凹陷滤波器相结合的方法抑制弹体弹性。弹性频率接近刚体频率时，要采用相位稳定方法。

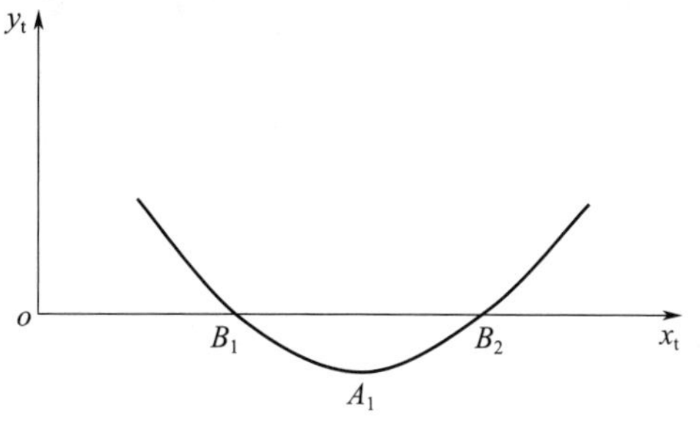

图 3-3　导弹弹性坐标系

3.4　初制导段控制系统设计

3.4.1　稳定控制结构选择

图 3-4 示给出了俯仰通道控制回路结构图，滚动回路控制结构图与俯仰通道类似。

稳定控制回路的组成：

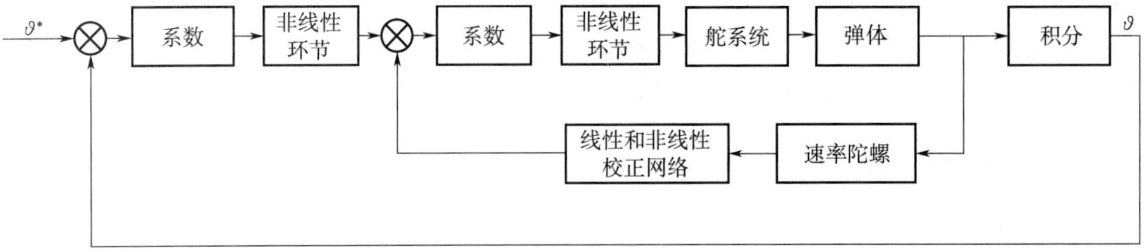

图 3－4　俯仰通道控制回路结构图

1）角速度线性和非线性校正网络，包括放大系数、校正网络，其中非线性校正网络，用于抑制角速度快速增大。

2）角位置反馈，形成转弯指令与俯仰角的差值。

三通道控制信号合成要考虑滚动角信号按俯仰偏航通道进行分解。导弹的角位置和角速度合成信号要加限幅，以保证导弹姿态角的稳定。同时，在形成舵指令之前，要加抗弯曲振动滤波器，以保证弹体弹性稳定的裕度。

3.4.2　设计思想

以滚动回路设计为例，导弹初制导段滚动 180°可以说是实现导弹全方位发射的最简捷、最方便实现的方案之一。因此，导弹是否有能力完成滚动 180°也是实现该方案的关键因素之一。这就为稳定控制系统设计带来了一定的难度。在频域设计的基础上，合理地引入非线性环节，在时域设计上下功夫，充分发挥系统中各元件的潜力，有效地提高了系统的控制性能，较好地解决了控制系统的快速性与稳定性之间的矛盾。

利用非线性特性改善控制系统的控制性能，已在众多的控制系统设计中得到了广泛应用。一般情况下，控制系统中存在的非线性因素对系统的控制性能将会产生不良的影响。但是，在控制系统中合理地引入特殊形式的非线性环节却能使系统的控制性能得到改善。非线性校正与线性校正环节共同作用，可以使系统的控制性能得到大幅度的提高，这就较好地解决了系统的快速性和稳定性之间的矛盾。

一般非线性元件输出信号中的高次谐波，通过系统的线性部分的滤波已被充分衰减(系统中的线性部分一般都具有低通滤波器的作用)，那么在非线性环节的输出信号中有意义的只是其基波分量，于是非线性控制系统的稳定性可用描述函数法来分析。一般非线性系统都存在自持振荡，同样可用描述函数法来分析具有非线性特性的控制系统在产生自持振荡的情况下的自振频率及振幅。这里不再详述有关描述函数法分析非线性控制系统的方法。在系统中消除自持振荡可以有两种途径：一种是改变非线性环节的参数，如死区的大小等；另一种是在线性部分加入适当的校正或改变结构参数等。

本书采用上述两种途径相结合的方法来完成稳定控制回路设计。

首先是在频域设计范围内，将系统近似作为线性系统来设计，选定系统线性部分的校正网络及初步选定控制参数，尽量使系统具有足够的稳定裕度，且使线性系统能有好的快速性。在进行时域设计时，充分考虑系统中加入的非线性环节，即饱和特性及死区非线性特性，通过时域仿真来调整非线性环节的结构参数。前向通道中加入的角度饱和环节在考虑尽量扩大系统的线性工作范围的同时，也要在系统实现大的滚动角时，兼顾角度控制信号过大会影响其他控制信号的实现，即有可能阻塞其他控制信号。而在阻尼反馈通道中加入死区非线性特性环节可以看作类似一种变放大系数的特性，使系统在大信号时具有较大的反馈系数，从而使系统响应迅速，而在小信号时具有较小的反馈系数，使系统响应既快且稳。在高频低振幅噪声作用时，能使干扰信号基本得到抑制，控制信号可顺利通过。具体到本设计中，死区大小的选择及线性增益的选择对系统控制性能或者说系统的动态品质特性有很大的影响，选择不好，系统会产生自振乃至不稳。在时域设计的基础上，进行全量方程的控制弹道计算及仿真，通过较好地选择上述非线性环节的参数，使稳定控制回路满足设计指标要求，实现了滚动 180°的指标要求。

控制系统频域设计是在小扰动、小偏差线性化的条件下进行的定点频域设计，这里忽略了非线性环节的影响。通过以往的系统设计经验来看，只要合理选择控制参数及校正网络，增大频域设计范围内的稳定裕度，这种设计方法仍是简便实用的（当然也可用描述函数法来对非线性控制系统进行频域分析与设计，这里不再详述）。通过对弹体动态特性的分析及对若干条理论弹道上所选的大量的特征点的频域设计，基本上选定了系统参数。同时考虑了对俯仰偏航回路弹体一、二阶弹性振动进行抑制，设计抗弯滤波器。

图 3 - 5 是特征飞行时间点 3 s 的频域响应曲线。

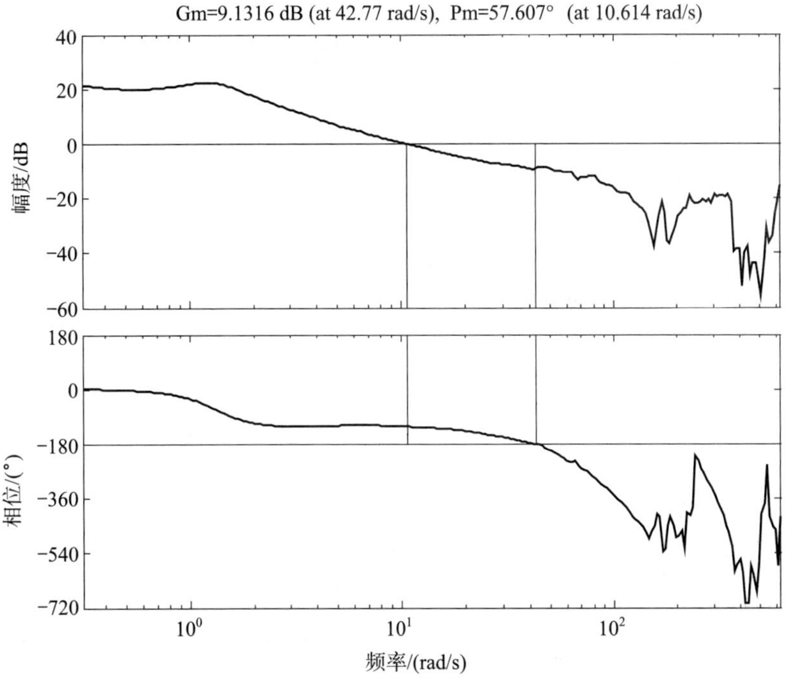

图 3 - 5　俯仰回路频域响应曲线

为提高初制导段对速度矢量角 θ，ψ_c 的控制精度，在控制回路中加入了弹道角 θ，ψ_c 。另外，初制导段还考虑了对三个控制通道的舵偏分配的动态调整。

典型算例：初制导段控制弹道数学仿真，滚动 180°、俯仰角从 90°低头到 10°，即初制导段转弯结束角为弹道倾角 $\theta=10°$，速度偏角 $\psi_c=180°$，如图 3-6 所示初制导段控制精度较高。

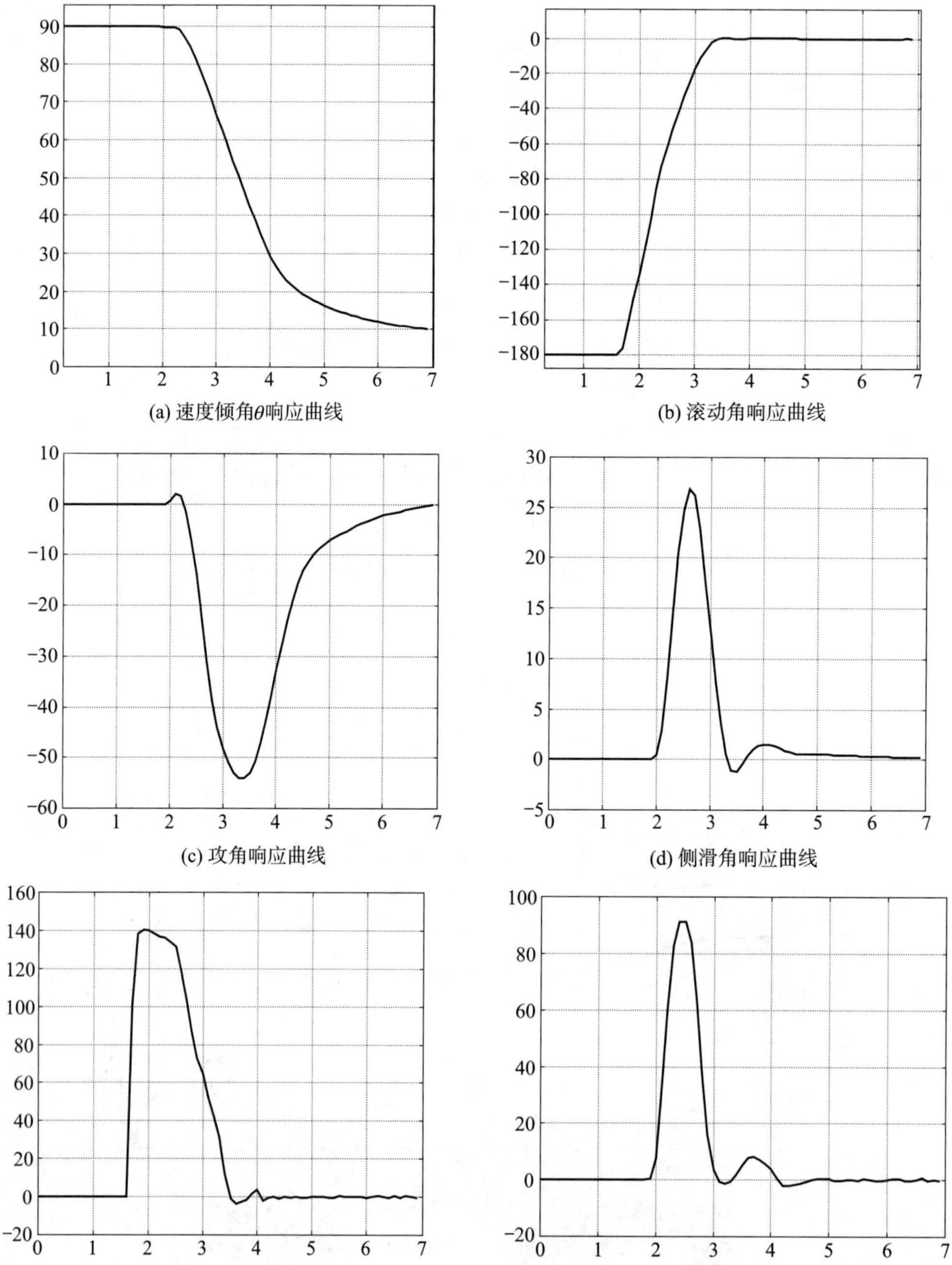

(a) 速度倾角θ响应曲线　(b) 滚动角响应曲线

(c) 攻角响应曲线　(d) 侧滑角响应曲线

(e) 滚动角速度响应曲线　(f) 偏航角速度响应曲线

图 3-6　初制导段控制弹道数学仿真

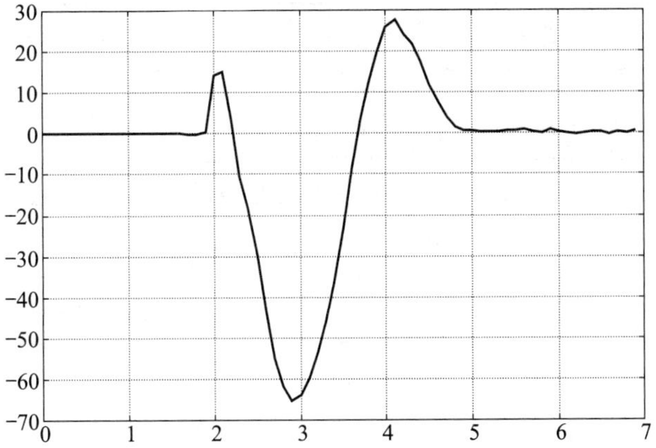

(g) 俯仰角速度响应曲线

图 3-6　初制导段控制弹道数学仿真（续）

3.5　中制导段稳定控制系统设计

中制导段大多采用气动舵控制，如果末制导段不采用其他执行机构如推力矢量、直接力等控制方式，一般与中制导段的稳定控制回路结构相同，本节重点介绍气动舵控制的稳定系统设计方法。

3.5.1　俯仰偏航回路稳定系统结构图选择

结构图的选择是按下列思路进行的：

1）在响应输入控制信号时保持给定的导弹快速性；

2）最小的控制指令静态响应误差；

3）保证在空间（三维）运动中最大的结构稳定性；

4）在考虑了导弹静不稳定状态下，保证要求的快速性；

5）保证弯曲振动回路的稳定性与要求的快速性相结合。

如图 3-7 所示，具体体现在：

1）输入指令和导弹加速度间失调信号积分的馈入保证上述 1）、2）思路中优点的实现；

2）位置硬反馈，这是保证静不稳定性导弹稳定系统的稳定性所必需的，这种硬反馈在结构图中以导弹角速度积分的形式来实现，这可实现上述 3）、4）、5）项思路中的优点；

3）舵机输入端的弹性滤波器保证了弯曲振动回路的稳定性，这种弯曲振动是由于弹体弹性所引起的。

该结构图适合大攻角，可实现大过载控制，有时还会增加旁馈（前馈）支路，通过合理分配舵偏，可有效提高全空域弹体过载响应速度。

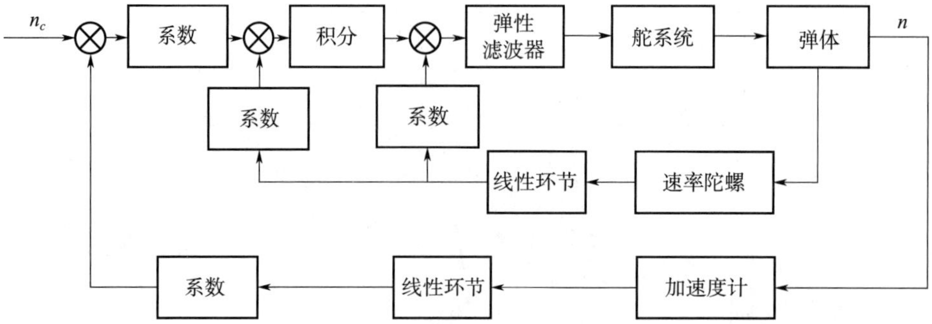

图 3-7　俯仰偏航回路稳定系统结构图

3.5.2　滚动回路结构图的选择

图 3-8 是滚动回路结构图，按下列思路进行选择：

1）导弹转向所需要求的滚动角（在转弯段）和滚动角的稳定；

2）最小的滚动角静态误差；

3）在响应扰动时系统在空间运动中的稳定性；

4）滚动通道的最小建立时间。

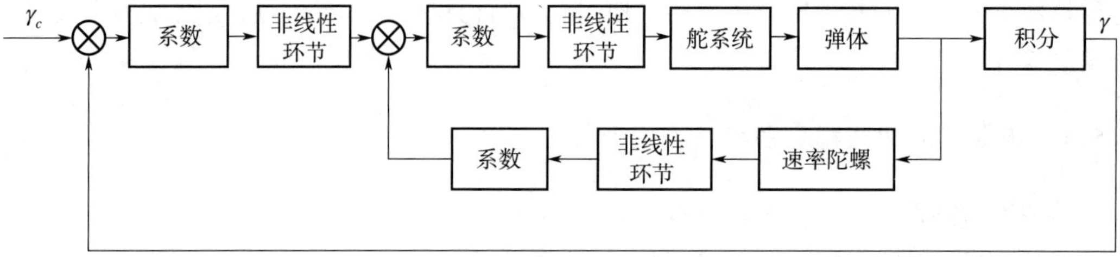

图 3-8　滚动回路结构图

结构图中，非线性环节可保证在空间运动中的系统稳定。

3.5.3　设计方法

中制导段稳定控制系统设计与初制导段稳定控制系统设计方法类似，即在小扰动、小偏差线性化的条件下进行定点频域设计，初步确定控制参数；然后在三通道控制弹道时域仿真中，进行参数设计、校核。设计中需要关注以下两点。

（1）动力系数计算

求取动力系数要用到力导数、力矩导数，而它们是攻角的函数。由于导弹的非线性严重，需要确认在求导时是在弹的需用攻角处求导，还是考虑在附加攻角的总攻角处求导。初步设计时考虑在 $\alpha=0$ 处求导，然后在全量控制弹道上进行时域拉偏仿真，来检验系统的稳定性。

（2）控制参数的选择

控制参数在整个飞行中随高度、速度连续变化。

图 3-9 是特征飞行时间点 18 s 的俯仰回路频域响应曲线。图中：

截止频率 Omega _ c=24.55 rad/s，相裕度 Pm=38.73 759 6°；

低频穿越频率 Omega _ b=4.35 rad/s，低频幅裕度 Gm _ 1=5.312 106 dB；

高频穿越频率 Omega _ a=52.45 rad/s，高频幅裕度 Gm _ 2=6.344 792 dB。

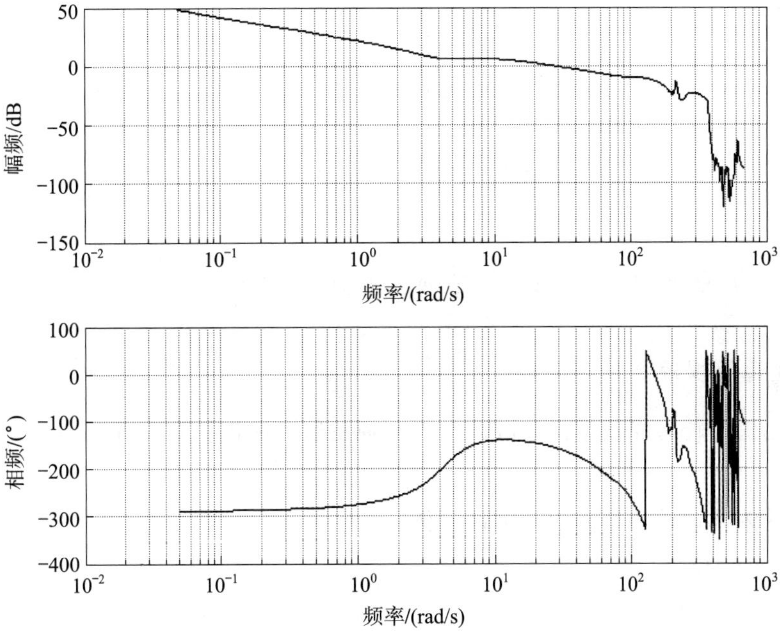

图 3-9　俯仰回路频域响应曲线

图 3-10 是某典型弹道在 Y 向施加 20*g* 过载指令的响应曲线。

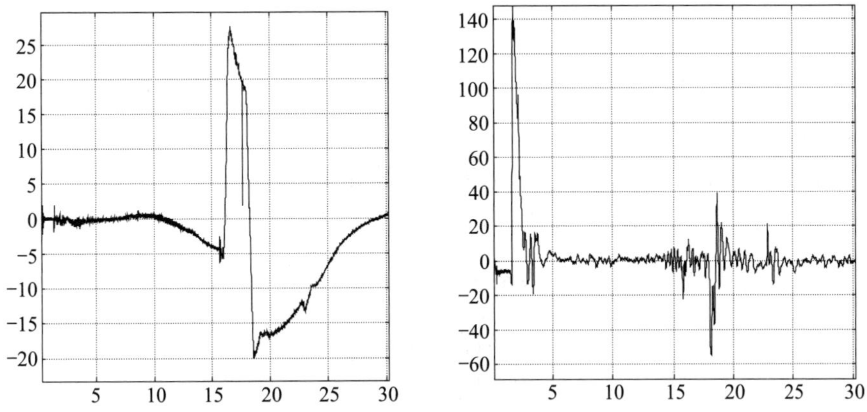

(a) *Y*向过载响应曲线　　(b) 角速率w_x响应曲线

图 3-10　某典型弹道在 Y 向施加 20*g* 过载指令的响应曲线

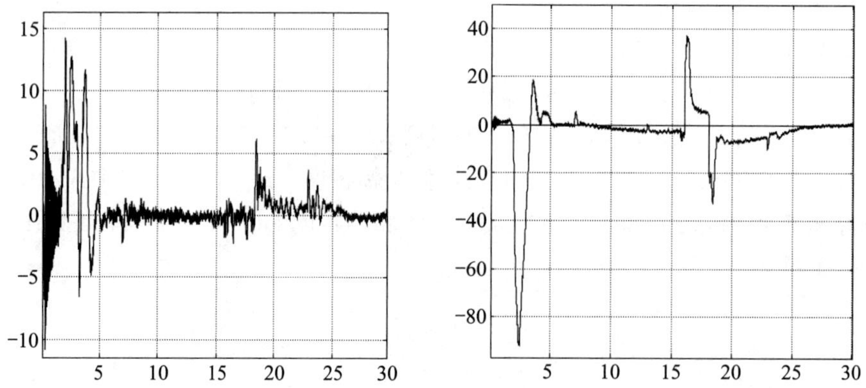

(c) 角速率w_y响应曲线　　(d) 角速率w_z响应曲线

图 3－10　某典型弹道在 Y 向施加 $20g$ 过载指令的响应曲线（续）

3.6　气动力控制下姿态跟踪古典控制律设计

3.6.1　三通道解耦控制系统模型

导弹采用侧滑转弯控制方式，因此可以实现三通道解耦控制，在弹体系内设计稳定控制回路。

线性化的俯仰运动微分方程组可以写作

$$\begin{cases}\dot{\theta}=a_4\alpha+a_5\delta_z \\ \ddot{\vartheta}=-a_1\dot{\vartheta}-a_2\alpha-a_3\delta_z \\ \vartheta=\theta+\alpha\end{cases} \tag{3-1}$$

式中　θ ——弹道仰角；

ϑ ——俯仰角；

α ——攻角；

δ_z ——升降舵偏角；

a_1、a_2、a_3、a_4、a_5——俯仰通道动力系数。

在古典反馈控制系统设计中，认为动力系数是定常的。

线性化偏航运动微分方程组可以写作与线性化俯仰运动微分方程组完全一致的形式

$$\begin{cases}\dot{\psi}_v=b_4\beta+b_5\delta_y \\ \ddot{\psi}=-b_1\dot{\psi}-b_2\beta-b_3\delta_y \\ \psi=\psi_v+\beta\end{cases} \tag{3-2}$$

式中　ψ_v ——弹道偏角；

ψ ——俯仰角；

β ——侧滑角；

δ_y ——方向舵偏角；

b_1、b_2、b_3、b_4、b_5——偏航通道动力系数。

线性化后描述滚动运动的微分方程为

$$\ddot{\gamma}+c_1\dot{\gamma}=-c_3\delta_x \tag{3-3}$$

式中　γ ——滚转角；

δ_x ——副翼舵偏角；

c_1、c_3——滚转通道动力系数。

本节我们用古典频域控制理论，围绕给定特征点分别设计俯仰指令跟踪、偏航指令跟踪以及滚转指令跟踪反馈控制系统。设飞行器的俯仰角、偏航角以及滚转角指令分别为 ϑ_c 、ψ_c 和 γ_c ，采用三通道解耦控制方法展开设计。

3.6.2　俯偏通道姿态跟踪古典控制律设计

俯仰通道控制回路如图 3-11 所示，其中，$G_{1z}(s)$ 代表从升降舵舵偏角到俯仰角速率 ω_z 的传递函数，这里，$\omega_z=\dot{\vartheta}$ 。

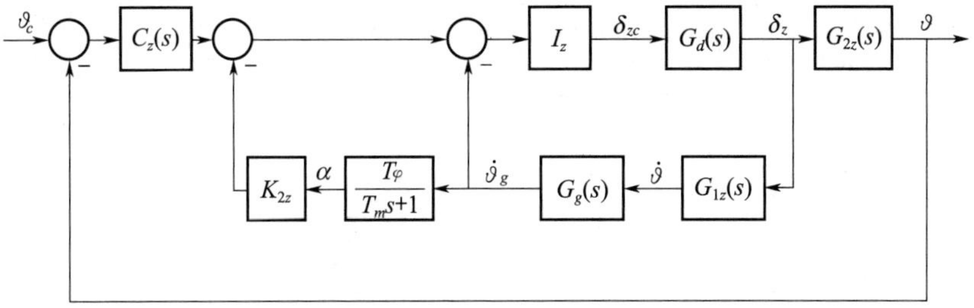

图 3-11　俯仰姿态稳定控制系统方框图

$$G_{1z}(s)=\frac{\omega_z(s)}{\delta_z(s)}=\frac{-a_3s+a_2a_5-a_3a_4}{s^2+(a_1+a_4)s+a_1a_4+a_2} \tag{3-4}$$

$G_{2z}(s)$ 代表从升降舵舵偏角到俯仰角 ϑ 的传递函数，即

$$G_{2z}(s)=\frac{\vartheta(s)}{\delta_z(s)}=\frac{-a_3s+a_2a_5-a_3a_4}{s\left[s^2+(a_1+a_4)s+a_1a_4+a_2\right]} \tag{3-5}$$

舵系统传递函数为

$$G_d(s)=\frac{\delta_z(s)}{\delta_{zc}(s)}=\frac{\omega_d^2}{s^2+2\xi_d\omega_d s+\omega_d^2} \tag{3-6}$$

其中，$\omega_d=120$，$\xi_d=0.65$。

捷联惯导系统陀螺仪敏感弹体的姿态角速率传递函数为

$$G_g(s)=\frac{\dot{\vartheta}_g(s)}{\dot{\vartheta}(s)}=\frac{\omega_g^2}{s^2+2\xi_g\omega_g s+\omega_g^2} \tag{3-7}$$

其中，$\omega_g=160\pi$ ，$\xi_g=0.45$。

I_z 为内回路角速率反馈控制器，取为比例环节。在设计中引入隐攻角反馈环节，从俯仰角速率到攻角的传递函数简化为

$$\frac{\alpha(s)}{\dot{\vartheta}(s)}=\frac{T_{\varphi}}{T_{\varphi}s+1}$$

在系统设计中认为动力系数是定常的，令 $T_{\varphi}=1/a_4$，K_2 为隐攻角反馈增益系数。$C_z(s)$ 为外回路控制器，取为比例＋积分＋超前滞后校正，即

$$C_z(s)=K_1\frac{(\tau_1 s+1)}{s(\tau_2 s+1)}$$

值得指出的是，在静稳定情况下，即 $a_2 \geqslant 0$ 情况下，只需采用姿态角速率反馈和姿态角反馈即可设计出性能优良的姿态跟踪反馈控制系统，即可令 $K_{2z}=0$；但在静不稳定情况下，即 $a_2<0$ 情况下，需采用图 3－11 所示的三通道反馈设计方案，才能设计出性能优良的姿态跟踪反馈控制系统，即令 $K_{2z}>0$。

下面给出两组设计实例。

采用古典频率法设计内回路反馈控制器，取内回路角速率反馈增益为 $I_z=-1$，隐攻角反馈增益取为 $K_2=10$，则图 3－11 中的内回路的开环 Bode 图如图 3－12 所示。

从图 3－12 可以看出，内回路开环剪切频率为 31.9 rad/s，相位裕度为 49.1°，幅值裕度为 10.6 dB，满足控制系统相对稳定裕度设计要求。

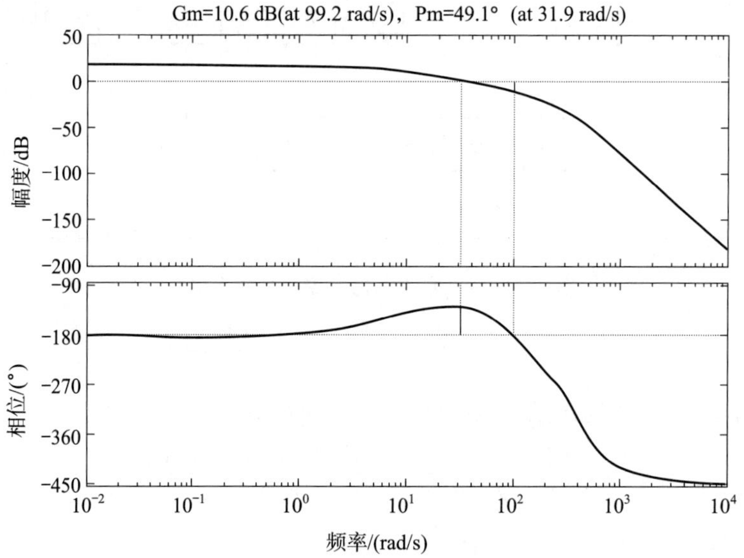

图 3－12　俯仰姿态稳定控制系统内回路开环 Bode 图

图 3－11 所示的姿态控制系统方框图可以等价为图 3－13，其中

$$c_{fz}(s)=\frac{T_{\varphi}s+1+K_{2z}T_{\varphi}}{T_{\varphi}s+1} \tag{3-8}$$

则容易求出图 3－11 中的内回路传递函数为

$$G_{in}(s)=\frac{I_z G_d(s)}{1+I_z G_d(s)c_{fz}(s)G_g(s)G_{1z}(s)} \tag{3-9}$$

然后，以 $G_{in}(s)G_{2z}(s)$ 作为受控对象，设计外回路控制器为

$$C_z(s)=\frac{38(0.917s+1)}{s(s+1)} \tag{3-10}$$

所得到的外回路开环 Bode 图如图 3 - 14 所示。可以看出，外回路的开环剪切频率为 3.95 rad/s，相位裕度为 61.4°，幅值裕度为 17 dB，满足控制系统相对稳定裕度设计要求。

在计算机上实现上述控制律时，对控制律 $c_{fz}(s)$ 和 $C_z(s)$ 用双线性变化进行离散化，然后转化为差分方程在计算机上实现。控制律 I_z 直接用计算机实现。

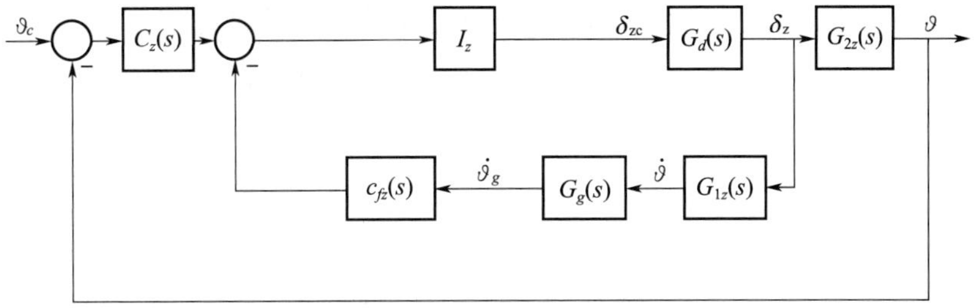

图 3 - 13　俯仰姿态稳定控制系统等价方框图

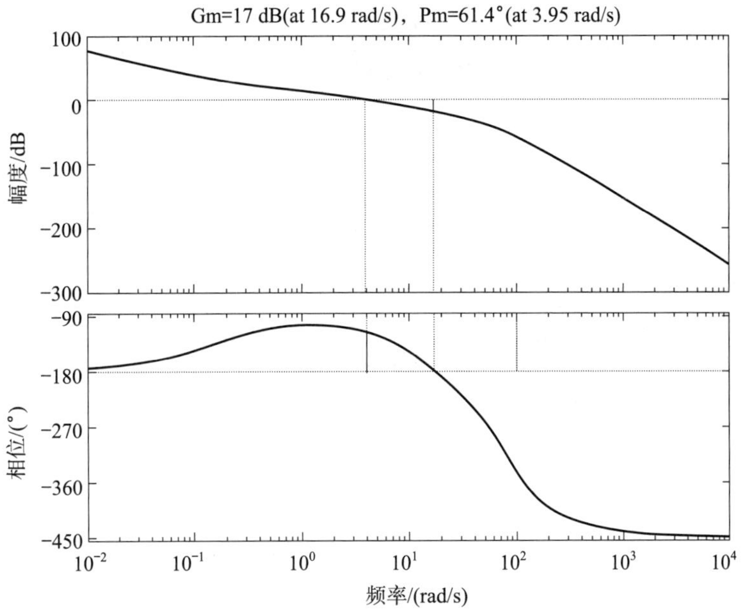

图 3 - 14　俯仰姿态稳定控制系统外回路开环 Bode 图

3.6.3　滚动稳定古典控制律设计

滚动稳定控制器的工作目的是使得滚动角跟踪其指令，一般情况下滚转角指令为零。滚转控制回路由滚动角速率反馈和滚动角反馈两部分组成，见图 3 - 15。其中，$G_3(s)$ 代表从副翼偏转角到滚转角速率的传递函数，容易求得

$$G_3(s)=\frac{\omega_x(s)}{\delta_x(s)}=\frac{-c_3}{s+c_1} \tag{3-11}$$

这里，认为 $\omega_x=\dot{\gamma}$ 。

图 3－15 中，I_x 代表内回路滚转角速率反馈控制器，C_x 代表外回路滚转角反馈控制器。

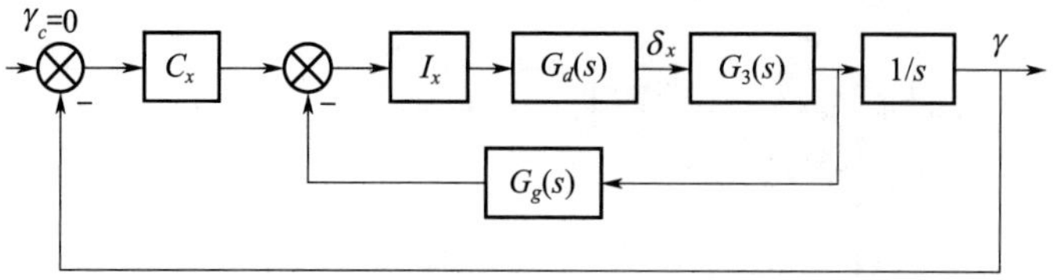

图 3－15　滚动稳定控制系统方框图

将内回路滚转角速率反馈控制器取为比例环节，即令 $I_x=-0.02$，则得到内回路开环传递函数的 Bode 图如图 3－16 所示，可见内回路的开环剪切频率为 34.5 rad/s，相位裕度为 64.7°，幅值裕度为 10.8 dB，满足控制系统相对稳定裕度设计要求。

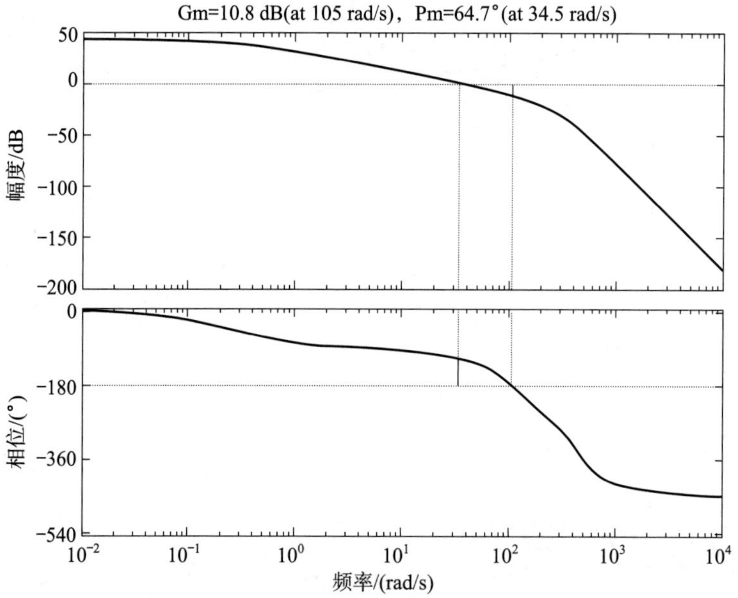

图 3－16　滚动稳定控制系统内回路 Bode 图

由图 3－15 容易求出滚转稳定控制系统内回路传递函数为

$$G_{xin}(s)=\frac{I_xG_d(s)G_3(s)}{1+I_xG_d(s)G_3(s)G_g(s)} \tag{3-12}$$

然后，以 $G_{xin}(s)/s$ 作为受控对象，设计滚转外回路控制器为 $C_x=18$，则得到滚转外回路开环传递函数的 Bode 图如图 3－17 所示，可见外回路的开环剪切频率为 17.7 rad/s，相位裕度为 62.3°，幅值裕度为 11.4 dB，满足控制系统相对稳定裕度设计要求。

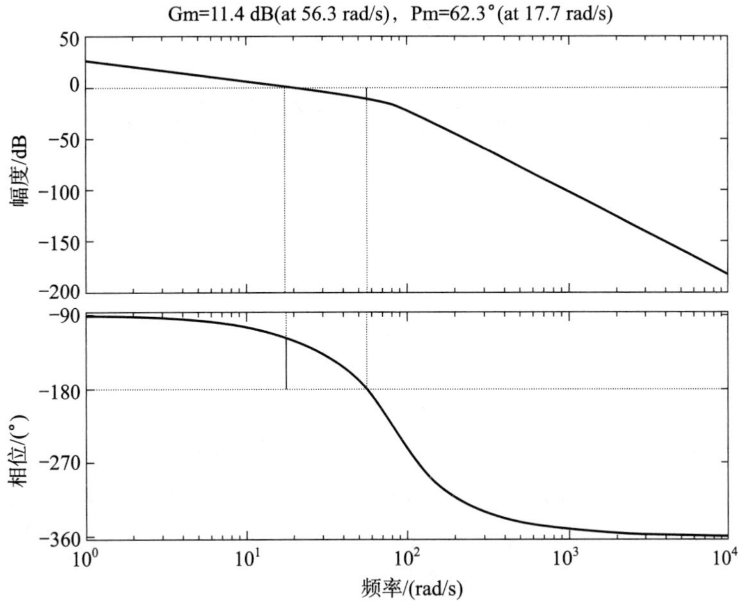

图 3-17　滚动稳定控制系统外回路 Bode 图

3.7　利用正交试验考查系统鲁棒性

正交试验是考查控制系统稳定性的很重要的数学仿真手段，通常飞行阶段不同，影响稳定控制系统的主要因素也会有所差别。比如在初制导段正交试验设计中，地空、舰空、空空导弹随着平台的不同，初制导段的试验设计也稍微有些差异。例如舰空导弹要考虑舰载平台与地面发射的不同，考虑舰摇、舰速的影响；空空导弹（或空中分离的可控杀伤器）需要考虑机载平台的不同，机弹分离扰动、载机速度影响等；地空导弹正交试验拉偏参数需要考虑导弹气动参数、总体参数（质心、质量、转动惯量等）、控制设备的参数离散，风干扰、结构干扰等，同时要考虑初制导控制方式不同（燃气舵、摆动喷管、直接侧向力等）。设计的拉偏参数表也不同，可以采用组合方式进行正交试验，例如不同温度、不同海拔的发动机推力产生的导弹速度不同，可以设计高温、低温、常温下的不同海拔的正交试验表。如果是直接力与气动力复合控制系统，还要把侧喷干扰因子的影响考虑进来。

一般先依据正交试验结果判别系统鲁棒性，如果有系统发散趋势，可以分析其原因，用于决策控制系统参数是否需要调整；正交拉偏试验满足后可视情考虑进行随机拉偏仿真试验，进一步验证系统的稳定性。

3.8　本章小结

本章根据作者多年工程设计经验对稳定控制系统设计方法进行了总结，给出了需要重点关注的一般性设计准则，以及数学仿真验证方法。

第4章　摆动喷管在远程防空导弹上的应用

4.1　引言

随着飞行距离的增加和拦截目标任务的不同，要求远程防空导弹的飞行速度越来越快，导弹一般采取多级助推的方式实现能量优化。多级发动机在弹体后部，带来质心相对于压心后移，静不稳定度严重时达40%左右，传统舵面控制方式操控力矩一般难以满足要求，尤其是在导弹高空飞行段；再加上长时间气动加热的影响，弹体结构温度持续上升，对传统舵面的防热设计提出了更高要求。因此基于摆动喷管控制弹体的操控方式，越来越成为远程防空导弹采用的主要技术途径之一。

摆动喷管推力矢量控制技术是一种通过伺服机构改变喷管摆角，利用发动机推力产生横向分量提供弹体控制力矩的控制技术。这种技术途径不依靠气动力，在低速、高空环境下都能产生较大的控制力矩，有利于实现总体关心的快速转弯、飞行空域、飞行速度、级间分离、飞行热环境等协调匹配要求。

本章介绍了摆动喷管伺服系统应用与建模、基于摆动喷管控制的弹体弹性模型、基于摆动喷管的弹体稳定控制和弹体转弯控制方法。

4.2　摆动喷管伺服系统的应用与建模

基于摆动喷管伺服系统的应用需要开展设计地面试验，摸清摆动喷管接头特性，获取不同性质的摆动负载力矩，建立与实物特性较一致的伺服系统数学仿真模型。

4.2.1　摆动喷管种类

目前远程防空导弹上采用的摆动喷管一般有三类。

（1）柔性喷管

柔性喷管主要包括固定座、活动体和柔性接头等三部分，柔性接头是由弹性材料制成的弹性件和增强件交替组合而成。弹性件通常采用橡胶制成，通过较小的作用使橡胶产生剪切变形，从而实现喷管摆动。

柔性喷管主要负载力矩是喷管接头弹性力矩，柔性喷管接头橡胶材料受环境温度和贮存时间影响较大，材料力学性能会发生非线性变化，需给予重视。

图4-1是柔性摆动喷管结构示意图。

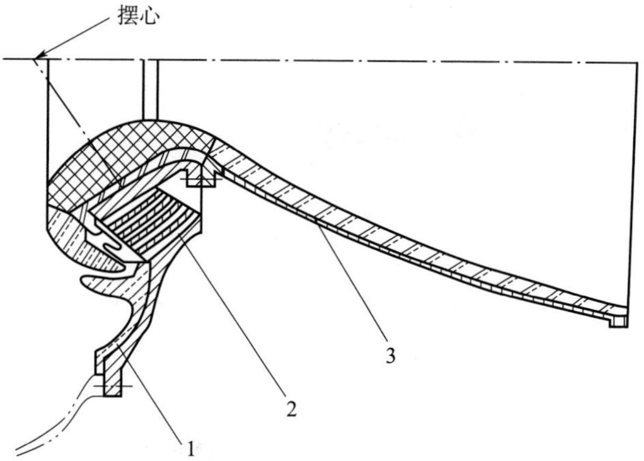

图 4－1　柔性摆动喷管结构示意图

1—固定体；2—柔性接头；3—活动体

(2) 珠承喷管

珠承喷管依靠在凹凸台之间安排一排或多排钢球支撑作用在喷管活动体上的载荷，采用密封圈密封高温高压燃气。

珠承喷管主要负载力矩是喷管摩擦力矩，受发动机工作压强和摆动指令影响较大，部分摩擦力矩是由阴阳球和滚珠之间的应力产生。

图 4－2 是珠承喷管结构示意图。

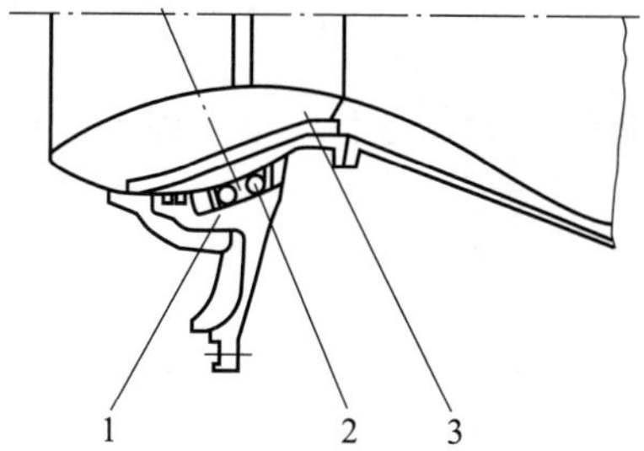

图 4－2　珠承摆动喷管结构示意图

1—固定体；2—珠承；3—活动体

(3) 球窝喷管

球窝喷管与珠承喷管相类似，取消了滚珠，使阴阳球面直接接触，活动体所受的轴向载荷由阴球面承受。球窝喷管相对珠承喷管而言，质量轻，摆角力矩稍大一些。图 4－3 是球窝摆动喷管结构示意图。

图 4－4 给出了美国 ATK 公司研发的柔性摆动喷管和珠承喷管实物图。

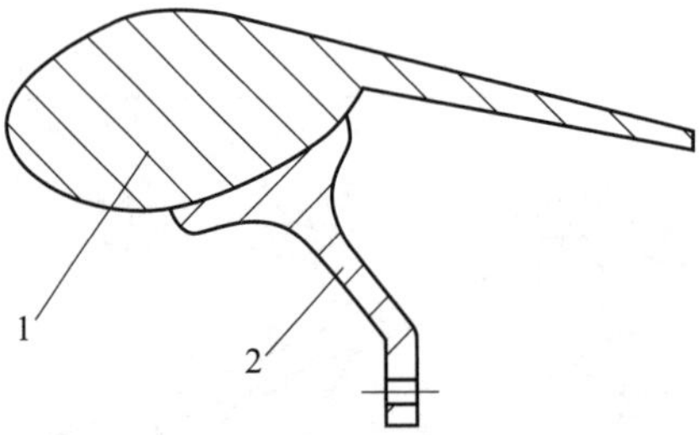

图 4-3　球窝摆动喷管结构示意图

1—活动体；2—固定体

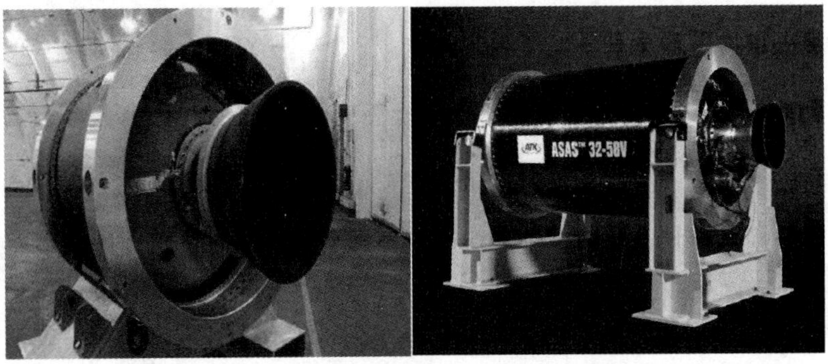

图 4-4　柔性摆动喷管和珠承摆动喷管实物图

4.2.2　伺服机构种类

由于摆动喷管质量和转动惯量较大，远程防空导弹上的伺服机构一般采取液压式和电动式伺服机构。

（1）液压式伺服机构

液压式伺服机构具有体积小、功率大、频带宽、输出刚度高等优点，性能不易受外界负载影响，适合负载大、需求功率大的场合。

液压式伺服机构一般由电机、泵、功放电路、伺服阀、油缸等组成，如图 4-5 所示。根据被控对象特征、性能指标要求以及空间布局，不同项目对液压伺服系统的具体要求会不同，如为提高伺服机构速度安装蓄压器要求、为锁定喷管安装液压锁要求、长时间工作导致温升需解决散热要求等。

电机是一种利用电磁感应定律和电磁力定律，将能量或信号进行转换和变化的电磁机械装置。在液压伺服系统中常采用有刷直流电机为泵提供能量，直流电机的机械特性见图 4-6 所示，其中外加电源电压 $U_3 > U_2 > U_1$。

液压泵是一种能量转换装置，将机械能转化为液压能，是液压动力系统中的动力元件，为系统提供压力油液。按主要运动构件的形式和运动方式分为齿轮泵、螺杆泵、叶片泵、轴向柱塞泵、径向柱塞泵等。图 4-7 是一种典型泵的流量与压强性能曲线。

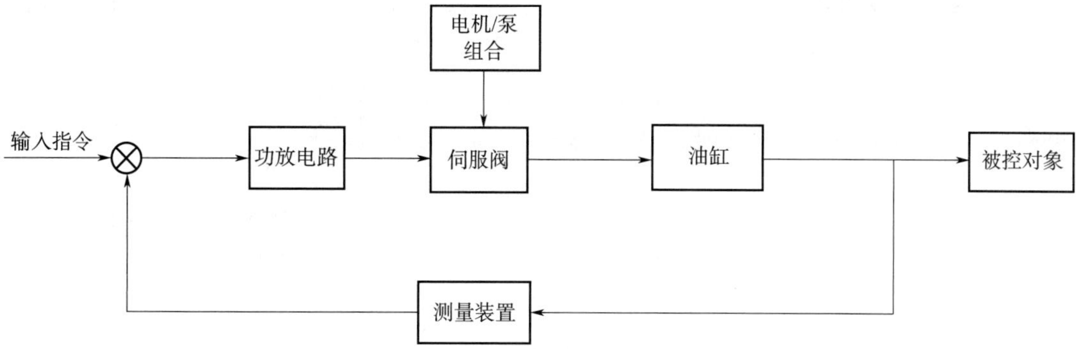

图 4－5　液压式伺服机构组成示意图

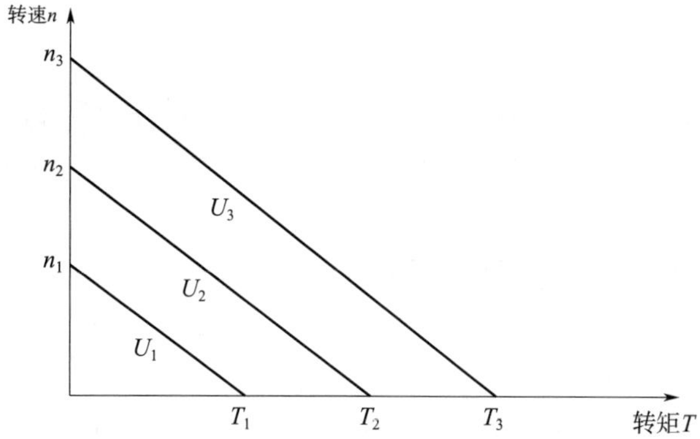

图 4－6　直流电机的机械特性曲线

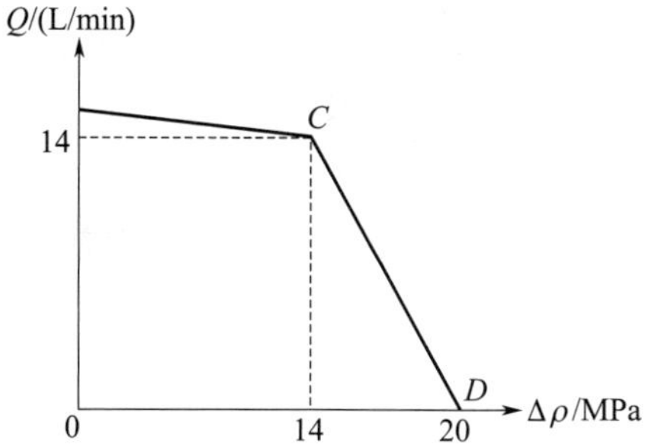

图 4－7　一种典型泵的性能曲线

伺服阀按用途分压力控制阀、流量控制阀、方向控制阀，目前在导弹上多使用流量控制阀，通过改变阀节流口通流面积实现流量控制。

(2) 电动式伺服机构

20 世纪 80 年代以来，随着电子技术和制造工艺水平的提高，稀土永磁直流伺服电机技术、大功率驱动电路技术的飞速发展以及新型减速器，如滚珠丝杠和谐波减速的使用，使无刷直流电动机在快速性、负载刚度、温升等方面得到了大幅提高。而且随着科技技术的进步，集成一体化技术、新型材料以及驱动技术的不断发展，传统的电动式伺服机构正在朝小型化、输出扭矩大、动态特性好、传动平稳、低噪声等方面发展。

电动式伺服机构一般由控制器、功率驱动器、伺服电机、减速器、测量装置五大部分组成，电动舵机组成示意图见图 4－8。

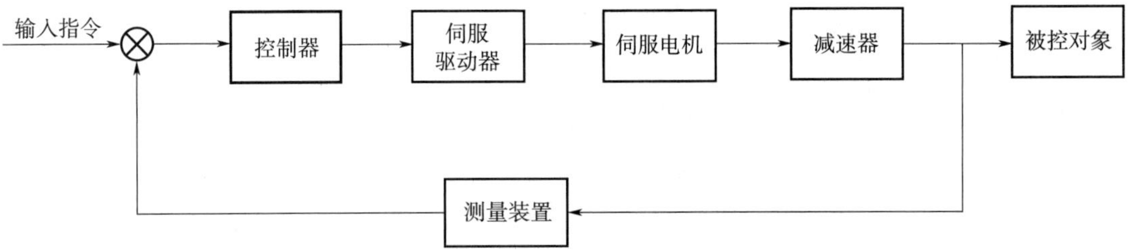

图 4－8　电动式伺服机构组成示意图

电动式伺服机构通过控制器将输入信号与电位计反馈信号进行比较调节后，形成控制信号，驱动器接收控制器发出的 PWM 信号，实现电机调速，经过减速机构减速后实现对输出轴的控制。为提高伺服机构性能，电动式伺服机构通常在控制器里引入模糊控制、鲁棒控制、最优控制等先进控制算法。

伺服驱动器为功率电子设备输出电路的重要组成部分，大功率驱动技术研究不仅仅需要考虑直流驱动方式、IGBT 对管（绝缘栅双极型晶体管）选择，电路设计等，而且需要进一步考虑大功率驱动的抗干扰设计、电磁干扰设计等。

伺服电机作为电信号—机械信号转换元件，是电动式伺服机构的核心元件，一般以无刷直流电机为主。无刷直流电机没有电刷和换向器，它具有寿命长、体积小、转速高、可靠性高、散热容易、出力大、转动惯量小、余度控制方便、运行效率高、低噪声等众多优点，成为电机发展的主流方向，特别适合于对性能、体积、质量要求特殊的航空航天领域，目前正向超高速、高转矩、大功率、微型化、高功能方向发展。

减速器的选择从使用环境、伺服电机的性能、技术参数以及经济性等因素综合考虑，目前航空航天领域使用的减速器有圆柱齿轮减速器、少齿差行星减速器、谐波减速器、蜗轮蜗杆减速器、齿轮加滚珠丝杠副减速器等。

4.2.3　摆动力矩计算方法

对于伺服机构负载而言，不同于空气舵面的气动铰链力矩，摆动喷管自身力矩是伺服机构的主要负载力矩。

摆动喷管负载力矩随摆动喷管接头特性不同而不同，负载力矩由以下几部分组成。

1）与摆动喷管摆角有关的力矩。柔性喷管的弹性力矩与摆角成正比，比例系数与发动机工作压强和工作温度密切相关；珠承喷管抗扭装置也含有部分弹性力矩。

另外一项是摆动喷管摆动质量在轴向过载下产生的摆动力矩。

2）与摆动喷管摆角无关的力矩。具体包括喷管的静摩擦力矩、发动机推力偏心和偏斜产生的力矩。

3）与摆角角速度有关的阻尼力矩。具体包括喷管的动摩擦力矩和摆动喷管运动过程中产生的惯性力矩。

4）其他力矩项。具体包括防热装置产生的结构力矩、一个方向运动对另外一个方向产生的牵连干扰力矩等。

4.2.4　摆动喷管伺服系统地面试验

摆动喷管伺服系统地面试验一般包括摆动喷管负载力矩测试试验、伺服系统性能试验、模态试验以及伺服机构与摆动喷管热试车试验等。在摆动喷管负载力矩测试和伺服系统性能试验中需测量不同幅值、不同频率的正弦信号、不同幅值的阶跃信号、三角波指令信号、不规则弹道指令信号下的喷管负载力矩特性，从负载力矩数据中剥离出主要的与摆角相关的弹性力矩以及与摆动角速度相关的摩擦力矩。

图 4－9 是美国 ATK 公司研发的 ASAS 系列发动机地面试验。

图 4－9　ASAS 系列发动机摆动喷管地面试验

液压式伺服机构一般安装压差传感器测量摆动喷管的负载力矩特性；而电动式伺服机构一般只能通过测量电机工作电流近似计算摆动喷管部分负载力矩特性。由于工作电流信号幅值与控制器算法和反馈控制品质密切相关，所以无法通过工作电流信号分析动态响应过程中喷管各种力矩特性，仅能在缓慢三角波信号下通过电机工作电流测量获取喷管静摩擦力矩和弹性力矩，无法获取动摩擦力矩和惯性力矩等。

摆动喷管伺服系统模态试验一般能够获取喷管的模态以及伺服系统的模态，供伺服系统设计校正网络参考使用。

4.2.5 摆动喷管伺服系统建模

对于液压式伺服系统建模，主要是在液压系统三大方程基础上考虑摆动喷管的负载力矩特性等环节。液压系统三大方程具体是伺服阀流量环节、流量连续方程和油缸力矩平衡方程。

对于电动式伺服系统建模，主要是在电机模型基础上考虑控制器算法、减速器环节以及饱和环节、滞环环节等非线性特性。尤其需要关注的是需要控制滞环环节大小，否则会引起弹体稳定控制系统低频振荡。

摆动喷管伺服系统建模后需结合地面试验和飞行试验进行充分校模仿真，确保伺服系统模型在不同种信号下的响应与实物特性接近一致。

4.3 基于摆动喷管控制的弹体弹性模型

4.3.1 弹性弹体动力学方程一般描述

由于远程防空导弹长细比大，因此在研究和设计远程防空导弹的姿态控制系统时，必须考虑弹体的弹性变形影响。弹性弹体由于存在结构变形和气动力之间的耦合作用以及结构变形和发动机推力之间的耦合作用，建立精确的运动方程十分困难。实际工程设计中弹性弹体模型仅用于弹体动力学特性的分析和控制回路设计，模型并不要求十分精确。本文在建立弹性弹体数学模型时只考虑了弹体的横向弹性振动，而且用到下面三个基本假设条件：

1）弹性弹体振动为平面运动，弹体本身假定为一个两端自由的弹性梁，而且忽略剖面扭转和剪切变形；

2）弹性导弹为连续介质，采用微分方程描述振动运动，弹性运动简化为有限个被选取的振型的叠加；

3）弹性弹体运动认为是刚性弹体运动和弹性弹体振动的叠加。

基于上述假设，弹体的弹性振动被认为是在弹体刚性纵轴附近的小幅度周期性运动，运动幅度随距离弹体理论尖点的距离而变化，弹体上任何一点的运动除了等效刚体的平移和转动外，还有相对于刚体纵轴的横向弹性振动。

为分析方便，引入以弹体理论尖点为原点的弹体弹性基准坐标系，ox_t 为弹体刚性纵轴，指向弹体尾部，oy_t 与 ox_t 垂直，指向上为正。图 4-10 是弹体弹性变形示意图。

弹体的横向弹性振动可以看做两端自由的弹性梁的运动，此梁的质量和抗弯刚度沿长度的分布由弹体结构参数决定，在不考虑外力的作用下，可以表示成如下形式

$$y(x_1,t)=\sum_{i=1}^{n}q_i(t)W_i(x_1) \tag{4-1}$$

在外力作用下，弹体的横向振动仍可近似用上面的形式描述。

式中 $y(x_1,\ t)$ ——弹体弹性振动产生的横向位移；

$q_i(t)$ ——与外力和初始条件有关的第 i 阶广义坐标；

$W_i(x_1)$ ——弹性弹体的第 i 次固有振型函数；

n ——所考虑的振型阶数。

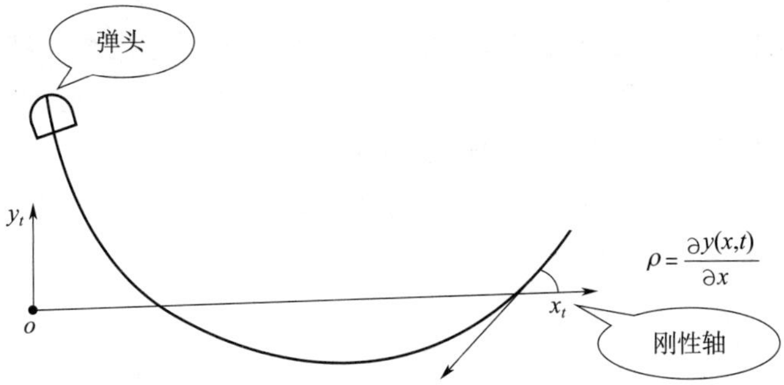

图 4－10　弹体弹性变形示意图

弹性振动第 i 阶广义坐标 $q_i(t)$ 是随时间变化的量，它由下列二阶微分方程确定

$$\ddot{q}_i+2\xi_i\omega_i\dot{q}_i+\omega_i^2q_i=\frac{Q_i}{M_i} \tag{4-2}$$

式中　ω_i ——第 i 阶振型固有频率；

ξ_i ——第 i 阶振型的结构阻尼比；

Q_i ——第 i 阶振型的广义力；

M_i ——第 i 阶振型的广义质量。

$Q_i=\int_0^l f_{Y1}(x_1,\ t)W_i(x_1)\mathrm{d}x$ ，其中 $f_{Y1}(x_1,\ t)$ 为沿弹体分布的横向载荷密度，包括气动力、控制力以及摆动喷管的惯性力等诸力沿弹体刚性体 Y 轴的投影。

$M_i=\int_0^l m(x_1)W_i^2(x_1)\mathrm{d}x$ ，其中 $m(x_1)$ 为沿弹体质量分布函数。

4.3.2　作用在弹体上的广义力

弹体上的广义力除传统的气动攻角产生的气动力外，还包括摆动喷管摆动产生的广义侧向控制力、广义惯性力以及发动机推力引起的广义力。

4.3.3　弹性弹体模型

根据作用于弹体上的各部分广义力，得到第 i 阶弹体弹性振动的动力学方程如下

$$\ddot{q}_i+2\xi_i\omega_i\dot{q}_i+\omega_i^2q_i=d_{1i}\dot{\vartheta}+d_{2i}\alpha+d_{3i}\delta_y+d'_{3i}\ddot{\delta}_y+\sum_{j=1}^{p}d_{4ij}\dot{q}_j+\sum_{j=1}^{p}d_{5ij}q_j \tag{4-3}$$

$$\ddot{\vartheta}+a_1\dot{\vartheta}+a_2\alpha+a_3\delta_y+a'_3\ddot{\delta}_y+\sum_{i=1}^{n}b_{1i}\dot{q}_i(t)+\sum_{i=1}^{n}b_{2i}q_i(t)=0 \tag{4-4}$$

$$\dot{\theta}-a_4\alpha-a_5\delta_y-a'_5\ddot{\delta}_y-a_6\theta-\sum_{i=1}^{n}c_{1i}\dot{q}_i(t)-\sum_{i=1}^{n}c_{2i}q_i(t)=0 \tag{4-5}$$

喷管摆动零点频率

$$\omega_0 = \frac{d_{31}}{d'_{31}} \tag{4-6}$$

与传统舵面控制方式下的弹性弹体模型差异主要体现在摆角角加速度对应项。图 4－11 给出了考虑和不考虑喷管摆动角加速度影响下的弹体弹性角速度幅相特性。从曲线看出，随着弹性频率阶数增高，喷管摆动角加速度对弹性峰值影响越来越大，严重达 40 dB 左右；而且需关注喷管摆动零点频率与弹性频率的相对位置，位置不同，摆动零点对弹性峰值影响不同。摆动零点低于弹体一阶弹性频率时，增大一阶弹性峰值达 5 dB 左右。稳定控制弹性滤波需重点关注此特性带来的影响。

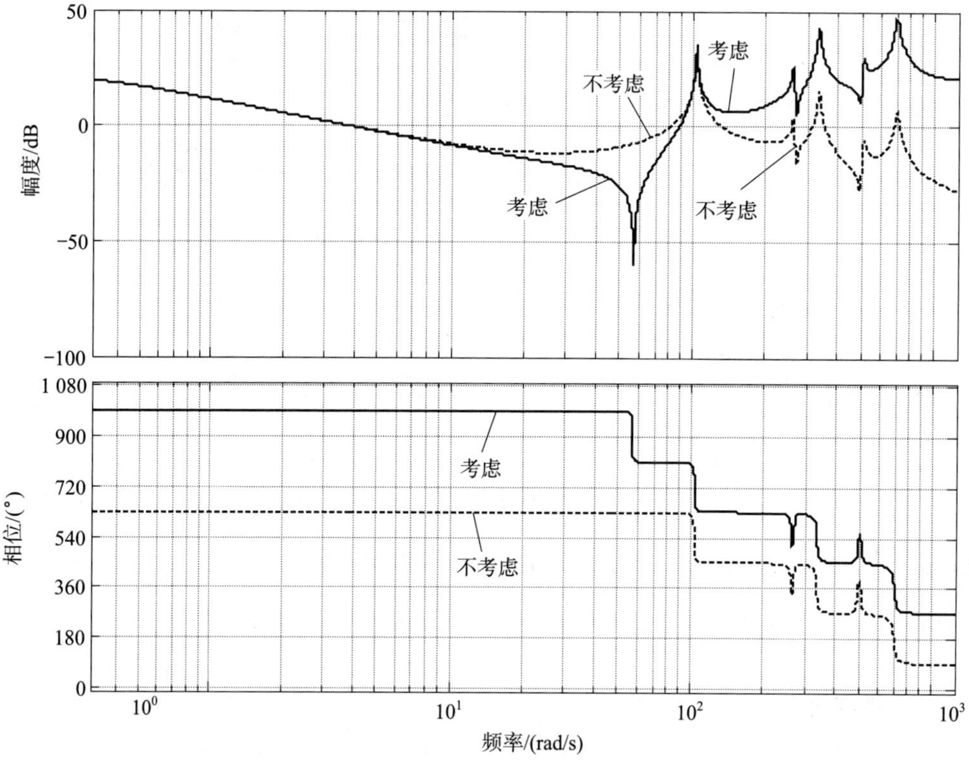

图 4－11　考虑和不考虑摆动角加速度对弹性角速度幅相特性的影响

4.4　基于摆动喷管弹体稳定控制的几个问题

基于摆动喷管的弹体稳定控制一般呈现大静不稳定、低模态频率等特征，考虑到摆动喷管摆动角加速度对弹性峰值的影响，弹体的刚体稳定裕度和弹性稳定裕度匹配设计尤其重要。

下面针对基于摆动喷管的弹体稳定控制几个工程应用问题进行介绍。

4.4.1　弹性振动稳定方法

弹性振动的稳定条件是在弹性频率振动频率附近，系统开环相频特性 $\gamma_s(\omega)$ 穿越 $-(2n+1)\pi$ 时，幅频特性 $L(\omega)<0$；或者系统开环对数幅频特性 $L(\omega)>0$ 时，相频特性 $\gamma_s(\omega)$ 不穿越 $-(2n+1)\pi$ 。

图 4-12 是一种简化的姿态角控制结构框图。仅考虑弹体的弹性部分传递函数。

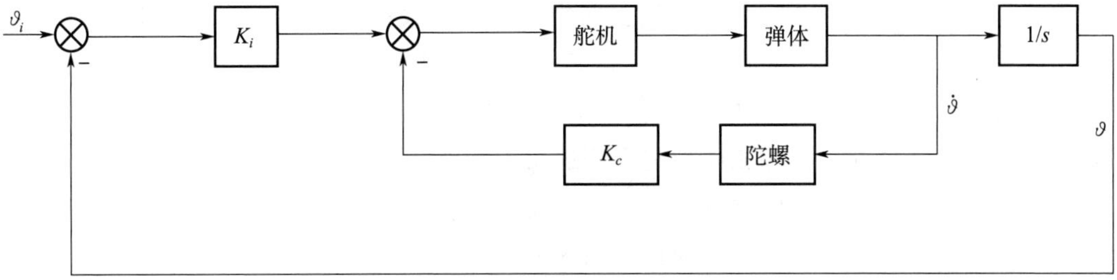

图 4-12　姿态角控制结构框图

$$G(s)=G_j(s)G_{\text{duo}}(s)\times\frac{d_{31}s}{s^2+2\omega_1\xi_1s+\omega_1^2}\times\left[\frac{K_i}{s}+K_cG_{\text{tuo}}(s)\right]\times[-W'(x_t)] \tag{4-7}$$

系统闭环传递函数特征多项式

$$D(s)=s^2+2\omega_1\xi_1s+\omega_1^2+G_j(s)G_{\text{duo}}(s)d_{31}\times[K_i+K_cG_{\text{tuo}}(s)s]\times[-W'(x_t)] \tag{4-8}$$

分析弹性频率点的幅值和相位，令

$$G_j(s)G_{\text{duo}}(s)d_{31}\times[K_i+K_cG_{\text{tuo}}(s)s]\times[-W'(x_t)]\,|_{s=\text{j}\omega_1}=B(\omega_1)\text{e}^{\text{j}r(\omega_1)}=\text{j}a+b=\frac{a}{\omega_1}s+b \tag{4-9}$$

其中，$a=B(\omega_1)\sin\gamma(\omega_1)$，$b=B(\omega_1)\cos\gamma(\omega_1)$，则

$$D(s)=s^2+2\omega_1\xi_1s+\omega_1^2+\frac{a}{\omega_1}s+b=s^2+\left(2\omega_1\xi_1+\frac{a}{\omega_1}\right)s+\omega_1^2+b \tag{4-10}$$

(1) 弹性幅值稳定方法

当 $-2n\pi>\gamma(\omega_1)>-(2n+1)\pi$ 时，$a=B(\omega_1)\sin\gamma(\omega_1)<0$ 要使闭环弹性振动稳定，则 $2\omega_1\xi_1-\dfrac{|a|}{\omega_1}>0$，即 $|a|<2\xi_1\omega_1^2$。

当 $\gamma(\omega_1)=-\left(2n\pm\dfrac{1}{2}\right)\pi$ 时，$|a|$ 最大，数值等于 $B(\omega_1)$，因此，弹性振动条件可表示 $A(\omega_1)=\dfrac{B(\omega_1)}{2\xi_1\omega_1^2}<1$，$A(\omega_1)$ 等于系统开环传函在 $\omega=\omega_1$ 处的幅频特性，这也是系统弹性振动幅值稳定的条件。由此看出，弹性振动幅值稳定实质是对弹性振动的激励小于弹性振动在固有阻尼作用下产生的衰减，弹性幅值稳定依赖于弹性振动固有阻尼和控制系统

对弹性振动信号的衰减能力 $B(\omega_1)$，希望 $B(\omega_1)$ 尽量小。弹性幅值稳定方法适用于弹性频率较高的弹体弹性抑制。

(2) 弹性相位稳定方法

当 $-(2n+1)\pi > \gamma(\omega_1) > -(2n+2)\pi$ 时，$a = B(\omega_1)\sin\gamma(\omega_1) > 0$，由此

$$2\omega_1\xi_1 + \frac{a}{\omega_1} > 0$$

弹性振动是稳定的，这是弹性振动相位稳定的条件。

因此，相位稳定取决于舵系统、校正网络、控制参数在弹性频率 ω_1 的相位特性，以及振型斜率 $W'(x_t)$ 和弹性动力系数 d_{31} 的符号。由此看出，弹性振动相位稳定的实质是把弹性振动作为控制信号的一部分，通过控制装置得到合适相位，增加弹性振动阻尼作用，从而达到稳定目的。弹性相位稳定方法适用于弹性频率较低的弹体弹性抑制。

基于摆动喷管的弹体弹性比较低，一般需要考虑弹体弹性三阶至四阶，有时会采取针对一阶弹性进行相位稳定，对高阶弹性采用幅值稳定方式。

4.4.2 伺服机构安装方式带来的控制影响

由于发动机和喷管尺寸、结构等方面的限制，伺服作动器安装方式一般很难实现理想安装。所谓理想安装方式指两路作动器不发生牵连，每路作动器伸缩时正负摆角对称。因此在进行摆动喷管伺服控制时，需考虑非理想状态方式对控制精度的影响，把非设计状态控制在一定范围内。图 4-13 为伺服系统安装方式示意图，需计算分析伺服作动器伸长和缩短行程对应的摆角对称性、一个方向对另外一个方向的牵连干扰、摆动力臂变化非线性、摆心变化对摆角精度影响等特殊问题。

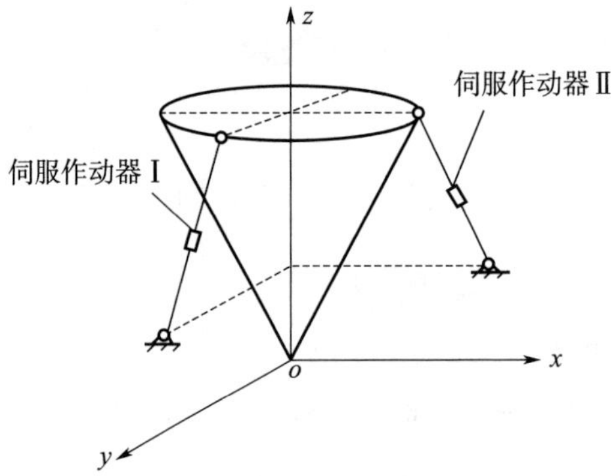

图 4-13 伺服机构安装方式

4.4.3 摆角指令限幅处理

在单喷管推力矢量控制中，俯仰、偏航作动器控制同一个喷管，尽管每个作动器行程都不超过允许的最大摆角，但是两个作动器共同作用效果会使喷管摆角超过允许值，最大

可达允许值的 $\sqrt{2}$ 倍。当单方向行程存在饱和时，会改变合成控制力的方向，而此方向不是消除姿态偏差的最佳方向。因此要求控制系统实现喷管摆动的任何方向上最大摆角不超过允许值，而且摆角达到极限位置后合成控制力方向与指令方向一致。为此需对伺服机构摆角指令进行圆限幅，具体如下：

$$U_c = \sqrt{U_1^2 + U_2^2}$$

若 $U_c > U_m$ ，则

$$U'_1 = U_1 \times \frac{U_m}{U_c}$$

$$U'_2 = U_2 \times \frac{U_m}{U_c}$$

式中　U_m ——喷管最大摆角；

U_1、U_2——分别是俯仰、偏航通道输出的伺服指令；

U'_1、U'_2——分别是经过圆限幅后俯仰、偏航通道输出的伺服指令。

4.5　基于摆动喷管的弹体转弯控制方法

基于摆动喷管的弹体转弯控制是多指标约束下的制导，需考虑惯性器件性能、伺服机构响应速度、计算机速度和容量、转弯时间、弹道倾角精度、飞行速度等要求。在此基础上一般有摄动制导转弯和闭路制导转弯两种方式。

4.5.1　摄动制导转弯

摄动制导转弯是将飞行弹道控制在预先设计的标准弹道附近，将目标函数在标准弹道附近进行泰勒展开，采用摄动关机方程和横法向导引实现其控制功能。

摄动制导导引目标量是标准弹道发动机耗尽点的弹道倾角和弹道偏角，根据装订的标准弹道数据采用数值法计算确定摄动导引系数 K_i^φ（$i=1$，2，…，6）和 K_i^ψ（$i=1$，2，…，6）。基于标准弹道生成的标准导引函数 $\bar{u}_{\alpha\varphi}$ 、$\bar{u}_{\alpha\psi}$ 计算公式为

$$\bar{u}_{\alpha\varphi} = K_1^\varphi \bar{V}_x + K_2^\varphi \bar{V}_y + K_3^\varphi \bar{V}_z + K_4^\varphi \bar{x} + K_5^\varphi \bar{y} + K_6^\varphi \bar{z} \tag{4-11}$$

$$\bar{u}_{\alpha\psi} = K_1^\psi \bar{V}_x + K_2^\psi \bar{V}_y + K_3^\psi \bar{V}_z + K_4^\psi \bar{x} + K_5^\psi \bar{y} + K_6^\psi \bar{z} \tag{4-12}$$

式中　$\bar{V}_x$ 、$\bar{V}_y$ 、$\bar{V}_z$ 、$\bar{x}$ 、$\bar{y}$ 、$\bar{z}$ ——标准弹道发射坐标系下的速度和位置分量。

从而可以得到摄动补偿姿态量

$$\Delta_\varphi = K_1^\varphi (V_x - \bar{V}_x) + K_2^\varphi (V_y - \bar{V}_y) + K_3^\varphi (V_z - \bar{V}_z) + K_4^\varphi (x - \bar{x}) + K_5^\varphi (y - \bar{y}) + K_6^\varphi (z - \bar{z})$$

$$\Delta_\psi = K_1^\psi (V_x - \bar{V}_x) + K_2^\psi (V_y - \bar{V}_y) + K_3^\psi (V_z - \bar{V}_z) + K_4^\psi (x - \bar{x}) + K_5^\psi (y - \bar{y}) + K_6^\psi (z - \bar{z})$$

采用摄动制导转弯的导弹，在发射前要设计一条标准弹道，程序角指令与标准弹道相对应。图 4－14 是标准弹道程序角指令随飞行时间变化曲线，图 4－15 是考虑风等干扰下的摄动俯仰和偏航方向补偿量。

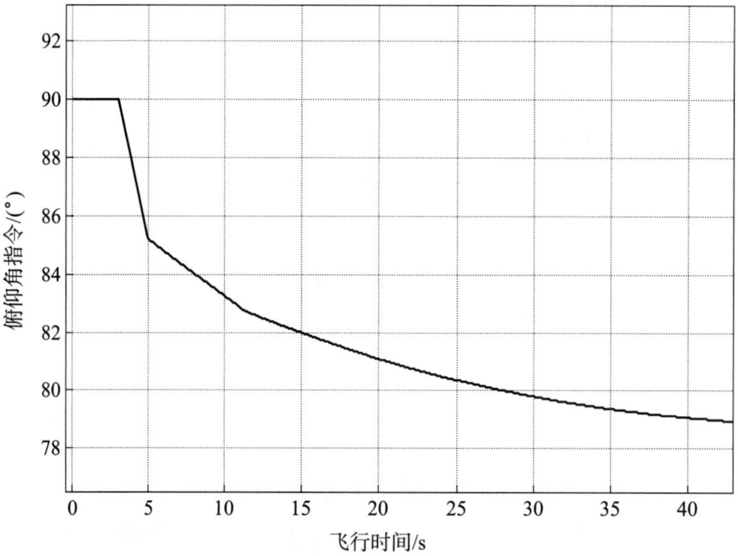

图 4-14　标准弹道程序角指令随飞行时间变化曲线

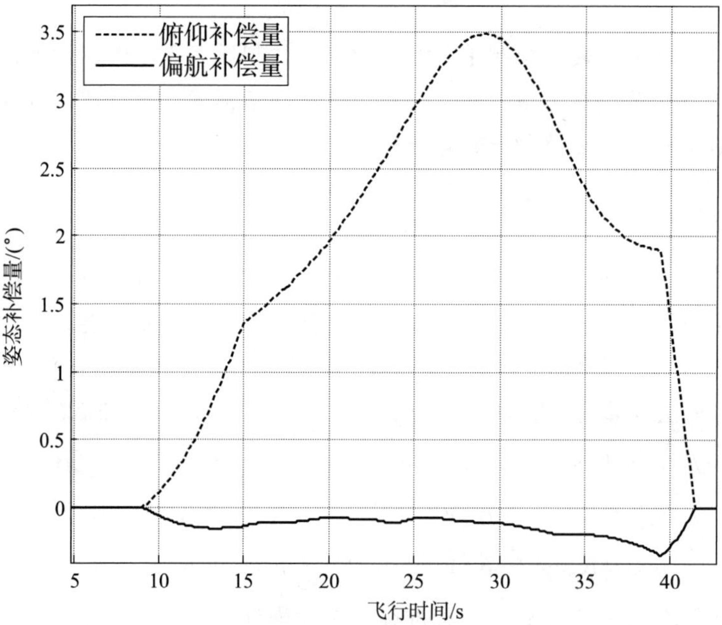

图 4-15　考虑风等干扰的摄动俯仰和偏航姿态补偿量

4.5.2　闭路制导转弯

闭路制导转弯是在导航计算基础上，根据导弹当前位置和目标运动位置或者期望的弹道角要求进行制导，一般采用传统的比例导引形式。与摄动制导转弯的主要区别是闭路制导转弯具有较大灵活性，不依赖于标准弹道，一般用于作战距离相对近的飞行弹道。闭路制导转弯方式下的弹道倾角和俯仰角响应曲线如图 4-16 所示。

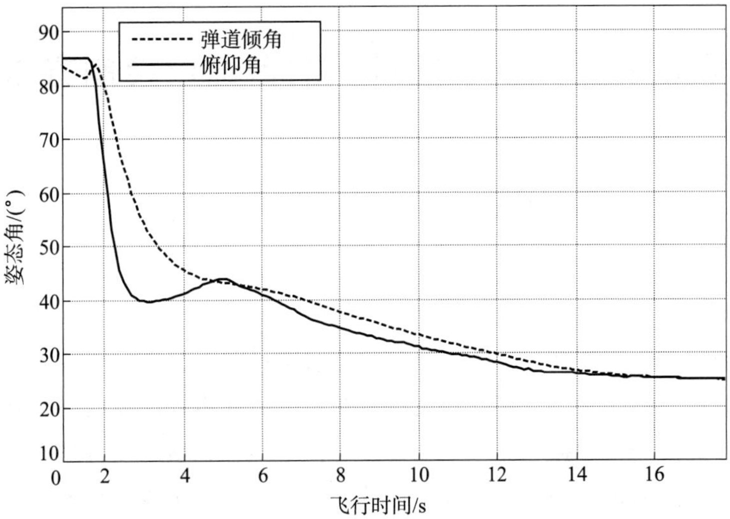

图 4-16　闭路制导转弯方式下的弹道倾角和俯仰角响应曲线

4.6　本章小结

本章根据作者多年工作经验，总结了摆动喷管在防空导弹上应用的稳定控制系统设计方法，主要包括摆动喷管伺服系统建模、基于摆动喷管控制的弹体弹性模型、基于摆动喷管的弹体稳定控制重点关注的问题和弹体转弯控制方法。

第5章 基于参数辨识的自适应控制方法

5.1 引言

远程防空导弹在跨空域高速飞行的过程中，气动特性非线性变化明显；而且在经历长时间飞行时，弹体结构受气动热影响，材料特性和连接刚度呈非线性变化，弹体弹性振动频率会发生比较明显的变化。为了保证飞行控制系统的性能，需要实时估计弹体的气动特性，并在线估计弹体的弹性振动频率，提高弹性抑制能力和系统飞行品质。

本章针对导弹三通道运动解耦和线性化数学模型，应用非线性系统弱可观理论分析飞行控制系统中动力系数在线估计系统的可观性。在此基础上设计气动参数在线估计的 Kalman 滤波器，以及在线估计滚转通道干扰量的 Kalman 滤波器，通过数值仿真验证上述滤波器的有效性。

在此基础上研究了三种弹性抑制方法，具体包括 FFT 和 CZT 联合测频方法、引入角加速度计的弹性信号在线估计方法、无迹卡尔曼滤波方法，并同步进行了基于气动参数辨识和弹性频率辨识的自适应姿态控制设计与仿真验证。

5.2 非线性系统可观性分析理论

Hermann 和 Krener 提出的“局部弱可观”理论，是目前非线性系统可观性分析的重要理论工具。

一般的非线性系统形式为

$$\begin{cases}\dot{\boldsymbol{x}}=\boldsymbol{f}(\boldsymbol{x},\boldsymbol{u})\\ \boldsymbol{z}=\boldsymbol{h}(\boldsymbol{x})\end{cases} \tag{5-1}$$

式中 $\boldsymbol{x}$ ——状态向量；

$\boldsymbol{u}$ ——控制向量；

$\boldsymbol{z}$ ——测量向量；

$\boldsymbol{f}(\cdot,\ \cdot)$ ——非线性状态转移函数；

$\boldsymbol{h}(\cdot)$ ——非线性测量函数。

在定义非线性系统的可观性之前，我们先引入不可区分的概念。

定义 5.1 对于非线性系统（5-1），给定不同的初始状态 $\boldsymbol{x}_1 \neq \boldsymbol{x}_2$，如果对于每个容许控制 $\boldsymbol{u}(t)$，它们对应的系统输出 $\boldsymbol{z}_1(t)$，$\boldsymbol{z}_2(t)$ 都满足 $\boldsymbol{z}_1(t)=\boldsymbol{z}_2(t)$，那么说 $\boldsymbol{x}_1$ 和 $\boldsymbol{x}_2$ 是不可区分的。

在此基础上，我们定义非线性系统的可观性。

定义 5.2　对于非线性系统（5-1）和初始状态 $\boldsymbol{x}_0$，如果 $\forall\ \boldsymbol{x}_1 \neq \boldsymbol{x}_0$，$\boldsymbol{x}_1$ 和 $\boldsymbol{x}_0$ 都是可区分的，那么说（5-1）在 $\boldsymbol{x}_0$ 处是可观的。如果（5-1）在状态空间中的任意点处都是可观的，那么说（5-1）是可观的。

需要指出的是，非线性系统的可观性并不意味着任意输入都能够区分状态空间中的点。

可观性是一个全局概念。区分状态空间中的点可能需要经过很长的距离或时间。因此引入比可观性更强的局部概念。

定义 5.3　对于非线性系统（5-1）和初始状态 $\boldsymbol{x}_0$，如果对于 $\boldsymbol{x}_0$ 的任意开邻域 U 和 $\boldsymbol{x}_1 \in U$，$\boldsymbol{x}_1 \neq \boldsymbol{x}_0$，以 $\boldsymbol{x}_0$ 和 $\boldsymbol{x}_1$ 为初值的系统轨迹都位于 U 中，并且 $\boldsymbol{x}_0$ 和 $\boldsymbol{x}_1$ 可区分，那么说（5-1）在 $\boldsymbol{x}_0$ 处是局部可观的。如果（5-1）在状态空间的任意点处都是局部可观的，那么说（5-1）是局部可观的。

另一方面我们可以弱化可观性的概念。在实际中可能只需要把 $\boldsymbol{x}_0$ 和它附近的点区分开来就行了。因此我们可以定义弱可观的概念。

定义 5.4　对于非线性系统（5-1）和初始状态 $\boldsymbol{x}_0$，如果存在 $\boldsymbol{x}_0$ 的一个开邻域 U 和 $\boldsymbol{x}_1 \in U$，$\boldsymbol{x}_1 \neq \boldsymbol{x}_0$，以 $\boldsymbol{x}_0$ 和 $\boldsymbol{x}_1$ 为初值的系统轨迹都位于 U 中，并且 $\boldsymbol{x}_0$ 和 $\boldsymbol{x}_1$ 可区分，那么说（5-1）在 $\boldsymbol{x}_0$ 处是弱可观的。如果（5-1）在状态空间的任意点处都是弱可观的，那么说（5-1）是弱可观的。

同样地，弱可观性也是全局概念。于是我们最后定义局部弱可观的概念。

定义 5.5　对于非线性系统（5-1）和初始状态 $\boldsymbol{x}_0$，如果存在 $\boldsymbol{x}_0$ 的一个开邻域 U，使得对于任意的 $\boldsymbol{x}_0$ 的开邻域 $V \subset U$ 和 $\boldsymbol{x}_1 \in V$，$\boldsymbol{x}_1 \neq \boldsymbol{x}_0$，以 $\boldsymbol{x}_0$ 和 $\boldsymbol{x}_1$ 为初值的系统轨迹都位于 V 中，并且 $\boldsymbol{x}_0$ 和 $\boldsymbol{x}_1$ 可区分，那么说（5-1）在 $\boldsymbol{x}_0$ 处是局部弱可观的。如果（5-1）在状态空间的任意点处都是局部弱可观的，那么说（5-1）是局部弱可观的。直观地说，局部弱可观的就是指可以迅速地把每个点和它附近的点区分开。

各种可观性之间的关系如下：

$$
\begin{array}{ccc}
\text{局部可观} & \Rightarrow & \text{可观} \\
\Downarrow & & \Downarrow \\
\text{局部弱可观} & \Rightarrow & \text{弱可观}
\end{array}
$$

对于自治线性系统而言，这四种可观性是等价的。引入局部弱可观的概念是因为它可以把可观性判定转化为简单的代数测试。为了描述这一判定方法需要引入一些额外的数学工具。

给定关于状态 $\boldsymbol{x} = [x_1 \quad x_2 \quad \cdots \quad x_n]^{\mathrm{T}}$ 的光滑标量函数 $h(\boldsymbol{x})$，h 的梯度 ∇h 定义为

$$
\nabla h = \frac{\partial h}{\partial \boldsymbol{x}} = \left[\frac{\partial h}{\partial x_1} \quad \frac{\partial h}{\partial x_2} \quad \cdots \quad \frac{\partial h}{\partial x_n}\right]
$$

表示为一个行向量。

给定关于状态 $\boldsymbol{x} = [x_1 \quad x_2 \quad \cdots \quad x_n]^{\mathrm{T}}$ 的光滑向量函数

$$\boldsymbol{f}(\boldsymbol{x})=[f_1(\boldsymbol{x}) \quad f_2(\boldsymbol{x}) \quad \cdots \quad f_n(\boldsymbol{x})]^{\mathrm{T}}$$

$\boldsymbol{f}(\boldsymbol{x})$ 的雅可比矩阵定义为

$$\boldsymbol{J}_f=\begin{bmatrix} \dfrac{\partial f_1}{\partial x_1} & \dfrac{\partial f_1}{\partial x_2} & \cdots & \dfrac{\partial f_1}{\partial x_n} \\ \dfrac{\partial f_2}{\partial x_1} & \dfrac{\partial f_2}{\partial x_2} & \cdots & \dfrac{\partial f_2}{\partial x_n} \\ \vdots & \vdots & \ddots & \vdots \\ \dfrac{\partial f_n}{\partial x_1} & \dfrac{\partial f_n}{\partial x_2} & \cdots & \dfrac{\partial f_n}{\partial x_n} \end{bmatrix}=\begin{bmatrix} \nabla f_1 \\ \nabla f_2 \\ \vdots \\ \nabla f_n \end{bmatrix}$$

在微分几何中，向量函数通常称为向量场。给定光滑标量函数 $h(\boldsymbol{x})$ 和光滑向量场 $\boldsymbol{f}(\boldsymbol{x})$，定义 h 对 $\boldsymbol{f}$ 的 Lie 导数为

$$L_f h=\nabla h \cdot \boldsymbol{f}$$

据此还可以定义零阶 Lie 导数和高阶 Lie 导数

$$L_f^0 h=h$$

$$L_f^i h=L_f(L_f^{i-1} h), i=1,2,\cdots$$

系统的输出方程可以分解为若干个标量方程

$$z_j=h_j(\boldsymbol{x}), j=1,2,\cdots,m \tag{5-2}$$

式中 m——输出向量的维数。定义

$$\boldsymbol{O}=[\boldsymbol{O}_0^{\mathrm{T}} \quad \boldsymbol{O}_1^{\mathrm{T}} \quad \cdots \quad \boldsymbol{O}_{n-1}^{\mathrm{T}}]^{\mathrm{T}}$$

式中，$\boldsymbol{O}_i=[(\nabla L_f^i h_1)^{\mathrm{T}} \quad (\nabla L_f^i h_2)^{\mathrm{T}} \quad \cdots \quad (\nabla L_f^i h_m)^{\mathrm{T}}]^{\mathrm{T}}$，$i=0, 1, \cdots, n-1$，$n$ 是状态向量的维数。如果 $\boldsymbol{O}$ 在 $\boldsymbol{x}_0$ 处的秩是 n，那么我们说非线性系统在 $\boldsymbol{x}_0$ 处满足可观性秩条件。如果在状态空间的任意点处都满足可观性秩条件，那么我们说满足可观性秩条件。

关于非线性系统的局部弱可观性，有以下的判定定理。

引理 5.1 如果非线性系统（5-1）在 $\boldsymbol{x}_0$ 处满足可观性秩条件，那么（5-1）在 $\boldsymbol{x}_0$ 处是局部弱可观的。如果（5-1）满足可观性秩条件，那么是局部弱可观的。

对于线性定常系统

$$\dot{\boldsymbol{x}}=\boldsymbol{A}\boldsymbol{x}+\boldsymbol{B}\boldsymbol{u}$$

$$\boldsymbol{z}=\boldsymbol{C}\boldsymbol{x}$$

矩阵 $\boldsymbol{O}$ 退化为

$$\boldsymbol{O}=[\boldsymbol{C}^{\mathrm{T}} \quad (\boldsymbol{C}\boldsymbol{A})^{\mathrm{T}} \quad \cdots \quad (\boldsymbol{C}\boldsymbol{A}^{n-1})^{\mathrm{T}}]^{\mathrm{T}}$$

即可观性判定矩阵。

下面对该定理给出解释。

对于非线性系统（5-1），将输出不断对时间求导，有

$$\dot{z}_j=\frac{\partial z_j}{\partial \boldsymbol{x}}\dot{\boldsymbol{x}}=\nabla h_j \cdot \boldsymbol{f}=L_f h_j$$

$$z_j^{(i)}=\frac{\partial z_j^{(i-1)}}{\partial \boldsymbol{x}}\dot{\boldsymbol{x}}=L_f^i h_j, i=1,2,\cdots,n-1, j=1,2,\cdots,m$$

于是

$$O_i = [[\nabla z_1^{(i)}]^{\mathrm{T}} \quad [\nabla z_2^{(i)}]^{\mathrm{T}} \quad \cdots \quad [\nabla z_m^{(i)}]^{\mathrm{T}}]^{\mathrm{T}}$$

即 $z^{(i)}$ 的雅可比矩阵。

所以矩阵 O 实际上是

$$\bar{z} = [z^{\mathrm{T}} \quad \dot{z}^{\mathrm{T}} \quad \cdots \quad [z^{(n-1)}]^{\mathrm{T}}]^{\mathrm{T}}$$

的雅可比矩阵。O 列满秩等价于方程

$$\bar{z} = Ox$$

有唯一解。用通俗的话说，就是已知输出的各阶导数，能否唯一确定系统的状态，这正是可观性所讨论的问题。

后面，我们将应用引理 5.1 讨论本章建立的导弹气动力系数在线辨识系统的可观性，以及气动力系数与弹性振动频率联合估计系统的可观性。

5.3　导弹控制系统气动参数在线辨识

5.3.1　气动控制导弹运动模型的线性化

导弹为轴对称气动布局，采用侧滑转弯控制方式，因此其运动模型可以实现三通道解耦。

俯仰力矩和升力可以线性化为

$$M_z = M_z^{\omega_z}\omega_z + M_z^{\alpha}\alpha + M_z^{\delta_z}\delta_z$$

$$Y = Y^{\alpha}\alpha + Y^{\delta_z}\delta_z$$

其中，$M_z^{\omega_z}$、M_z^{α} 和 $M_z^{\delta_z}$ 分别代表俯仰力矩 M_z 对俯仰角速率 ω_z，攻角 α 和升降舵舵偏角 δ_z 的偏导数，Y^{α} 和 Y^{δ_z} 分别代表升力 Y 对 α 和 δ_z 的偏导数。

线性化的俯仰运动微分方程组可以写作

$$\begin{cases} \dot{\theta} = a_4\alpha + a_5\delta_z \\ \ddot{\vartheta} = -a_1\dot{\vartheta} - a_2\alpha - a_3\delta_z \\ \vartheta = \theta + \alpha \end{cases} \tag{5-3}$$

其中，θ 代表弹道俯仰角，ϑ 代表俯仰角。a_1、a_2、a_3、a_4、a_5 代表动力系数，它们定义如下

$$a_1 = -\frac{M_z^{\omega_z}}{J_z},\ a_2 = -\frac{M_z^{\alpha}}{J_z},\ a_3 = -\frac{M_z^{\delta_z}}{J_z},\ a_4 = \frac{Y^{\alpha}}{mV},\ a_5 = \frac{Y^{\delta_z}}{mV}$$

其中，J_z 代表飞行器绕弹体坐标系 z 轴的转动惯量。在控制系统设计中，认为动力系数是定常的。

偏航力矩和侧向力可以线性化为

$$M_y = M_y^{\omega_y}\omega_y + M_y^{\beta}\beta + M_y^{\delta_y}\delta_y$$

$$Z = Z^{\beta}\beta + Z^{\delta_y}\delta_y$$

其中，$M_y^{\omega_y}$、M_y^{β} 和 $M_y^{\delta_y}$ 分别代表偏航力矩 M_y 对偏航角速率 ω_y，侧滑角 β 和方向舵舵偏

角 δ_y 的偏导数，Z^{β} 和 Z^{δ_y} 分别代表侧向力 Z 对 β 和 δ_y 的偏导数。

线性化的偏航运动微分方程组可以写作

$$\begin{cases}\dot{\psi}_v = \dfrac{-Z^{\beta}}{mV}\beta + \dfrac{-Z^{\delta_y}}{mV}\delta_z \\ \ddot{\psi} = \dfrac{M_y^{\omega_y}}{J_y}\dot{\psi} + \dfrac{M_y^{\beta}}{J_y}\beta + \dfrac{M_y^{\delta_y}}{J_y}\delta_y \\ \psi = \psi_v + \beta\end{cases}$$

飞行器具有轴对称气动外形，所以

$$J_y = J_z\ ,\ M_y^{\omega_y} = M_z^{\omega_z}\ ,\ M_y^{\beta} = M_z^{\alpha}\ ,\ M_y^{\delta_y} = M_z^{\delta_z}\ ,\ Z^{\beta} = -Y^{\alpha}\ ,\ Z^{\delta_y} = -Y^{\delta_z}$$

而定义动力系数 b_1、b_2、b_3、b_4、b_5 为

$$b_1 = -\frac{M_y^{\omega_y}}{J_y}\ ,\ b_2 = -\frac{M_y^{\beta}}{J_y}\ ,\ b_3 = -\frac{M_y^{\delta_y}}{J_y}\ ,$$

$$b_4 = \frac{-Z^{\beta}}{mV}\ ,\ b_5 = \frac{-Z^{\delta_y}}{mV}$$

则线性化偏航运动微分方程组可以写作与线性化俯仰运动微分方程组完全一致的形式

$$\begin{cases}\dot{\psi}_v = b_4\beta + b_5\delta_y \\ \ddot{\psi} = -b_1\dot{\psi} - b_2\beta - b_3\delta_y \\ \psi = \psi_v + \beta\end{cases} \tag{5-4}$$

线性化后描述滚动运动的微分方程为

$$\ddot{\gamma} + c_1\dot{\gamma} = -c_3\delta_x$$

其中，动力系数 c_1 和 c_3 定义如下

$$c_1 = -\frac{M_x^{\omega_x}}{J_x}\ ,\ c_3 = -\frac{M_x^{\delta_x}}{J_x} \tag{5-5}$$

其中，J_x 代表飞行器滚动转动惯量，$M_x^{\omega_x}$ 和 $M_x^{\delta_x}$ 分别代表俯仰力矩 M_x 对滚动角速率 ω_x 和副翼舵偏角 δ_x 的偏导数。

5.3.2 气动力矩动力系数估计模型及可观性分析

以俯仰通道为例，姿态角速度动态过程如下

$$\ddot{\vartheta} = -a_1\dot{\vartheta} - a_2\alpha - a_3\delta_z \tag{5-6}$$

其中，a_1，a_2 和 a_3 为气动力系数。我们分为下列几种情况来讨论气动力系数的估计问题。

5.3.2.1 姿态不变状态下估计静稳定和操纵动力系数的情况

假设阻尼动力系数 a_1 已知，讨论对姿态动力学方程中的静稳定动力系数 a_2 和操纵动力系数 a_3 同时进行在线估计的问题。

状态方程为

$$\begin{cases}\ddot{\vartheta}=-a_1\dot{\vartheta}-a_2\alpha-a_3\delta_z\\ \dot{a}_2=w_2\\ \dot{a}_3=w_3\end{cases} \tag{5-7}$$

其中，w_2 和 w_3 为零均值高斯白噪声。在此状态模型中，a_1、α 和 δ_z 被视作定常已知量，$\dot{\vartheta}$、a_2 和 a_3 为状态变量。由于 a_1 已知，状态方程（5－7）是一个线性方程。

测量方程为

$$y=\dot{\vartheta} \tag{5-8}$$

对于由状态方程（5－7）和测量方程（5－8）构成的线性观测系统，既可以用非线性系统弱能观性判别准则来判断系统的能观性，也可以直接应用线性时不变系统能观性理论判断系统的能观性。

系统状态变量定义为 $x_1=\dot{\vartheta}$，$x_2=a_2$，$x_3=a_3$，则状态向量为 $\boldsymbol{X}=[x_1\quad x_2\quad x_3]^{\mathrm{T}}$，状态向量方程为

$$\dot{\boldsymbol{X}}=\boldsymbol{AX} \tag{5-9}$$

其中，系统状态转移为

$$\boldsymbol{A}=\begin{bmatrix}-a_1 & -\alpha & -\delta_z\\ 0 & 0 & 0\\ 0 & 0 & 0\end{bmatrix}$$

测量方程写作

$$\boldsymbol{y}=\boldsymbol{CX} \tag{5-10}$$

其中，$\boldsymbol{C}=[1\quad 0\quad 0]$

将 α 和 δ_z 视作时不变已知量，而且不等于零，则针对线性系统和，可以应用线性定常系统能观性定理，能观性矩阵为

$$\boldsymbol{O}=\begin{bmatrix}C\\ CA\\ CA^2\end{bmatrix}=\begin{bmatrix}1 & 0 & 0\\ -a_1 & -\alpha & -\delta_z\\ a_1^2 & a_1\alpha & a_1\delta_z\end{bmatrix}$$

显然，该矩阵的秩等于 2，系统不完全能观。可见，在保持姿态不变的情况下，α 和 δ_z 变化不大，静稳定动力系数 a_2 和操纵动力系数 a_3 不同时可观。

5.3.2.2　姿态不变状态下估计静稳定动力系数或操纵动力系数的情况

如果只估计静稳定动力系数 a_2 或操纵动力系数 a_3，则以估计 a_2 为例，状态方程写作

$$\begin{cases}\ddot{\vartheta}=-a_1\dot{\vartheta}-a_2\alpha-a_3\delta_z\\ \dot{a}_2=w_2\end{cases} \tag{5-11}$$

其中，w_2 为零均值高斯白噪声。在此状态模型中，a_1、a_3、α 和 δ_z 为已知量，而且是时不变量，$\dot{\vartheta}$ 和 a_2 为状态变量。显然，状态方程（5－11）是一个线性方程。

测量方程为

$$y=\dot{\vartheta} \tag{5-12}$$

对于由状态方程（5－11）和测量方程（5－12）构成的线性观测系统，可以应用线性时不变系统能观性理论判断系统的能观性。

系统状态变量定义为$x_1=\dot{\vartheta}$，$x_2=a_2$，则状态向量为$\boldsymbol{X}=[x_1 \quad x_2]^{\mathrm{T}}$，状态向量方程为

$$\dot{\boldsymbol{X}}=\boldsymbol{A}\boldsymbol{X}+\boldsymbol{B}u \tag{5-13}$$

其中，系统状态转移为

$$\boldsymbol{A}=\begin{bmatrix}-a_1 & -\alpha \\ 0 & 0\end{bmatrix},\ \boldsymbol{B}=\begin{bmatrix}-a_3 \\ 0\end{bmatrix},\ u=\delta_z$$

测量方程写作

$$\boldsymbol{y}=\boldsymbol{C}\boldsymbol{X} \tag{5-14}$$

其中，$\boldsymbol{C}=[1 \quad 0]$

针对线性系统（5－13）和（5－14），可以应用线性定常系统能观性定理，能观性矩阵为

$$\boldsymbol{O}=\begin{bmatrix}C \\ CA\end{bmatrix}=\begin{bmatrix}1 & 0 \\ -a_1 & -\alpha\end{bmatrix}$$

显然，只要$\alpha \neq 0$，则该矩阵的秩等于2，系统完全能观。

同理可证，如果只估计操纵动力系数a_3，则在$\delta_z \neq 0$时，操纵动力系数a_3可观。

5.3.2.3 姿态不变状态下只估计干扰角加速度的情况

这种情况下，状态方程为

$$\begin{cases}\ddot{\vartheta}=-a_1\dot{\vartheta}-a_2\alpha-a_3\delta_z+d \\ \dot{d}=0\end{cases} \tag{5-15}$$

在此状态模型中，a_1、a_2、a_3、α和δ_z均视作已知量，而且是时不变量，$\dot{\vartheta}$和d为状态变量。此状态方程是一个线性方程。

测量方程为

$$y=\dot{\vartheta} \tag{5-16}$$

系统状态变量定义为$x_1=\dot{\vartheta}$，$x_2=d$，则状态向量为$\boldsymbol{X}=[x_1 \quad x_2]^{\mathrm{T}}$，状态向量方程为

$$\dot{\boldsymbol{X}}=f(\boldsymbol{X}) \tag{5-17}$$

其中

$$\boldsymbol{f}(\boldsymbol{X})=\begin{bmatrix}-a_1x_1-a_2\alpha+x_2-a_3\delta_z \\ 0\end{bmatrix}$$

测量方程写作

$$y=h=x_1 \tag{5-18}$$

该系统0阶李导数为

$$d_0 = h = x_1$$

1 阶李导数为

$$d_1 = \frac{\partial d_0}{\partial \boldsymbol{X}} \boldsymbol{f}(\boldsymbol{X}) = -a_1 x_1 - a_2 \alpha + x_2 - a_3 \delta_z$$

根据非线性系统弱可观性理论构造可观性矩阵，其第 1 行为

$$\boldsymbol{O}_0 = \frac{\partial d_0}{\partial \boldsymbol{X}} = [1 \quad 0]$$

可观性矩第 2 行为

$$\boldsymbol{O}_1 = \frac{\partial d_1}{\partial \boldsymbol{X}} = [-a_1 \quad 1]$$

很容易判断出，可观性矩阵

$$\boldsymbol{O} = \begin{bmatrix} O_0 \\ O_1 \end{bmatrix}$$

的秩为 2，可见，在姿态不变的情况下，只估计干扰一定是可观的。

5.3.2.4　姿态时变状态下估计三个动力系数的情况

最后，讨论姿态变化情况下，对动力学方程中的全部三个动力系数进行在线估计的问题。仍然以俯仰通道为例进行讨论。

状态方程为

$$\begin{cases} \ddot{\vartheta} = -a_1 \dot{\vartheta} - a_2 \alpha(t) - a_3 \delta_z(t) \\ \dot{a}_1 = w_1 \\ \dot{a}_2 = w_2 \\ \dot{a}_3 = w_3 \end{cases} \tag{5-19}$$

其中，w_1、w_2 和 w_3 仍然是零均值高斯白噪声。姿态变化状态下，此状态模型中的 $\alpha(t)$ 和 $\delta_z(t)$ 为已知时变量，在式（5－19）中将它们表示为时间 t 的函数。$\dot{\vartheta}$ 、a_1、a_2 和 a_3 为状态变量。

测量方程为

$$y = \dot{\vartheta} \tag{5-20}$$

状态方程（5－19）和测量方程（5－20）构成的是一个非线性时变参数观测系统，需要将 5.2 节中减少的非线性系统弱能观性判别准则推广到非线性系统，也就是说在对输出函数求各阶李导数的时候，要考虑各阶李导数除了是状态的显函数外，还是时间的显函数，因此要加上一个对时间的偏导数，详见下面的求导过程。

系统状态变量定义为 $x_1 = \dot{\vartheta}$，$x_2 = a_1$，$x_3 = a_2$，$x_4 = a_3$，则状态向量为

$$\boldsymbol{X} = [x_1 \quad x_2 \quad x_3 \quad x_4]^{\mathrm{T}}$$

状态向量方程为

$$\dot{\boldsymbol{X}} = f(\boldsymbol{X}, t) \tag{5-21}$$

其中，系统状态转移函数为

$$\boldsymbol{f}(\boldsymbol{X},t)=\begin{bmatrix}-x_2x_1-x_3\alpha(t)-x_4\delta_z(t)\\0\\0\\0\end{bmatrix} \tag{5-22}$$

测量方程为

$$h=x_1 \tag{5-23}$$

由式（5-21）～（5-23）所构成的非线性系统的 0 阶李导数为

$$d_0=h=x_1$$

1 阶李导数为

$$d_1=\frac{\partial d_0}{\partial t}+\frac{\partial d_0}{\partial \boldsymbol{X}}\boldsymbol{f}(\boldsymbol{X})=-x_2x_1-x_3\alpha(t)-x_4\delta_z(t)$$

2 阶李导数为

$$d_2=\frac{\partial d_1}{\partial t}+\frac{\partial d_1}{\partial \boldsymbol{X}}\boldsymbol{f}(\boldsymbol{X})=-x_3\dot{\alpha}-x_4\dot{\delta}_z+x_2^2x_1+x_2x_3\alpha+x_2x_4\delta_z$$

3 阶李导数为

$$d_3=\frac{\partial d_2}{\partial t}+\frac{\partial d_2}{\partial \boldsymbol{X}}\boldsymbol{f}(\boldsymbol{X})=-x_3\ddot{\alpha}-x_4\ddot{\delta}_z+x_2x_3\dot{\alpha}+x_2x_4\dot{\delta}_z-x_2^3x_1-x_2^2x_3\alpha-x_2^2x_4\delta_z$$

根据非线性系统弱可观性理论构造可观性矩阵，其第 1 行为

$$\boldsymbol{O}_0=\frac{\partial d_0}{\partial \boldsymbol{X}}=[1\quad 0\quad 0\quad 0]$$

可观性矩第 2 行为

$$\boldsymbol{O}_1=\frac{\partial d_1}{\partial \boldsymbol{X}}=[-x_2\quad -x_1\quad -\alpha(t)\quad -\delta_z(t)]$$

可观性矩阵第 3 行为

$$\boldsymbol{O}_2=\frac{\partial d_2}{\partial \boldsymbol{X}}=[x_2^2\quad 2x_2x_1+x_3\alpha+x_4\delta_z\quad x_2\alpha-\dot{\alpha}\quad x_2\delta_z-\dot{\delta}_z]$$

可观性矩阵第 4 行为

$$\boldsymbol{O}_3=\frac{\partial d_3}{\partial \boldsymbol{X}}=[-x_2^3\quad -3x_2^2x_1-2x_2x_3\alpha-2x_2x_4\delta_z\quad -x_2^2\alpha+x_2\dot{\alpha}-\ddot{\alpha}\quad -x_2^2\delta_z+x_2\dot{\delta}_z-\ddot{\delta}_z]$$

可以判断出可观性矩阵

$$\boldsymbol{O}=\begin{bmatrix}O_0\\O_1\\O_2\\O_3\end{bmatrix}$$

的秩为满秩 4，因此，该系统可观测，即可以在姿态变化过程中同时在线估计三个动力系数。

上面给出了以俯仰通道为例的动力系数和干扰实时估计可观性分析结果，偏航通道和

滚转通道动力系数和干扰实时估计可观性分析结果与此一致，不再重复叙述。

5.4　弹性干扰信号的测频及滤波

5.4.1　FFT 和 CZT 联合测频算法的用途和基本设计思路

在导弹控制系统设计中，需要对弹体角速率测量信号中的弹性干扰信号进行滤波处理，而设计弹性干扰信号滤波器需要知道弹性信号的频率信息。这里设弹性干扰信号为两个不同频率的正弦信号，而这两个频率需要根据一定的实验数据，通过在线辨识算法先辨识出来。

对信号进行频率辨识时，最基本的思想是对信号进行采样后，直接采用快速 Fourier 变换（FFT）进行频谱分析，频谱图中幅值最大点处对应的频率即为信号的频率。FFT 是离散 Fourier 变换（DFT）的一种快速算法，这种方法一般情况下估计的结果会有一定的误差。设以采样频率 f_s 对信号进行采样，得到 N 个点，对这 N 个点进行 FFT，由于 FFT 的 N 个点覆盖了 0 到 f_s（采样频率）的范围，因此采样间隔为 f_s/N，它就是 FFT 的频率分辨率。

在对信号频率辨识时，只有当信号的频率是频率分辨率的整数倍时才能比较精确地辨识出信号的频率。如果不是频率分辨率的整数倍，就会产生栅栏效应，此时信号的实际频率不是最大谱线对应的频率，而是最大谱线与次大谱线间某个位置对应的频率。要解决这个问题就要提高频率分辨率，根据式 $\Delta f = f_s/N$ 可知主要方法有两个：一是降低采样频率 f_s，这使得频率分析范围缩小，且根据采样定理，f_s 应高于频带宽度的两倍，如果 f_s 过低会引起频谱混叠；二是增加采样点数 N，但 N 点 FFT 的计算量为 $N\log_2 N$，采样点数 N 的增加会使计算时间成几何级数地增加，会使计算机的计算量和存储量大大增加，因此这种方法所能提高的程度也是极有限的。

首先利用 FFT 得到了最大谱线所在的位置，记为 K_p，在此基础上加上一个由两个次大谱线构成的偏差矫正量 $\hat{\delta}$，将 $(K_p+\hat{\delta})$ 作为真实频率对应的谱线位置，由此解算出频率值。但在实际仿真中，矫正的效果不是很理想。利用 FFT 可以快速计算得到 $0\sim f_s/2$ 范围内的频谱，实际情况可能是：1）我们只对很窄的频带或几根谱线感兴趣；2）虽然 FFT 相比 DFT 已经极大地减小了计算量，但当进行点数 N 较大的 FFT 变换时，仍然无法在嵌入式系统中实现实时处理。在进行频率辨识时，我们往往所关注的是整个频谱上的一个窄频带范围，希望在计算量增加不是太大的基础上，提高频率分辨率，精确辨识频率，这就提出了频谱局部细化的概念，对信号频谱中的某一频段进行局部放大，可以大大提高局部分辨率，而计算量也增加不大。

下面，我们介绍一种基于 FFT 和线性调频 Z 变换（CZT）的联合测频算法，先对信号进行 N 点 FFT，得到待测频率主瓣的位置，从而获得需要细化分析的窄带频谱范围，再在该范围内进行 M 点 CZT 细化，获得更精细的频谱。这样局部的分辨率提高到 $\Delta\omega = 2\pi/MN$，而整体的运算量则增加得不是太多，这种局部放大的思想极大地提高了测频精度，能够获得较为精确的频率估计值。

5.4.2 FFT 和 CZT 联合测频算法原理

有限长序列 $x(n)$（$0 \leqslant n \leqslant N-1$）的离散傅里叶变换（DFT）实际上就是序列在单位圆上 Z 变换的 N 点均匀取样，N 个取样点均匀分布在 2π 范围内。基于这种均匀取样导出了快速算法 FFT，从而大大推进了 DFT 的应用。但这种均匀取样也使 DFT 的频率分辨率限制为 f_s/N，其中 f_s 为序列 $x(n)$ 的采样频率。CZT 是在 Z 域以任意螺线采样，CZT 突破了 DFT 的局限性，可以在 z 平面单位圆上取一个自定义的弧段，只在该弧段上进行序列 z 变换的均匀取样，而且取样间隔也可以自由确定。如果所取弧段对应于待细化的窄带，则 CZT 就是窄带中各频率点处的频谱值。因此 CZT 适合于窄带高分辨率的计算，是一种经典的频域细化方法。

N 点有限长序列，其 z 变换为

$$X(z)=\sum_{n=0}^{N-1} x(n) z^{-n} \tag{5-24}$$

常规的 FFT 变换实质是在 z 平面的单位圆上进行 N 点等间隔抽样，为使 z 可以沿 z 平面更一般的路径取值，现沿 z 平面的一段螺线作等分角的采样，采样点为 z_k，可表示为 $z_k=AW^{-k}$，$k=0$，1，…，$M-1$，M 为要分析的复频谱点数，不一定与 $x(n)$ 的长度 N 相等。其中 $A=A_0 e^{j\theta_0}$，$W=W_0 e^{-j\varphi_0}$ 代入 z_k 可知 $z_k=A_0 e^{j\theta_0} W_0^{-k} e^{jk\varphi_0}=A_0 W_0^{-k} e^{j(\theta_0+k\varphi_0)}$，取样所沿周线如图 5-1 所示。

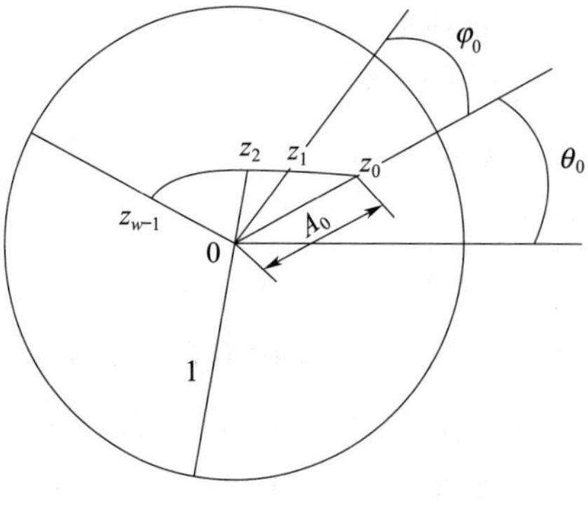

图 5-1　沿 z 平面取样周线

由图 5-1 可知：

1）A_0 表示起始采样点 z_0 的矢量半径长度，通常 $A_0 \leqslant 1$，否则 z_0 将处于单位圆 $|z|=1$ 的外部；

2）θ_0 表示起始采样点 z_0 的相角，它可以是正值或负值；

3）φ_0 表示两相邻采样点之间的角度差。φ_0 为正时，表示 z_k 的路径是逆时针旋转的；φ_0 为负时，表示 z_k 的路径是顺时针旋转的，由于 φ_0 是任意的，减小 φ_0 就可提高频率分辨率，这对分析具有任意起始频率的高分辨率窄带频谱是很有用的；

4) W_0 的大小表示螺线的伸展率。$W_0>1$ 时，随着 k 的增加螺线内缩；$W_0<1$ 时，则随 k 的增加螺线外伸；$W_0=1$ 时，表示是半径为 A_0 的一段圆弧。若又有 $A_0=1$，则这段圆弧是单位圆的一部分。

当 $M=N$ ，$A=A_0 e^{j\theta_0}=1$，$W=W_0 e^{-j\varphi_0}=e^{-j2\pi/N}$（$W_0=1$，$\varphi_0=2\pi/N$）这一特殊情况时，各 z_k 就均匀等间隔地分布在单位圆上，这就是求序列的 DFT。在对信号分析时，要在单位圆上进行 CZT，在需要细化的部分进行 M 点采样，便能够精确测得频率。

对 $x(n)(0\leqslant n\leqslant N-1)$ 的 CZT 定义式为

$$X(z_k)=CZT_{\theta_0,\varphi_0,M}[x(n)]=\sum_{n=0}^{N-1}x(n)z_k^{-n}\ ,\ 0\leqslant k\leqslant M-1$$

式中　$z_k=e^{j(\theta_0+k\varphi_0)}$，$0\leqslant k\leqslant M-1$。

由 CZT 定义式知，$X(z_k)$（$0\leqslant k\leqslant M-1$）各谱线对应细化区域中的数字角频率为 $\omega_k=\theta_0+k\varphi_0(k=0，1，2，\cdots，M-1)$ 。与 DFT 类似，如果序列 $x(n)$ 的采样频率为 f_s ，则对应的模拟频率为 $f_k=\omega_k f_s/2\pi$ 。可见 CZT 的频率分辨率为 $\varphi_0 f_s/2\pi$ ，φ_0 越小即 M 越大时，频率分辨率越高。

5.4.3　FFT 和 CZT 联合测频算法仿真结果

设弹性干扰为两个频率分别为 f_1 和 f_2，相位分别为 φ_1 和 φ_2 且服从 $[0,\ 2\pi]$ 之间均匀分布的正弦信号。弹性干扰信号幅度均为角速度信号幅度的 0.1 倍。角速度测量为角速度信号真实值、弹性干扰信号和一个零均值，标准差为 0.001 rad/s 的高斯白噪声信号 ζ 组成。先对信号进行 N 点 FFT，得到待测频率的位置，从而获得需要细化分析的窄带频谱范围，再在该范围内进行 M 点 CZT 细化，获得局部更精细的频谱。在细化后的频谱中相应地提取出两个频谱幅值最大的频率分量作为弹性干扰信号的频率。

本章中，设弹体的真实角速率按照正弦规律变化，即

$$\omega_z=a_0\sin(\omega_0 t+\varphi_0)$$

其中，$a_0=0.5$ rad/s，$\omega_0=1$ rad/s，φ_0 在 $[0,\ 2\pi]$ 之间均匀分布。仿真计算周期取为 $\Delta t=0.000\,5$ s ，采样周期取为 $T=2.5$ ms ，仿真初始时刻 $t=0$ s 。

设弹性干扰信号，即弹性变形角速度为两个频率分量分别为 ω_1 和 ω_2，相位分别为 φ_1 和 φ_2 的正弦信号，它们的峰值分别为 b_1 和 b_2。则弹性变形角速度写作

$$\begin{cases}v_1(t)=b_1\sin(\omega_1 t+\varphi_1)\\ v_3(t)=b_2\sin(\omega_2 t+\varphi_2)\end{cases}$$

弹性信号对应的两个频率分别为 f_1 和 f_2（$\omega_1=2\pi f_1$ 和 $\omega_2=2\pi f_2$），相位分别为 φ_1 和 φ_2 的正弦信号。f_1 在 20～26 Hz 之间均匀分布，f_2 在 50～65 Hz 之间均匀分布，φ_1 和 φ_2 在 $[0,\ 2\pi]$ 之间均匀分布。两个频率的弹性干扰信号的幅度 b_1 和 b_2 均为弹体真实角速度信号幅度的 10%。陀螺仪测量角速度时，除了包含角速度信号真实值、两个频率的弹性干扰信号外，还包含一个零均值，标准差为 0.0175 rad/s 的高斯白噪声信号。

仿真情况：将弹性干扰信号的频率分别设置为中心频率，即 $f_1=23$ Hz 和 $f_2=$

56 Hz 。将角速度测量信号输入到频率辨识模块中，得到频率辨识的结果。

由于采样频率一定时，信号时间的长短直接决定了采样点数，也就直接影响频率分辨率和辨识结果。我们考察了不同信号时间下直接 FFT 和基于 FFT 和 CZT 的联合测频算法的结果。联合测频算法中细化的频点数取为 $M = 1\ 000$。

信号长度为 2 s 时，FFT 频谱如图 5－2 所示，$f_1 = 23$ Hz 和 $f_2 = 56$ Hz 被准确辨识出来。联合测频算法通过对峰值频率进行局部细化描述，如图 5－3 和图 5－4 所示，细化的峰值基本上就在频率的真值点处，从而使得辨识的频率更加准确。

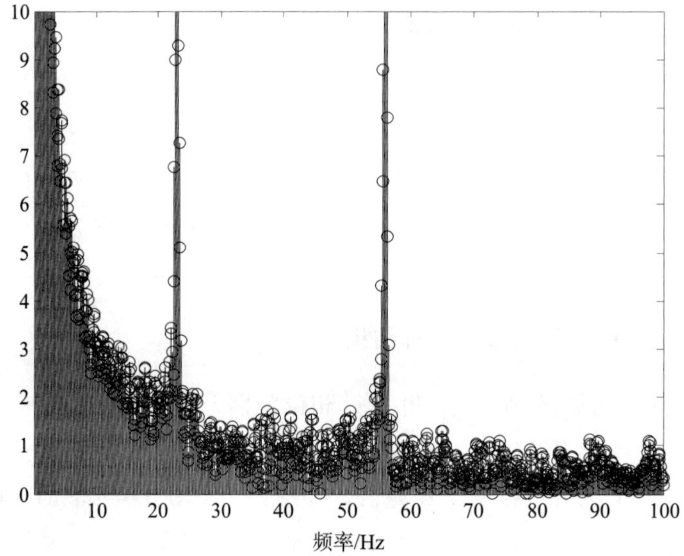

图 5－2　信号长度为 2 s 时频谱图（$f_1 = 23$ Hz，$f_2 = 56$ Hz）

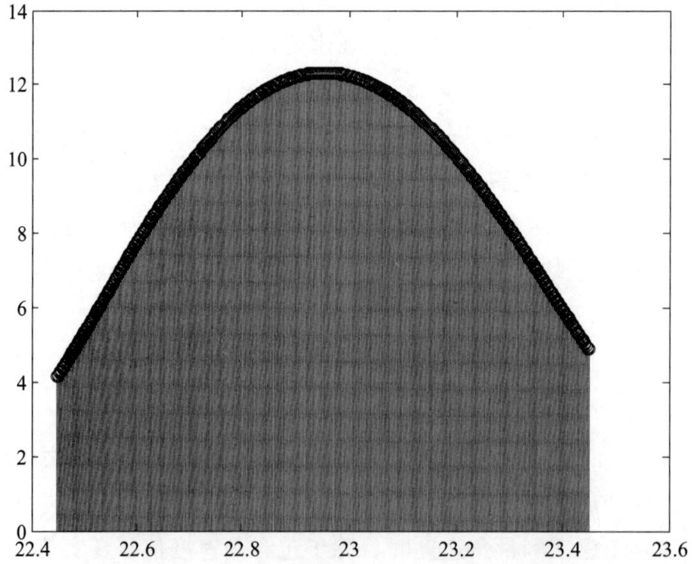

图 5－3　信号长度为 2 s 辨识后 $f_1 = 23$ Hz 附近局部细化图

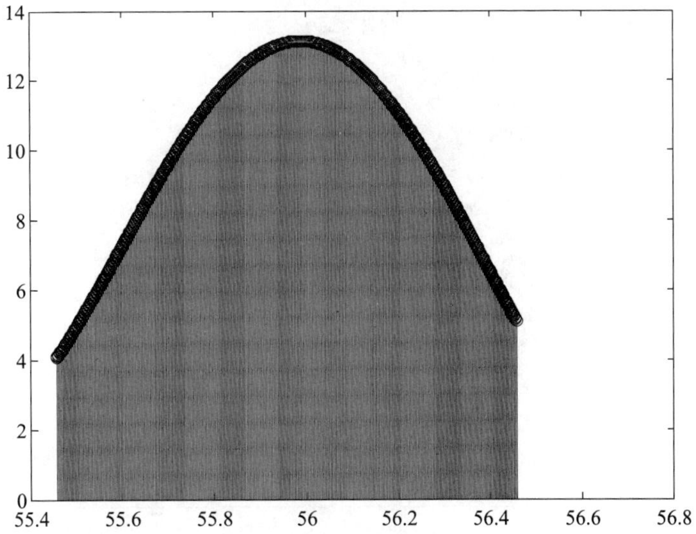

图 5 - 4　信号长度为 2 s 辨识后 $f_2 = 56$ Hz 附近局部细化图

取信号的长度为 1.5 s 时，辨识后的频谱如图 5 - 5 所示，两个频率峰值依然很清晰，说明辨识效果良好，两个峰值的局部细化描述如图 5 - 6 和图 5 - 7 所示，峰值相对于真值点有了一定的偏移，但偏移量不大，辨识结果依然可以接受。

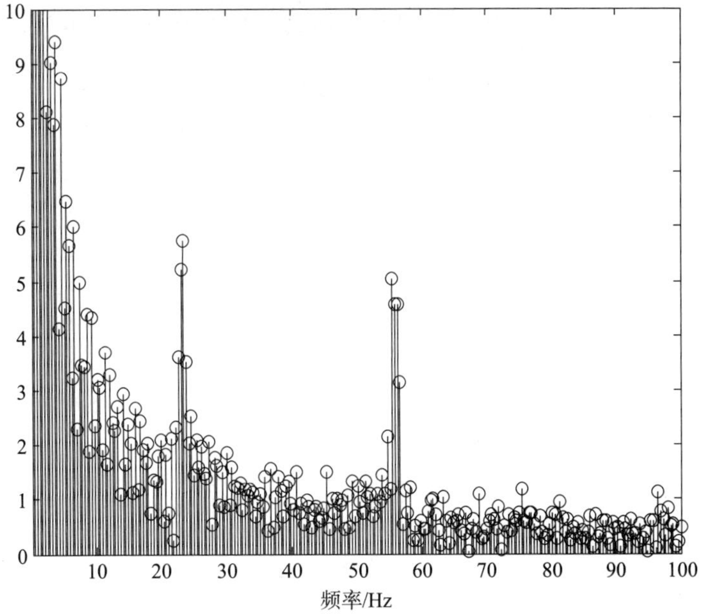

图 5 - 5　信号长度为 1.5 s 时频谱图（$f_1 = 23$ Hz，$f_2 = 56$ Hz）

取信号的长度为 1 s 时，辨识后的频谱如图 5 - 8 所示，两个频率峰值已经不很清晰，辨识比较困难，两个峰值的局部细化描述如图 5 - 9 和图 5 - 10 所示，峰值的偏移明显增加，图 5 - 9 中低频的偏移尤其明显，辨识误差较大。

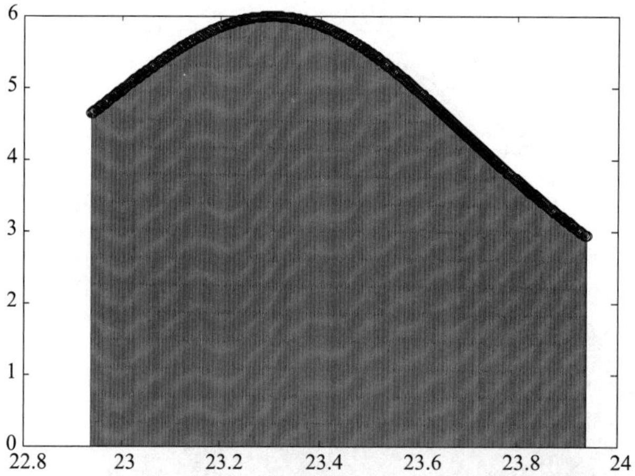

图 5-6　信号长度为 1.5 s 时辨识后 $f_1 = 23$ Hz 附近局部细化图

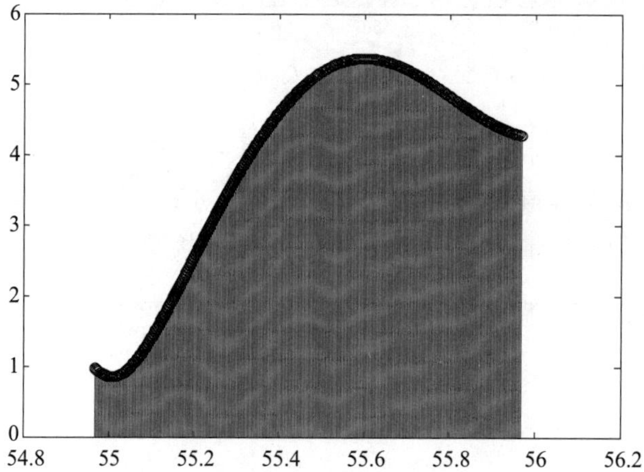

图 5-7　信号长度为 1.5 s 时辨识后 $f_2 = 56$ Hz 附近局部细化图

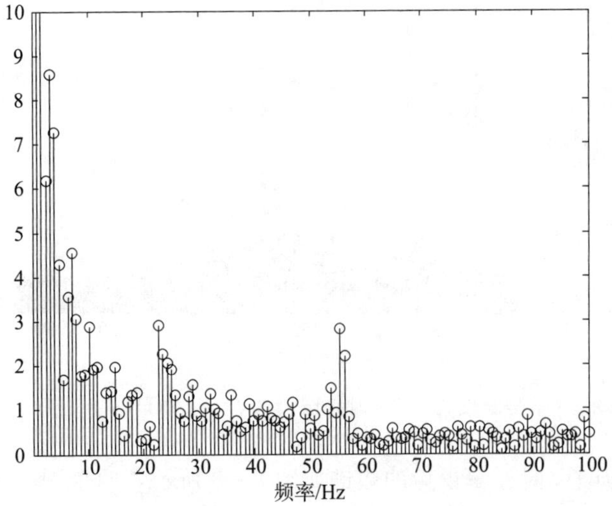

图 5-8　信号长度为 1 s 时频谱图（$f_1 = 23$ Hz，$f_2 = 56$ Hz）

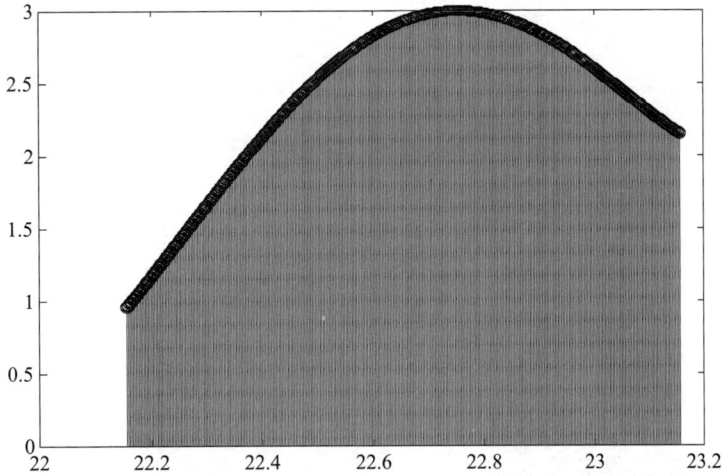

图 5-9　信号长度为 1 s 时辨识后 $f_1 = 23$ Hz 附近局部细化图

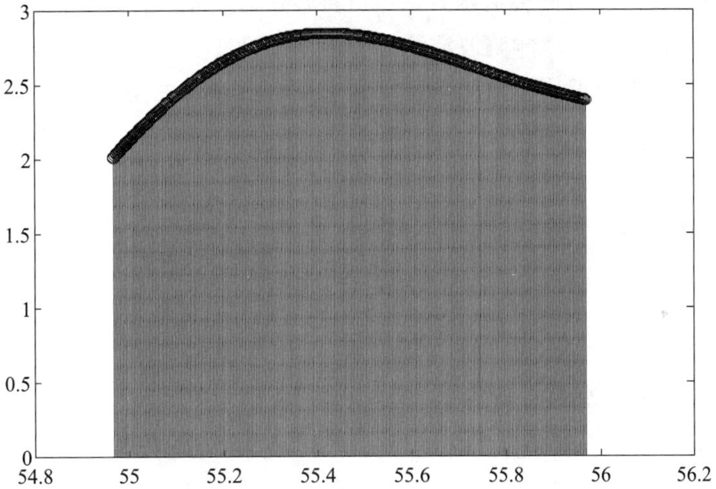

图 5-10　信号长度为 1 s 时辨识后 $f_2 = 56$ Hz 附近局部细化图

5.4.4　弹性频率滤波器设计

陀螺测量得到的角速度信息 ω_{zm} 中包含两个不同频率的弹性干扰角速度信号，导致测量结果并非刚体的角速度信号 ω_z ，具体关系为

$$\omega_{zm} = \omega_z + v_1 + v_3$$

为了过滤 v_1 和 v_3，在其弹性振动频率已经测算得到的情况下，我们在陀螺输出后面增加一个陷波滤波器 $G(s)$ 来抑制弹性角速度信号的影响，并将滤波后的输出 $\hat{\omega}_{zm}$ 作为角速度 ω_z 的估计值，即

$$\hat{\omega}_{zm} = G(s)\omega_{zm} \tag{5-25}$$

其中，陷波滤波器传递函数的表达式如下

$$G(s)=\frac{\frac{1}{\bar{\omega}_2^2}s^2+2\frac{0.2}{\bar{\omega}_2}s+1}{\frac{1}{\bar{\omega}_1^2}s^2+2\frac{0.5}{\bar{\omega}_1}s+1}\cdot\frac{\frac{1}{\omega_3^2}s^2+2\frac{0.2}{\omega_3}s+1}{\frac{1}{\bar{\omega}_2^2}s^2+2\frac{0.5}{\bar{\omega}_2}s+1}\cdot\frac{\frac{1}{\omega_4^2}s^2+2\frac{0.2}{\omega_4}s+1}{\frac{1}{\omega_3^2}s^2+2\frac{0.5}{\omega_3}s+1}\cdot$$
$$\frac{\frac{1}{\omega_6^2}s^2+2\frac{0.1}{\omega_6}s+1}{\frac{1}{\omega_5^2}s^2+2\frac{0.4}{\omega_5}s+1}\cdot\frac{\frac{1}{\omega_7^2}s^2+2\frac{0.1}{\omega_7}s+1}{\frac{1}{\omega_6^2}s^2+2\frac{0.4}{\omega_6}s+1}\cdot\frac{\frac{1}{\omega_8^2}s^2+2\frac{0.1}{\omega_8}s+1}{\frac{1}{\omega_7^2}s^2+2\frac{0.4}{\omega_7}s+1}\tag{5-26}$$

式中，$\bar{\omega}_1=2\pi(f_1-3)$，$\bar{\omega}_2=2\pi(f_1-1)$，$\omega_3=2\pi(f_1+1)$，$\omega_4=2\pi(f_1+3)$，$\omega_5=2\pi(f_2-6)$，$\omega_6=2\pi(f_2-1)$，$\omega_7=2\pi(f_2+4)$，$\omega_8=2\pi(f_2+9)$，$f_1$ 和 f_2 是弹性干扰信号的标称频率，在该滤波器中将它们设置为中心频率。

5.4.5 弹性滤波器工程实现

实际上，连续域的陷波滤波器需要在计算机上实现，因此，实际上要把式（5-26）经过双线性变换后得到 z 域的传递函数，然后再转化为差分方程后在计算机里实现这一滤波器。也可以直接设计数字双频陷波滤波器，这里介绍其中的一种设计方法。

设计数字滤波器先要把连续域的角速率 ω 转化为数字域的角速率，记作 $\hat{\omega}=\omega T$，在本节后面的讨论中，把 $\hat{\omega}$ 简写作 ω。

下面，先介绍单频陷波滤波器的设计方法。

假设数字单频陷波滤波器在 ω_0 位置陷波，它在 z 域的传递函数为

$$G(z)=\frac{1-2\cos\omega_0 z^{-1}+z^{-2}}{1-\beta(1+\alpha)z^{-1}+\alpha z^{-2}}\tag{5-27}$$

式中 ω_0——陷波频率；

α 和 β——配置极点位置的实数，$0<\alpha<1$，$|\beta|<1$。

当 $z=e^{j\omega}$ 时，$G(z)$ 转化为频率响应。

$$G(e^{j\omega})=\frac{1-2\cos\omega_0 e^{-j\omega}+e^{-j2\omega}}{1-\beta(1+\alpha)e^{-j\omega}+\alpha e^{-j2\omega}}$$

将 $e^{-j\omega}=\cos\omega+j\sin\omega$ 代入上式，得到

$$G(e^{j\omega})=\frac{a+jb}{c+jd},\ |G(e^{j\omega})|^2=\frac{a^2+b^2}{c^2+d^2}$$

其中，

$$a=1-2\cos\omega_0\cos\omega+\cos2\omega,\ b=2\cos\omega_0\sin\omega-\sin2\omega,$$
$$c=1-\beta(1+\alpha)\cos\omega+\alpha\cos2\omega,\ d=\beta(1+\alpha)\sin\omega-\alpha\sin2\omega$$

经过整理得到

$$|G(e^{j\omega})|^2=\frac{4\cos^2\omega\ (\cos\omega-\cos\omega_0)^2}{(1+\alpha)^2\ (\beta-\cos\omega)^2+(1-\beta)^2\ \sin^2\omega}\tag{5-28}$$

假定在 $\omega=0$ 处，$|G(e^{j\omega})|=\lambda_1$ 代表滤波器在零频率处的增益，$\lambda_1>0$，在最高频率 $\omega=\pi$ 处，$|G(e^{j\omega})|=\lambda_1/\rho$，其中，$\rho>0$ 为指定比例调节因子，在特定频率 $\omega=\omega_c$ 处，

$|G(e^{j\omega})|=\lambda_1\cos\omega_c$ 。

由式（5－28）得到

$$|G(e^{j0})|^2=\frac{4(1-\cos\omega_0)^2}{(1+\alpha)^2(\beta-1)^2}=\lambda_1^2 \tag{5-29}$$

$$|G(e^{j\pi})|^2=\frac{4(1+\cos\omega_0)^2}{(1+\alpha)^2(\beta+1)^2}=\frac{\lambda_1^2}{\rho^2} \tag{5-30}$$

$$|G(e^{j\omega_c})|^2=\frac{4\cos^2\omega_c(\cos\omega_c-\cos\omega_0)^2}{(1+\alpha)^2(\beta-\cos\omega_c)^2+(1-\beta)^2\sin^2\omega_c}=\lambda_1^2\cos^2\omega_c \tag{5-31}$$

由式（5－29）和式（5－30）得到

$$\frac{4(1-\cos\omega_0)^2}{(1+\alpha)^2(\beta-1)^2}=\frac{4(1+\cos\omega_0)^2}{(1+\alpha)^2(\beta+1)^2}\rho^2 \tag{5-32}$$

由于 $0<\alpha<1$，$|\beta|<1$，由式（5－32）可得

$$\frac{1-\cos\omega_0}{1-\beta}=\frac{1+\cos\omega_0}{1+\beta}\rho$$

进而求得

$$\beta=\frac{\rho(1+\cos\omega_0)-(1-\cos\omega_0)}{\rho(1+\cos\omega_0)+(1-\cos\omega_0)} \tag{5-33}$$

由式（5－29）和式（5－31）得到

$$\frac{(\cos\omega_c-\cos\omega_0)^2}{(1+\alpha)^2(\beta-\cos\omega_c)^2+(1-\beta)^2\sin^2\omega_c}=\frac{(1-\cos\omega_0)^2}{(1+\alpha)^2(\beta-1)^2} \tag{5-34}$$

令 $p_1=(\cos\omega_c-\cos\omega_0)^2(1-\beta)^2$，$p_2=(1-\cos\omega_0)^2(\beta-\cos\omega_c)^2$，$p_3=(1-\cos\omega_0)^2\sin^2\omega_c$ ，则由式（5－34）得到关于 α 的一元二次方程

$$(p_1-p_2-p_3)\alpha^2+2(p_1-p_2+p_3)\alpha+(p_1-p_2-p_3)=0$$

对其求解得到

$$\alpha=\frac{-(p_1-p_2+p_3)\pm2\sqrt{(p_1-p_2)p_3}}{p_1-p_2-p_3} \tag{5-35}$$

取正实根。

我们所设计的数字滤波器有两个陷波频率 ω_1 和 ω_2（$0<\omega_1<\omega_2<\pi$）。将在 $\omega=0$、$\omega=\omega_c$、$\omega=\pi$ 位置具有特定的增益，在 ω_1 和 ω_2 位置实现陷波的两个单频陷波系统级联，则可以得到数字双频陷波滤波器，基本过程如下。

第 1 步：初始化陷波频率 ω_1 和 ω_2，指定两个陷波滤波器在零频率处的幅度增益分别为 λ_1 和 λ_2，指定比例因子 ρ ，指定频率 ω_c（$\omega_1<\omega_c<\omega_2$），通常取 $\omega_c=0.5(\omega_1+\omega_2)$；实际上，由式（5－33）和（5－35）可见，滤波器的设计只与指定比例因子 ρ 和特定频率 ω_c 有关，与 λ_1 和 λ_2 无关。

第 2 步：针对陷波频率为 ω_1 的单频系统，令幅度相应 $|G(e^{j\omega})|$ 在 $\omega=0$、$\omega=\omega_c$、$\omega=\pi$ 位置分别为 λ_1、$\lambda_1\cos\omega_c$ 和 λ_1/ρ ，利用式（5－33）和式（5－35）计算出 β_1 和 α_1，再将 β_1、α_1 和 ω_1 代入式（5－27），得到第一个陷波滤波器 $G_1(z)$；

第 3 步：针对陷波频率为 ω_2 的单频系统，令幅度相应 $|G(e^{j\omega})|$ 在 $\omega=0$、$\omega=\omega_c$、$\omega=$

π 位置分别为 λ_2、$\lambda_2\cos\omega_c$ 和 $\lambda_2\rho$，利用式（5-33）和式（5-35）计算出 β_2 和 α_2，再将 β_2、α_2 和 ω_2 代入式（5-27），得到第二个陷波滤波器 $G_2(z)$；

第 4 步：将第 2 步和第 3 步得到的两个单频陷波滤波器级联，并用 λ_1 和 λ_2 进行规范化，得到数字双频陷波滤波器 $G(z)=G_1(z)G_2(z)/(\lambda_1\lambda_2)$；

第 5 步：将 $z=e^{j\omega}$ 代入 $G(z)$，计算 $|G(e^{j\omega})|$ 检验是否在足要求。如果满足，则设计结束；反之，改变比例因子 ρ，重复第 2 步到第 5 步。

假设，连续域中的两个需要陷波的频率为 $f_1=23$ Hz，$f_2=56$ Hz，数字系统的采样周期为 $T=0.0025$ s，则可以计算出在 z 域需要陷波的频率为

$$\omega_1=2\pi f_1T=0.115\pi,\ \omega_2=2\pi f_2T=0.28\pi$$

在设计中，我们令 $\lambda_1=1, \lambda_2=1, \rho=0.998$，求得数字滤波器为

$$G(z)=\frac{1-3.174z^{-1}+4.456z^{-2}-3.174z^{-3}+z^{-4}}{1-3.126z^{-1}+4.32z^{-2}-3.029z^{-3}+0.9392z^{-4}}$$

然后，将其化为差分方程在计算机中实现。

5.5　引入角加速度计的弹体弹性信号在线估计方法

5.5.1　引入角加速度计的目的

为了通过测量获得姿态动力学方程中的角加速度，我们考虑引入角加速度计。与陀螺器件相比，角加速度计具有体积小、成本降低空间大、无漂移、安装限制少的特点。将导弹当做一个弹性体来建模，按照在导弹上的角加速度计同其他传感器元件一样会受到弹体弹性振动的影响，使得测量结果中存在较强烈的噪声。如何克服噪声的影响对角速度进行估计是一个重要的工程问题。

本章对引入角加速度计的导弹弹性振动频率估计问题进行研究。建立引入角加速度计的弹体弹性振动模型，针对此模型进行可观性分析，并基于此模型设计 Kalman 滤波器，从而对弹体刚体角速率、弹性变形角速度、弹性变形角加速度以及弹性振动频率同时进行在线估计。

5.5.2　引入角加速度计的系统状态模型和可观性分析

5.5.2.1　理想状态模型

理想状态模型指导弹角加速度已知，而且弹性频率 ω_1 和 ω_2 已知，或者通过在线辨识方法已知。

以姿态控制系统俯仰通道为例，其运动方程可以简单地写作

$$\dot{\omega}_z=\frac{M_z}{J_z}=a_z \tag{5-36}$$

式中　a_z ——刚性弹体的角加速度。

设弹性干扰信号，即弹性变形角速度为两个频率分量分别为 ω_1 和 ω_2，相位分别为 φ_1

和 φ_2 的正弦信号，它们的峰值分别为 b_1 和 b_2。则弹性变形角速度写作

$$\begin{cases} v_1(t)=b_1\sin(\omega_1 t+\varphi_1) \\ v_3(t)=b_2\sin(\omega_2 t+\varphi_2) \end{cases} \tag{5-37}$$

对上式取时间的二阶导数，得

$$\begin{cases} \ddot{v}_1(t)=-b_1\omega_1^2\sin(\omega_1 t+\varphi_1) \\ \ddot{v}_3(t)=-b_2\omega_2^2\sin(\omega_2 t+\varphi_2) \end{cases} \tag{5-38}$$

设 $v_2=\dot{v}_1$，$v_4=\dot{v}_3$，式（5－38）写成状态方程的形式为

$$\begin{bmatrix} \dot{v}_1(t) \\ \dot{v}_2(t) \\ \dot{v}_3(t) \\ \dot{v}_4(t) \end{bmatrix}=\begin{bmatrix} v_2(t) \\ -\omega_1^2 v_1(t) \\ v_4(t) \\ -\omega_2^2 v_3(t) \end{bmatrix}=\begin{bmatrix} 0 & 1 & 0 & 0 \\ -\omega_1^2 & 0 & 0 & 0 \\ 0 & 0 & 0 & 1 \\ 0 & 0 & -\omega_2^2 & 0 \end{bmatrix}\begin{bmatrix} v_1(t) \\ v_2(t) \\ v_3(t) \\ v_4(t) \end{bmatrix}$$

或者

$$\dot{\boldsymbol{v}}=\boldsymbol{A}\boldsymbol{v} \tag{5-39}$$

其中

$$\boldsymbol{v}=\begin{bmatrix} v_1 \\ v_2 \\ v_3 \\ v_4 \end{bmatrix},\ \boldsymbol{A}=\begin{bmatrix} 0 & 1 & 0 & 0 \\ -\omega_1^2 & 0 & 0 & 0 \\ 0 & 0 & 0 & 1 \\ 0 & 0 & -\omega_2^2 & 0 \end{bmatrix}$$

可见，描述弹性变形信号只需要知道弹性变形振动的两个频率 ω_1 和 ω_2。

设 $x=\omega_z$ 为系统状态，并设增广状态向量为

$$\boldsymbol{X}=[x\quad v_1\quad v_2\quad v_3\quad v_4]^{\mathrm{T}}$$

$$\begin{bmatrix} \dot{x} \\ \dot{v}_1 \\ \dot{v}_2 \\ \dot{v}_3 \\ \dot{v}_4 \end{bmatrix}=\begin{bmatrix} 0 & 0 & 0 & 0 & 0 \\ 0 & 0 & 1 & 0 & 0 \\ 0 & -\omega_1^2 & 0 & 0 & 0 \\ 0 & 0 & 0 & 0 & 1 \\ 0 & 0 & 0 & -\omega_2^2 & 0 \end{bmatrix}\begin{bmatrix} x \\ v_1 \\ v_2 \\ v_3 \\ v_4 \end{bmatrix}+\begin{bmatrix} 1 \\ 0 \\ 0 \\ 0 \\ 0 \end{bmatrix}a_z \tag{5-40}$$

该式可以写成

$$\dot{\boldsymbol{X}}=\boldsymbol{A}\boldsymbol{X}+\boldsymbol{B}\boldsymbol{u} \tag{5-41}$$

式中

$$\boldsymbol{A}=\begin{bmatrix} 0 & 0 & 0 & 0 & 0 \\ 0 & 0 & 1 & 0 & 0 \\ 0 & -\omega_1^2 & 0 & 0 & 0 \\ 0 & 0 & 0 & 0 & 1 \\ 0 & 0 & 0 & -\omega_2^2 & 0 \end{bmatrix},\ \boldsymbol{B}=[1\quad 0\quad 0\quad 0\quad 0]^{\mathrm{T}},\ \boldsymbol{u}=a_z$$

则该系统状态方程是 5 阶的线性定常系统。

系统量测模型

$$\boldsymbol{y}(t)=\boldsymbol{HX}(t)+\zeta(t) \tag{5-42}$$

其中，$y(k)$ 代表陀螺测量值，$\boldsymbol{H}=[1\quad 1\quad 0\quad 1\quad 0]$，此处考虑了弹性变形对角速度信号量测的影响。$\zeta(t)$ 是量测噪声，为零均值高斯白噪声过程。

对于该线性定常系统，系统的可观性矩阵为

$$\boldsymbol{O}=\begin{bmatrix} H \\ HA \\ HA^2 \\ HA^3 \\ HA^4 \end{bmatrix}=\begin{bmatrix} 1 & 1 & 0 & 1 & 0 \\ 0 & 0 & 1 & 0 & 1 \\ 0 & -\omega_1^2 & 0 & -\omega_2^2 & 0 \\ 0 & 0 & -\omega_1^2 & 0 & -\omega_2^2 \\ 0 & \omega_1^4 & 0 & \omega_2^4 & 0 \end{bmatrix}$$

$$\mathrm{Rank}(O)=5 \tag{5-43}$$

所以系统是完全可观的。

5.5.2.2 基于弹性角加速率补偿的状态模型

在实际中导弹角加速度计的测量受到两方面的干扰：弹性变形和测量噪声。基于此，我们尝试设计弹性干扰补偿方式，即从角加速度计的测量值中减去弹性角速率的微分信号，得到补偿后的角加速度计测量值中只包含角加速度真值和测量噪声。将姿态运动方程改为

$$\dot{\omega}_z=a_{zm}-v_2-v_4 \tag{5-44}$$

式中　a_{zm}——角加速度计的实际测量值；

v_2、v_4——弹性变形干扰信号的微分。

设 $x=\omega_z$ 为系统状态，并设增广状态向量为

$$\boldsymbol{X}=[x\quad v_1\quad v_2\quad v_3\quad v_4]^{\mathrm{T}}$$

则增广系统为

$$\begin{bmatrix} \dot{x} \\ \dot{v}_1 \\ \dot{v}_2 \\ \dot{v}_3 \\ \dot{v}_4 \end{bmatrix}=\begin{bmatrix} 0 & 0 & -1 & 0 & -1 \\ 0 & 0 & 1 & 0 & 0 \\ 0 & -\omega_1^2 & 0 & 0 & 0 \\ 0 & 0 & 0 & 0 & 1 \\ 0 & 0 & 0 & -\omega_2^2 & 0 \end{bmatrix}\begin{bmatrix} x \\ v_1 \\ v_2 \\ v_3 \\ v_4 \end{bmatrix}+\begin{bmatrix} 1 \\ 0 \\ 0 \\ 0 \\ 0 \end{bmatrix}a_z \tag{5-45}$$

式（5-45）可以写成

$$\dot{\boldsymbol{X}}=\bar{\boldsymbol{A}}\boldsymbol{X}+\boldsymbol{Bu} \tag{5-46}$$

式中

$$\bar{\boldsymbol{A}}=\begin{bmatrix}0 & 0 & -1 & 0 & -1\\ 0 & 0 & 1 & 0 & 0\\ 0 & -\omega_1^2 & 0 & 0 & 0\\ 0 & 0 & 0 & 0 & 1\\ 0 & 0 & 0 & -\omega_2^2 & 0\end{bmatrix},\boldsymbol{B}=[1\quad 0\quad 0\quad 0\quad 0]^{\mathrm{T}}$$

根据式（5－46）、式（5－44），可以计算系统的可观矩阵为

$$\boldsymbol{O}=\begin{bmatrix}H\\ HA\\ HA^2\\ HA^3\\ HA^4\end{bmatrix}=\begin{bmatrix}1 & 1 & 0 & 1 & 0\\ 0 & 0 & 0 & 0 & 0\\ 0 & 0 & 0 & 0 & 0\\ 0 & 0 & 0 & 0 & 0\\ 0 & 0 & 0 & 0 & 0\end{bmatrix} \tag{5-47}$$

显然，$\mathrm{Rank}(\boldsymbol{O})=1$。由于可观矩阵不是满秩的，所以系统是不可观的。可见采用补偿弹性干扰的思路造成了系统不可观，或者说弹性角加速率补偿的状态模型是不可取的。

5.5.2.3　非线性状态模型

如果认为 ω_1 和 ω_2 验前未知，希望通过 Kalman 滤波器进行在线估计，则我们可以认为 ω_1 和 ω_2 是时不变的，或者慢时变的，则补充两个状态方程

$$\begin{cases}\dot{\omega}_1=0\\ \dot{\omega}_2=0\end{cases} \tag{5-48}$$

那么，把状态方程进一步增广为

$$\begin{bmatrix}\dot{x}\\ \dot{v}_1\\ \dot{v}_2\\ \dot{v}_3\\ \dot{v}_4\\ \dot{\omega}_1\\ \dot{\omega}_2\end{bmatrix}=\begin{bmatrix}a_z\\ v_2\\ -\omega_1^2 v_1\\ v_4\\ -\omega_2^2 v_3\\ 0\\ 0\end{bmatrix} \tag{5-49}$$

令状态向量为

$$\boldsymbol{X}=[x\quad v_1\quad v_2\quad v_3\quad v_4\quad \omega_1\quad \omega_2]^{\mathrm{T}}$$

则式（5－49）可以写作

$$\dot{\boldsymbol{X}}=\boldsymbol{f}(\boldsymbol{X}) \tag{5-50}$$

式中

$$f(\boldsymbol{X})=\begin{bmatrix} a_z \\ v_2 \\ -\omega_1^2 v_1 \\ v_4 \\ -\omega_2^2 v_3 \\ 0 \\ 0 \end{bmatrix} \tag{5-51}$$

这是一个 7 阶非线性状态方程，需要结合测量方程，应用非线性系统弱可观理论进行可观性分析。

由式（5－50）和（5－51）构成的观测系统是一个非线性系统，我们可以采用两种方式来分析该系统的可观性。一种是使用局部弱可观理论来判断其可观性。另一种则是对系统进行线性化，按照线性化系统可观性理论判断其可观性。

根据非线性系统可观性理论，将测量函数写作

$$h(\boldsymbol{X})=\omega_z+v_1+v_2 \tag{5-52}$$

系统的阶次为 $n=7$，我们对测量方程求直到 $n-1=6$ 阶 Lie 导数

$$L_f^0 h(\boldsymbol{X})=x+v_1+v_2 \tag{5-53}$$

$$L_f^1 h(\boldsymbol{X})=\frac{\partial x}{\partial X}f(\boldsymbol{X})=\hat{a}_z+v_2+v_4 \tag{5-54}$$

$$L_f^2 h(\boldsymbol{X})=-v_1\omega_1^2-v_3\omega_2^2 \tag{5-55}$$

$$L_f^3 h(\boldsymbol{X})=-v_2\omega_1^2-v_4\omega_2^2 \tag{5-56}$$

$$L_f^4 h(\boldsymbol{X})=v_1\omega_1^4+v_3\omega_2^4 \tag{5-57}$$

$$L_f^5 h(\boldsymbol{X})=v_2\omega_1^4+v_4\omega_2^4 \tag{5-58}$$

$$L_f^6 h(\boldsymbol{X})=-v_1\omega_1^6-v_3\omega_2^6 \tag{5-59}$$

设

$$\boldsymbol{M}_o=\begin{bmatrix} L_f^0 h(\boldsymbol{X}) \\ L_f^1 h(\boldsymbol{X}) \\ L_f^2 h(\boldsymbol{X}) \\ L_f^3 h(\boldsymbol{X}) \\ L_f^4 h(\boldsymbol{X}) \\ L_f^5 h(\boldsymbol{X}) \\ L_f^6 h(\boldsymbol{X}) \end{bmatrix}=\begin{bmatrix} x+v_1+v_2 \\ a_z+v_2+v_4 \\ -v_1\omega_1^2-v_3\omega_2^2 \\ -v_2\omega_1^2-v_4\omega_2^2 \\ v_1\omega_1^4+v_3\omega_2^4 \\ v_2\omega_1^4+v_4\omega_2^4 \\ -v_1\omega_1^6-v_3\omega_2^6 \end{bmatrix} \tag{5-60}$$

则系统观测矩阵为

$$
\boldsymbol{O}=\frac{\partial \boldsymbol{M}_o}{\partial \boldsymbol{X}}=\begin{bmatrix}
1 & 1 & 0 & 1 & 0 & 0 & 0 \\
0 & 0 & 1 & 0 & 1 & 0 & 0 \\
0 & -\omega_1^2 & 0 & -\omega_2^2 & 0 & -2v_1\omega_1 & -2v_3\omega_2 \\
0 & 0 & -\omega_1^2 & 0 & -\omega_2^2 & -2v_2\omega_1 & -2v_4\omega_2 \\
0 & \omega_1^4 & 0 & \omega_2^4 & 0 & 4v_1\omega_1^3 & 4v_3\omega_2^3 \\
0 & 0 & \omega_1^4 & 0 & \omega_2^4 & 4v_2\omega_1^3 & 4v_4\omega_2^3 \\
0 & -\omega_1^6 & 0 & -\omega_2^6 & 0 & -6v_1\omega_1^5 & -6v_3\omega_2^5
\end{bmatrix} \tag{5-61}
$$

该矩阵的秩为 7，等于系统状态的维数，所以根据非线性局部弱可观性理论，该系统完全能观。

我们还可以根据线性时变系统可观性理论对式（5－42）和（5－50）构成的观测系统的可观性进行判断。

对式（5－50）进行线性化后，得到系统状态矩阵为

$$
\boldsymbol{A}=\frac{\partial \boldsymbol{f}}{\partial \boldsymbol{X}}=\begin{bmatrix}
0 & 0 & 0 & 0 & 0 & 0 & 0 \\
0 & 0 & 1 & 0 & 0 & 0 & 0 \\
0 & -\omega_1^2 & 0 & 0 & 0 & -2v_1\omega_1 & 0 \\
0 & 0 & 0 & 0 & 1 & 0 & 0 \\
0 & 0 & 0 & -\omega_2^2 & 0 & 0 & -2v_3\omega_2 \\
0 & 0 & 0 & 0 & 0 & 0 & 0 \\
0 & 0 & 0 & 0 & 0 & 0 & 0
\end{bmatrix} \tag{5-62}
$$

根据线性时变系统理论，求式（5—62）和（5—42）构成的非线性系统对应的线性化后的时变系统的可观性判据，需要计算下列向量

$$\boldsymbol{C}_1=\boldsymbol{H}=[1\quad 1\quad 0\quad 1\quad 0\quad 0\quad 0] \tag{5-63}$$

$$\boldsymbol{C}_2=\boldsymbol{C}_1\boldsymbol{A}+\dot{\boldsymbol{C}}_1=[0\quad 0\quad 1\quad 0\quad 1\quad 0\quad 0] \tag{5-64}$$

$$\boldsymbol{C}_3=\boldsymbol{C}_2\boldsymbol{A}+\dot{\boldsymbol{C}}_2=[0\quad -\omega_1^2\quad 0\quad -\omega_2^2\quad 0\quad -2\omega_1v_1\quad -2\omega_2v_3] \tag{5-65}$$

$$\boldsymbol{C}_4=\boldsymbol{C}_3\boldsymbol{A}+\dot{\boldsymbol{C}}_3=[0\quad 0\quad -\omega_1^2\quad 0\quad -\omega_2^2\quad -2\omega_1v_2\quad -2\omega_2v_4] \tag{5-66}$$

$$\boldsymbol{C}_5=\boldsymbol{C}_4\boldsymbol{A}+\dot{\boldsymbol{C}}_4=[0\quad \omega_1^4\quad 0\quad \omega_2^4\quad 0\quad 4\omega_1^3v_1\quad 4\omega_2^3v_3] \tag{5-67}$$

$$\boldsymbol{C}_6=\boldsymbol{C}_5\boldsymbol{A}+\dot{\boldsymbol{C}}_5=[0\quad 0\quad \omega_1^4\quad 0\quad \omega_2^4\quad 4\omega_1^3v_2\quad 4\omega_2^3v_4] \tag{5-68}$$

$$\boldsymbol{C}_7=\boldsymbol{C}_6\boldsymbol{A}+\dot{\boldsymbol{C}}_6=[0\quad -\omega_1^6\quad 0\quad -\omega_2^6\quad 0\quad -6\omega_1^5v_1\quad -6\omega_2^5v_3] \tag{5-69}$$

并由这些向量构成可观性矩阵

$$O=\begin{bmatrix}C_1\\C_2\\C_3\\C_4\\C_5\\C_6\\C_7\end{bmatrix}=\begin{bmatrix}1 & 1 & 0 & 1 & 0 & 0 & 0\\0 & 0 & 1 & 0 & 1 & 0 & 0\\0 & -\omega_1^2 & 0 & -\omega_2^2 & 0 & -2\omega_1 v_1 & -2\omega_2 v_3\\0 & 0 & -\omega_1^2 & 0 & -\omega_2^2 & -2\omega_1 v_2 & -2\omega_2 v_4\\0 & \omega_1^4 & 0 & \omega_2^4 & 0 & 4\omega_1^3 v_1 & 4\omega_2^3 v_3\\0 & 0 & \omega_1^4 & 0 & \omega_2^4 & 4\omega_1^3 v_2 & 4\omega_2^3 v_4\\0 & -\omega_1^6 & 0 & -\omega_2^6 & 0 & -6\omega_1^5 v_1 & -6\omega_2^5 v_3\end{bmatrix} \tag{5-70}$$

这正好就是非线性系统局部弱可观理论推导出来的可观性矩阵，其秩为 7，是满秩阵。所以系统在线性化后依旧是可观的。

线性化后得到的可观性矩阵和采用非线性可观性理论得到的可观矩阵是一致的，说明线性化对系统的可观性没有影响。

5.5.3　引入角加速度计系统的 Kalman 滤波器

考虑到弹性角加速率补偿系统不可观，而理想模型系统是可观的。我们在理想模型的基础上进行改进。

状态方程（5－36）中右侧是刚体的角加速度信号，这实际上是不能直接测量得到的。引入角加速度计后，测量得到的角加速度值 a_{zm} 会包含与弹性干扰角速度信号同频率的弹性干扰角加速度信号，导致测量结果并非刚体的角加速度信号，具体关系为

$$a_{zm}=a_z+v_2+v_4$$

为了解决该问题，我们在角加速度计的输出后面增加一个陷波滤波器 $G(s)$ 来抑制弹性角加速度信号的影响。并将滤波后的输出 $\hat{a}_{zm}$ 作为角加速度 a_z 的估计值

$$\hat{a}_{zm}=G(s)a_{zm} \tag{5-71}$$

其中，陷波滤波器传递函数的表达式同式（5－26）。

我们将刚体角速度的微分方程改写为

$$\dot{\omega}_z=\hat{a}_{zm}+\xi_z \tag{5-72}$$

其中，ξ_z 代表状态噪声量，由传递函数滤波器的误差等因素决定。

系统状态方程（5－41）改写为

$$\dot{\boldsymbol{X}}=\boldsymbol{AX}+\boldsymbol{Bu}+\boldsymbol{\xi} \tag{5-73}$$

其中，$\boldsymbol{\xi}$ 代表状态噪声向量。先只考虑式（5－73）中的确定性部分，求解得到

$$\boldsymbol{X}(t)=\mathrm{e}^{\boldsymbol{A}t}\boldsymbol{X}(0)+\int_0^t \mathrm{e}^{\boldsymbol{A}(t-\tau)}\boldsymbol{Bu}(\tau)\,\mathrm{d}\tau \tag{5-74}$$

当 $t=kT$ 时

$$\boldsymbol{X}(kT)=\mathrm{e}^{\boldsymbol{A}kT}X(0)+\int_0^{kT} \mathrm{e}^{\boldsymbol{A}(kT-\tau)}\boldsymbol{Bu}(\tau)\,\mathrm{d}\tau \tag{5-75}$$

其中，T 为采样周期。

当 $t=(k+1)T$ 时

$$\boldsymbol{X}[(k+1)T]=\mathrm{e}^{\boldsymbol{A}(k+1)T}X(0)+\int_0^{(k+1)T}\mathrm{e}^{\boldsymbol{A}[(k+1)T-\tau]}\boldsymbol{Bu}(\tau)\mathrm{d}\tau \tag{5-76}$$

式（5-76）可以写为

$$\begin{aligned}\boldsymbol{X}[(k+1)T]&=\mathrm{e}^{\boldsymbol{A}T}\left[\mathrm{e}^{\boldsymbol{A}kT}X(0)+\int_0^{kT}\mathrm{e}^{\boldsymbol{A}(kT-t)}\boldsymbol{Bu}(t)\mathrm{d}t\right]+\int_{kT}^{(k+1)T}\mathrm{e}^{A[(k+1)T-t]}\boldsymbol{Bu}(t)\mathrm{d}t\\&=\mathrm{e}^{\boldsymbol{A}T}\boldsymbol{X}(kT)+\int_{kT}^{(k+1)T}\mathrm{e}^{\boldsymbol{A}[(k+1)T-t]}\boldsymbol{Bu}(t)\mathrm{d}t\\&\xlongequal{\tau 2=(k+1)T-t}\mathrm{e}^{\boldsymbol{A}T}\boldsymbol{X}(kT)+\int_T^0\mathrm{e}^{\boldsymbol{A}\tau}\boldsymbol{Bu}(kT)\mathrm{d}(-\tau)\\&=\mathrm{e}^{\boldsymbol{A}T}\boldsymbol{X}(kT)+\int_0^T e^{\boldsymbol{A}\tau}\boldsymbol{Bd}(\tau)u(kT)\end{aligned}$$

则离散化的状态方程可以写为

$$\boldsymbol{X}(k+1)=\boldsymbol{\Phi X}(k)+\boldsymbol{B}_d\boldsymbol{u}(k)+\xi(k) \tag{5-77}$$

其中

$$\boldsymbol{\Phi}=\mathrm{e}^{AT}=\begin{bmatrix}1&0&0&0&0\\0&\cos(\omega_1T)&\dfrac{\sin(\omega_1T)}{\omega_1}&0&0\\0&-\omega_1\sin(\omega_1T)&\cos(\omega_1T)&0&0\\0&0&0&\cos(\omega_2T)&\dfrac{\sin(\omega_2T)}{\omega_2}\\0&0&0&-\omega_2\sin(\omega_2T)&\cos(\omega_2T)\end{bmatrix}$$

$$\boldsymbol{B}_d=\int_0^T\mathrm{e}^{A\tau}B\mathrm{d}\tau=\int_0^T\begin{bmatrix}1&0&0&0&0\\0&\cos(\omega_1\tau)&\dfrac{\sin(\omega_1\tau)}{\omega_1}&0&0\\0&-\omega_1\sin(\omega_1\tau)&\cos(\omega_1\tau)&0&0\\0&0&0&\cos(\omega_2\tau)&\dfrac{\sin(\omega_2\tau)}{\omega_2}\\0&0&0&-\omega_2\sin(\omega_2\tau)&\cos(\omega_2\tau)\end{bmatrix}\begin{bmatrix}1\\0\\0\\0\\0\end{bmatrix}\mathrm{d}\tau$$

$$=\int_0^T\begin{bmatrix}1\\0\\0\\0\\0\end{bmatrix}\mathrm{d}\tau=\begin{bmatrix}T\\0\\0\\0\\0\end{bmatrix}$$

$\xi(k)$ 代表离散状态噪声向量序列，假设其均值为零，协方差为

$$E\{\xi(k)\xi^{\mathrm{T}}(j)\}=Q(k)\delta_{kj}$$

系统的测量方程（5-42）按采样间隔时间 T 离散化为

$$y(k)=\boldsymbol{HX}(k)+\zeta(k) \tag{5-78}$$

其协方差为

$$E\{\zeta(k)\zeta^{\mathrm{T}}(j)\}=R(k)\delta_{kj}$$

应用 Kalman 滤波理论，对于由式（5－77）和（5－78）构成的线性系统，Kalman 滤波算法为

$$\begin{cases}\bar{\boldsymbol{X}}(k+1)=\boldsymbol{\Phi}(k)\hat{\boldsymbol{X}}(k)+\boldsymbol{B}_d(k)\boldsymbol{u}(k)\\ \boldsymbol{P}(k+1/k)=\boldsymbol{\Phi}(k)\boldsymbol{P}(k)\boldsymbol{\Phi}^{\mathrm{T}}(k)+\boldsymbol{Q}(k)\\ \boldsymbol{K}(k+1)=\boldsymbol{P}(k+1/k)\boldsymbol{H}^{\mathrm{T}}\left[\boldsymbol{HP}(k+1/k)\boldsymbol{H}^{\mathrm{T}}(k+1)+\boldsymbol{R}(k+1)\right]^{-1}\\ \hat{\boldsymbol{X}}(k+1)=\bar{\boldsymbol{X}}(k+1)+\boldsymbol{K}(k+1)\left[\boldsymbol{z}(k+1)-\boldsymbol{H}(k+1)\bar{\boldsymbol{X}}(k+1)\right]\\ \boldsymbol{P}(k+1)=\left[\boldsymbol{I}-\boldsymbol{K}(k+1)\boldsymbol{H}(k+1)\right]\boldsymbol{P}(k+1/k)\end{cases} \tag{5-79}$$

初始状态 $\boldsymbol{X}(0)$ 的协方差矩阵为

$$\boldsymbol{P}(0)=\begin{bmatrix}P_{xx}(0) & P_{xv}(0)\\ P_{vx}(0) & P_{vv}(0)\end{bmatrix}$$

此 Kalman 滤波器状态的初始估计值取为 $\boldsymbol{X}(0)=[y(0)\quad 0\quad 0\quad 0\quad 0]^{\mathrm{T}}$，其中 $y(0)$ 为陀螺仪提供的角速率信号的第一拍测量值。

5.5.3.1 简化 Kalman 滤波器

如果把弹体弹性变形角加速度和弹性变形角速度视为干扰量，将它们包含在状态噪声和测量噪声中，不对它们进行精确建模，则状态方程写作

$$\dot{\omega}_z=\hat{a}_{zm}+\xi_2 \tag{5-80}$$

其中，ξ_2 为状态噪声，其均值为 0，方差为 $\bar{Q}=10^{-6}$。

量测模型写作

$$y(t)=\omega_z(t)+v_1(t)+v_3(t)+\zeta(t) \tag{5-81}$$

把上式改写为

$$y(t)=\omega_z(t)+\bar{\zeta}(t) \tag{5-82}$$

其中，$\bar{\zeta}(t)=v_1(t)+v_3(t)+\zeta(t)$ 视为测量噪声，而不对弹性信号进行精确建模，则容易构成简化的角速率估计 Kalman 滤波器。这里，视测量噪声 $\bar{\zeta}(t)$ 的均值为 0，方差为 $\bar{R}=10^{-2}$。

这种算法不需要知道弹性信号的频率，但精度会有所降低。

此 Kalman 滤波器状态的初始估计值取为 $\hat{\omega}_z(0)=y(0)$，初始状态方差取为 $P_{xx}(0)=1$。

5.5.3.2 推广 Kalman 滤波器

如果需要在线估计弹体弹性振动的频率，则可以针对由式（5－42）和（5－50）所构成的非线性系统模型设计非线性滤波器，采用推广 Kalman 滤波算法（EKF）。

考虑模型误差因素，将式（5－50）对应的连续系统状态方程写作

$$\dot{\boldsymbol{X}}=\boldsymbol{f}(\boldsymbol{X})+\boldsymbol{\Gamma\xi} \tag{5-83}$$

对该连续系统进行离散化，得到

$$\boldsymbol{X}_{k+1}-\boldsymbol{X}_k=\int_{t_k}^{t_{k+1}}\boldsymbol{f}[\boldsymbol{X}(t)]\mathrm{d}t+\int_{t_k}^{t_{k+1}}\boldsymbol{\Gamma}(t)\xi(t)\mathrm{d}t \tag{5-84}$$

当采样间隔 $T = t_{k+1} - t_k$ 较小时。在区间 $[t_k \quad t_{k+1}]$ 内可把 $\boldsymbol{f}[\boldsymbol{X}(t)]$ 近似展开为

$$\boldsymbol{f}[\boldsymbol{X}(t)] \approx \boldsymbol{f}(\boldsymbol{X}_k) + \boldsymbol{A}(\boldsymbol{X}_k)\boldsymbol{f}(\boldsymbol{X}_k)(t - t_k) \tag{5-85}$$

其中，$\boldsymbol{X}_k = \boldsymbol{X}(t_k)$，

$$\boldsymbol{A}(\boldsymbol{X}_k) = \left.\frac{\partial \boldsymbol{f}(\boldsymbol{X})}{\partial \boldsymbol{X}}\right|_{X=X_k}$$

将式（5－85）代入式（5－84）后，积分得到

$$\boldsymbol{X}_{k+1} - \boldsymbol{X}_k = \boldsymbol{f}(\boldsymbol{X}_k)T + \boldsymbol{A}(\boldsymbol{X}_k)\boldsymbol{f}(\boldsymbol{X}_k)\frac{T^2}{2} + \int_{t_k}^{t_{k+1}} \boldsymbol{\Gamma}(t)\xi(t)\mathrm{d}t \tag{5-86}$$

上式右端第三项为模型噪声，它的方差阵为

$$\begin{aligned}
&E\left[\int_{t_k}^{t_{k+1}} \boldsymbol{\Gamma}(t)\xi(t)\mathrm{d}t\right]\left[\int_{t_k}^{t_{k+1}} \boldsymbol{\Gamma}(t)\xi(t)\mathrm{d}t\right]^{\mathrm{T}} \\
&= \int_{t_k}^{t_{k+1}}\int_{t_k}^{t_{k+1}} \boldsymbol{\Gamma}(t)E[\xi(t)\xi^{\mathrm{T}}(t')]\boldsymbol{\Gamma}^{\mathrm{T}}(t')\mathrm{d}t\mathrm{d}t' \\
&= \int_{t_k}^{t_{k+1}}\int_{t_k}^{t_{k+1}} \boldsymbol{\Gamma}(t)\boldsymbol{Q}(t)\delta(t-t')\boldsymbol{\Gamma}^{\mathrm{T}}(t')\mathrm{d}t\mathrm{d}t' \\
&= \int_{t_k}^{t_{k+1}} \boldsymbol{\Gamma}(t)\boldsymbol{Q}(t)\boldsymbol{\Gamma}^{\mathrm{T}}(t)\mathrm{d}t \\
&\approx \boldsymbol{\Gamma}_k Q_k T \boldsymbol{\Gamma}_k^{\mathrm{T}}
\end{aligned}$$

此处，$\boldsymbol{\Gamma}_k = \boldsymbol{\Gamma}(t_k)$，$\boldsymbol{Q}_k = \boldsymbol{Q}(t_k)$。我们记

$$\boldsymbol{\Gamma}_k \boldsymbol{q}_k = \int_{t_k}^{t_{k+1}} \boldsymbol{\Gamma}(t)\xi(t)\mathrm{d}t$$

则 $\boldsymbol{q}_k$ 为零均值高斯白噪声，其方差阵为 $E\boldsymbol{q}_k\boldsymbol{q}_k^{\mathrm{T}} = \boldsymbol{Q}_k T$。

这样，我们把式（5－84）表示为

$$\boldsymbol{X}_{k+1} = \boldsymbol{X}_k + \boldsymbol{f}(\boldsymbol{X}_k)T + \boldsymbol{A}(\boldsymbol{X}_k)\boldsymbol{f}(\boldsymbol{X}_k)\frac{T^2}{2} + \boldsymbol{\Gamma}_k \boldsymbol{q}_k \tag{5-87}$$

则离散化后非线性的状态方程为

$$\boldsymbol{X}_{k+1} = \boldsymbol{F}(\boldsymbol{X}_k) + \boldsymbol{\Gamma}_k \boldsymbol{q}_k \tag{5-88}$$

其中，非线性向量函数

$$\boldsymbol{F}(\boldsymbol{X}_k) = \boldsymbol{X}_k + \boldsymbol{f}(\boldsymbol{X}_k)T + \boldsymbol{A}(\boldsymbol{X}_k)\boldsymbol{f}(\boldsymbol{X}_k)\frac{T^2}{2}$$

而方程（5－88）线性化后的状态转移矩阵为

$$\boldsymbol{\Phi} = \boldsymbol{I} + \boldsymbol{A}(\boldsymbol{X}_k)T + \frac{\partial}{\partial \boldsymbol{X}}\left[\boldsymbol{A}(\boldsymbol{X}_k)\boldsymbol{f}(\boldsymbol{X}_k)\frac{1}{2}T^2\right] \tag{5-89}$$

根据上述离散化和线性化的结果，我们设计推广 Kalman 滤波器为

$$\hat{\boldsymbol{X}}_{k+1/k+1} = \hat{\boldsymbol{X}}_{k+1/k} + \boldsymbol{K}_{k+1}(y_{k+1} - \boldsymbol{H}\hat{\boldsymbol{X}}_{k+1/k}) \tag{5-90}$$

$$\boldsymbol{K}_{k+1} = \boldsymbol{P}_{k+1/k}\boldsymbol{H}^{\mathrm{T}}(\boldsymbol{H}\boldsymbol{P}_{k+1/k}\boldsymbol{H}^{\mathrm{T}} + \boldsymbol{R}_{k+1})^{-1} \tag{5-91}$$

$$\boldsymbol{P}_{k+1/k} = \boldsymbol{\Phi}_k \boldsymbol{P}_{k/k}\boldsymbol{\Phi}_k^{\mathrm{T}} + \boldsymbol{Q}_k \tag{5-92}$$

$$\boldsymbol{P}_{k+1/k+1} = (\boldsymbol{I} - \boldsymbol{K}_{k+1}\boldsymbol{H})\boldsymbol{P}_{k+1/k} \tag{5-93}$$

式中 $\hat{\boldsymbol{X}}_{k+1/k+1}$ —— $k+1$ 时刻状态的估计值；

$\hat{\boldsymbol{X}}_{k+1/k}$ ——对 $k+1$ 时刻状态的一步预报值；

$\boldsymbol{K}_{k+1}$ —— $k+1$ 时刻的滤波器增益；

y_{k+1} —— $k+1$ 时刻的测量值；

$\boldsymbol{\Phi}_k$ ——k 时刻到 $k+1$ 时刻的状态转移矩阵；

$\boldsymbol{P}_{k+1/k}$ —— $k+1$ 时刻状态一步预报的协方差矩阵；

$\boldsymbol{P}_{k,k}$ 和 $\boldsymbol{P}_{k+1,k+1}$ ——分别是 k 时刻和 $k+1$ 时刻状态估计协方差矩阵；

$\boldsymbol{Q}_k$ ——k 时刻状态噪声方差阵；

$\boldsymbol{R}_{k+1}$ —— $k+1$ 时刻测量噪声方差阵。

为了尽可能准确地求出从 k 时刻到 $k+1$ 时刻状态的一步预报值 $\hat{\boldsymbol{X}}_{k+1/k}$ ，我们可以从原始的连续非线性状态方程（5－83）中的确定性部分出发，即

$$\dot{\boldsymbol{X}}=\boldsymbol{f}(\boldsymbol{X})$$

用四阶 Runge—Kuta 方法进行一步时间积分求取，积分的初始值为 $\hat{\boldsymbol{X}}_{k/k}$ ，即 k 时刻状态的估计值，积分步长为滤波器的周期 T。这样计算得到的一步预报值比用式（5－88）中的确定性部分，即 $\boldsymbol{X}_{k+1}=\boldsymbol{F}(\boldsymbol{X}_k)$ 计算出来的一步预报值更精确，可以保证滤波精度。

5.5.3.3 基于推广 Kalman 滤波器的弹性在线估计仿真

设弹体的真实角速率按照正弦规律变化，即

$$\omega_z=a_0\sin(\omega_0 t+\varphi_0) \tag{5-94}$$

其中，$a_0=0.5$ rad/s ，$\omega_0=1$ rad/s ，φ_0 在 [0，2π] 之间均匀分布。仿真计算周期取为 $\Delta t=0.000\,5$ s ，采样周期取为 $T=2.5$ ms ，仿真初始时刻 $t=0$ s 。

弹性信号对应的两个频率分别为 f_1 和 f_2（$\omega_1=2\pi f_1$ 和 $\omega_2=2\pi f_2$），相位分别为 φ_1 和 φ_2 的正弦信号，峰值分别为 b_1 和 b_2。f_1 在 20～26 Hz 之间均匀分布，f_2 在 50～65 Hz 之间均匀分布，φ_1 和 φ_2 在 [0，2π] 之间均匀分布。两个频率的弹性干扰信号的幅度 b_1 和 b_2 均为弹体真实角速度信号幅度的 10%。陀螺仪测量角速度时，除了包含角速度信号真实值、两个频率的弹性干扰信号外，还包含一个零均值，标准差为 0.0175 rad/s 的高斯白噪声信号。而角加速度计测量角加速度时，除了包含角加速度信号真实值、两个频率的弹性干扰信号的角加速度外，还包含一个零均值，标准差为 0.349 rad/s^2 的高斯白噪声信号。

推广 Kalman 滤波器（EKF）初始状态取为

$$\boldsymbol{X}(0)=[y(0)\quad 0\quad 0\quad 0\quad 0\quad 23\times 2\pi\quad 56\times 2\pi]^{\mathrm{T}}$$

其中，$y(0)$ 为初始时刻陀螺仪的第一拍测量值。考虑到弹性频率的初始估计值并不能各种情况下都很准确，EKF 的初始状态估计误差方差阵的对角元素取较大值，设 $\boldsymbol{P}(0)=1\,000\boldsymbol{I}$ ，状态噪声方差阵取为

$$\boldsymbol{Q}=\mathrm{diag}[10^{-6}\quad 10^{-5}\quad 10^{-3}\quad 10^{-5}\quad 10^{-3}\quad 10^{-5}\quad 10^{-5}]$$

测量噪声方差阵取为 $\boldsymbol{R}=10^{-4}$ 。

在滤波器设计中，弹性干扰信号的中心频率设为 $f_1=23$ Hz 和 $f_2=56$ Hz 。

下面，给出一组弹性干扰信号的真实频率分别为 $f_1=26$ Hz 和 $f_2=50$ Hz 情况下的仿真实例，仿真结果如图 5 - 11～图 5 - 17 所示。

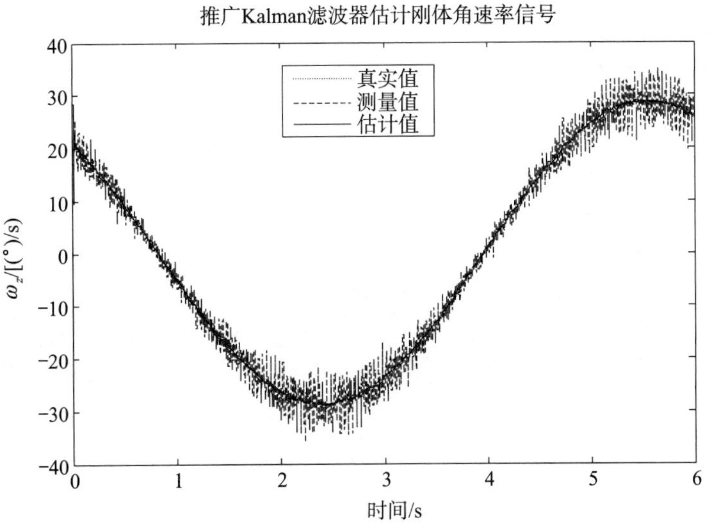

图 5 - 11　角速度信号的估计（$f_1=26$ Hz，$f_2=50$ Hz）

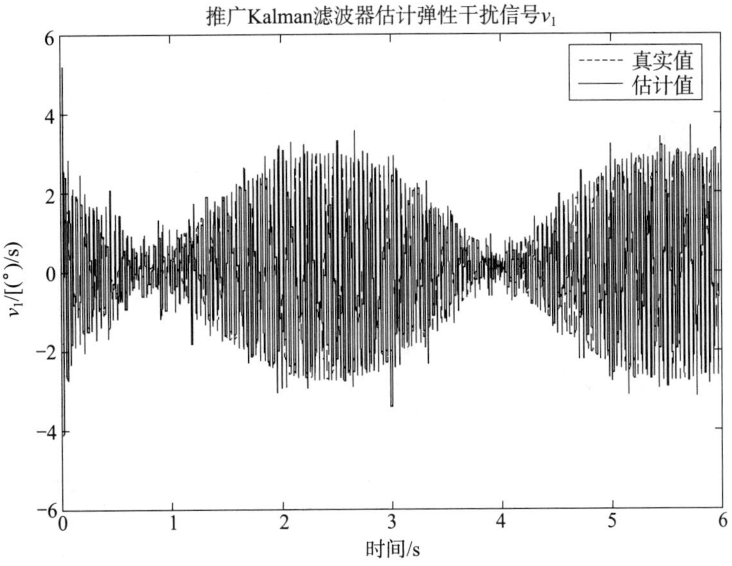

图 5 - 12　低频弹性角速度信号 v_1 的估计（$f_1=26$ Hz）

图 5 - 11 显示了 EKF 对弹体角速度信号的估计效果，估计值很接近真实值。经过滤波后得到的估计值基本上消除了弹性信号和噪声的影响，估计值很快收敛到真实值（约 0.02 s）。图 5 - 12 和图 5 - 13 显示了对低频弹性信号及其微分信号的估计结果，可以看到

估计效果良好，虽然动态过程中误差较大，但此过程很快结束，一般耗时仅 0.02 s。图5-14 和图 5-15 显示了对高频弹性信号及其微分信号的估计结果，估计效果也很好，动态误差小于低频弹性信号估计过程中的动态误差，动态过程耗时小于0.02 s。图 5-16 和图 5-17 显示了 EKF 对两个弹性频率的估计结果，由于此情况下，滤波器关于两个弹性频率的初始估计值也是不准确的，但 0.25 s 后收敛到稳态，并稳定在真值附近，而图中的直接 FFT 算法和联合测频算法对两个弹性频率的在线辨识结果不如 EKF 的频率估计结果稳定，存在一定的波动。

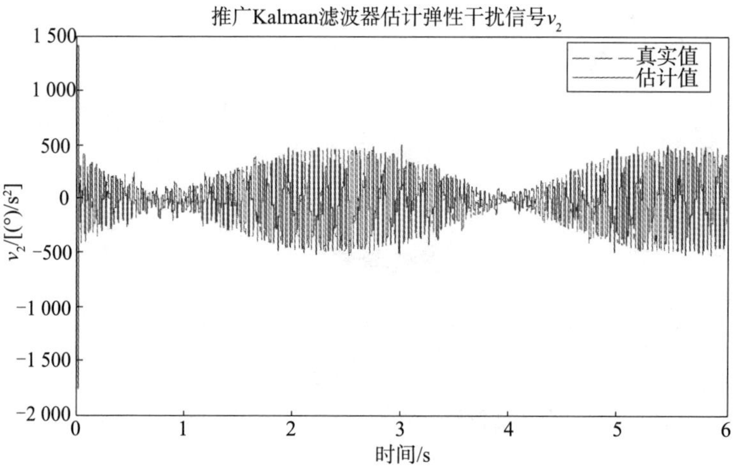

图 5-13　低频弹性角加速度信号 v_2 的估计（$f_1=26$ Hz）

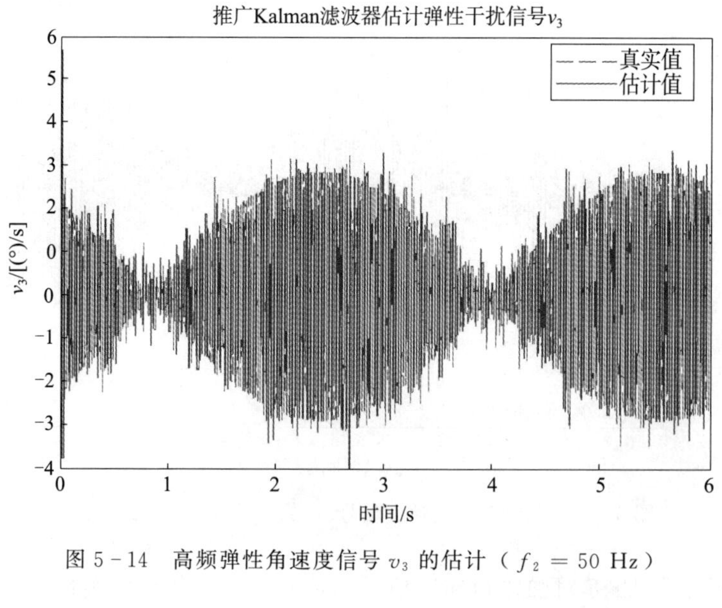

图 5-14　高频弹性角速度信号 v_3 的估计（$f_2=50$ Hz）

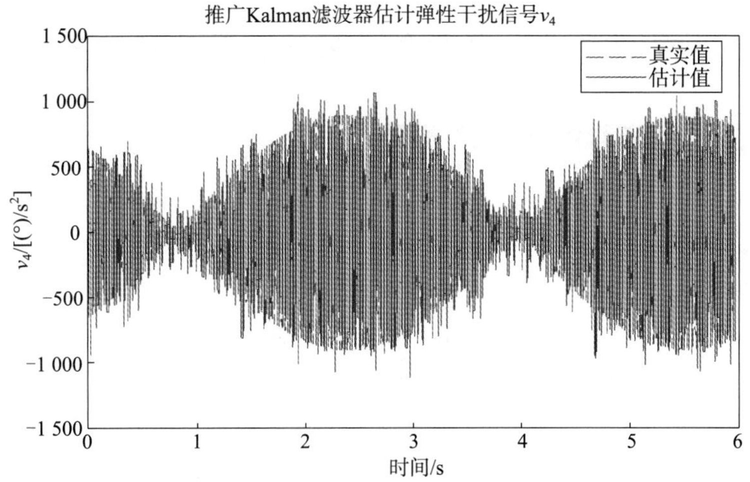

图 5-15　高频弹性角加速度信号 v_4 的估计（$f_2=50$ Hz）

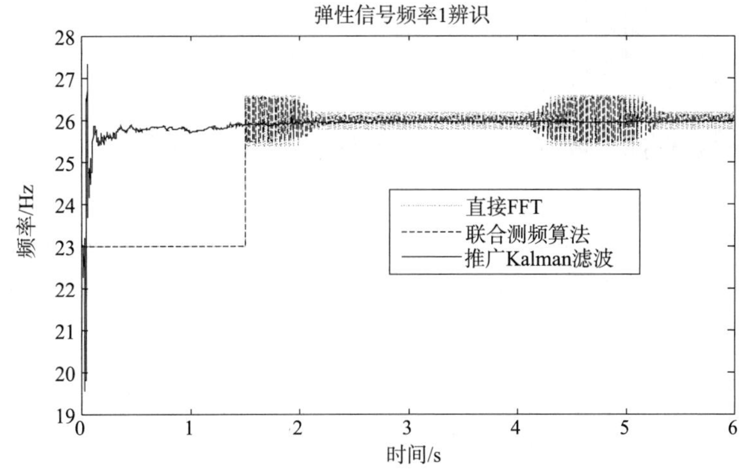

图 5-16　弹性信号频率 f_1 的估计（$f_1=26$ Hz，$f_2=50$ Hz）（见彩插）

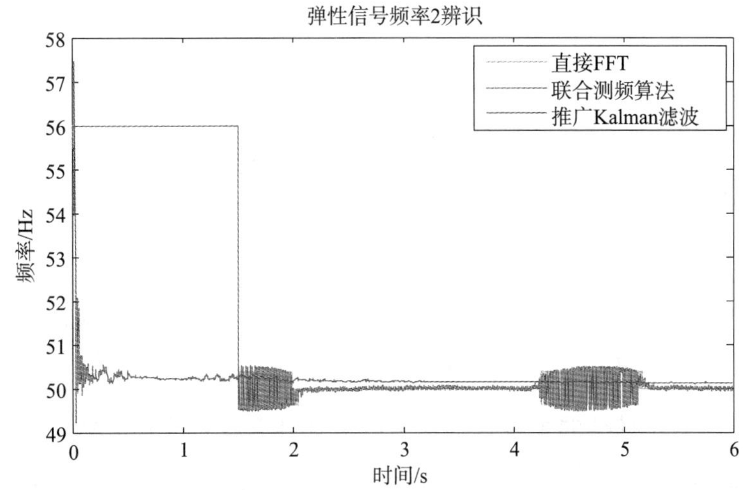

图 5-17　弹性信号频率 f_2 的估计（$f_1=26$ Hz，$f_2=50$ Hz）（见彩插）

5.6 基于气动特性已知的弹性信号频率在线估计方法

5.6.1 气动力矩模型与弹体弹性变形模型

仍然以俯仰通道为例，设弹性干扰信号为两个频率分量分别为 ω_1 和 ω_2，相位分别为 φ_1 和 φ_2 的正弦信号。弹性变形引起的角速度可以表示为两个频率下的正弦信号。

$$v(t)=\begin{bmatrix} b_1\sin(\omega_1 t+\varphi_1) \\ b_2\sin(\omega_2 t+\varphi_2) \end{bmatrix} \tag{5-95}$$

对上式（5－95）取时间的二阶导数，得

$$\ddot{v}(t)=\begin{bmatrix} -b_1\omega_1^2\sin(\omega_1 t+\varphi_1) \\ -b_2\omega_2^2\sin(\omega_2 t+\varphi_2) \end{bmatrix} \tag{5-96}$$

将式（5－96）写成状态方程的形式为

$$\begin{bmatrix} \dot{v}_1(t) \\ \dot{v}_2(t) \\ \dot{v}_3(t) \\ \dot{v}_4(t) \end{bmatrix}=\begin{bmatrix} v_2(t) \\ -\omega_1^2 v_1(t) \\ v_4(t) \\ -\omega_2^2 v_3(t) \end{bmatrix}=\begin{bmatrix} 0 & 1 & 0 & 0 \\ -\omega_1^2 & 0 & 0 & 0 \\ 0 & 0 & 0 & 1 \\ 0 & 0 & -\omega_2^2 & 0 \end{bmatrix}\begin{bmatrix} v_1(t) \\ v_2(t) \\ v_3(t) \\ v_4(t) \end{bmatrix}$$

$$\dot{v}=Av \tag{5-97}$$

假定已知干扰信号的形式为正弦信号，但是其频率 ω_1 与 ω_2 未知。假定动力系数 a_1，a_2 和 a_3 为已知常数。弹性系统的状态模型如下

$$\begin{cases} \dot{\omega}_z=-a_1\omega_z-a_2\alpha-a_3\delta_z \\ \dot{v}_1=v_2 \\ \dot{v}_2=-\omega_1^2 v_1 \\ \dot{v}_3=v_4 \\ \dot{v}_4=-\omega_2^2 v_3 \\ \dot{\omega}_1=w_1 \\ \dot{\omega}_2=w_2 \end{cases} \tag{5-98}$$

其中，$\omega_z=\dot{\vartheta}$ 为俯仰角速度，w_1 和 w_2 是均值为零的高斯白噪声。

测量方程为

$$z=\omega_z+v_1+v_3+\xi \tag{5-99}$$

其中，ξ 为均值为零的高斯白噪声。

后面的可观性分析和设计滤波器的目的是根据式（5－99）给出的测量值 z 估计式（5－98）中的 7 个状态量。

5.6.2 基于气动力矩模型的弹体弹性信号频率估计系统可观性分析

利用非线性系统弱可观理论计算系统（5－98）和（5－99）的可观性矩阵的方法

如下。

系统的向量场函数为

$$f=\begin{bmatrix} -a_1\omega_z-a_2\alpha-a_3\delta_z \\ v_2 \\ -\omega_1^2 v_1 \\ v_4 \\ -\omega_2^2 v_3 \\ 0 \\ 0 \end{bmatrix} \tag{5-100}$$

系统的状态为

$$\boldsymbol{X}=[\omega_z, v_1, v_2, v_3, v_4, \omega_1, \omega_2]^{\mathrm{T}} \tag{5-101}$$

测量量为

$$h=\omega_z+v_1+v_3 \tag{5-102}$$

测量量的 0～6 阶李导数分别为

$$L_0=\omega_z+v_1+v_3 \tag{5-103}$$

$$L_1=-a_1\omega_z-a_2\alpha-a_3\delta_z+v_2+v_4 \tag{5-104}$$

$$L_2=-a_1(-a_1\omega_z-a_2\alpha-a_3\delta_z)-\omega_1^2 v_1-\omega_2^2 v_3 \tag{5-105}$$

$$L_3=a_1^2(-a_1\omega_z-a_2\alpha-a_3\delta_z)-\omega_1^2 v_2-\omega_2^2 v_4 \tag{5-106}$$

$$L_4=-a_1^3(-a_1\omega_z-a_2\alpha-a_3\delta_z)+\omega_1^4 v_1+\omega_2^4 v_3 \tag{5-107}$$

$$L_5=a_1^4(-a_1\omega_z-a_2\alpha-a_3\delta_z)+\omega_1^4 v_2+\omega_2^4 v_4 \tag{5-108}$$

$$L_6=-a_1^5(-a_1\omega_z-a_2\alpha-a_3\delta_z)-\omega_1^6 v_1-\omega_2^6 v_3 \tag{5-109}$$

分别求式（5－103）～（5－109）对状态 X 的梯度，组成可观性矩阵为

$$\boldsymbol{OM}=\begin{bmatrix} 1 & 1 & 0 & 1 & 0 & 0 & 0 \\ -a_1 & 0 & 1 & 0 & 1 & 0 & 0 \\ a_1^2 & -\omega_1^2 & 0 & -\omega_2^2 & 0 & -2\omega_1 v_1 & -2\omega_2 v_3 \\ -a_1{}^3 & 0 & -\omega_1^2 & 0 & -\omega_2^2 & -2\omega_1 v_2 & -2\omega_2 v_4 \\ a_1^4 & \omega_1^4 & 0 & \omega_2^4 & 0 & 4\omega_1^3 v_1 & 4\omega_2^3 v_3 \\ -a_1^5 & 0 & \omega_1^4 & 0 & \omega_2^4 & 4\omega_1^3 v_2 & 4\omega_2^3 v_4 \\ a_1^6 & -\omega_1^6 & 0 & -\omega_2^6 & 0 & -6\omega_1^5 v_1 & -6\omega_2^5 v_3 \end{bmatrix} \tag{5-110}$$

该矩阵是一个满秩矩阵，因此系统（5－98）和（5－99）是弱可观的。

5.6.3 基于气动力矩模型的弹性信号频率估计滤波器设计（UKF）

将式（5－98）和（5－99）写成一般形式

$$\begin{aligned} &\boldsymbol{x}_k=\boldsymbol{f}(\boldsymbol{x}_{k-1}, t_k)+\boldsymbol{w}_k \\ &\boldsymbol{z}_k=\boldsymbol{h}(\boldsymbol{x}_k, t_k)+\boldsymbol{\xi}_k \\ &\boldsymbol{w}_k \sim N(0, \boldsymbol{Q}_k) \\ &\xi_k \sim N(0, \boldsymbol{R}_k) \end{aligned} \tag{5-111}$$

其中，状态为 $\boldsymbol{x}=[\omega_z \quad v_1 \quad v_2 \quad v_3 \quad v_4 \quad \omega_1 \quad \omega_2]^{\mathrm{T}}$，$\boldsymbol{x}_k$ 和 $\boldsymbol{x}_{k-1}$ 分别是第 k 时刻和第 $k-1$ 时刻的状态值，$\boldsymbol{w}_k$ 为第 k 时刻的过程噪声向量，ξ_k 为第 k 时刻的测量噪声向量，$\boldsymbol{z}_k$ 为第 k 时刻的测量值。$\boldsymbol{f}(\cdot)$ 为状态转移函数，$\boldsymbol{h}(\cdot)$ 为测量函数。

采用 Unscented Kalman 滤波器（UKF），其算法如下。

（1）初始化

$$\hat{\boldsymbol{x}}_0=E[\boldsymbol{x}_0]$$

$$\boldsymbol{P}_{0,0}=E[(\boldsymbol{x}_0-\hat{\boldsymbol{x}}_0)(\boldsymbol{x}_0-\hat{\boldsymbol{x}}_0)^{\mathrm{T}}]$$

（2）UKF 状态预测：

1）选择 sigma 点 $\boldsymbol{x}_{k-1}^{(i)}$

$$\begin{aligned}&\boldsymbol{x}_{k-1}^{(0)}=\boldsymbol{x}_{k-1}\\&\boldsymbol{x}^{(i)}=\boldsymbol{x}_{k-1}+\sqrt{n+\lambda}\left(\sqrt{\boldsymbol{P}_{k-1}}\right)_i \quad i=1,\cdots,n\\&\boldsymbol{x}^{(n+i)}=\boldsymbol{x}_{k-1}-\sqrt{n+\lambda}\left(\sqrt{\boldsymbol{P}_{k-1}}\right)_i \quad i=1,\cdots,n\end{aligned} \tag{5-112}$$

式中 λ ——设计参数。

2）使用已知状态方程 $\boldsymbol{f}(\cdot)$，对 sigma 点进行计算

$$\boldsymbol{x}_k^{(i)}=\boldsymbol{f}(\boldsymbol{x}_{k-1}^{(i)},\boldsymbol{u}_k,t_k) \tag{5-113}$$

3）求平均，获得状态预测值

$$\boldsymbol{x}_{k,k-1}=\sum_{i=0}^{2n}W_i^{(m)}\boldsymbol{x}_k^{(i)} \tag{5-114}$$

4）计算状态预测协方差

$$\boldsymbol{P}_{k,k-1}=\sum_{i=0}^{2n}W_i^{(c)}(\boldsymbol{x}_k^{(i)}-\boldsymbol{x}_{k,k-1})(\boldsymbol{x}_k^{(i)}-\boldsymbol{x}_{k,k-1})^{\mathrm{T}}+\boldsymbol{Q}_{k-1} \tag{5-115}$$

式中，$W_i^{(m)}$ 和 $W_i^{(c)}$ 分别是计算状态预测和状态预测协方差的权值。定义为

$$\begin{aligned}&W_0^{(m)}=\frac{\lambda}{n+\lambda}\\&W_0^{(c)}=\frac{\lambda}{n+\lambda}+(1-\alpha^2+\beta)\\&W_i^{(m)}=\frac{1}{2(n+\lambda)} \quad i=1,\cdots,2n\\&W_i^{(c)}=\frac{1}{2(n+\lambda)} \quad i=1,\cdots,2n\end{aligned} \tag{5-116}$$

式中 λ，α，β ——设计参数。

（3）UKF 状态更新

1）选择 sigma 点 $\boldsymbol{x}_{k-1}^{(i)}$，这次使用状态预测的结果 $\boldsymbol{x}_{k,k-1}$ 与 $\boldsymbol{P}_{k,k-1}$。

$$\begin{aligned}&\boldsymbol{x}_k^{(0)}=\boldsymbol{x}_{k,k-1}\\&\boldsymbol{x}^{(i)}=\boldsymbol{x}_{k,k-1}+\sqrt{n+\lambda}\left(\sqrt{\boldsymbol{P}_{k,k-1}}\right)_i \quad i=1,\cdots,n\\&\tilde{\boldsymbol{x}}^{(n+i)}=\boldsymbol{x}_{k,k-1}-\sqrt{n+\lambda}\left(\sqrt{\boldsymbol{P}_{k,k-1}}\right)_i \quad i=1,\cdots,n\end{aligned} \tag{5-117}$$

2）使用已知测量方程 $\boldsymbol{h}(\cdot)$ ，对 sigma 点进行计算

$$\boldsymbol{z}_k^{(i)} = \boldsymbol{h}(\boldsymbol{x}_k^{(i)}, t_k) \tag{5-118}$$

3）求平均，获得状态预测值

$$\boldsymbol{z}_{k,k-1} = \sum_{i=0}^{2n} W_i^{(m)} \boldsymbol{z}_k^{(i)} \tag{5-119}$$

4）计算测量预测协方差

$$\boldsymbol{P}_z = \sum_{i=0}^{2n} W_i^{(c)} (\boldsymbol{z}_k^{(i)} - \boldsymbol{z}_{k,k-1})(\boldsymbol{z}_k^{(i)} - \boldsymbol{z}_{k,k-1})^{\mathrm{T}} + R_k \tag{5-120}$$

5）计算 $\boldsymbol{x}_{k,k-1}$ 和 $\boldsymbol{z}_{k,k-1}$ 的协方差

$$\boldsymbol{P}_{xz} = \sum_{i=0}^{2n} W_i^{(c)} (\boldsymbol{x}_k^{(i)} - \boldsymbol{x}_{k,k-1})(\boldsymbol{z}_k^{(i)} - \boldsymbol{z}_{k,k-1})^{\mathrm{T}} \tag{5-121}$$

6）计算状态估计

$$\begin{aligned} \boldsymbol{K}_k &= \boldsymbol{P}_{xz} \boldsymbol{P}_z^{-1} \\ \boldsymbol{x}_k &= \boldsymbol{x}_{k,k-1} + \boldsymbol{K}_k (\boldsymbol{z}_k - \boldsymbol{z}_{k,k-1}) \\ \boldsymbol{P}_k &= \boldsymbol{P}_{k,k-1} - \boldsymbol{K}_k \boldsymbol{P}_z \boldsymbol{K}_k^{\mathrm{T}} \end{aligned} \tag{5-122}$$

5.6.4　基于气动力矩模型的弹体弹性信号频率估计仿真分析

在仿真中，为了提升估计效果，需要涉及有效激励信号，假设俯仰角指令 ϑ_c 为余弦信号 $\vartheta_c = A\cos\omega t$ ，其中，$\omega = 2\pi/\mathrm{s}$ ，$A = 6°$ 。俯仰角速度指令 ω_{zc} 可以看作是 ϑ_c 对时间的导数。

假设双频弹性干扰频率的真值分别为 23 Hz 和 56 Hz，那么两个弹性频率对应的角速度 ω_1 和 ω_2 真值分别为 $23\times2\pi$ rad/s 和 $56\times2\pi$ rad/s 。为了简便，在后面的仿真初始条件设定和仿真结果中，我们用 ω_1 和 ω_2 直接代表频率信息，单位为 Hz。另外，我们定义 k 为滤波器使用的动力系数与对应真值的比率，例如当 $k=0.9$ 时，滤波器使用的动力系数 a_1，a_2 和 a_3 为对应真值的 0.9 倍。两个弹性频率估计的初值取为 $\hat{\omega}_{10} = (\omega_1 + 6)$ Hz ，$\hat{\omega}_{20} = (\omega_2 - 6)$ Hz 。滤波器从仿真开始后第 5 秒启动工作。

图 5-18 是俯仰角姿态指令 ϑ_c 随时间变化的结果。图 5-19 至图 5-25 为滤波器中各个状态的估计值。在本算例的条件下，各个状态能快速收敛，估计误差较小。从第 6 秒开始，滤波器完全稳定。从这个时刻开始到仿真结束的各个状态估计误差的统计结果如表 5-1 所示。由表 5-1 可以看出，滤波器中的 7 个状态量，特别是两个频率的估计误差范围有界，而由图 5-19～图 5-25 可以直观地看到 7 个状态量的估计值均很好地收敛到真实值，特别是图 5-24 和图 5-25 所示的对 ω_1 和 ω_2 的估计值，能够在初始误差较大的情况下比较快速地收敛到真实值附近，而且稳态精度较高。

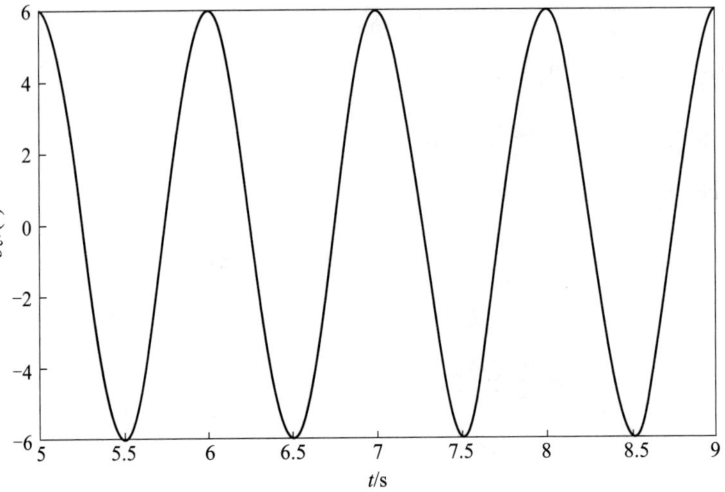

图 5 - 18　俯仰姿态角指令（频率估计）

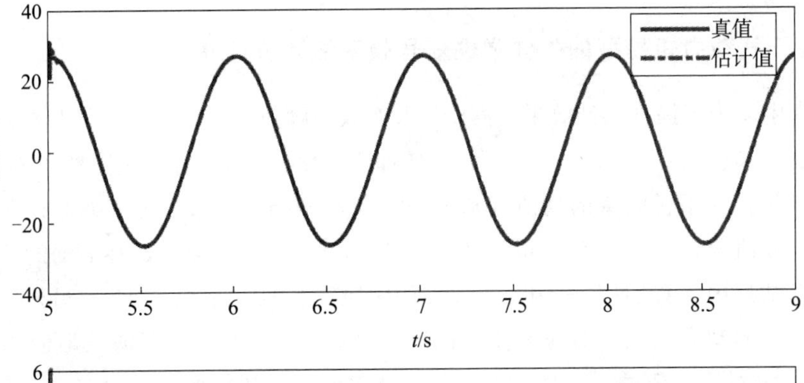

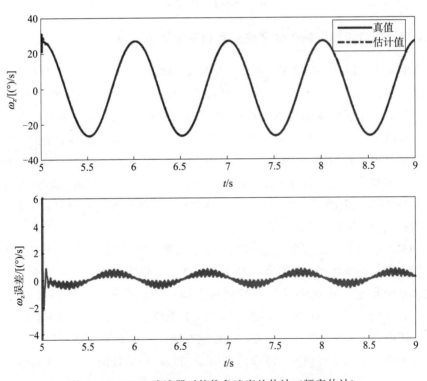

图 5 - 19　UKF 滤波器对俯仰角速度的估计（频率估计）

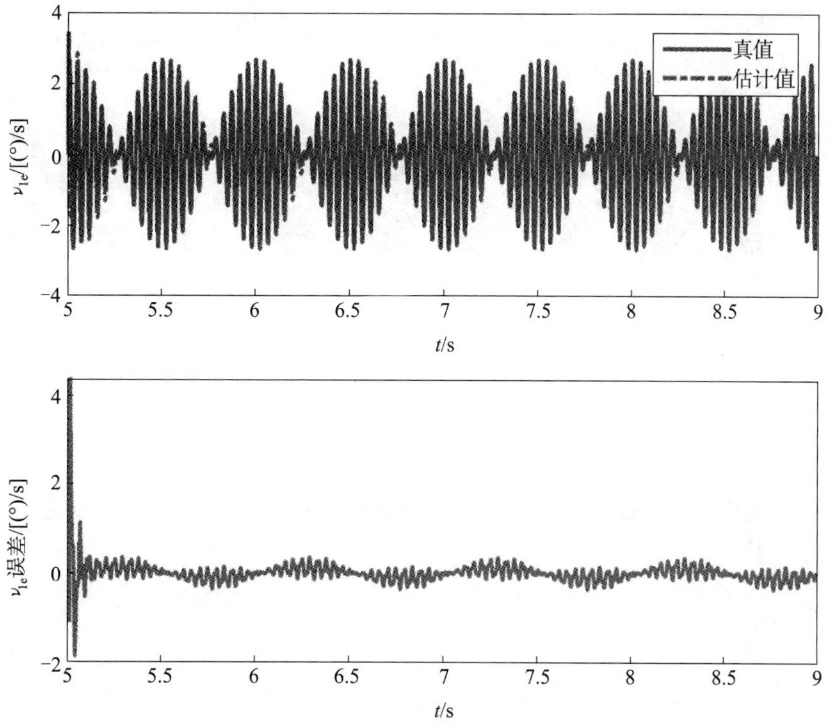

图 5-20　UKF 滤波器对低频弹性角速度信号 ν_1 的估计（频率估计）（见彩插）

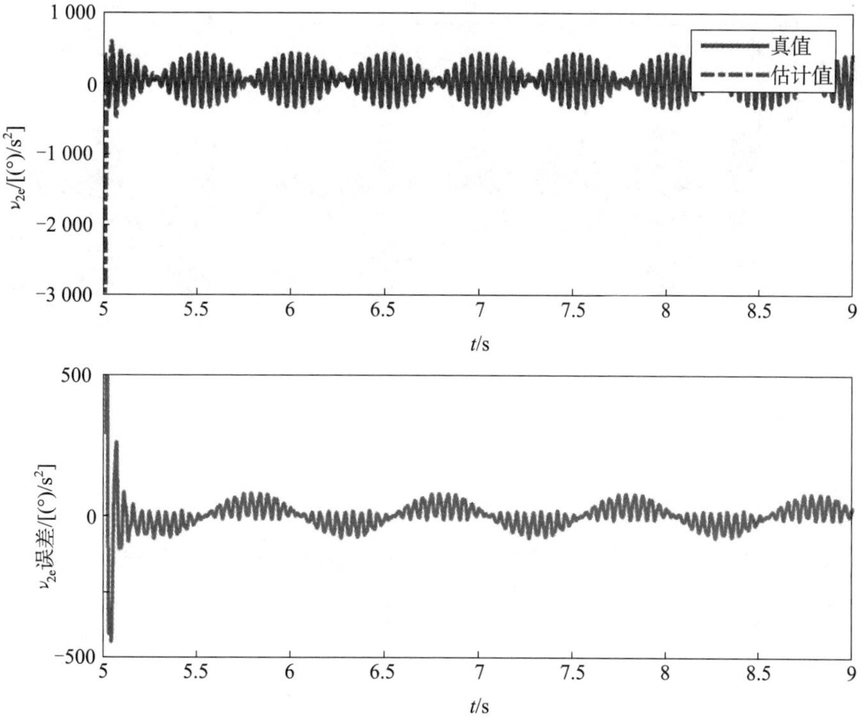

图 5-21　UKF 滤波器对低频弹性角加速度信号 ν_2 的估计（频率估计）（见彩插）

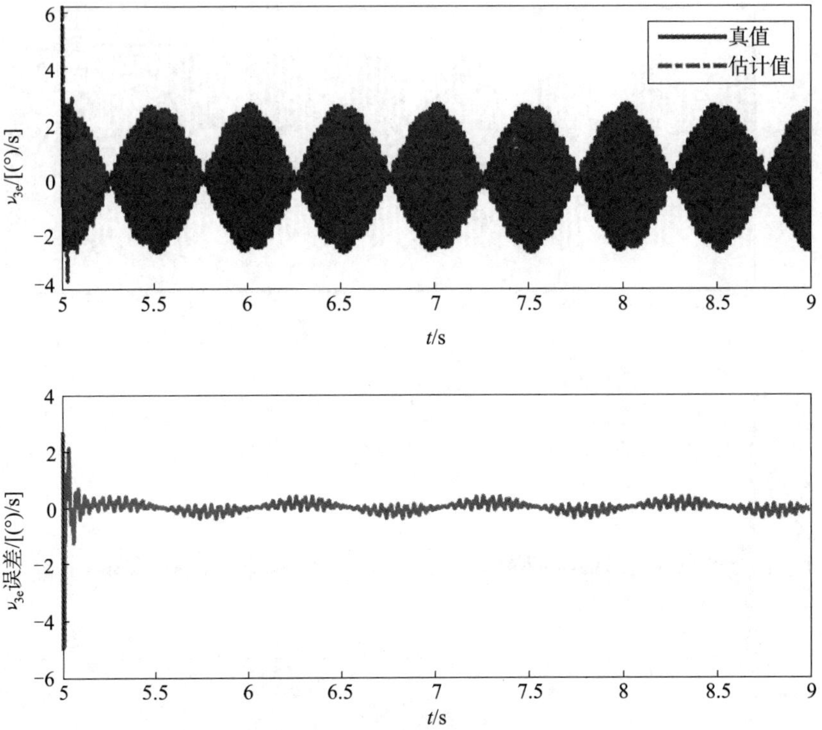

图 5-22　UKF 滤波器对高频弹性角速度信号 ν_3 的估计（频率估计）（见彩插）

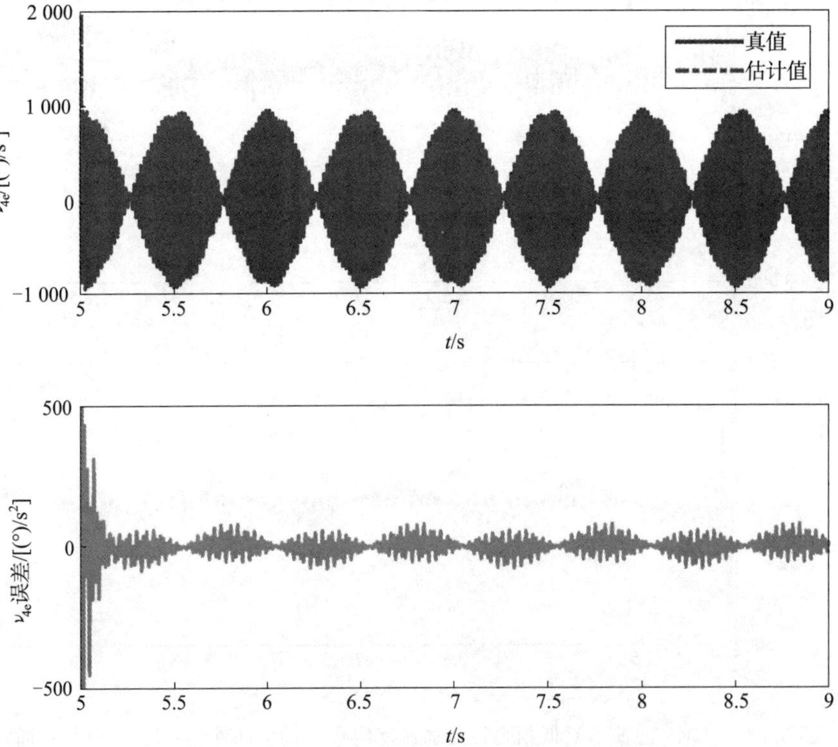

图 5-23　UKF 滤波器对高频弹性角加速度信号 ν_4 的估计（频率估计）（见彩插）

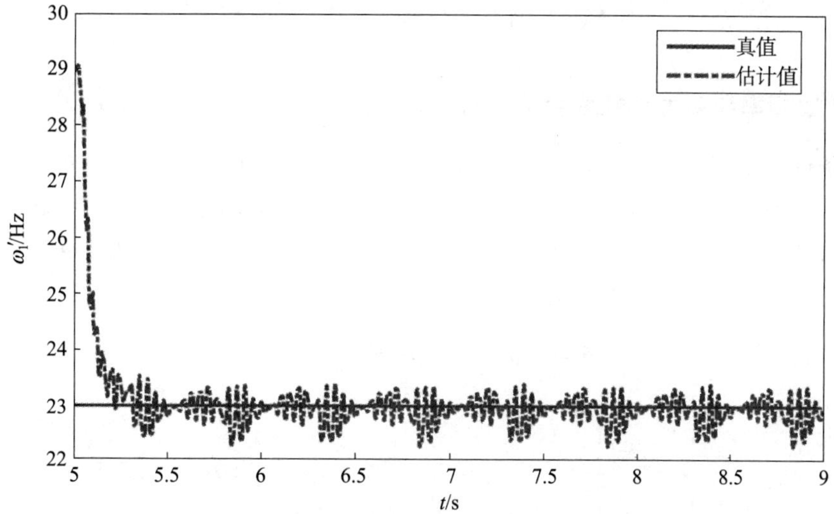

图 5-24　UKF 滤波器对频率 1 的估计（频率估计）

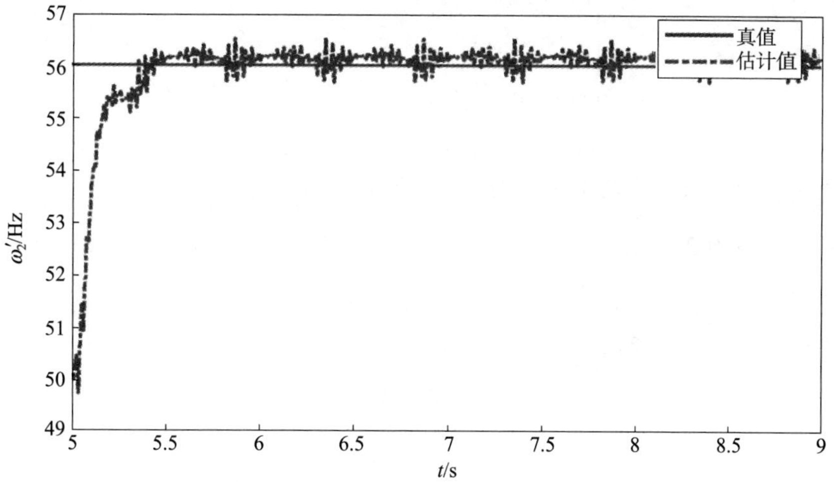

图 5-25　UKF 滤波器对频率 2 的估计（频率估计）

表 5-1　估计弹性信号频率误差统计

状态	误差范围	误差标准差
ω_z/[(°)/s]	[−0.715 2，0.713 21]	0.320 09
ν_1/[(°)/s]	[−0.359 78，0.359 35]	0.130 02
ν_2/[(°)/s^2]	[−80.037 8，76.767 9]	33.496 5
ν_3/[(°)/s]	[−0.398 83，0.387 97]	0.144 88
ν_4/[(°)/s^2]	[−79.031 2，79.478 2]	28.042 2
ω_1 /Hz	[−0.418 17，0.731 89]	0.240 32
ω_2 /Hz	[−0.544 63，0.336 41]	0.131 8

5.7 基于弹性频率和气动特性未知的联合在线估计方法

5.7.1 弹性频率和动力系数联合估计可观性分析

实际条件下，阻尼动力系数 a_1 是一个比较小的量，而且不需要准确知道，但静稳定动力系数 a_2 和操纵动力系数 a_3 对于保证自适应控制系统的品质比较重要，在试验前不准确已知的情况下需要进行在线估计。另外，设弹性干扰频率 ω_1 和 ω_2 为未知常数，也需要在线估计。因此，系统状态方程为

$$\begin{cases}\ddot{\vartheta}=-a_1\dot{\vartheta}-a_2\alpha(t)-a_3\delta_z(t)\\ \dot{a}_2=w_1\\ \dot{a}_3=w_2\\ \dot{v}_1=v_2\\ \dot{v}_2=-\omega_1{}^2v_1\\ \dot{v}_3=v_4\\ \dot{v}_4=-\omega_2{}^2v_3\\ \dot{\omega}_1=w_3\\ \dot{\omega}_2=w_4\end{cases} \tag{5-123}$$

其中，w_1、w_2、w_3 和 w_4 是均值为零的状态白噪声。

定义状态向量为 $\boldsymbol{X}=\begin{bmatrix}\dot{\vartheta} & a_2 & a_3 & v_1 & v_2 & v_3 & v_4 & \omega_1 & \omega_2\end{bmatrix}^{\mathrm{T}}$，则 9 个状态变量分别定义为 $x_1=\dot{\vartheta}$，$x_2=a_2$，$x_3=a_3$，$x_4=v_1$，$x_5=v_2$，$x_6=v_3$，$x_7=v_4$，$x_8=\omega_1$，$x_9=\omega_2$，不考虑状态噪声情况下，系统状态方程写作

$$\dot{\boldsymbol{X}}=\boldsymbol{f}(\boldsymbol{X}) \tag{5-124}$$

其中

$$\boldsymbol{f}(\boldsymbol{X})=\begin{bmatrix}-a_1x_1-x_2\alpha(t)-x_3\delta_z(t)\\ 0\\ 0\\ x_5\\ -x_8{}^2x_4\\ x_7\\ -x_9{}^2v_6\\ 0\\ 0\end{bmatrix} \tag{5-125}$$

测量方程为

$$z=\dot{\vartheta}+v_1+v_3$$

即

$$z = x_1 + x_4 + x_6$$

将其写出矩阵形式为

$$\boldsymbol{z} = \boldsymbol{HX} \tag{5-126}$$

其中测量矩阵为

$$\boldsymbol{H} = [1 \quad 0 \quad 0 \quad 1 \quad 0 \quad 1 \quad 0 \quad 0 \quad 0]$$

式中　w 是零均值高斯白噪声。

式（5－124）和式（5－126）所构成的系统是一个非线性系统，我们可以采用非线性时变系统局部弱可观理论来判断其可观性

0 阶李导数为

$$d_0 = x_1 + x_4 + x_6$$

1 阶李导数为

$$d_1 = \frac{\partial d_0}{\partial t} + \frac{\partial d_0}{\partial X}\boldsymbol{f}(\boldsymbol{X}) = -a_1 x_1 - x_2 \alpha(t) - x_3 \delta_z(t) + x_5 + x_7$$

2 阶李导数为

$$d_2 = \frac{\partial d_1}{\partial t} + \frac{\partial d_1}{\partial \boldsymbol{X}}\boldsymbol{f}(\boldsymbol{X}) = -x_2\dot{\alpha} - x_3\dot{\delta}_z + a_1(a_1 x_1 + x_2\alpha + x_3\delta_z) - x_4 x_8^2 - x_6 x_9^2$$

3 阶李导数为

$$d_3 = \frac{\partial d_2}{\partial t} + \frac{\partial d_2}{\partial \boldsymbol{X}}\boldsymbol{f}(\boldsymbol{X}) = -x_2\ddot{\alpha} - x_3\ddot{\delta}_z + a_1(x_2\dot{\alpha} + x_3\dot{\delta}_z) - a_1^2(a_1 x_1 + x_2\alpha + x_3\delta_z) - x_5 x_8^2 - x_7 x_9^2$$

4 阶李导数为

$$d_4 = \frac{\partial d_3}{\partial t} + \frac{\partial d_3}{\partial \boldsymbol{X}}\boldsymbol{f}(\boldsymbol{X}) = -x_2\dddot{\alpha} - x_3\dddot{\delta}_z + a_1(x_2\ddot{\alpha} + x_3\ddot{\delta}_z) - a_1^2(x_2\dot{\alpha} + x_3\dot{\delta}_z) + a_1^3(a_1 x_1 + x_2\alpha + x_3\delta_z) + x_4 x_8^4 + x_6 x_9^4$$

5 阶李导数为

$$d_5 = \frac{\partial d_4}{\partial t} + \frac{\partial d_4}{\partial \boldsymbol{X}}\boldsymbol{f}(\boldsymbol{X}) = -x_2\ddddot{\alpha} - x_3\ddddot{\delta}_z + a_1(x_2\dddot{\alpha} + x_3\dddot{\delta}_z) - a_1^2(x_2\ddot{\alpha} + x_3\ddot{\delta}_z) + a_1^3(x_2\dot{\alpha} + x_3\dot{\delta}_z) - a_1^4(a_1 x_1 + x_2\alpha + x_3\delta_z) + x_5 x_8^4 + x_7 x_9^4$$

6 阶李导数为

$$d_6 = \frac{\partial d_5}{\partial t} + \frac{\partial d_5}{\partial \boldsymbol{X}}\boldsymbol{f}(\boldsymbol{X}) = -x_2\alpha^{(5)} - x_3\delta_z^{(5)} + a_1(x_2\ddddot{\alpha} + x_3\ddddot{\delta}_z) - a_1^2(x_2\dddot{\alpha} + x_3\dddot{\delta}_z) + a_1^3(x_2\ddot{\alpha} + x_3\ddot{\delta}_z) - a_1^4(x_2\dot{\alpha} + x_3\dot{\delta}_z) + a_1^5(a_1 x_1 + x_2\alpha + x_3\delta_z) - x_4 x_8^6 - x_6 x_9^6$$

7 阶李导数为

$$d_7 = \frac{\partial d_7}{\partial t} + \frac{\partial d_7}{\partial \boldsymbol{X}}\boldsymbol{f}(\boldsymbol{X}) = -x_2\alpha^{(6)} - x_3\delta_z^{(6)} + a_1(x_2\alpha^{(5)} + x_3\delta_z^{(5)}) - a_1^2(x_2\ddddot{\alpha} + x_3\ddddot{\delta}_z) + a_1^3(x_2\dddot{\alpha} + x_3\dddot{\delta}_z) - a_1^4(x_2\ddot{\alpha} + x_3\ddot{\delta}_z) + a_1^5(x_2\dot{\alpha} + x_3\dot{\delta}_z) - a_1^6(a_1 x_1 + x_2\alpha + x_3\delta_z) - x_5 x_8^6 - x_7 x_9^6$$

8 阶李导数为

$$d_8 = \frac{\partial d_8}{\partial t} + \frac{\partial d_8}{\partial \boldsymbol{X}} \boldsymbol{f}(\boldsymbol{X}) = -x_2\alpha^{(7)} - x_3\delta_z^{(7)} + a_1(x_2\alpha^{(6)} + x_3\delta_z^{(6)}) - a_1^2(x_2\alpha^{(5)} + x_3\delta_z^{(5)}) +$$

$$a_1^3(x_2\ddddot{\alpha} + x_3\ddddot{\delta}_z) - a_1^4(x_2\dddot{\alpha} + x_3\dddot{\delta}_z) + a_1^5(x_2\ddot{\alpha} + x_3\ddot{\delta}_z) -$$

$$a_1^6(x_2\dot{\alpha} + x_3\dot{\delta}_z) + a_1^7(a_1x_1 + x_2\alpha + x_3\delta_z) + x_4x_8^8 + x_6x_9^8$$

令

$$\boldsymbol{\Gamma} = \begin{bmatrix} d_0 \\ d_1 \\ d_2 \\ d_4 \\ d_5 \\ d_6 \\ d_7 \\ d_8 \end{bmatrix} \tag{5-127}$$

观测矩阵为

$$O = \frac{\partial \boldsymbol{\Gamma}}{\partial X} \tag{5-128}$$

该矩阵的秩为 9，等于系统状态的维数。所以根据非线性局部弱可观性理论，该系统可观。但如果 $\alpha(t)$ 和 $\delta_z(t)$ 不变，即它们的导数为 0，则显然系统不可观。

5.7.2 弹性频率和动力系数联合估计仿真分析

应用无迹卡尔曼滤波方法进行仿真。在仿真中，假设俯仰角指令 ϑ_c 为余弦信号 $\vartheta_c = A\cos\omega t$ ，取 $\omega = 2\pi/\text{s}$, $A = 6°$ 。俯仰角速度指令可以看作是 ϑ_c 对时间的导数。两个弹性频率估计的初值取为 $\hat{\omega}_{10} = (\omega_1 + 6)$ Hz , $\hat{\omega}_{20} = (\omega_2 - 6)$ Hz ，滤波器中动力系数初值或参数与对应真值的比率取为 $k = 0.65$。

滤波器在仿真开始后 5 s 开始运行，每 2.5 ms 进行一次滤波计算。

图 5 - 26 是俯仰角姿态指令 ϑ_c 随时间变化的结果。图 5 - 27～图 5 - 35 为各个状态的估计值。在本算例的条件下，滤波器能快速收敛，估计误差较小。在本算例中，ϑ_c 的起伏变化频率较高，提供的可观测度较强，所以对弹性频率 ω_1 和 ω_2，以及气动力系数 a_2 和 a_3 的估计收敛就比较快，而且稳定后误差比较小，见图 5 - 32～图 5 - 35。从第 6 s 开始到仿真结束的各个状态估计误差的统计结果见表 5 - 2，各个状态估计误差均有界。

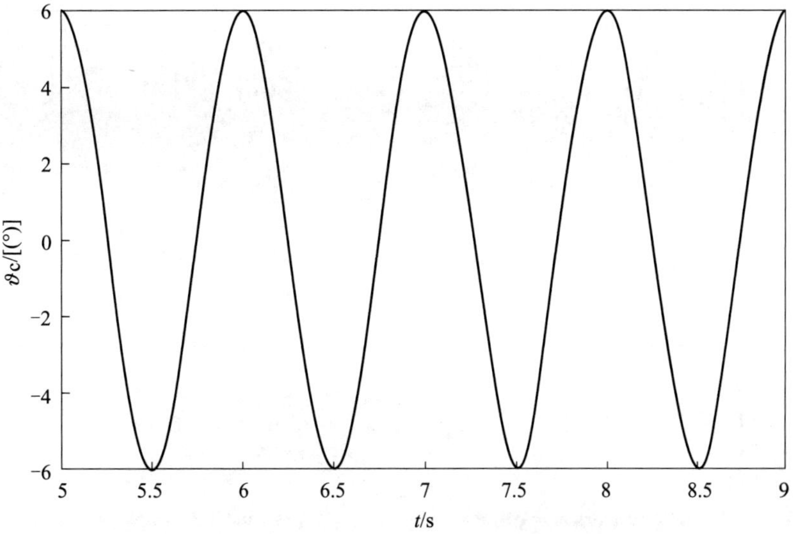

图 5-26　俯仰姿态角指令（联合估计）

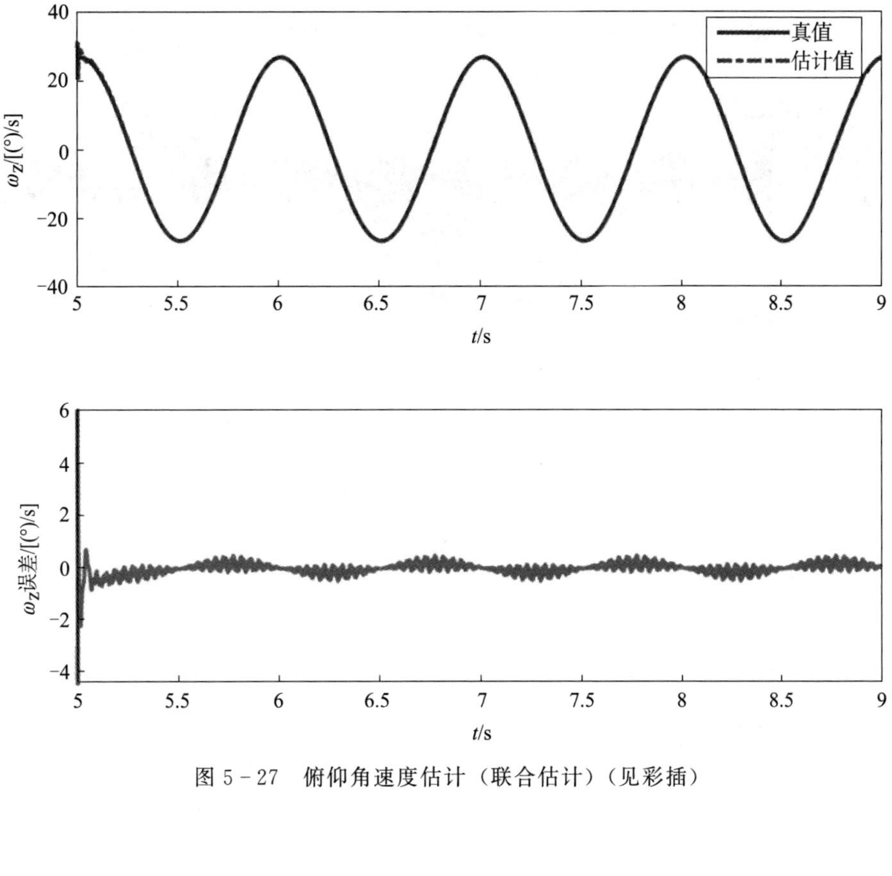

图 5-27　俯仰角速度估计（联合估计）（见彩插）

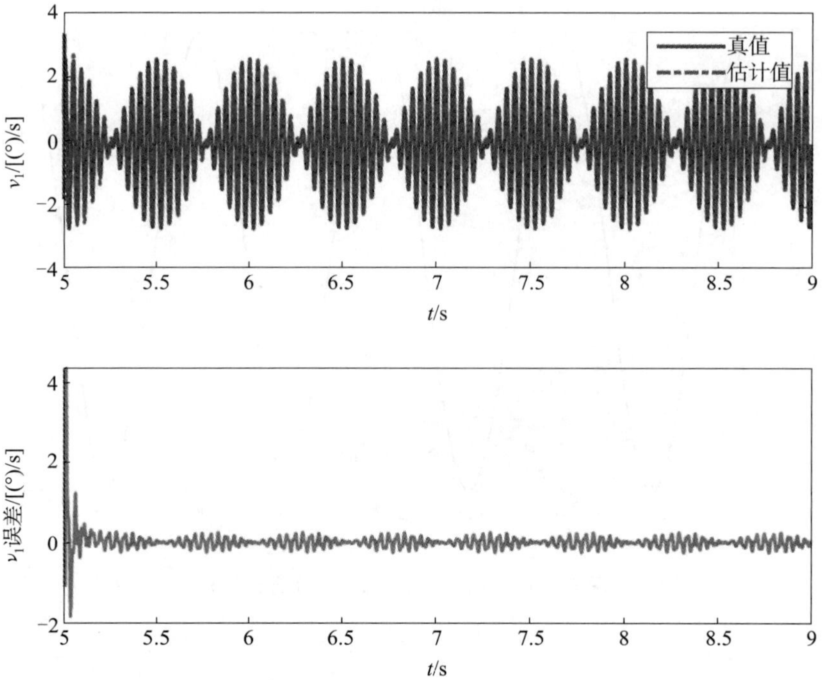

图 5-28　低频弹性角速度信号 ν_1 的估计（联合估计）（见彩插）

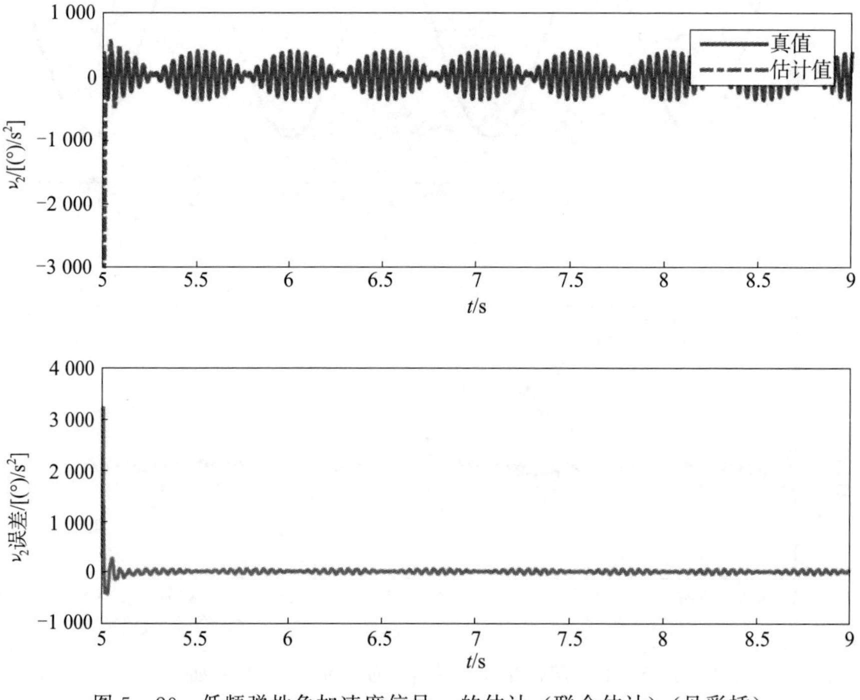

图 5-29　低频弹性角加速度信号 ν_2 的估计（联合估计）（见彩插）

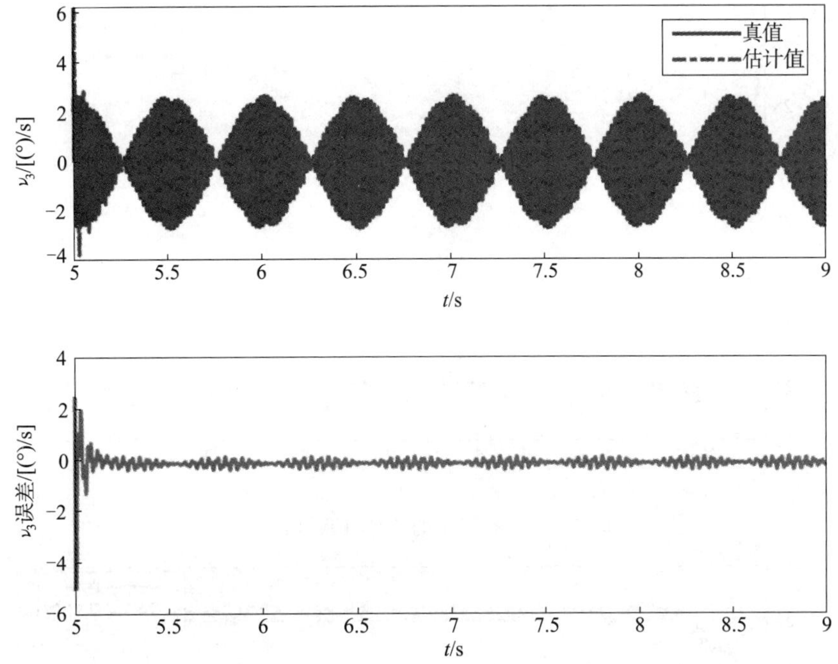

图 5 - 30　高频弹性角速度信号 ν_3 的估计（联合估计）（见彩插）

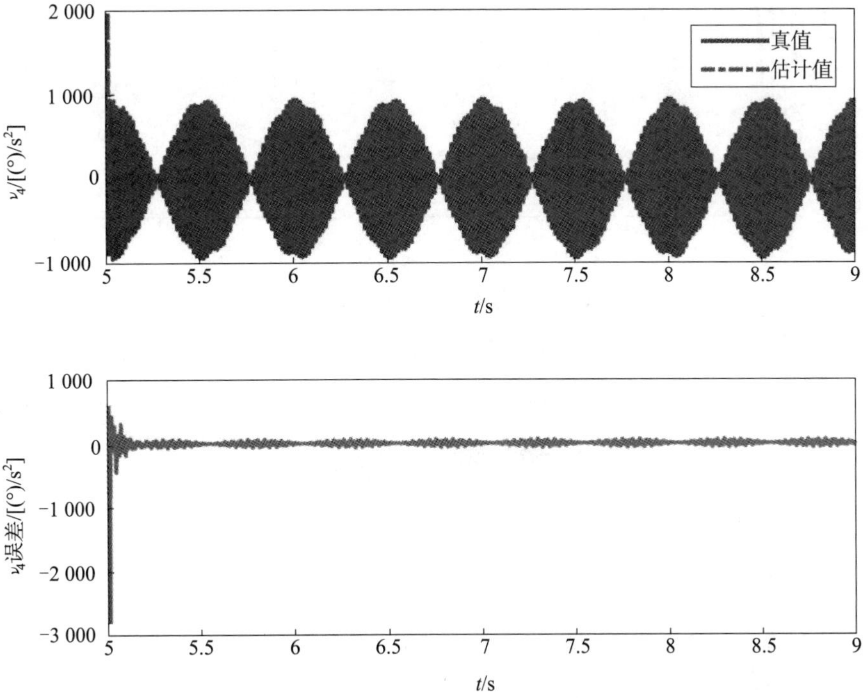

图 5 - 31　高频弹性角加速度信号 ν_4 的估计（联合估计）（见彩插）

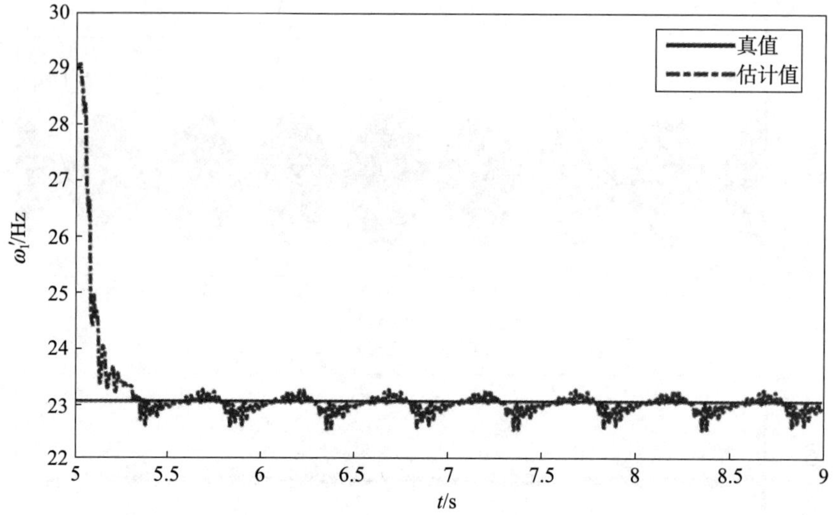

图 5－32　频率 1 的估计（联合估计）

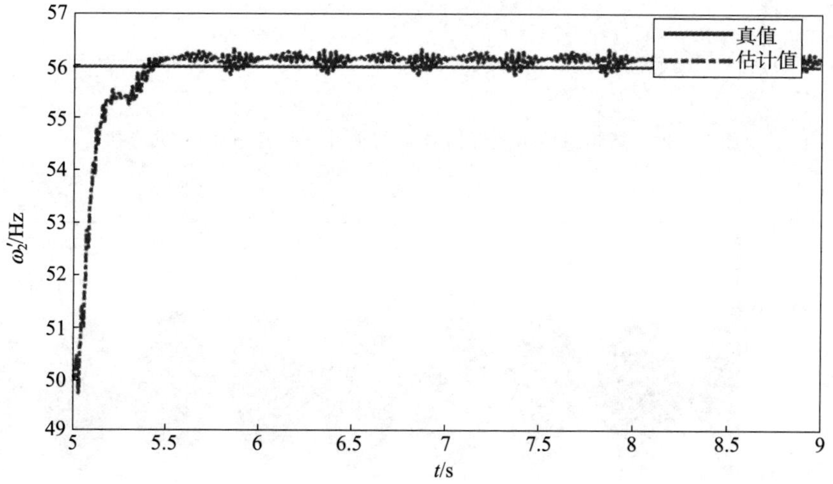

图 5－33　频率 2 的估计（联合估计）

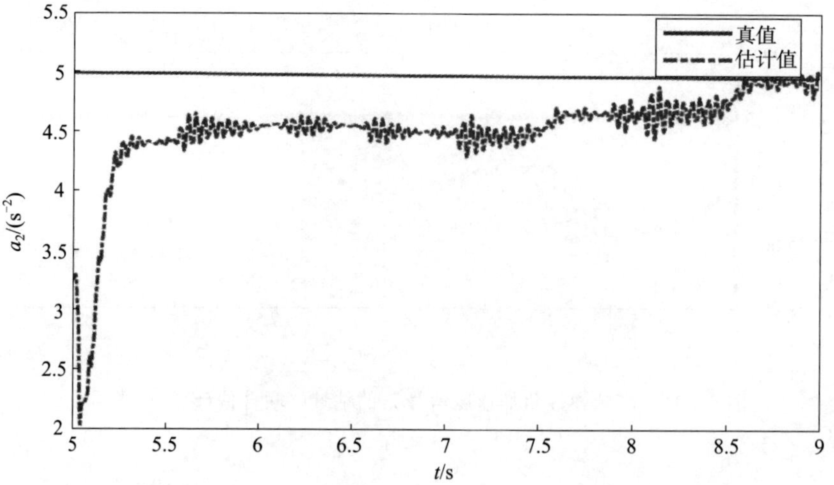

图 5－34　动力系数 a_2 的估计（联合估计）

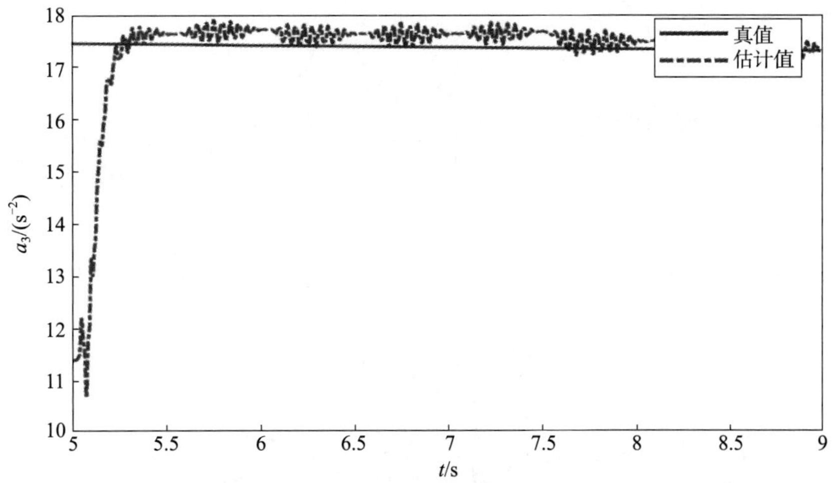

图 5-35　动力系数 a_3 的估计（联合估计）

表 5-2　估计弹性信号频率和动力系数误差统计

状态	误差范围	误差标准差
ω_z/[(°)/s]	[−0.497 95, 0.497 73]	0.160 88
ν_1/[(°)/s]	[−0.255 98, 0.251 73]	0.102 02
ν_2/[(°)/s^2]	[−51.166 8, 48.564 6]	23.453 6
ν_3/[(°)/s]	[−0.262 12, 0.267 75]	0.102 97
ν_4/[(°)/s^2]	[−66.335 9, 68.626 7]	26.715 4
ω_1 /Hz	[−0.218 57, 0.521 67]	0.122 47
ω_2 /Hz	[−0.355 99, 0.159 44]	0.092 268
a_2 / (1/s^2)	[−0.056 362, 0.685 32]	0.158 7
a_3 /(1/s^2)	[−0.482 25, 0.256 38]	0.129 44

5.8　基于气动参数辨识的自适应姿态控制律设计

5.8.1　俯仰通道气动参数实时估计滤波器及自适应控制律

5.8.1.1　俯仰通道气动参数实时估计滤波器

本节我们结合导弹分离过程中静稳定动力系数 a_2 快变这一问题来讨论自适应姿态控制律的设计问题。

根据 5.2 节中的可观性分析结果，在分离过程中，只估计静稳定动力系数一定可观，因此，针对俯仰和偏航通道，我们应用静稳定动力系数 a_2 匀速变化模型，设计估计静稳定动力系数的 Kalman 滤波器。

针对俯仰通道，系统状态方程写作

$$\begin{cases}\ddot{\vartheta}=-a_1\dot{\vartheta}-a_2\alpha-a_3\delta_z\\ \dot{a}_2=-k_{2p}\end{cases}$$

其中，k_{2p} 是一个大于零的常数。

测量方程为

$$y=\dot{\vartheta}$$

系统状态变量定义为 $x_1=\dot{\vartheta}$，$x_2=a_2$，则状态向量为 $\boldsymbol{X}_p=[x_1\quad x_2]^{\mathrm{T}}$，可以整理出线性状态向量方程

$$\dot{\boldsymbol{X}}_p=\boldsymbol{A}_p\boldsymbol{X}_p+\boldsymbol{B}_p\boldsymbol{u}_p \tag{5-129}$$

其中

$$\boldsymbol{A}_p=\begin{bmatrix}-a_1 & -\alpha\\ 0 & 0\end{bmatrix},\boldsymbol{B}_p=\begin{bmatrix}-a_3 & 0\\ 0 & -1\end{bmatrix},\boldsymbol{u}_p=\begin{bmatrix}\delta_z\\ k_{2p}\end{bmatrix}$$

测量方程写作

$$y_p=\boldsymbol{C}_p\boldsymbol{X}_p \tag{5-130}$$

其中，$\boldsymbol{C}_p=[1\quad 0]$

首先对状态方程进行离散化处理，得到离散化的状态方程

$$\boldsymbol{X}_p(k+1)=\boldsymbol{F}_p\boldsymbol{X}_p(k)+\boldsymbol{G}_p\boldsymbol{u}_p(k)+\boldsymbol{w}_p(k) \tag{5-131}$$

$$\boldsymbol{F}_p=\begin{bmatrix}\mathrm{e}^{-a_1T} & \dfrac{-\alpha+\alpha\mathrm{e}^{-a_1T}}{a_1}\\ 0 & 1\end{bmatrix},\boldsymbol{G}_p=\begin{bmatrix}\dfrac{a_3(\mathrm{e}^{-a_1T}-1)}{a_1} & \dfrac{\alpha(\mathrm{e}^{-a_1T}+Ta_1-1)}{a_1^2}\\ 0 & -T\end{bmatrix},\boldsymbol{u}_p(k)=\begin{bmatrix}\delta_z(k)\\ k_2(k)\end{bmatrix}$$

其中，T 为采样周期，$w_p(k)$ 代表零均值状态白噪声，$\boldsymbol{E}\ [w_p(k)w_p^{\mathrm{T}}(k)]=\boldsymbol{Q}_p(k)$。

离散化的测量方程写作

$$\boldsymbol{y}_p(k)=\boldsymbol{H}_p\boldsymbol{X}_p(k)+\boldsymbol{v}_p(k) \tag{5-132}$$

其中，$\boldsymbol{H}_p=[1\quad 0]$，$\boldsymbol{v}_p(k)$ 代表零均值测量噪声，$\boldsymbol{E}\ [\nu_p(k)\nu_p^{\mathrm{T}}(k)]=\boldsymbol{R}_p(k)$。

针对系统（5－131）和（5－132）的 Kalman 滤波公式为

$$\begin{cases}\bar{\boldsymbol{X}}_p(k+1)=\boldsymbol{F}_p(k)\hat{\boldsymbol{X}}_p(k)+\boldsymbol{G}_p(k)\boldsymbol{u}_p(k)\\ \boldsymbol{P}_p(k+1/k)=\boldsymbol{F}_p(k)\boldsymbol{P}_p(k)\boldsymbol{F}_p^{\mathrm{T}}(k)+\boldsymbol{Q}_p(k)\\ \boldsymbol{K}_p(k+1)=\boldsymbol{P}_p(k+1/k)\boldsymbol{H}_p^{\mathrm{T}}\ [\boldsymbol{H}_p\boldsymbol{P}_p(k+1/k)\boldsymbol{H}_p^{\mathrm{T}}+\boldsymbol{R}_p(k+1)]^{-1}\\ \hat{\boldsymbol{X}}_p(k+1)=\bar{\boldsymbol{X}}_p(k+1)+\boldsymbol{K}_p(k+1)[\boldsymbol{y}_p(k+1)-\boldsymbol{H}_p\bar{\boldsymbol{X}}_p(k+1)]\\ \boldsymbol{P}_p(k+1)=[\boldsymbol{I}-\boldsymbol{K}_p(k+1)\boldsymbol{H}_p]\boldsymbol{P}_p(k+1/k)\end{cases} \tag{5-133}$$

其中，$\hat{\boldsymbol{X}}_p(k)$ 和 $\bar{\boldsymbol{X}}_p(k)$ 分别代表 $\boldsymbol{X}_p$ 的滤波估计和预报估计，

$$\boldsymbol{P}_p(k+1/k)=\boldsymbol{E}\{[\boldsymbol{X}_p(k+1)-\bar{\boldsymbol{X}}_p(k+1)]\ [\boldsymbol{X}_p(k+1)-\bar{\boldsymbol{X}}_p(k+1)]^{\mathrm{T}}\}$$

$$\boldsymbol{P}_p(k+1)=\boldsymbol{E}\{[\boldsymbol{X}_p(k+1)-\hat{\boldsymbol{X}}_p(k+1)]\ [\boldsymbol{X}_p(k+1)-\hat{\boldsymbol{X}}_p(k+1)]^{\mathrm{T}}\}$$

在分离结束时刻，俯仰通道模型中的动力系数 a_1 和 a_3 会发生突变，滤波器状态量 a_2 也将发生突变，突变为一个比 a_{20} 更小的值，随后基本保持不变。这种情况下，系统状态

方程突变为

$$\begin{cases}\ddot{\vartheta}=-a_{11}\dot{\vartheta}-a_{21}\alpha-a_{31}\delta_z\\ \dot{a}_{21}=0\end{cases}$$

基于单一模型设计的 Kalman 滤波器的估值不可能跟上状态量 a_2 的突变，这样就需要设计切换滤波器。

首先，在分离结束时刻，将滤波器的初值重置为

$$x_1=\dot{\vartheta}_1\ ,\ x_2=\hat{a}_{21}$$

其中，$\dot{\vartheta}_1$ 代表分离结束时刻的俯仰角速率，$\hat{a}_{21}$ 代表对 a_2 突变后的初始估计值。

将滤波器的状态方程切换为

$$\boldsymbol{X}_p(k+1)=\boldsymbol{F}_p\boldsymbol{X}_p(k)+\boldsymbol{G}_p\boldsymbol{u}_p(k)+\boldsymbol{w}_p(k)$$

$$\boldsymbol{F}_p=\begin{bmatrix}e^{-a_{11}T} & \dfrac{-\alpha+\alpha e^{-a_{11}T}}{a_1}\\ 0 & 1\end{bmatrix},\boldsymbol{G}_p=\begin{bmatrix}\dfrac{a_{31}(e^{-a_{11}T}-1)}{a_1} & \dfrac{\alpha(e^{-a_{11}T}+Ta_{11}-1)}{a_{11}^2}\\ 0 & -T\end{bmatrix},\boldsymbol{u}_p(k)=\begin{bmatrix}\delta_z(k)\\ 0\end{bmatrix}$$

其中，a_{11} 和 a_{31} 代表模型突变后新的动力系数。

随后，在切换后的新模型下继续运行 Kalman 滤波公式。

5.8.1.2　俯仰通道自适应控制律

在分离开始时刻，启动估计俯仰静稳定动力系数的 Kalman 滤波器，实时估计出 $\hat{a}_2$，针对俯仰通道控制系统模型

$$\ddot{\vartheta}=-a_1\dot{\vartheta}-a_2\alpha-a_3\delta_z \tag{5-134}$$

构造一个攻角自适应反馈控制律和姿态反馈控制律，即令

$$\delta_z=\delta_{z0}+\delta_{z1} \tag{5-135}$$

其中，攻角自适应反馈控制律为

$$\delta_{z0}=-\frac{\hat{a}_2}{a_3}\alpha \tag{5-136}$$

将式（5-135）和式（5-136）代入式（5-134），并近似认为 $\hat{a}_2=a_2$，可得

$$\ddot{\vartheta}=-a_1\dot{\vartheta}-a_3\delta_{z1}$$

由上式容易得到由 δ_{z1} 到 $\dot{\vartheta}$ 的传递函数为

$$G_1(s)=\frac{\dot{\vartheta}(s)}{\delta_{z1}(s)}=\frac{-a_3}{s+a_1}$$

进一步，又容易得到 δ_{z1} 到 ϑ 的传递函数

$$G_2(s)=\frac{\vartheta(s)}{\delta_{z1}(s)}=\frac{-a_3}{s(s+a_1)}$$

然后，应用古典频域理论设计方法，即可设计得到关于 δ_{z1} 的反馈控制律。由于系统中的静稳定动力系数已经估计并补偿掉，进一步应用古典频域理论设计反馈控制律就变得

比较容易，只需要引入姿态角速率和姿态角反馈。

将自适应反馈控制律 δ_{z0} 与反馈控制律 δ_{z1} 合成后，即得到完整的自适应控制律（5-135）。

5.8.2 滚转通道干扰实时估计滤波器和自适应控制律

5.8.2.1 滚转通道干扰实时估计 Kalman 滤波器

考虑滚转通道受到外界干扰 d_r，且干扰为慢时变量，则滚转通道系统状态方程写作

$$\begin{cases}\ddot{\gamma}+c_1\dot{\gamma}=-c_3\delta_x+d_r\\ \dot{d}_r=0\end{cases}$$

测量方程为

$$y=\dot{\gamma}$$

定义系统状态变量为 $x_1=\dot{\gamma}$，$x_2=d_r$，则状态向量为 $\boldsymbol{X}_r=[x_1\quad x_2]^{\mathrm{T}}$，状态向量方程为

$$\dot{\boldsymbol{X}}_r=\boldsymbol{A}_r\boldsymbol{X}_r+\boldsymbol{B}_r\boldsymbol{u}_r \tag{5-137}$$

其中

$$\boldsymbol{A}_y=\begin{bmatrix}-c_1 & 0\\ 0 & 0\end{bmatrix},\boldsymbol{B}_y=\begin{bmatrix}-c_3\\ 0\end{bmatrix},\boldsymbol{u}_r=\boldsymbol{\delta}_x$$

测量方程写作

$$\boldsymbol{y}_r=\boldsymbol{C}_r\boldsymbol{X}_r \tag{5-138}$$

其中 $\boldsymbol{C}_r=[1\quad 0]$

滚转通道的离散化的状态方程写作

$$\boldsymbol{X}_r(k+1)=\boldsymbol{\Phi}_r\boldsymbol{X}_r(k)+\boldsymbol{G}_r\boldsymbol{u}_r(k)+\boldsymbol{w}_r(k) \tag{5-139}$$

其中

$$\boldsymbol{\Phi}_r=\begin{bmatrix}\mathrm{e}^{-c_1\mathrm{T}} & \dfrac{-(\mathrm{e}^{-c_1\mathrm{T}}-1)}{c_1}\\ 0 & 1\end{bmatrix},\boldsymbol{G}_r=\begin{bmatrix}\dfrac{c_3(\mathrm{e}^{-c_1\mathrm{T}}-1)}{c_1}\\ 0\end{bmatrix},\boldsymbol{u}_r(k)=\boldsymbol{\delta}_x(k)$$

其中，$\boldsymbol{w}_r(k)$ 代表零均值状态白噪声，$\boldsymbol{E}\ [w_r(k)w_r^{\mathrm{T}}(k)]=\boldsymbol{Q}_r(k)$。

离散化的测量方程写作

$$\boldsymbol{Z}_r(k)=\boldsymbol{H}_r\boldsymbol{X}_r(k)+\boldsymbol{v}_r(k) \tag{5-140}$$

其中，$\boldsymbol{H}_r=[1\quad 0]$，$\boldsymbol{v}_r(k)$ 代表零均值测量噪声，$\boldsymbol{E}\ [\nu_r(k)\nu_r^{\mathrm{T}}(k)]=\boldsymbol{R}_r(k)$。

针对系统（5-139）和（5-140）的 Kalman 滤波公式为

$$
\begin{cases}
\bar{\boldsymbol{X}}_r(k+1)=\boldsymbol{\Phi}_r(k)\hat{\boldsymbol{X}}_r(k)+\boldsymbol{B}_r(k)\boldsymbol{u}_r(k) \\
\boldsymbol{P}_r(k+1/k)=\boldsymbol{\Phi}_r(k)\boldsymbol{P}_r(k)\boldsymbol{\Phi}_r^{\mathrm{T}}(k)+\boldsymbol{Q}_r(k) \\
\boldsymbol{K}_r(k+1)=\boldsymbol{P}_r(k+1/k)\boldsymbol{H}_r^{\mathrm{T}}\ [\boldsymbol{H}_r\boldsymbol{P}_r(k+1/k)\boldsymbol{H}_r^{\mathrm{T}}+\boldsymbol{R}_r(k+1)]^{-1} \\
\hat{\boldsymbol{X}}_r(k+1)=\bar{\boldsymbol{X}}_r(k+1)+\boldsymbol{K}_r(k+1)\,[\boldsymbol{Z}_r(k+1)-\boldsymbol{H}_r\bar{\boldsymbol{X}}_r(k+1)] \\
\boldsymbol{P}_r(k+1)=[I-\boldsymbol{K}_r(k+1)H_r]\boldsymbol{P}_r(k+1/k)
\end{cases}
\tag{5-141}
$$

其中，$\hat{\boldsymbol{X}}_r(k)$ 和 $\bar{\boldsymbol{X}}_r(k)$ 分别代表 $\boldsymbol{X}_r$ 的滤波估计和预报估计，

$$
\boldsymbol{P}_r(k+1/k)=\boldsymbol{E}\{[\boldsymbol{X}_r(k+1)-\bar{\boldsymbol{X}}_r(k+1)]\ [\boldsymbol{X}_r(k+1)-\bar{\boldsymbol{X}}_r(k+1)]^{\mathrm{T}}\}
$$

$$
\boldsymbol{P}_r(k+1)=\boldsymbol{E}\{[\boldsymbol{X}_r(k+1)-\hat{\boldsymbol{X}}_r(k+1)]\ \ [\boldsymbol{X}_r(k+1)-\hat{\boldsymbol{X}}_r(k+1)]^{\mathrm{T}}\}
$$

5.8.2.2　滚转通道自适应控制律设计

设计滚转通道的干扰自适应前馈补偿器为

$$
\delta_{x0}=\frac{\hat{d}_r}{c_3}
$$

其中，$\hat{d}_r$ 由滚转通道干扰估计 Kalman 滤波器给出，滚转通道的自适应控制律为

$$
\delta_x=\delta_{x1}+\delta_{x0}
$$

其中，δ_{x1} 由古典频域方法设计得到。

5.8.3　姿态自适应控制系统仿真

开展古典控制方法和自适应控制方法对比仿真。

设分离开始时刻为第 $t_0=2$ s，分离过程中，俯仰通道静稳定动力系数 a_2 匀速变化，即

$$
a_2=a_{20}-k_{2p}(t-t_0)
$$

其中，$a_{20}=10$，$k_{2p}=60$；偏航通道静稳定动力系数 b_2 也匀速变化，即

$$
b_2=b_{20}-k_{2y}(t-t_0)
$$

其中，$b_{20}=10$，$k_{2y}=60$。

分离过程结束时间为 $t_1=4$ s。在分离结束时刻，俯仰通道动力系数 a_2 突变为 $0.5a_{20}$，a_1 突变为 $0.5a_1$，a_3 突变为 $0.5a_3$；偏航通道动力系数 b_2 突变为 $0.5b_{20}$，b_1 突变为 $0.5b_1$，b_3 突变为 $0.5b_3$。随后，这些动力系数保持不变。仿真全程，动力系数 a_4 和 a_5 保持不变。

设从分离开始时刻 $t_0=2$ s 起始，滚转通道受到干扰角加速度 $d_r=1\ \mathrm{rad/s^2}$ 的影响，并保持到仿真过程结束。仿真全程，动力系数 c_1 和 c_3 保持不变。

在设计反馈控制器需要考虑在分离过程中 a_2 和 b_2 有比较大的变化范围，所以选取分离过程中的平均值进行控制系统设计，即选择 $a_2=-50$ 和 $b_2=-50$，用古典频域方法进行设计。

应用所设计的反馈控制律进行一次飞行弹道的六自由度仿真，整个仿真过程中，俯仰和偏航通道静稳定动力系数的变化情况如图 5-36 和图 5-37 所示，滚转通道干扰角加速

度的变化情况如图 5 - 38 所示。

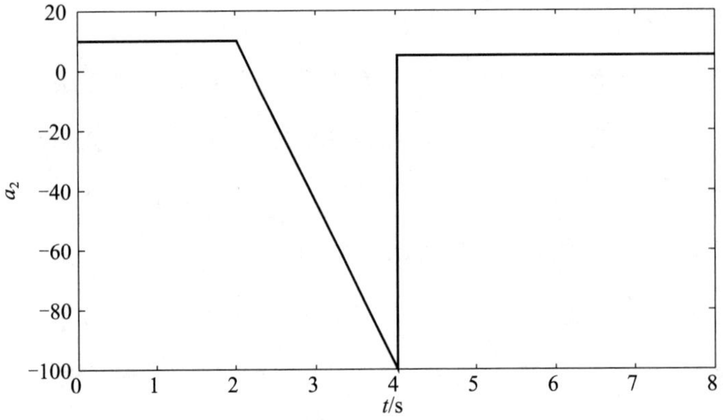

图 5 - 36　俯仰通道静稳定动力系数变化情况

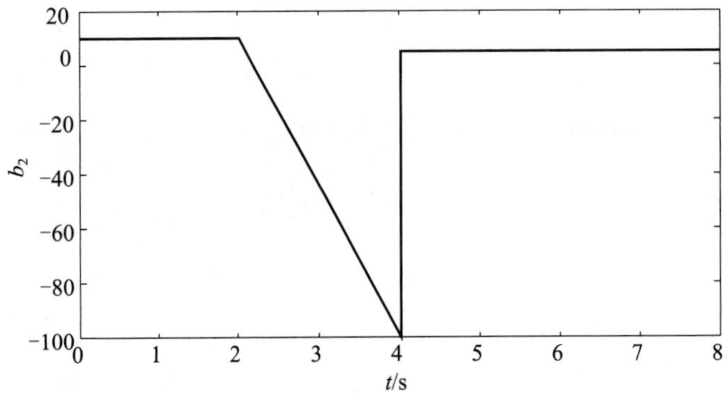

图 5 - 37　偏航通道静稳定动力系数变化情况

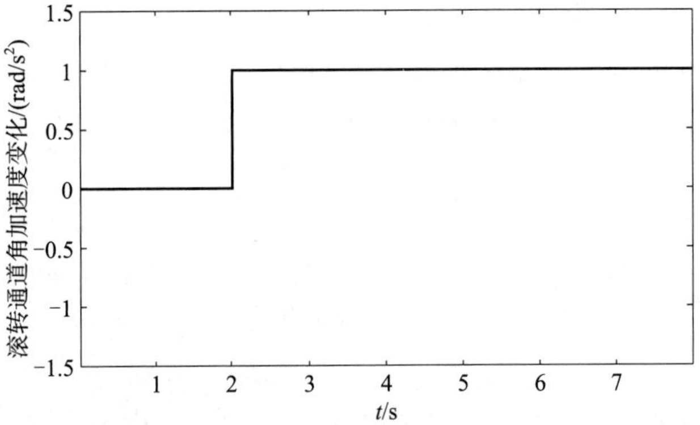

图 5 - 38　滚转通道干扰角加速度变化情况

采用自适应控制律的情况下，俯仰和偏航通道中采用模型切换 Kalman 滤波器进行静稳定动力系数的实时估计，滚动通道中采用 Kalman 滤波器对干扰角加速度进行实时估计，估计结果分别见图 5 - 39～图 5 - 41。可见，三个通道中，Kalman 滤波器的实时估计值均很接近于真实值，为自适应控制奠定了基础。

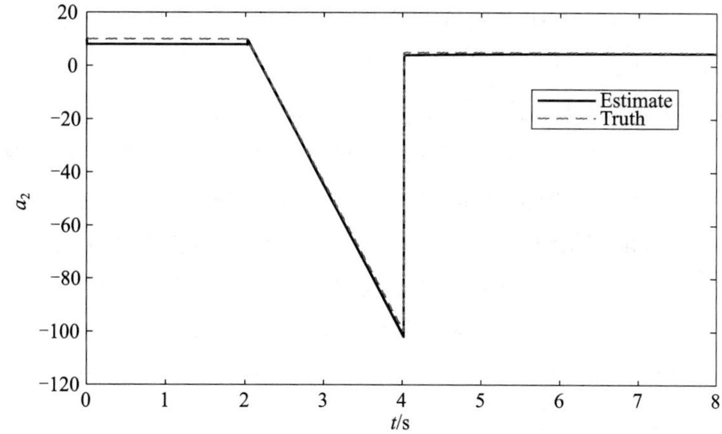

图 5－39　俯仰通道 Kalman 滤波器对静稳定动力系数的估计情况

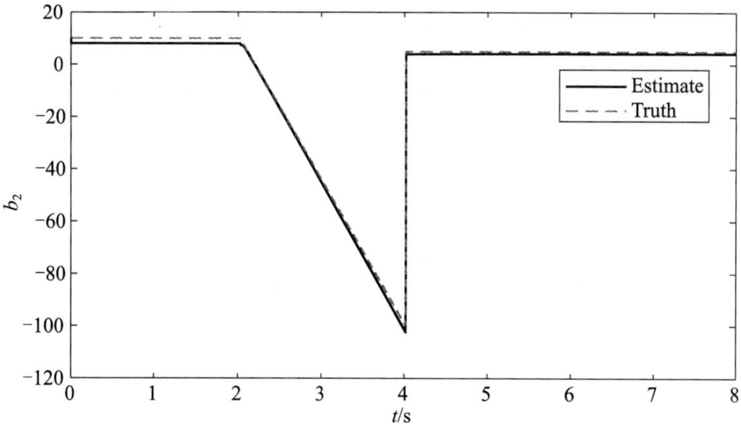

图 5－40　偏航通道 Kalman 滤波器对静稳定动力系数的估计情况

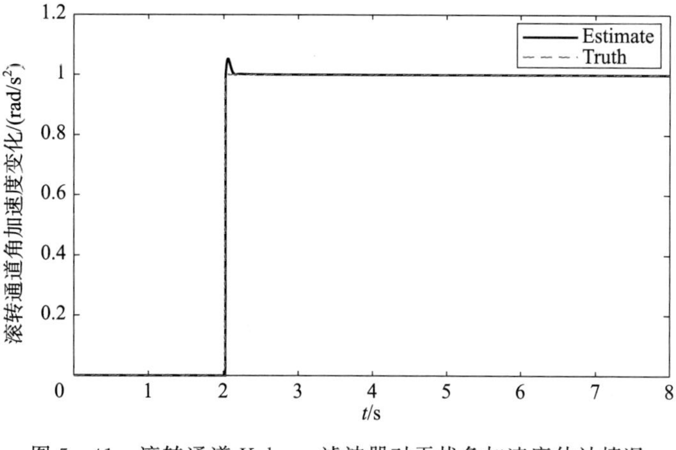

图 5－41　滚转通道 Kalman 滤波器对干扰角加速度估计情况

就俯仰通道而言，图 5 - 42 分离过程开始后，由于反馈控制系统对变化的静稳定动力系数不能完全适应，俯仰角的跟踪精度受到影响，产生了大约 0.12°的稳态误差。在分离结束时刻，静稳定动力系数发生突变后，反馈控制系统做出调整的速率比较慢，俯仰角有一个比较大的波动过程后才能稳定下来，最大波动幅度约0.9°，分离结束后约 1 s，该波动才趋于平稳。图 5 - 43 所示的反馈控制系统俯仰角速率变化情况更清楚地表明，从分离结束时刻开始至之后的 1 s，俯仰角速率上下波动比较明显，最大值达到 7°/s。图 5 - 44 所示的反馈控制系统升降舵舵偏角也从分离结束开始在随后 1 s 内发生明显波动，最大幅值约 8°。图 5 - 45 所示的反馈控制系统升降舵舵偏角速率也从分离结束时刻开始，在随后 1 s 内发生明显波动，波动的最大幅值约 175°/s。上述过程表明，俯仰通道受分离过程中静稳定动力系数变化的影响比较大，这与俯仰通道中的攻角较大有直接关系。由图 5 - 46 可见，分离开始时刻，攻角大约 2.5°，因此在系统中 $a_2\alpha$ 这一项绝对值较大，对 a_2 的变化比较敏感。由于分离过程中俯仰角的控制存在常值误差，攻角又进一步增大，而且在分离结束后，产生比较大的振荡，最大振幅约 0.8°。攻角的波动又导致升力产生的过载的波动。

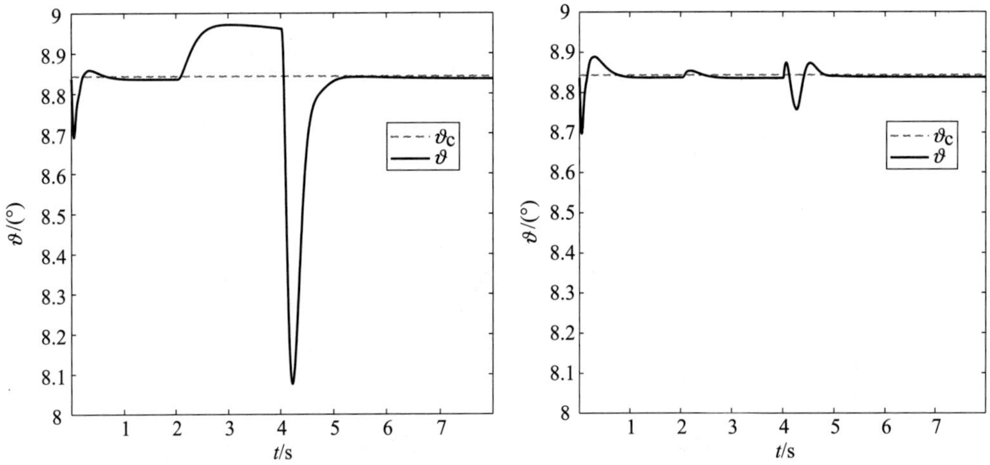

图 5 - 42　俯仰角变化情况（传统控制和自适应控制）

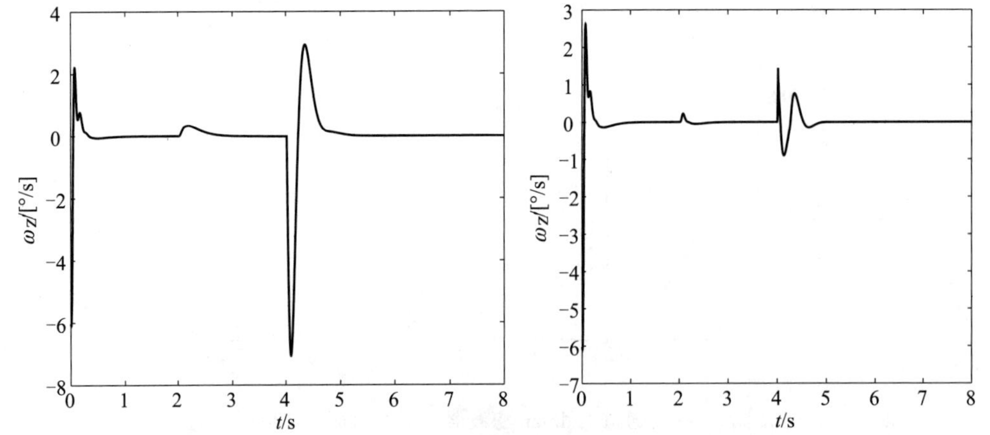

图 5 - 43　俯仰角速率变化情况（传统控制和自适应控制）

在滚转通道中，滚转角可以很快地由初始值调整到 0° 附近，但 2 s 后由于滚转干扰加速度的影响，滚转角的跟踪精度有所降低，见图 5－47。

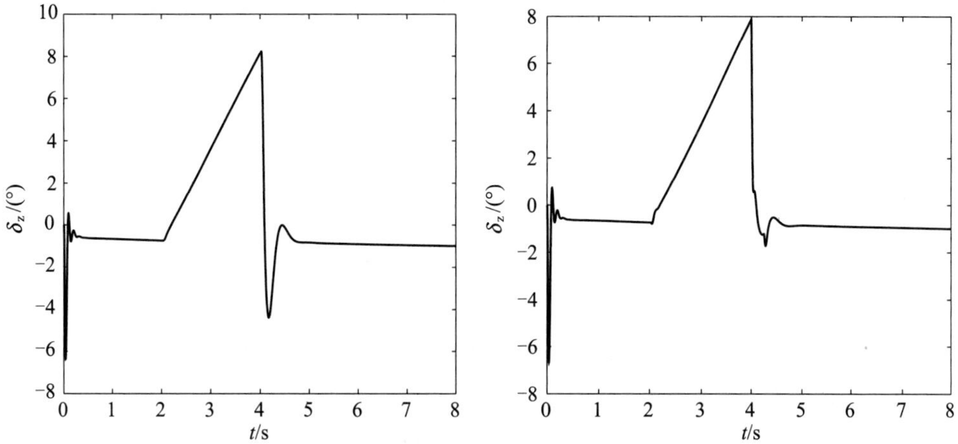

图 5－44　升降舵舵偏角变化情况（传统控制和自适应控制））

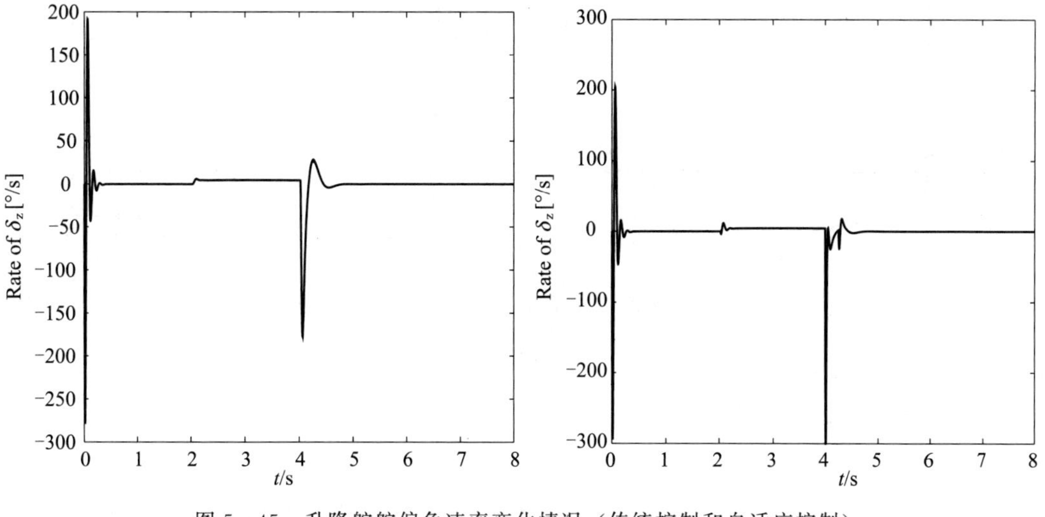

图 5－45　升降舵舵偏角速率变化情况（传统控制和自适应控制）

对比自适应控制系统俯仰角变化情况与传统反馈控制系统俯仰角变化情况可以发现，采用自适应控制律后，在分离过程中俯仰角跟踪其指令的精度明显提高，分离结束后，系统参数发生突变的情况下，自适应控制系统的响应速度很快，俯仰角波动的最大幅值只有 0.1°，传统反馈控制系统中俯仰角波动的最大幅值达到 1°；传统反馈控制律升降舵舵偏角速率最大幅值为 180°/s，而自适应控制律升降舵舵偏角速率最大幅值增大到300°/s，这说明自适应控制律的响应速度更快，有利于抑制系统中的突变；采用自适应控制律后，滚转角跟踪其指令的精度较反馈控制系统滚转角跟踪其指令的精度有所提高，在干扰加速度的影响下不会产生稳态误差。

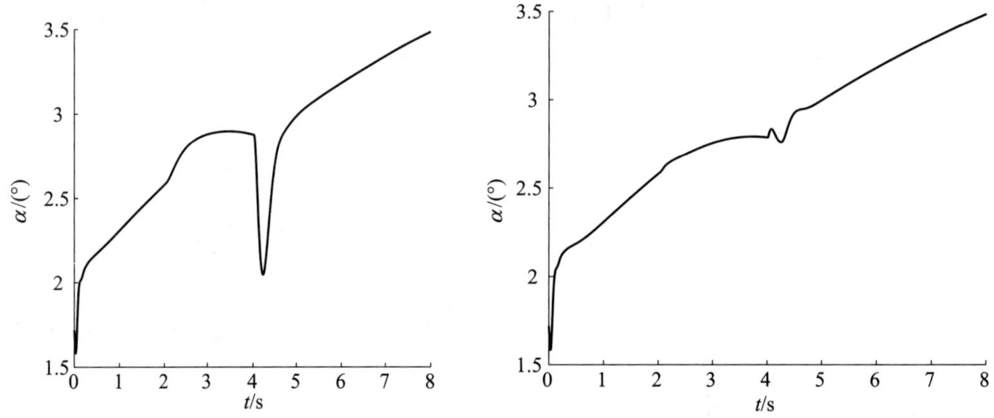

图 5-46　攻角变化情况（传统控制和自适应控制）

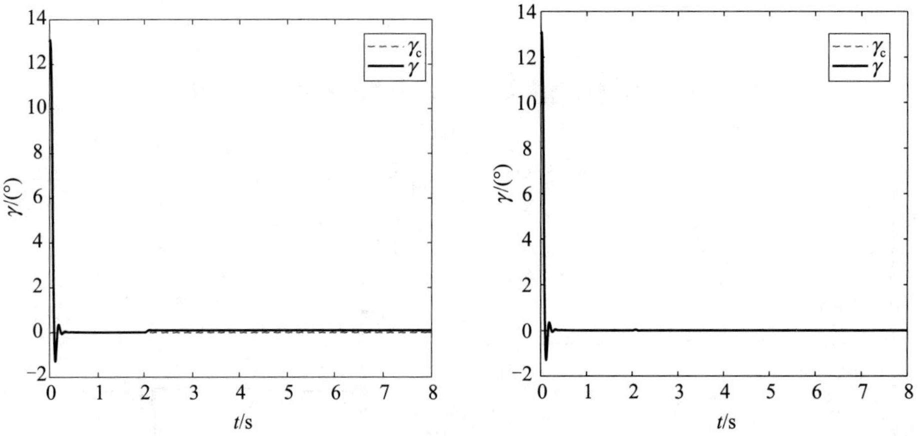

图 5-47　滚转角变化情况（传统控制和自适应控制）

5.9　本章小结

本章应用非线性系统弱可观理论分析飞行控制系统中动力系数在线估计系统的可观性。在此基础上设计气动参数在线估计的 Kalman 滤波器，以及在线估计滚转通道干扰量的 Kalman 滤波器；研究了弹体弹性抑制方法、基于气动参数辨识和弹性频率辨识的自适应姿态控制系统设计与仿真验证。

第 6 章　稀薄大气层直接侧向力/气动力复合控制方法

6.1　引言

在高空、高速的情况下，为了能够高精度地命中目标，就要增强拦截导弹在高空末段的机动性，解决导弹制导系统的指令过载增大与导弹的实际可用过载不足的矛盾，同时也要减少过载响应时间。然而，在高空气动力控制的响应时间较长，很难满足制导精度要求，采用直接侧向力/气动力复合控制技术可以有效提高响应速度和机动能力，通过末端导引规律优化和合理的机动过载设计，与常规气动力控制相比，制导精度可大幅提高。

本章介绍直接侧向力/气动力复合控制导弹的基本知识、稀薄大气层拦截器姿控系统设计方法、轨控式直接侧向力/气动力复合控制方法，以及基于轨控式直接侧向力/气动力复合控制的导引方法。

6.2　直接侧向力/气动力复合控制导弹概述

目前，美国、俄罗斯和西欧已经成功地将直接侧向力控制技术应用于防空导弹中。国外大气层内直接侧向力控制导弹的典型型号有美国的“爱国者”防空导弹系统（PAC－3)、欧洲反导武器系统 SAAM/Aster15 和 Aster30 型导弹以及俄罗斯 S－400 防空导弹系统 9M96E 和 9M96E2 导弹。

按照直接侧向力作用位置和效果的不同，复合控制分为姿控方式、轨控方式和姿轨控方式。其作用机理如图 6－1 所示。

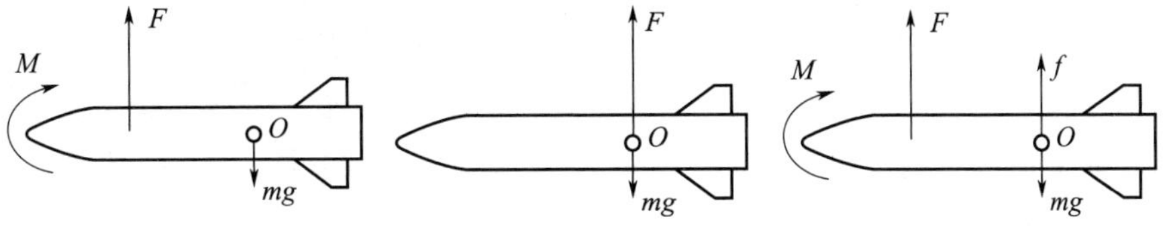

图 6－1　直接侧向力作用示意图

6.2.1　姿控方式

姿控方式指直接侧向力通过产生相对于导弹质心的操纵力矩，在短时间内改变导弹的姿态，从而改变弹体所受的气动力，进而使导弹获得横向机动力。一般将直接侧向力作用点置于拦截弹质心之前。

美国 PAC-3 系统的增程拦截弹 ERINT（Extended-Range Interceptor）就是采用姿控方式。该导弹为正常式外形，采用直接侧向力和气动力舵面复合操纵方式。导弹的弹翼后有气动控制舵面，导弹在中低空依靠舵进行俯仰、偏航和滚动控制。导弹的导引头后装有姿态控制组合发动机，该发动机组由多个微型固体火箭发动机组成，发动机环形排列在弹体质心前的拦截器四周，推力方向穿过弹体纵轴，由制导指令计算机控制脉冲发动机的点火。PAC-3 导弹复合控制方式能够有效减小脱靶量，提高作战能力。

6.2.2 轨控方式

轨控方式指通过安装在导弹质心处的发动机产生垂直于导弹纵轴的侧向力，进而对拦截导弹直接提供横向机动能力，使质心移动。与姿控式相比，轨控式产生直接侧向力机动效果的快速性较好。轨控式直接侧向力达到最大值的时间延迟就是轨控发动机产生直接侧向力的响应时间，而姿控式在产生所需的机动过载时，需要先通过姿控发动机产生的直接侧向力来旋转弹体产生攻角，因此姿控式直接力/气动力复合响应时间是姿控发动机产生直接侧向力的响应时间加上攻角变化后弹体的响应时间。另外，由于产生过载的原理不同，与姿控方式相比，轨控方式的过载能力受导弹飞行高度变化的影响较小。

法、意、英等国联合研制的欧洲反导武器系统 SAAM 中 Aster15/30 型导弹就属于典型的轨控方式。该导弹由助推器和主弹体两级弹体组成（可使导弹主弹体质量减轻到 100 kg 数量级，降低侧向发动机的最大推力需求）。助推器具有附加弹翼，尾部采用发动机推力矢量控制以保证导弹垂直发射后的转弯控制能力，在助推段结束后抛弃。主弹体上装有四个长方形的弹翼，其尾部装有四个可操纵的舵面，进行导弹的气动飞行控制。Aster15/30 导弹的侧向轨控发动机是一台燃气发生装置，带有槽缝形喷管和流量调节阀门，槽缝形喷管安装在导弹的 4 个翼面内（可使直接侧向力发动机的燃气流移至尾翼翼展之外，降低了侧向喷流对弹尾舵面的干扰作用，但付出的代价是带喷管的弹翼在发射前不能折叠，增加了导弹运输发射筒的尺寸）。根据相关资料，研究设计人员为 Aster 提供的轨控发动机可选方案如图 6-2 所示，其推力可以按控制指令进行比例式调节。

另一个轨控方式的代表是俄罗斯 S-400 防御系统中装备的 9M96E、9M96E2 小型防空导弹。作为火炬设计局最新研制的导弹，其弹体采用鸭式布局，前翼舵中还带有垂直转弯用的燃气喷嘴；后有旋转弹翼（为了减少鸭式布局产生的斜吹力矩）。导弹质心附近安装侧向推力发动机系统，喷口围绕弹体环向分布，作为轨控发动机机组。制导末段时，根据制导指令打开发动机喷口，产生直接侧向力，提供更大的机动能力。

6.2.3 姿轨控方式

姿轨控方式下侧向推力装置作用时间较长，侧向推力在改变导弹姿态的同时，也对导弹质心产生一些横向过载。德国的 TLVS 系统采用姿轨控方式，利用空气动力和燃气动力复合控制，导弹质心前方安装有横向推力装置，装有四个发动机喷管，采用液体推进剂，可反复多次点火，以增大导弹的机动性。

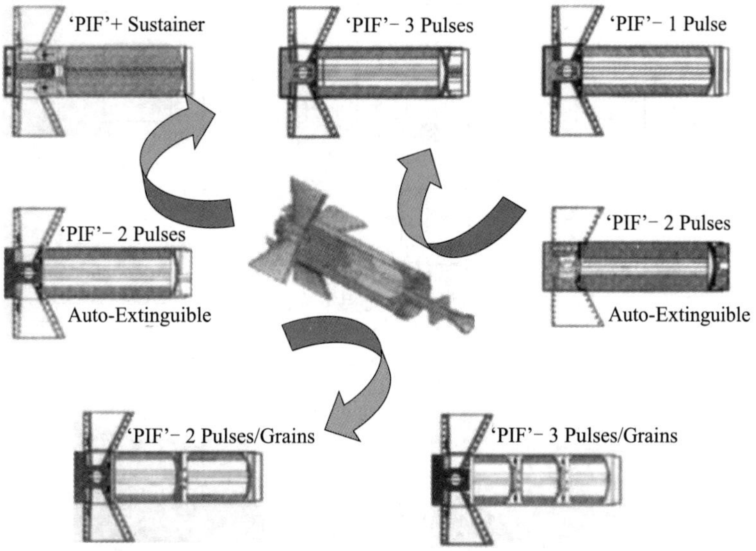

图 6-2　Aster 导弹轨控发动机可选方案

6.3　稀薄大气层拦截器姿控系统设计方法

在稀薄大气层，相平面控制方法和准滑模控制方法都能对拦截器实行控制，对于小姿态角控制，用相平面控制法控制有明显的极限环，发动机开关比较频繁；准滑模控制方法在大姿态角控制时超调量较大，发动机有较高的开关频率。本节采用相平面控制律、准滑模控制律设计了导弹姿控系统，并进行了仿真研究。通过分析比较两种控制器的优劣及适应范围，研究了一种切换控制方法使拦截器能适应在大气层内外的稳定飞行。切换控制方法主要包括：

1）双重推力水平切换控制逻辑；

2）相平面控制与准滑模控制律切换准则；

3）角度反馈切换控制策略。

通过仿真表明，姿控系统切换控制方法鲁棒性强、控制效果好。

6.3.1　姿控系统相平面控制器设计方法

拦截弹姿控系统采用相平面控制方法时，控制结构如图 6-3 所示。

拦截弹在大气层外且达到稳态时，有阻尼动力系数 $a_1 \approx 0$，静不稳定动力系数 $a_2 \approx 0$，令 $e=\vartheta-U_K$，以俯仰通道为例，则可将单通道弹体简化运动方程改写为

$$\begin{cases}\dot{e}=\dot{\vartheta}=\omega \\ \dfrac{\mathrm{d}\dot{e}}{\mathrm{d}t}=\dot{\omega}=-\dfrac{M_z}{J_z}\end{cases} \tag{6-1}$$

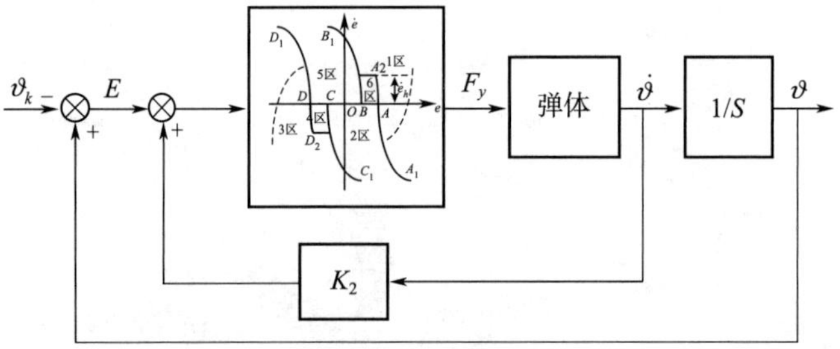

图 6-3　姿控系统相平面控制框图

式中　ϑ ——姿态俯仰角；

M_z，J_z ——控制力矩及转动惯量；

U_k ——指令。

式（6-1）可用过（e_0，$\dot{e}_0$）的抛物线表示为

$$e = e_0 \pm \frac{\dot{e}^2 - \dot{e}_0{}^2}{2a} \tag{6-2}$$

其中　$a = \dfrac{M_z}{J_z}$。

相平面法之一的控制示意图如图 6-4 所示，图中：

曲线 AA_1 为：$e = OA + \dfrac{\dot{e}^2}{2a}$　$(e > 0,\ \dot{e} < 0)$

曲线 AA_2 为：$e = OA - \dfrac{\dot{e}^2}{2a}$　$(e > 0,\ 0 < \dot{e} < \dot{e}_h)$

曲线 BB_1 为：$e = OB - \dfrac{\dot{e}^2}{2a}$　$(e > 0)$

曲线 CC_1 为：$e = OC + \dfrac{\dot{e}^2}{2a}$　$(e < 0)$

曲线 DD_1 为：$e = OD - \dfrac{\dot{e}^2}{2a}$　$(e < 0,\ \dot{e} > 0)$

曲线 DD_2 为：$e = OD + \dfrac{\dot{e}^2}{2a}$　$(e < 0,\ -\dot{e}_h < \dot{e} < 0)$

上述六条曲线将相平面分为六个区。

$\dot{e}_h$ 的确定：(设推力上升沿、下降沿的时间均为 5 ms)

在姿控发动机关机后，在推力下降沿的角加速度为

$$a_l = \frac{M_Z - M_Z \times t/5 \times 10^{-3}}{J_Z} \tag{6-3}$$

则推力后效为

$$\Delta\dot{e} = \int_0^5 a_l \mathrm{d}t$$

故取

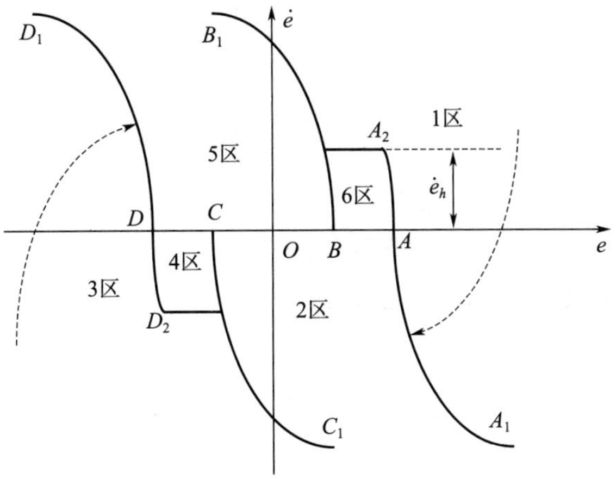

图 6-4　相平面法之一控制规律示意图

$$\dot{e}_h = \Delta\dot{e}$$

相平面法控制规律描述：

1 区为发动机正向稳定工作区；

2 区为发动机关机区；

3 区为发动机反向工作区；

4 区为滞环区，当相点从 2 区进入时发动机反向开机；当相点从 3 区进入时发动机关机；

5 区为发动机关机区；

6 区为滞环区，当相点从 5 区进入时发动机正向开机；当相点从 1 区进入时发动机关机。

6.3.2　姿控系统准滑模控制器设计方法

姿控系统拦截器采用准滑模控制方法，控制结构以俯仰通道为例，如图 6-5 所示，为减弱抖颤现象，采用准滑模姿态控制。设 $M_{1,2,3}$ 分别为俯仰、偏航、滚动控制力矩幅值；$S_{1,2,3}$ 分别为三个通道的滑动模态。

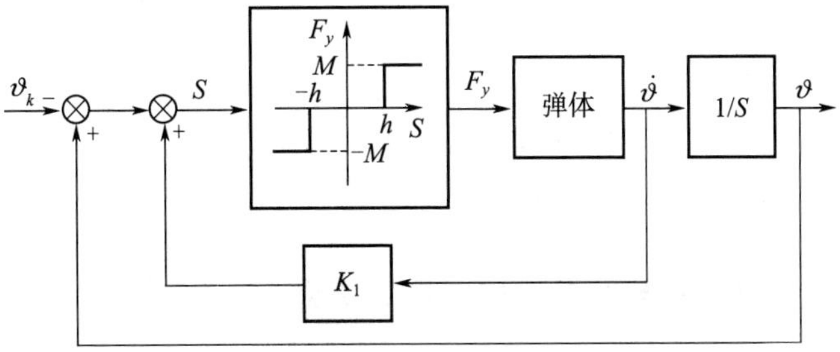

图 6-5　姿控系统准滑模控制框图

选取滑动模态

$$S_3 = \lambda_3 \dot{\gamma} + (\gamma - \gamma_c)$$

$$\dot{S}_3=\lambda_3\ddot{\gamma}+\dot{\gamma}$$

$$S_1=\lambda_1\dot{\vartheta}+(\vartheta-\vartheta_c)$$

$$\dot{S}_1=\lambda_1\ddot{\vartheta}+\dot{\vartheta}$$

$$S_2=\lambda_2\dot{\psi}+(\psi-\psi_c)$$

$$\dot{S}_2=\lambda_2\ddot{\psi}+\dot{\psi}$$

若要滑模存在，则 $S\cdot\dot{S}<0$，滑模控制为

$$M_{x,y,z}=-\operatorname{sign}(S_{1,2,3})M_{1,2,3} \tag{6-4}$$

下面以俯仰通道为例介绍准滑模控制器设计方法，将 2.3.5 节中介绍的单通道弹体简化运动方程（2－45）式改写为

$$\ddot{\vartheta}=\frac{M_z}{J_z}=-\frac{57.3}{J_z}\times L_z\times F_y=a_3F_y \tag{6-5}$$

其中 $a_3=-\dfrac{57.3}{J_z}\times L_z<0$，$L_Z$ 为姿控力臂

令 $S=k_1\dot{\vartheta}+(\vartheta-\vartheta_k)$，则准滑模控制方程为

$$F_y=\begin{cases}a_3M & S\geqslant\Delta_1;\\ 0 & |S|<\Delta_1;\\ -a_3M & S\leqslant-\Delta_1\end{cases} \tag{6-6}$$

式中 Δ_1——控制器死区环节即图 6－5 中的 h。

1）当 $S\geqslant\Delta_1$ 时：

$$\ddot{\vartheta}=a_3M\Rightarrow\vartheta=\frac{\dot{\vartheta}^2}{2a_3M}+\vartheta(0)-\frac{2\dot{\vartheta}^2(0)}{a_3M}$$

2）当 $S\leqslant-\Delta_1$ 时：

$$\ddot{\vartheta}=-a_3M\Rightarrow\vartheta=-\frac{\dot{\vartheta}^2}{2a_3M}+\vartheta(0)+\frac{2\dot{\vartheta}^2(0)}{a_3M}$$

3）当 $|S|<\Delta_1$ 时：

$$\ddot{\vartheta}=0\Rightarrow\vartheta=\dot{\vartheta}(0)t+\vartheta(0)\Rightarrow\vartheta=\dot{\vartheta}(0)$$

其中 $\vartheta(0)$ 和 $\dot{\vartheta}(0)$ 分别为 ϑ 和 $\dot{\vartheta}$ 的初始值。

6.3.3 姿控系统相平面控制与准滑模控制仿真研究

本节主要以俯仰控制通道为例，对采用准滑模控制和相平面控制方法设计的拦截器姿态控制系统进行了时域仿真。

研究表明，在大气层外，采用相平面控制律相比采用滑模控制律更有优势，姿态控制系统响应指令的上升时间略快，姿控系统推进剂消耗略少。在稀薄大气层内，采用滑模控制律更有优势，推进剂消耗少。

图 6-6～图 6-9 给出了大气层外用准滑模控制和相平面法对拦截器实施控制的时域响应曲线，它们的上升时间差不多，消耗的推进剂也差别不大。但准滑模方法的超调量比相平面法大，且大姿态角控制时在局部有比较高的发动机开关频率。

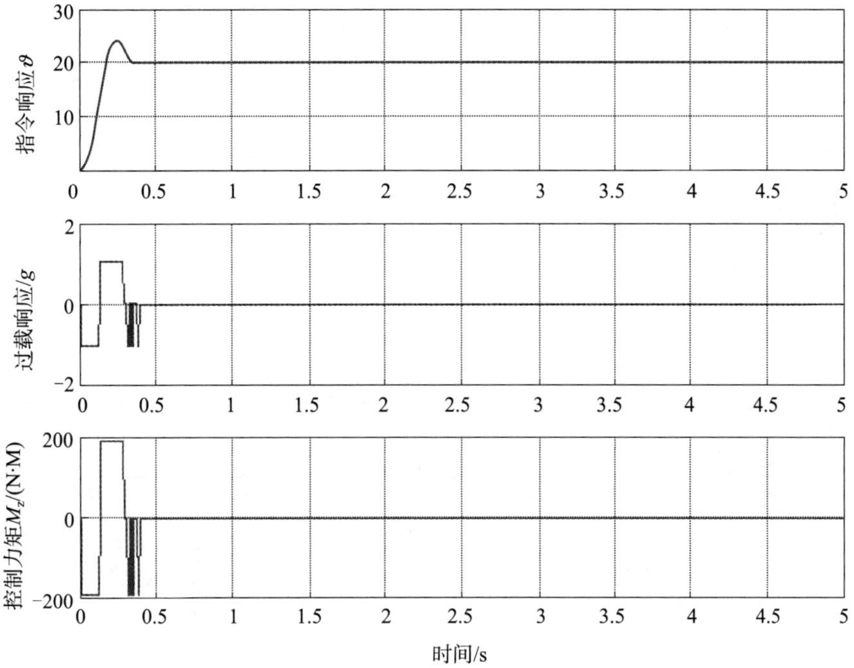

图 6-6　准滑模控制，高度 $H=150$ km，$U_k=20°$时域响应曲线

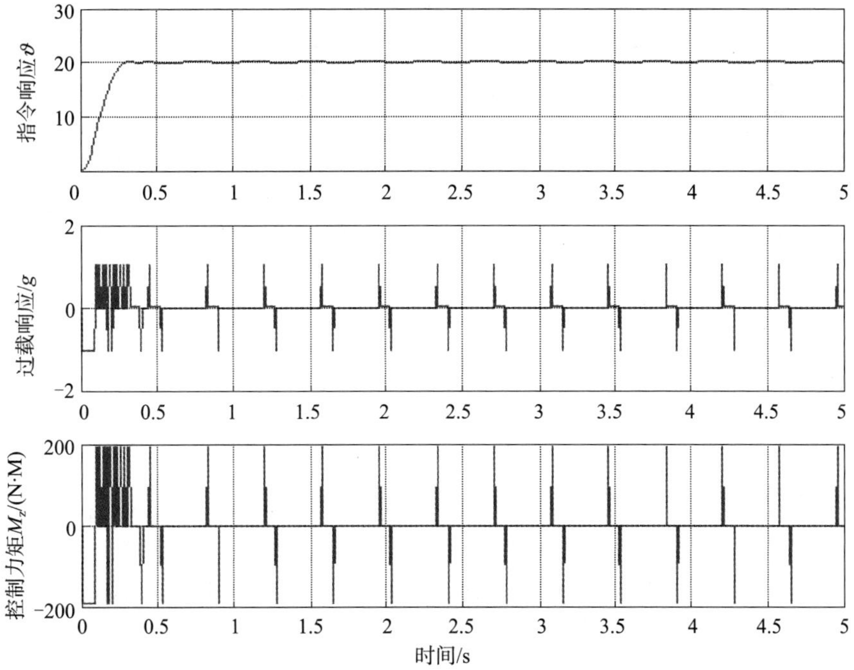

图 6-7　相平面控制，高度 $H=150$ km，$U_k=20°$时域响应曲线

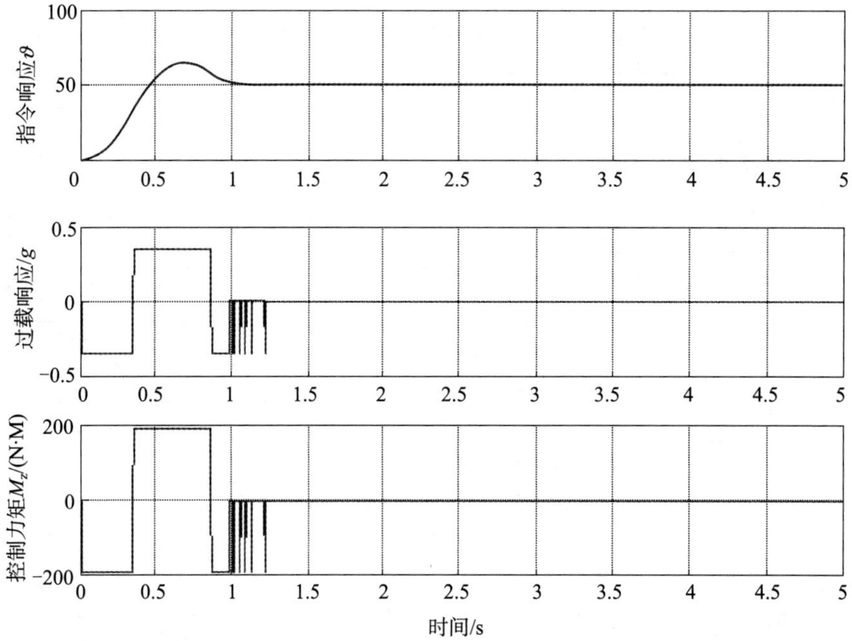

图 6-8　准滑模控制器，高度 $H=100$ km，$U_k=50°$时域响应曲线

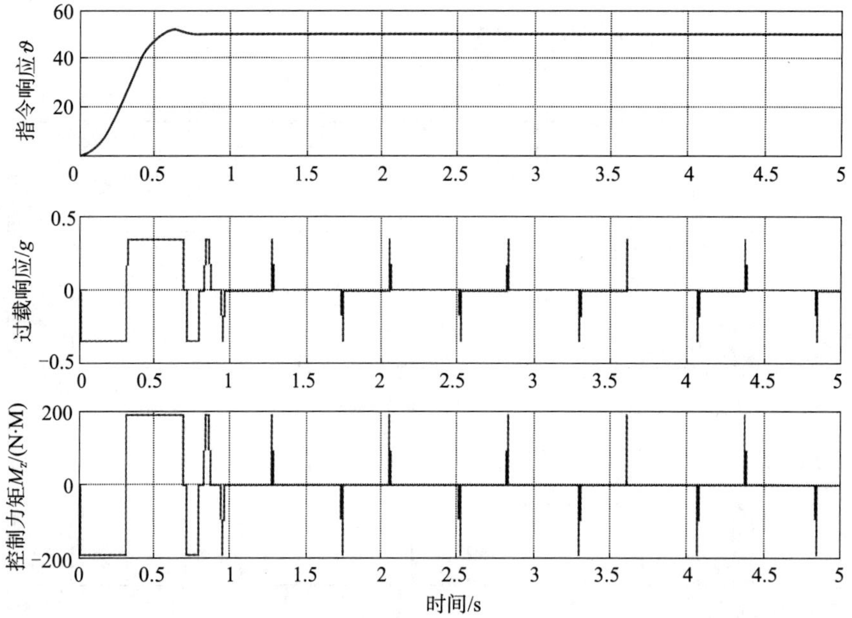

图 6-9　相平面控制器，高度 $H=100$ km，$U_k=50°$时域响应曲线

图 6－10、图 6－11 给出稀薄大气层拦截器中立稳定条件下，用准滑模控制和相平面法对拦截器实施控制的时域响应曲线，由此可以看出相平面控制系统出现比较明显的极限环，且姿控发动机开关次数较多、推进剂消耗较大，因此，在稀薄大气层准滑模控制要优于相平面控制。由仿真曲线图 6－12、图 6－13 可看出，在高度 40 km 以下大气层内，由于存在气动干扰，无论是采用相平面控制还是准滑模控制方法，其控制效果均不佳，姿控发动机开关频繁，推进剂消耗较大。

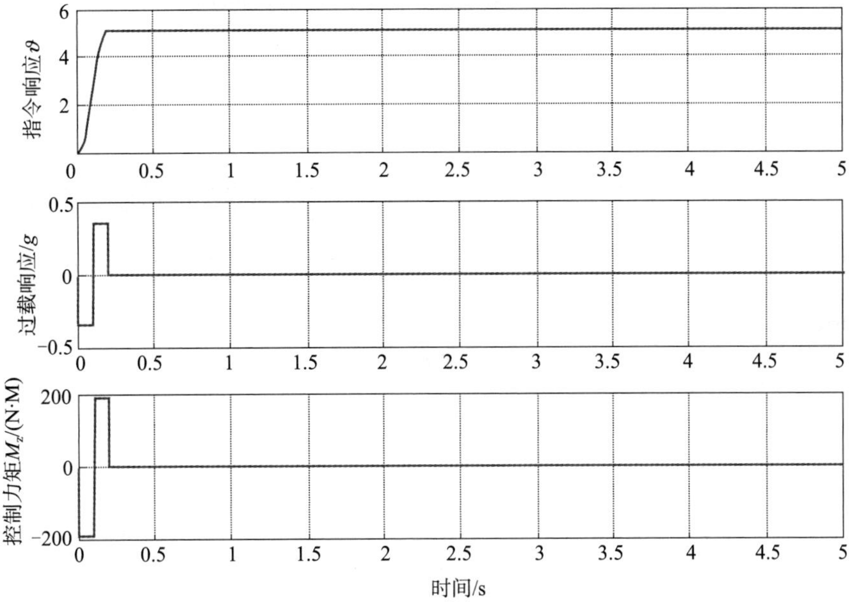

图 6－10　准滑模控制器，高度 $H=50$ km，$U_k=5°$时域响应曲线

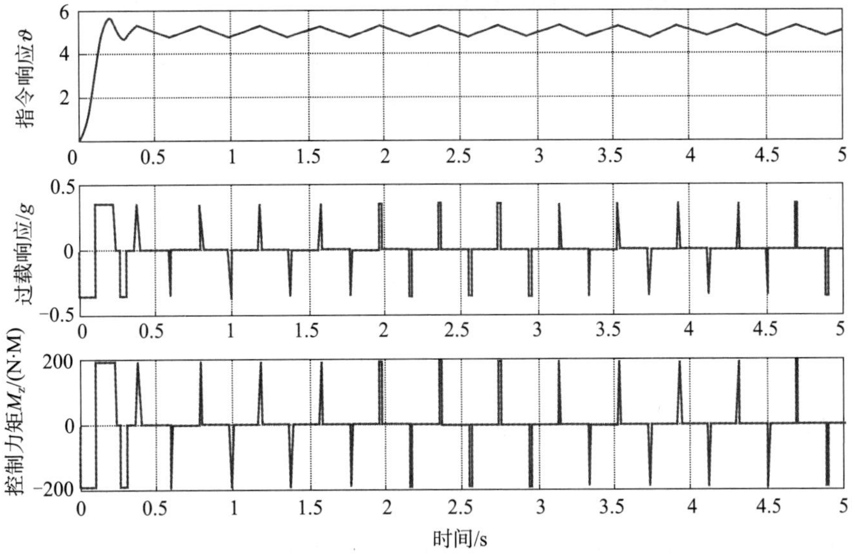

图 6－11　相平面控制器高度 $H=50$ km，$U_k=5°$时域响应曲线

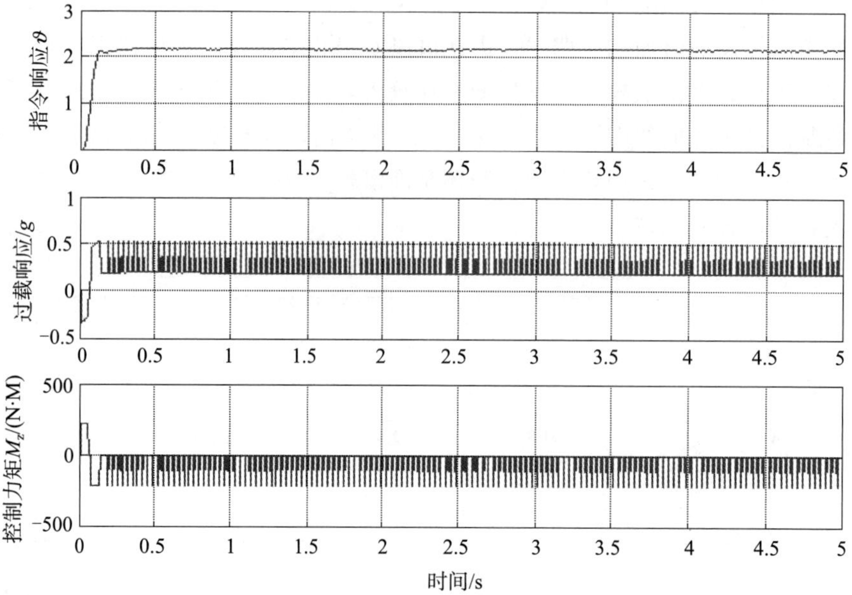

图 6-12　准滑模控制器，高度 $H=38$ km，$U_k=2°$时域响应曲线

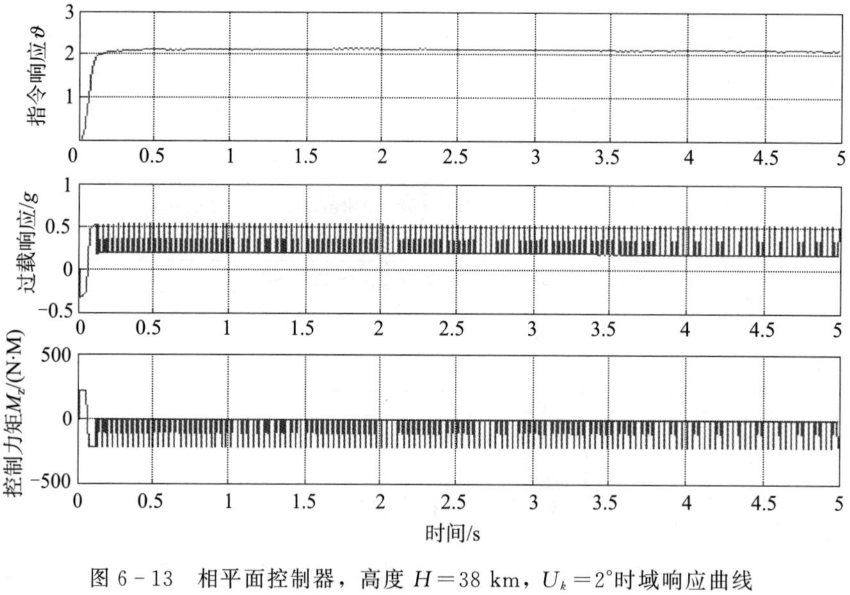

图 6-13　相平面控制器，高度 $H=38$ km，$U_k=2°$时域响应曲线

6.3.4　姿控系统切换控制设计方法研究

姿态控制系统的主要任务就是保持制导控制系统对拦截器所要求的姿态。为了满足对大气层内外拦截器的姿态控制，要求姿态控制系统具有高灵敏度和鲁棒性。通过上节对相平面控制器与准滑模控制器的仿真、分析研究，可看出：在高度 40 km 以下大气层高层，由于存在气动干扰，无论是采用相平面控制还是准滑模控制方法，其控制效果均不佳，姿

控发动机开关频繁，推进剂消耗较大；因此，需要研究改进控制算法来提高拦截器在大气层内外的姿控能力。

本节将重点研究一种切换控制方法，使拦截器能适应在大气层内外的稳定飞行。切换控制结构图如图 6-14 所示，切换控制方法主要包括以下几个方面：

1）双重推力水平切换控制逻辑；

2）相平面控制与准滑模控制律切换准则；

3）角度反馈切换控制策略。

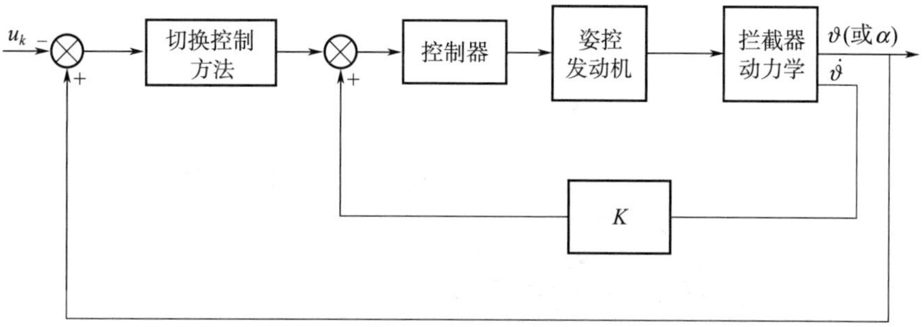

图 6-14　姿控系统切换控制框图（以俯仰通道为例）

6.3.4.1　双重推力水平切换控制逻辑

为了增大拦截器在更低的大气层内姿态控制能力，姿控发动机推力必须随着动压的增加而成比例增加，由于气动干扰及侧喷干扰的影响最终导致姿态控制系统需要的推力达到不可以接受的水平。因此，在 40 km 大气层内，除了适当增大拦截器导引头视场来减小必要的攻角，从而满足交会角的要求以外，还需适当增大姿控发动机推力，使拦截器上的姿态控制系统具有双重推力水平，将改进的算法高效地应用到更加精确的控制器中来减缓空气动力的影响。在控制侧向推力时，控制逻辑能影响拦截器姿态。由于空气动力、侧向推力引起的气动干扰的作用，控制逻辑需要实施双重推力水平的切换。要合理选择两个姿态误差带 Δ_1、Δ_2，超过第一个误差带 Δ_1 边界限制开启低水平推力，超过第二个误差带 Δ_2 边界的限制开启高水平推力。低水平推力影响角速率，而高水平推力是为满足在较低海拔时（40 km 左右）平衡大攻角的要求。在没有牺牲响应的情况下，实现姿态控制系统的开关逻辑如图 6-15 所示。

高水平推力 P_H 与低水平推力 P_l 的比例可以通过仿真来确定，本节通过仿真研究确定为 3，即 $P_H=3P_l$。姿态控制系统采用准滑模控制律，对于低水平推力，维持较小的姿态误差带 Δ_1；当姿态角误差或姿态角速率误差增加到误差带 Δ_2 时，高水平推力才起作用。两个姿态误差带 Δ_1、Δ_2 的大小也是通过仿真研究来确定，本节通过仿真研究确定 $\Delta_2=5\Delta_1$。

以俯仰通道为例，采用准滑模控制方法，实施双重推力水平切换控制，改进的控制算法可描述为

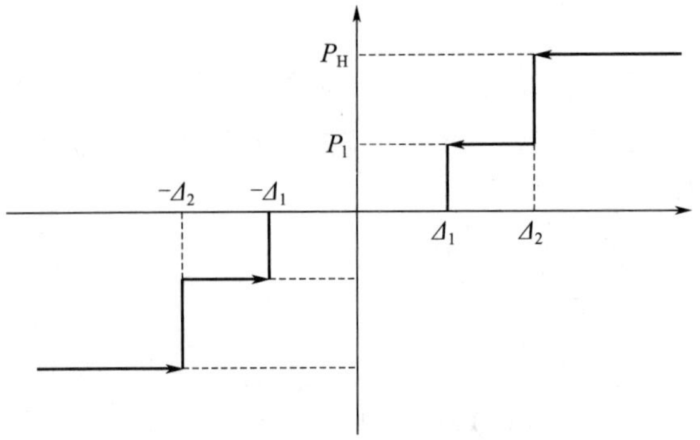

图 6-15　双重推力水平切换控制逻辑示意图

$$F_y=\begin{cases}0 & |S|\leqslant\Delta_1\text{，或不满足以下 4 个条件时}\\ a_3M_1 & -\Delta_2<S\leqslant-\Delta_1\text{，且 }\dot{\vartheta}>0\\ a_3M_H & S\geqslant\Delta_2\\ -a_3M_1 & \Delta_1\leqslant S<\Delta_2\text{，且 }\dot{\vartheta}<0\\ -a_3M_H & S\leqslant-\Delta_2\end{cases}\tag{6-7}$$

其中

$$S=K_1\dot{\vartheta}+(\vartheta-\vartheta_k)\tag{6-8}$$

$$M_H=P_H\times L_Z\tag{6-9}$$

$$M_1=P_1\times L_Z\tag{6-10}$$

图 6-16、图 6-17 给出了稀薄大气层内 40 km 高度不同推力水平的时域仿真曲线。其中，图 6-16 给出的是低推力水平、姿态角指令为 5°的控制器时域响应曲线；图 6-17 给出的是高推力水平、姿态角指令为 5°的控制器时域响应曲线。由此可看出：高推力水平作用的控制器响应品质明显好于低推力水平作用的控制器，发动机开关频率降低了，推进剂消耗量也减小了。研究表明，在大气层外或稀薄大气层的高层（高度 55 km 以上），可采用低水平推力。图 6-18、图 6-19 给出了大气层外姿态控制器的时域仿真曲线，从仿真曲线可看出：在大气层外采用高推力水平（图 6-19）控制效果很差，进一步验证了姿控发动机推力进行分挡控制的必要性。当拦截器下降到大气层内时，增大的空气动力将导致平衡推力的增大。随着海拔高度的减小，在大攻角时要求保持目标在导引头视场内，此时，低水平推力将不再胜任保持拦截器的稳定受控。随着姿态误差增加，高水平推力将会起作用。另外侧喷干扰的出现也需要增大发动机推力。

采用上述方法设计的俯仰、偏航、滚转通道具有双重水平推力，提高了在 40 km 高度大气层内拦截器姿态控制能力，只是增加了姿控发动机推力设计的复杂性。

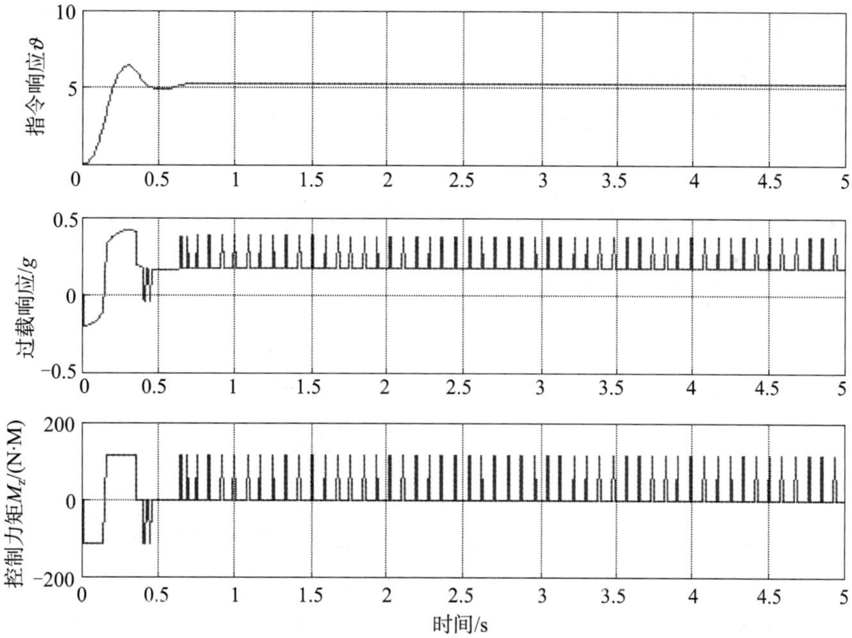

图 6－16　低推力水平，高度 H=40 km，U_k=5°时域响应曲线

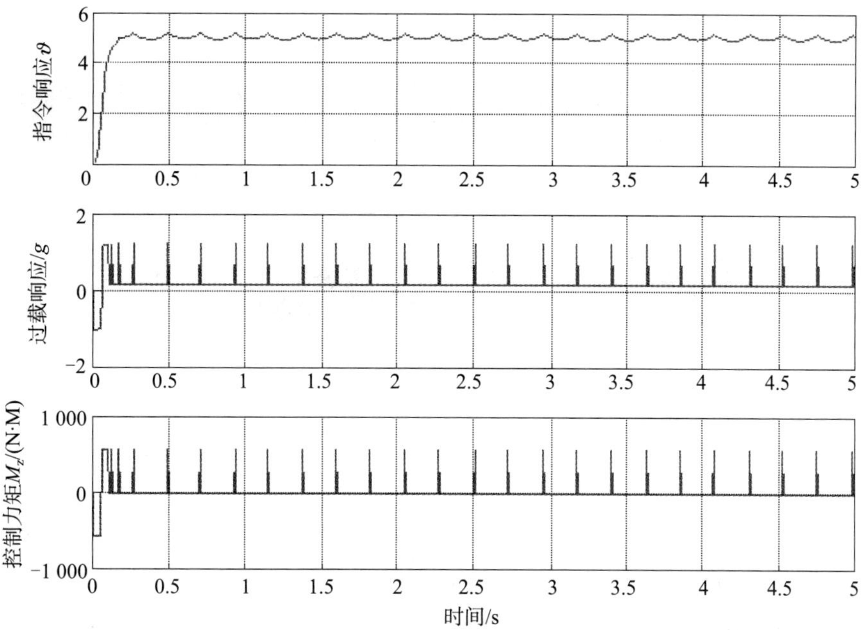

图 6－17　高推力水平，高度 H=40 km，U_k=5°时域响应曲线

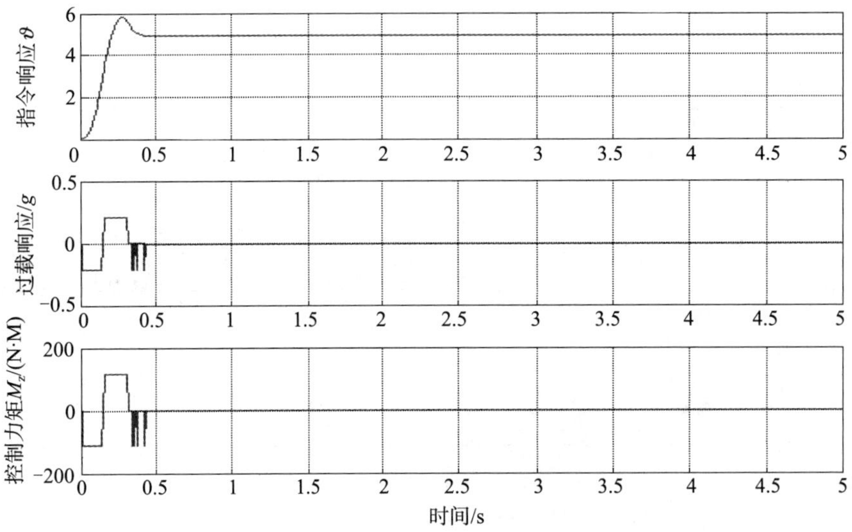

图 6-18　低推力水平，高度 $H=150$ km，$U_k=5°$时域响应曲线

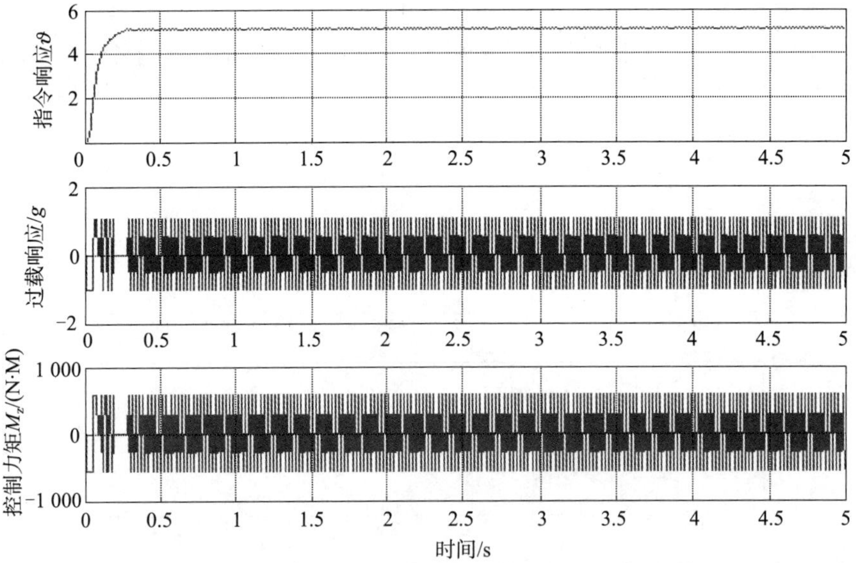

图 6-19　高推力水平，高度 $H=150$ km，$U_k=5°$时域响应曲线

6.3.4.2　相平面控制与准滑模控制律切换准则

6.3.1、6.3.2 节分别介绍了相平面控制律、准滑模控制律，并对采用上述两种控制方法设计的拦截器姿态控制器进行了仿真。研究认为：大气层外用准滑模控制和相平面法对拦截器实施控制的时域响应上升时间差不多，消耗的推进剂也差别不大。但准滑模方法的超调量比相平面法大，且大姿态角控制时在局部有比较高的发动机开关频率。稀薄大气层拦截器中立稳定条件下，考虑侧喷干扰效应的影响，用相平面法对拦截器实施控制的控制系统出现比较明显的极限环，且姿控发动机开关次数较多、推进剂消耗较大，因此，在

稀薄大气层准滑模控制要优于相平面控制。

图 6－20～图 6－23 给出了高度 150 km、推力水平不同时，采用相平面控制和准滑模控制设计的控制器时域仿真曲线。

由图 6－22、图 6－23 可看出：在实施高推力水平控制时，采用相平面控制比准滑模控制方法要有优势。因此，可确定两种控制力的切换准则：在高度 H 大于 80 km 以上大气层外采用相平面控制律，在高度 H 小于 80 km 的稀薄大气层高层以内采用准滑模控制律。

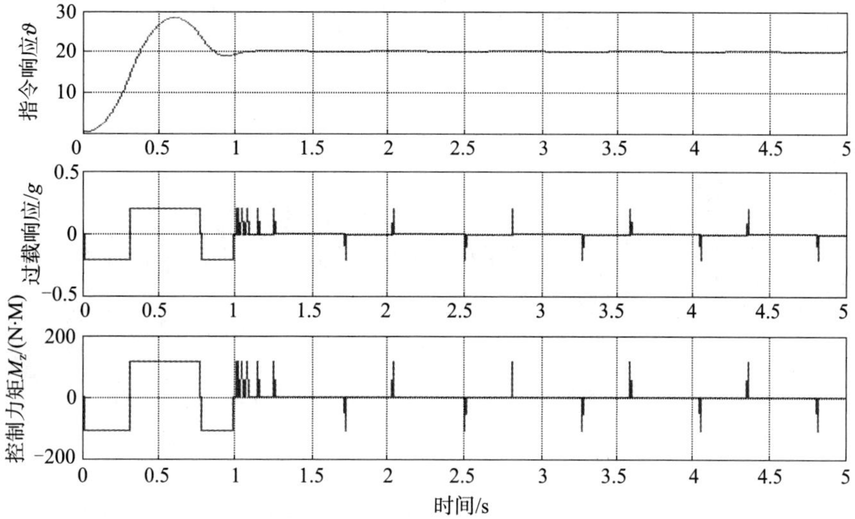

图 6－20　准滑模控制，H＝150 km，推力为 150 N，指令为 20°

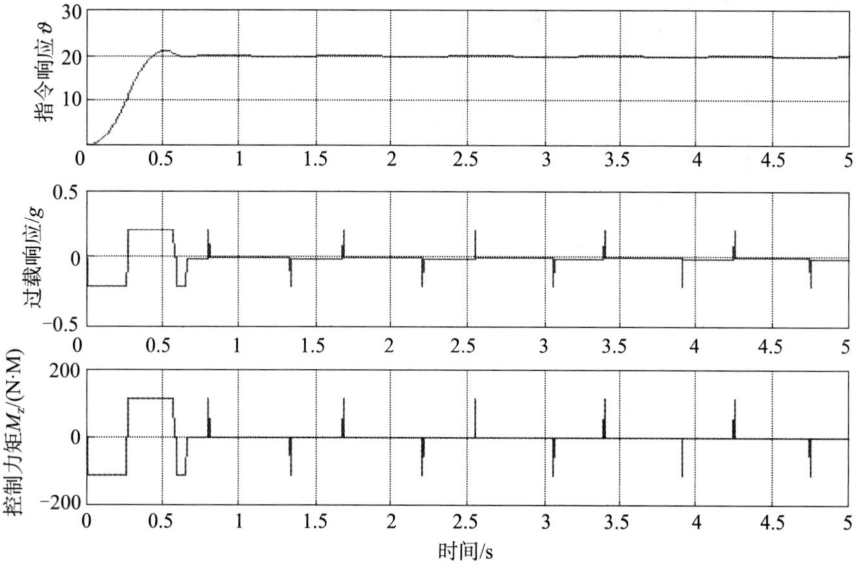

图 6－21　相平面控制，H＝150 km，推力为 150 N，指令为 20°

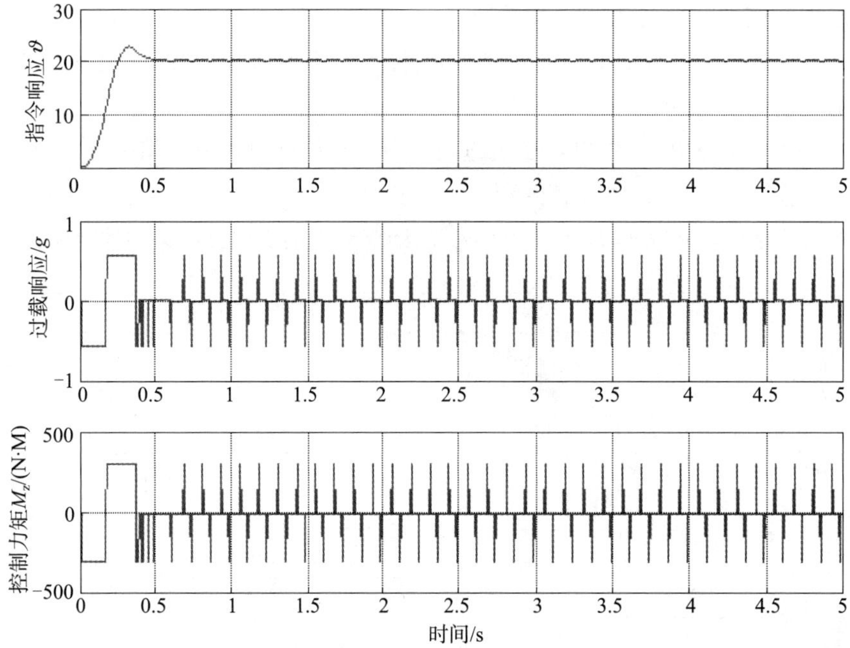

图 6－22　准滑模控制，H＝150 km，推力为 400 N，指令为 20°

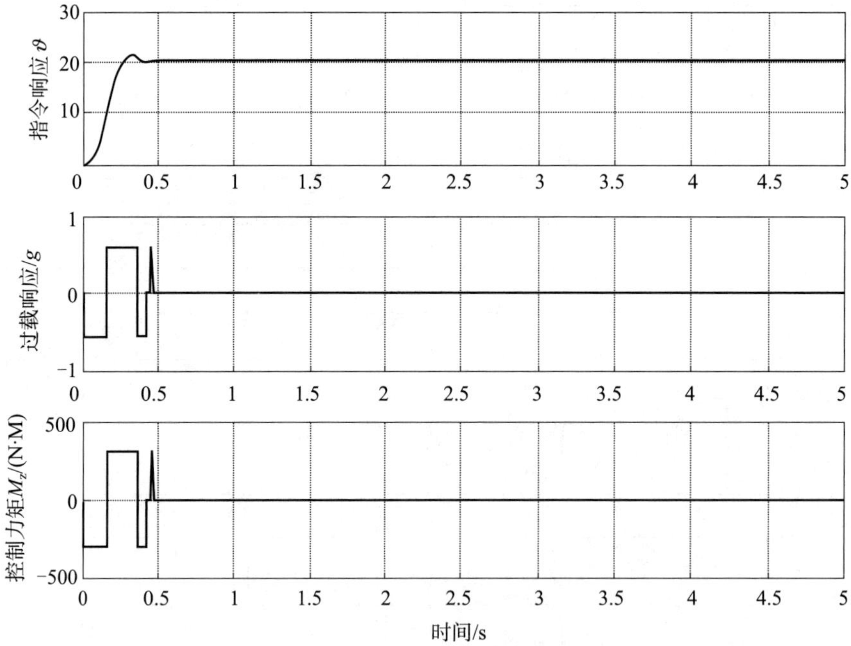

图 6－23　相平面控制，H＝150 km，推力为 400 N，指令为 20°

6.3.4.3　角度反馈切换控制策略

在大气层内，由于空气动力的影响、侧向喷流气动干扰的影响，拦截器姿控能力急剧下降，拦截器分离后单独飞行时，经常会有小的静不稳定度，使得拦截器的可控性较差，对攻角的要求很严，通常不大于 5°甚至更小；因此，本节通过仿真研究确定：在高度小于 40 km 的大气层内，图 6-14 所示的姿控系统切换控制框图中的角度反馈支路将俯仰角反馈切换为攻角反馈。即将式（6-8）改为

$$S = K_1 \dot{\vartheta} + (\alpha - \alpha_k) \tag{6-11}$$

图 6-24、图 6-25 给出了高度为 30 km 的大气层内采用攻角反馈控制的拦截器姿态控制器时域仿真曲线；从中可看出采用高推力水平且采用攻角反馈控制，在小静不稳定度状态下，拦截器姿控系统仍具有一定的可控能力。

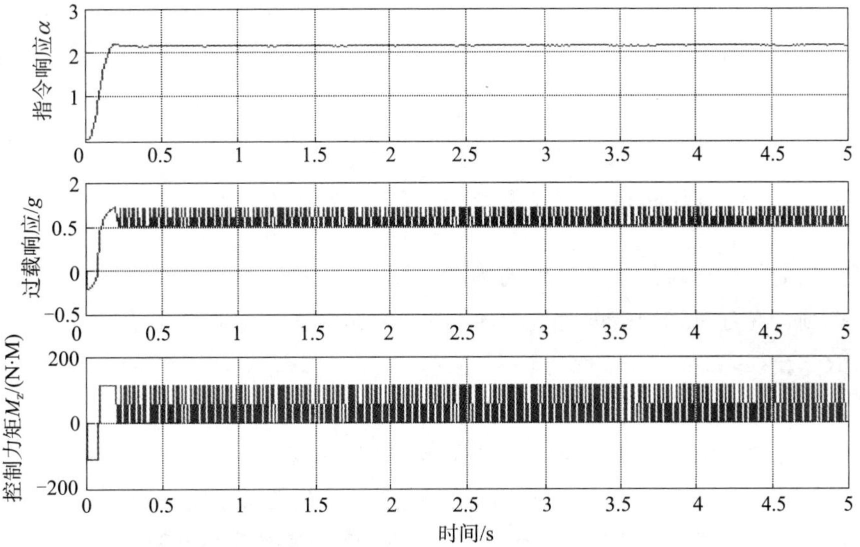

图 6-24　高度 H=30 km，低推力水平，U_k=2°时域响应曲线

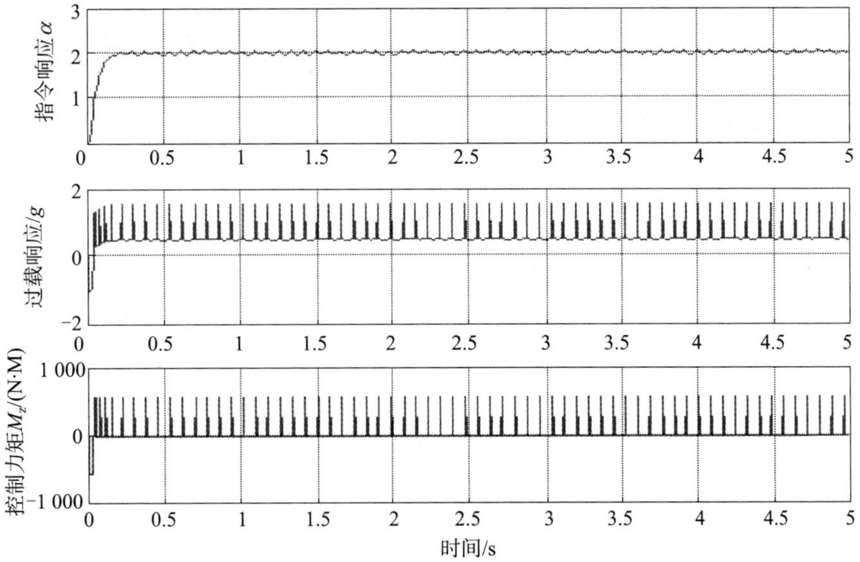

图 6-25　高度 H=30 km，高推力水平，U_k=2°时域响应曲线

6.4　轨控式直接侧向力/气动力复合控制方法研究

轨控式直接侧向力/气动力复合控制方法研究分为三部分。第一部分是纯气动力控制系统的设计，构造气动控制回路，推导弹体环节的传递函数，采用古典控制方法设计控制参数，得到高空条件下的气动力控制仿真结果，为轨控式直接侧向力/气动力复合控制方法提供对照及对比分析；第二部分研究轨控式直接侧向力/气动力复合控制方法，构建复合控制系统回路，采用滑模变结构方法设计气动部分控制器，研究轨控发动机开机逻辑策略，从而实现轨控式直接侧向力/气动力复合控制功能，并给出复合控制仿真结果；第三部分研究轨控式直接侧向力/气动力复合控制系统的稳定性，采用控制变量法分别对侧向喷流气动干扰、质心漂移等影响稳定控制的因素进行分析。

6.4.1　气动力控制系统设计

为研究相同条件下轨控式直接侧向力/气动力复合控制效果，利用纯气动控制方法对导弹进行控制，在分析飞行高度对气动性能影响的同时，也可以为复合控制性能分析提供参照。

气动力控制系统设计为一个单输入单输出系统，输入为指令过载 N_{yc} ，输出为弹体法向过载 N_y ，控制系统需要使导弹输出过载 N_y 快速跟踪指令过载 N_{yc} ，同时在不同飞行高度、飞行速度条件下具有较好的鲁棒性，使控制系统能够适应弹体动力系数变化。因此，控制系统设计要求 N_y 能够较好地跟踪 N_{yc} ，稳态误差较小，而且回路具有一定的阻尼特性以保证系统响应具有良好的动态品质，系统响应速度较快的同时不会产生剧烈震荡甚至发散。

如图 6－26 为气动稳定控制回路方案。由姿态角及姿态角速率反馈构成内环阻尼回路，用于调整系统所需要的阻尼特性，增大导弹的等效阻尼，并提高系统带宽，改善其动态品质；采用加速度计测得过载作为反馈构造最外环反馈回路，方便实现稳态法向过载与控制指令间的比例关系，以保证控制系统跟踪指令过载的稳态精度并提高抗干扰能力。

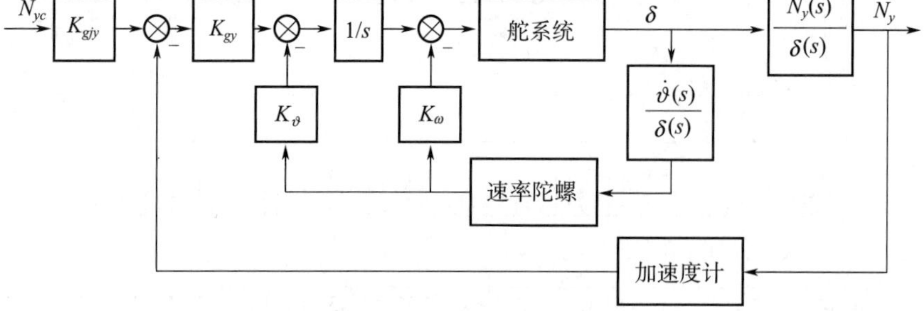

图 6－26　气动控制回路图

图中，$\dfrac{\dot{\vartheta}(s)}{\delta(s)}$，$\dfrac{N_y(s)}{\delta(s)}$ 分别为舵偏角到导弹俯仰角速度及导弹法向过载的传递函数，对于纯气动力控制导弹，直接侧向力 $F_j=0$，可利用 2.3.5 节简化模型，由公式（2－46）推得

$$\frac{\dot{\vartheta}(s)}{\delta(s)}=-\frac{a_3 s+a_3 a_4-a_2 a_5}{s^2+(a_1+a_4)s+a_2+a_1 a_4}=-\frac{(a_3 a_4-a_2 a_5)\left(\dfrac{a_3}{a_3 a_4-a_2 a_5}s+1\right)}{(a_2+a_1 a_4)\left(\dfrac{s^2}{a_2+a_1 a_4}+\dfrac{a_1+a_4}{a_2+a_1 a_4}s+1\right)} \tag{6-12}$$

$$\begin{aligned}\frac{N_y(s)}{\delta(s)}&=\frac{V}{g}\frac{\dot{\theta}(s)}{\delta(s)}=-\frac{V}{g}\frac{-a_5 s^2-a_1 a_5 s+a_3 a_4-a_2 a_5}{s^2+(a_1+a_4)s+a_2+a_1 a_4}\\&=\frac{V(-a_3 a_4+a_2 a_5)\left(\dfrac{a_5}{-a_3 a_4+a_2 a_5}s^2+\dfrac{a_1 a_5}{-a_3 a_4+a_2 a_5}s+1\right)}{g(a_2+a_1 a_4)\left(\dfrac{s^2}{a_2+a_1 a_4}+\dfrac{a_1+a_4}{a_2+a_1 a_4}s+1\right)}\end{aligned} \tag{6-13}$$

选取 $V=1\ 460$ m/s，$H=20\ 000$ m 以及 $V=1\ 400$ m/s，$H=23\ 000$ m 两个特征点进行设计，每个特征点对应的动力系数如表 6－1 所示。

表 6－1　气动力控制系统设计仿真特征点动力系数

H/m	a_1	a_2	a_3	a_4	a_5
20 000	0.101 3	5.207 0	29.918 5	0.123 5	0.024 2
23 000	0.062 7	3.879 8	17.853 6	0.071 8	0.015 1

根据设计要求，设计气动控制系统参数，结果如表 6－2 所示。对两个特征点，系统相裕度均大于 50°，高频幅裕度 ≤－8 dB。

表 6－2　气动力控制系统设计参数

H/m	K_{gjy}	K_{gy}	K_{ω}	K_{ϑ}
20 000	1.053 6	8.990 5	0.318 0	1.241 6
23 000	1.034 1	21.922 6	0.517 9	1.854 2

由于在高空气动力有限，同时舵偏角大小受到限制，当过载指令绝对值过大时，舵偏角达到极限仍无法满足稳定控制需求，弹体姿态就会失控，无法实现稳定。因此在仿真时，以气动力较差的特征点为基准，根据过载响应达到稳定时舵偏角幅度情况，选择比较大的过载指令输入。在上述两个特征点中，依据飞行高度较高的特征点（$V=1\ 460$ m/s，$H=23\ 000$ m）的过载跟踪能力，取跟踪过载指令为 $1.1g$ 的阶跃信号。

如图 6－27 为气动控制系统响应曲线。可以看出，纯气动力控制系统对过载响应速度

较慢，在 20 km 高度处导弹跟踪 1.1g 过载指令时达到 70%的稳态过载需要 0.486 s，而在 23 km 高度处导弹跟踪 1.1g 过载指令时达到 70%的稳态过载需要 0.643 s。这说明随着飞行高度的增加，动压降低，导致导弹的动态特性下降，无法快速响应过载指令。同时，在 20 km 高度处跟踪 1.1g 过载指令达到稳态时仅需要使用舵偏角限幅的 40%。这导弹能够跟踪的指令过载还可以更大。而在 23 km 高度处导弹跟踪 1.1g 过载指令达到稳态时需要使用舵偏角限幅的近 90%。这说明高空中弹体气动力减小，机动能力减弱，受舵偏角限幅及可用攻角限制，俯仰通道无法跟踪过大的过载指令，导弹不能满足制导系统提出的机动能力要求。

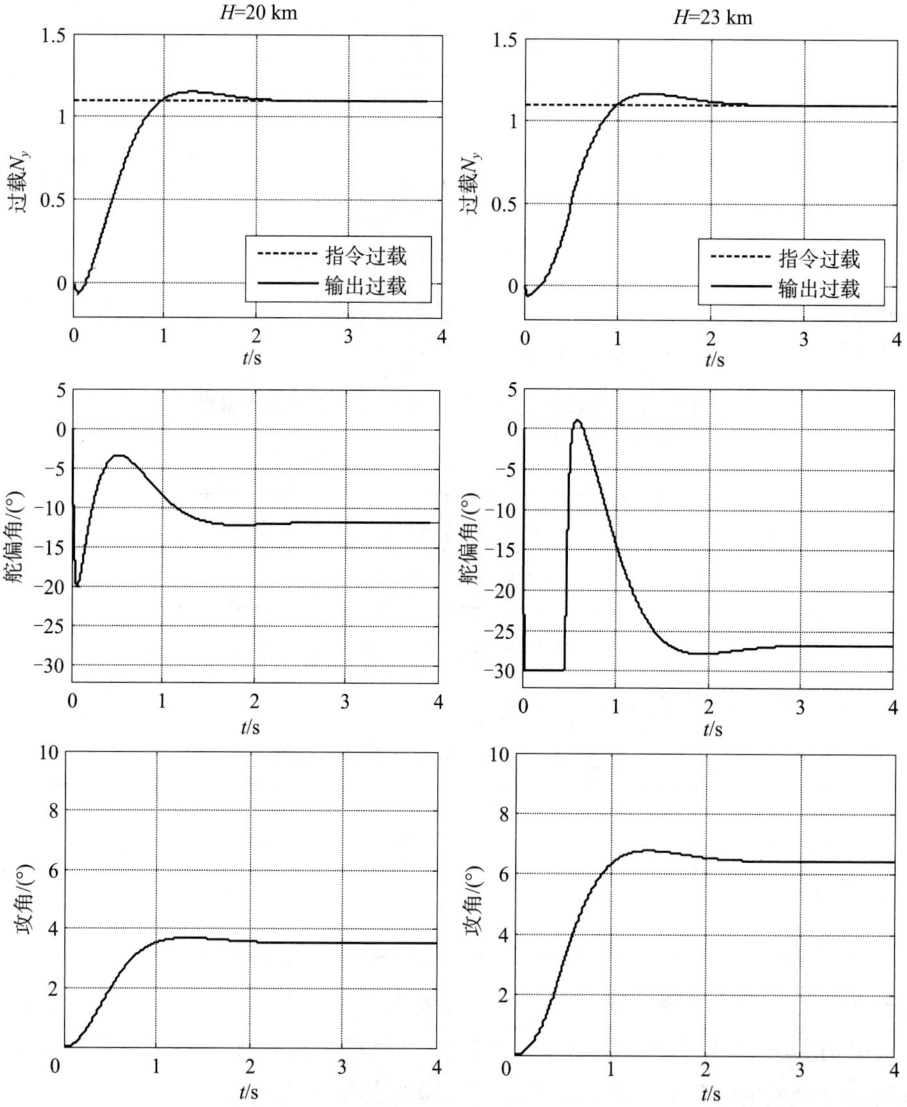

图 6-27　气动控制系统过载响应

6.4.2　轨控式直接侧向力/气动力复合控制系统方案

轨控式直接侧向力/气动力复合控制系统的设计需要考虑轨控直接侧向力和气动力的协调，两者在弹体运动响应时会发生交叉耦合。一方面轨控式直接侧向力控制系统响应速度较快，气动力控制系统响应速度较慢，当轨控式直接侧向力控制与气动力控制同时作用时，它们会相互影响，改变系统的动态响应过程；另一方面，当轨控式直接侧向力工作时，轨控发动机的喷流会对弹体的气动流场产生扰动，改变弹体的受力分布和大小，同时推力作用点的偏移也会对弹体姿态稳定产生干扰。

由于在高空大气层里气动作用减弱，气动力提供很小的过载时就需要舵偏角有比较大的响应，在扰动因素较多的情况下，剩余可用舵偏角在保持弹体姿态稳定存在一定困难。由于弹体姿态稳定是操纵导弹质心沿基准弹道飞行的前提，为保证控制系统能够在大机动且存在扰动时能够维持稳定，气动控制主要进行弹体姿态稳定；同时，气动力产生过载需要首先改变弹体姿态，过载响应较慢，因此可以利用轨控式直接侧向力响应的快速性，通过轨控式直接力侧向控制跟踪指令过载。

图 6－28 为轨控式直接侧向力/气动力复合控制回路方案。过载指令作为主要输入，由轨控式直接侧向力跟踪过载指令，同时产生的弹体姿态响应及干扰由气动部分进行稳定，两者产生的过载之和成为系统的过载输出。另一个输入为气动部分攻角指令，为使得弹体姿态随着速度方向调整，从而让导引头在截获并跟踪目标时满足视场角要求，同时降低直接侧向力喷流对弹体和气动舵的影响，输入指令攻角为零，即 $\alpha_c=0$。输入的指令攻角与导弹攻角、攻角角速率反馈一同作为滑模变结构控制器的输入，得到舵偏角指令，控制气动舵偏转完成攻角指令跟踪及弹体姿态稳定，由姿态变化产生的过载与轨控直接侧向力提供的过载合成整个系统的过载，通过加速度计测量进行反馈，根据弹体实际过载与过载指令间的关系，由开机策略不断调节轨控发动机推力，实现复合控制系统的过载指令跟踪。

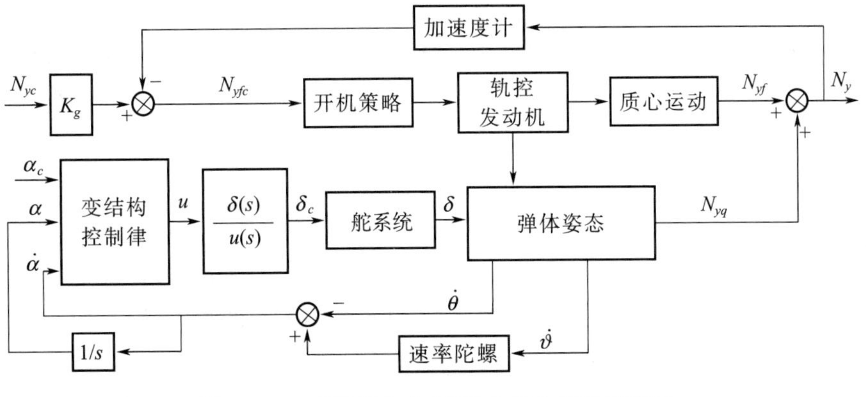

图 6－28　直接侧向力/气动力复合控制回路图

6.4.3　基于滑模变结构的攻角抗干扰控制方法

由于在高空条件下气动作用减弱，弹体稳定控制难度增大。采用滑模变结构方法设计抗干扰控制器，利用滑动模态对系统参数摄动和外在干扰的鲁棒性，通过气动力实现弹体在直接侧向力引起的干扰力矩影响下的姿态稳定控制。

（1）滑模面设计基本方法

针对线性系统

$$\dot{\boldsymbol{x}} = \boldsymbol{Ax} + \boldsymbol{b}ux \in \mathbf{R}^n, u \in \mathbf{R} \tag{6-14}$$

其中　x 满足 $\dot{x}_i = x_{i+1}$，$i=1$，…，$n-1$。

滑模面设计为

$$\boldsymbol{s}(\boldsymbol{x}) = \boldsymbol{C}^{\mathrm{T}}\boldsymbol{x} = \sum_{i=1}^{n} c_i x_i = \sum_{i=1}^{n-1} c_i x_i + x_n \tag{6-15}$$

式中　$\boldsymbol{x}$ 为状态向量，$\boldsymbol{C} = [c_1 \quad \cdots \quad c_{n-1} \quad 1]^{\mathrm{T}}$。

在滑模控制中，参数 c_1，c_2，…，c_{n-1} 应满足多项式 $p^{n-1} + c_{n-1}p^{n-2} + \cdots + c_2 p + c_1$ 为 Hurwitz，其中 p 为 Laplace 算子。

当 $n=2$ 时，$\boldsymbol{s}(\boldsymbol{x}) = c_1 x_1 + x_2$，为了保证多项式 $p + c_1$ 为 Hurwitz，需要多项式 $p + c_1 = 0$ 的特征值实数部分为负，即 $c_1 > 0$。

（2）干扰不可测时的滑模控制律设计

对于具有干扰的系统

$$\dot{\boldsymbol{x}} = \boldsymbol{Ax} + \boldsymbol{b}u + \boldsymbol{d} \tag{6-16}$$

若存在 $\tilde{\boldsymbol{d}}$ 使匹配条件

$$\boldsymbol{d} = \boldsymbol{b}\tilde{\boldsymbol{d}} \tag{6-17}$$

成立，则可以构造系统（6－14）的滑动模态，它对 $\boldsymbol{d}$ 是不变的，即滑动模态对干扰具有不变性。然而这一理论建立在干扰完全确定的基础上，即要能求出不含干扰的确定的控制律。然而，当干扰不可测时，无法构造出不含干扰的控制律，滑动模态的不变性实际上不能实现。

在轨控式直接侧向力/气动力复合控制导弹模型中，采用干扰因子和推力作用点偏移来描述侧向喷流气动干扰效应带来的影响，但在实际飞行中侧向喷流气动干扰的大小和极性是无法实时精确测量的，因此利用估算出的侧向喷流气动干扰的界，设计具有鲁棒性的滑动模态控制律。

根据式（2－46），可以得到

$$\dot{\alpha} = \dot{\vartheta} - a_4\alpha - a_5\delta_z - a'_5 F_{y1} \tag{6-18}$$

将直接力 F_{y1} 产生的影响作为扰动，通过气动部分稳定弹体，跟踪指令攻角 α_c，将式（6－18）对时间求导

$$\begin{aligned} \ddot{\alpha} &= \ddot{\vartheta} - a_4\dot{\alpha} - a_5\dot{\delta}_z - a'_5\dot{F}_{y1} \\ &= (-a_2 - a_1 a_4)\alpha + (-a_1 - a_4)\dot{\alpha} + (a_1 a_5 - a_3)\delta_z - a'_3 F_{y1} - a_5\dot{\delta}_z - a'_5\dot{F}_{y1} \end{aligned} \tag{6-19}$$

设 $e_1=\alpha-\alpha_c$，$e_2=\dot{\alpha}$，则

$$\begin{bmatrix}\dot{e}_1\\ \dot{e}_2\end{bmatrix}=\begin{bmatrix}\dot{\alpha}\\ \ddot{\alpha}\end{bmatrix}$$
$$=\begin{bmatrix}0 & 1\\ -a_2-a_1a_4 & -a_1-a_4\end{bmatrix}\begin{bmatrix}\alpha-\alpha_c\\ \dot{\alpha}\end{bmatrix}+\begin{bmatrix}0\\ -a_5\end{bmatrix}\dot{\delta}_z+\begin{bmatrix}0\\ -a_3-a_1a_5\end{bmatrix}\delta_z$$
$$+\begin{bmatrix}0\\ -a'_3\end{bmatrix}F_{y1}+\begin{bmatrix}0\\ -a'_5\end{bmatrix}\dot{F}_{y1}+\begin{bmatrix}0\\ -a_2-a_1a_4\end{bmatrix}\alpha_c \tag{6-20}$$

因此

$$\begin{cases}\dot{e}_1=e_2\\ \dot{e}_2=(-a_2-a_1a_4)e_1+(-a_1-a_4)e_2+(-a_2-a_1a_4)\alpha_c-a_5\dot{\delta}_z\\ \qquad +(-a_3-a_1a_5)\delta_z-(a'_3F_{y1}+a'_5\dot{F}_{y1})\end{cases} \tag{6-21}$$

由于存在 $\dot{\delta}_z$，不易直接进行变结构控制器设计，引入等效控制量 u

$$u=a_5\dot{\delta}_z+(a_3+a_1a_5)\delta_z \tag{6-22}$$

对应传递函数

$$\frac{\delta_z(s)}{u(s)}=\frac{1}{a_5s+(a_3+a_1a_5)} \tag{6-23}$$

又 $a'_3F_{y1}+a'_5\dot{F}_{y1}$ 为扰动项，设

$$d=a'_3F_{y1}+a'_5\dot{F}_{y1} \tag{6-24}$$

得到

$$\dot{e}_2=(-a_2-a_1a_4)e_1+(-a_1-a_4)e_2+(-a_2-a_1a_4)\alpha_c-u-d \tag{6-25}$$

滑模变结构控制系统的运动由两部分组成，第一部分是系统在初始点进入切换面的运动阶段，即到达段；第二部分是系统在切换面上的运动阶段，即滑模段。要求系统过渡过程有良好的品质，就必须使这两段都具有良好的品质。滑模段的品质可由滑模方程来决定，到达段的品质可以通过趋近规律来改善。对式（6-25）进行变结构控制器设计，主要有以下几点：

1）选择合适的切换函数 s，使切换面 $s=0$ 上的滑动模态渐近稳定且具有良好的动态特性；

2）求出控制量函数 u，使任一运动能在有限时间到达切换面，且到达运动具有良好品质；

3）当干扰及摄动较大甚至干扰不确定情况下，需要趋近运动和滑模运动都具有鲁棒性。

根据以上要求，设计变结构控制器。由稳定性需求，定义切换函数

$$s=ce_1+e_2=c(\alpha-\alpha_c)+\dot{\alpha} \tag{6-26}$$

其中，$c>0$

变结构控制量

$$u=\begin{cases}u^{+}(e_1,e_2),s>0\\u^{-}(e_1,e_2),s<0\end{cases} \tag{6-27}$$

定义 Lyapunov 函数为

$$V=\frac{1}{2}s^2 \tag{6-28}$$

对式（6-26）求导，得

$$\begin{aligned}\dot{s}&=c\dot{e}_1+\dot{e}_2\\&=c\dot{\alpha}+\ddot{\alpha}\\&=(-a_2-a_1a_4)\alpha+(c-a_1-a_4)\dot{\alpha}-u-d\end{aligned} \tag{6-29}$$

根据滑动模态的存在性与可达性要求 $\dot{V}=s\dot{s}<0$，可得

$$\begin{cases}(-a_2-a_1a_4)\alpha+(c-a_1-a_4)\dot{\alpha}-u^{+}-d<0\\(-a_2-a_1a_4)\alpha+(c-a_1-a_4)\dot{\alpha}-u^{-}-d>0\end{cases} \tag{6-30}$$

整理得

$$\begin{cases}u^{+}>(-a_2-a_1a_4)\alpha+(c-a_1-a_4)\dot{\alpha}-d\\u^{-}<(-a_2-a_1a_4)\alpha+(c-a_1-a_4)\dot{\alpha}-d\end{cases} \tag{6-31}$$

满足以上条件时，状态空间中任意点必将向切换面 $s=0$ 靠近。为保证到达段的品质，引入指数趋近律

$$\dot{s}=-\varepsilon\,\mathrm{sgn}s-ks \tag{6-32}$$

其中，$\varepsilon>0$ 且 $k>0$，则

$$s=\begin{cases}\dfrac{\varepsilon}{k}+\left(s_0-\dfrac{\varepsilon}{k}\right)e^{-kt},s>0\\-\dfrac{\varepsilon}{k}+\left(s_0+\dfrac{\varepsilon}{k}\right)e^{-kt},s<0\end{cases} \tag{6-33}$$

可以看出，趋近过程只与初始状态和控制器参数有关，而与状态变化及外界干扰无关。由

$$\dot{s}=(-a_2-a_1a_4)\alpha+(c-a_1-a_4)\dot{\alpha}-u-d \tag{6-34}$$

得到

$$(-a_2-a_1a_4)\alpha+(c-a_1-a_4)\dot{\alpha}-u-d=-\varepsilon\,\mathrm{sgn}s-ks \tag{6-35}$$

整理即有

$$u=\varepsilon\,\mathrm{sgn}s+ks+(-a_2-a_1a_4)\alpha+(c-a_1-a_4)\dot{\alpha}-d \tag{6-36}$$

当干扰不确定时，以上控制律无法实现。为此，采用干扰的界来设计控制律。

设计滑模控制律为

$$u=\varepsilon\,\mathrm{sgn}s+ks+(-a_2-a_1a_4)\alpha+(c-a_1-a_4)\dot{\alpha}-d_c \tag{6-37}$$

其中 d_c 为待设计的与干扰 d 的界相关的实数。

将 u 代入式（6-34），得

$$\dot{s}=-\varepsilon\,\mathrm{sgn}s-ks+d_c-d \tag{6-38}$$

通过选取 d_c 来保证控制系统稳定，即满足滑模到达条件。假设

$$d_L\leqslant d\leqslant d_U \tag{6-39}$$

其中，d_L 和 d_U 为干扰的界，则 d_c 的选取原则如下：

1）当 $s>0$ 时，$\dot{s}=-\varepsilon-ks+d_c-d$，为保证 $\dot{s}<0$，取 $d_c=d_L$

2）当 $s<0$ 时，$\dot{s}=\varepsilon-ks+d_c-d$，为保证 $\dot{s}>0$，取 $d_c=d_U$

为统一表示，令

$$d_1=\frac{1}{2}(d_U-d_L) \tag{6-40}$$

$$d_2=\frac{1}{2}(d_U+d_L) \tag{6-41}$$

则可设计出满足上述两个条件的 d_c

$$d_c=d_2-d_1\,\mathrm{sgn}s \tag{6-42}$$

依此，式（6-37）的控制律可以实现，将式（6-40）（6-41）代入，即

$$u=\varepsilon\,\mathrm{sgn}[c(\alpha-\alpha_c)+\dot{\alpha}]+(-a_2-a_1a_4+kc)\alpha+(k+c-a_1-a_4)\dot{\alpha}-kc\alpha_c-d_c \tag{6-43}$$

其中，ε，k，c 为设计参数。参数 c 会影响系统动态性能，c 越大，跟踪速度越快，但 c 过大会导致滑动面趋近原点的速度过快，动态性能不太好；适当增大 k 可以加速趋近过程使滑动误差较快收敛，适当减小 ε 可以减小抖振振幅。

选取 $V=1\ 460$ m/s，$H=20\ 000$ m 以及 $V=1\ 400$ m/s，$H=23\ 000$ m 两个特征点进行设计，每个特征点对应的动力系数如表 6-3 所示。

表 6-3　滑模控制器设计参数

H/m	ε	k	c
20 000	0.04	17	16
23 000	0.1	16.5	14.2

首先研究姿态稳定系统通过滑模控制器控制、在无干扰条件下跟踪攻角指令的情况，设 $\alpha_c=6°$。

如图 6-29 为姿态稳定系统跟踪攻角指令的响应曲线。可以看出，系统对攻角指令的跟踪效果较好，在高空中可以充分利用舵偏角，使导弹的攻角尽快稳定到指令值。

接下来研究在轨控发动机产生侧喷干扰的条件下，滑模控制器的抗干扰能力。对特征点 $V=1\ 400$ m/s，$H=23\ 000$ m，在直接侧向力 F 引起不同幅值侧向喷流气动干扰的条件下，研究姿态稳定控制系统的响应情况。当直接侧向力保持相同极性且幅值较大时，对稳定控制系统干扰最大。设弹体初始攻角 $\alpha_0=0°$，跟踪指令攻角 $\alpha_c=0°$，弹体所受侧向喷流气动干扰作用下直接侧向力的合力作用点偏移 $X_{cpi}=0.1$ m。由于轨控发动机最大推力为 10 kN，设合力分别为 $F=20$ kN，$F=10$ kN，$F=2.5$ kN 的阶跃。

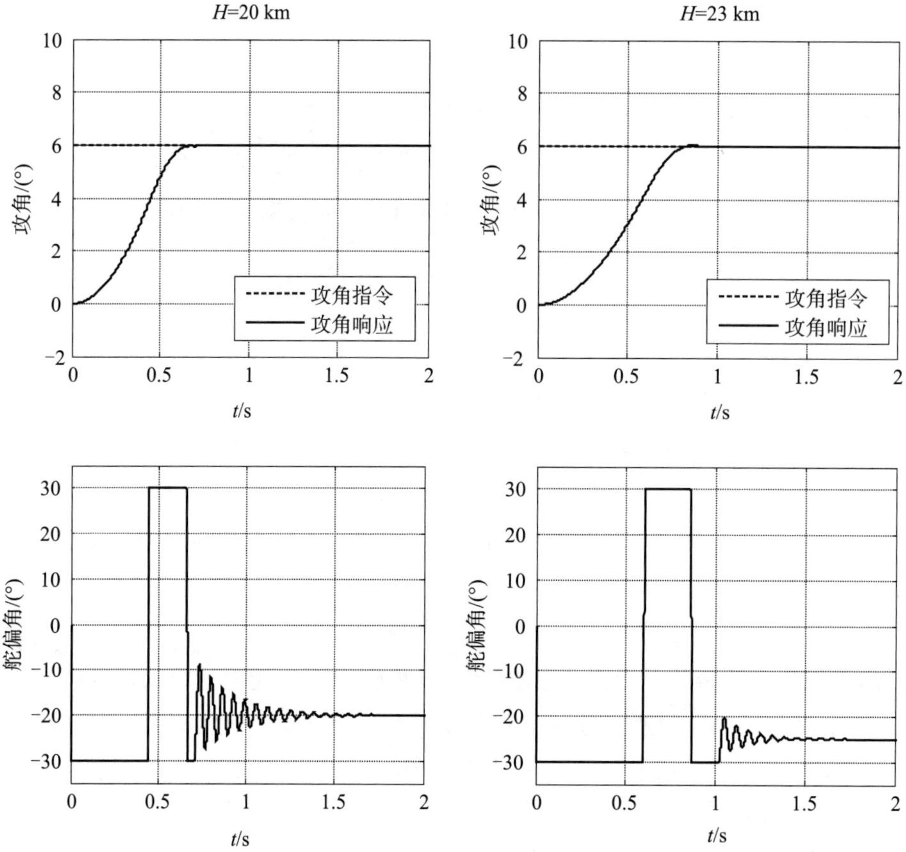

(a) H=20 km　　(b) H=23 km

图 6-29　姿态稳定系统跟踪攻角指令

如图 6-30 为侧向喷流气动干扰力作用下姿态稳定系统响应曲线。在不同大小的干扰力作用下，系统均能保持很好的稳定性。时间为 1 s 时干扰力阶跃产生并持续作用于弹体，抗干扰控制器产生舵指令使弹体尽快建立新的稳定平衡，弹体在持续的干扰力推动下产生缓慢的姿态变化。可以看到，在干扰力产生的瞬间，弹体没有发生倾覆或剧烈的姿态变化，并较快建立稳定平衡状态，即使在长达 1 s 的 20 kN 大干扰力影响下，导弹攻角也仅变化了不足 0.4°，对弹体稳定平衡不会产生大的不良影响，弹体姿态可以保持在很好的状态；同时，极小的攻角变化也说明，对于跟踪过载指令的轨控式直接侧向力/气动力复合控制系统，相比轨控式直接侧向力产生的过载，在干扰力作用下姿态稳定控制部分通过气动力产生的过载非常小，甚至可以忽略，符合提出的轨控式直接侧向力/气动力复合控制系统方案要求，即气动控制主要进行弹体姿态稳定，通过轨控式侧向直接力控制跟踪指令过载。

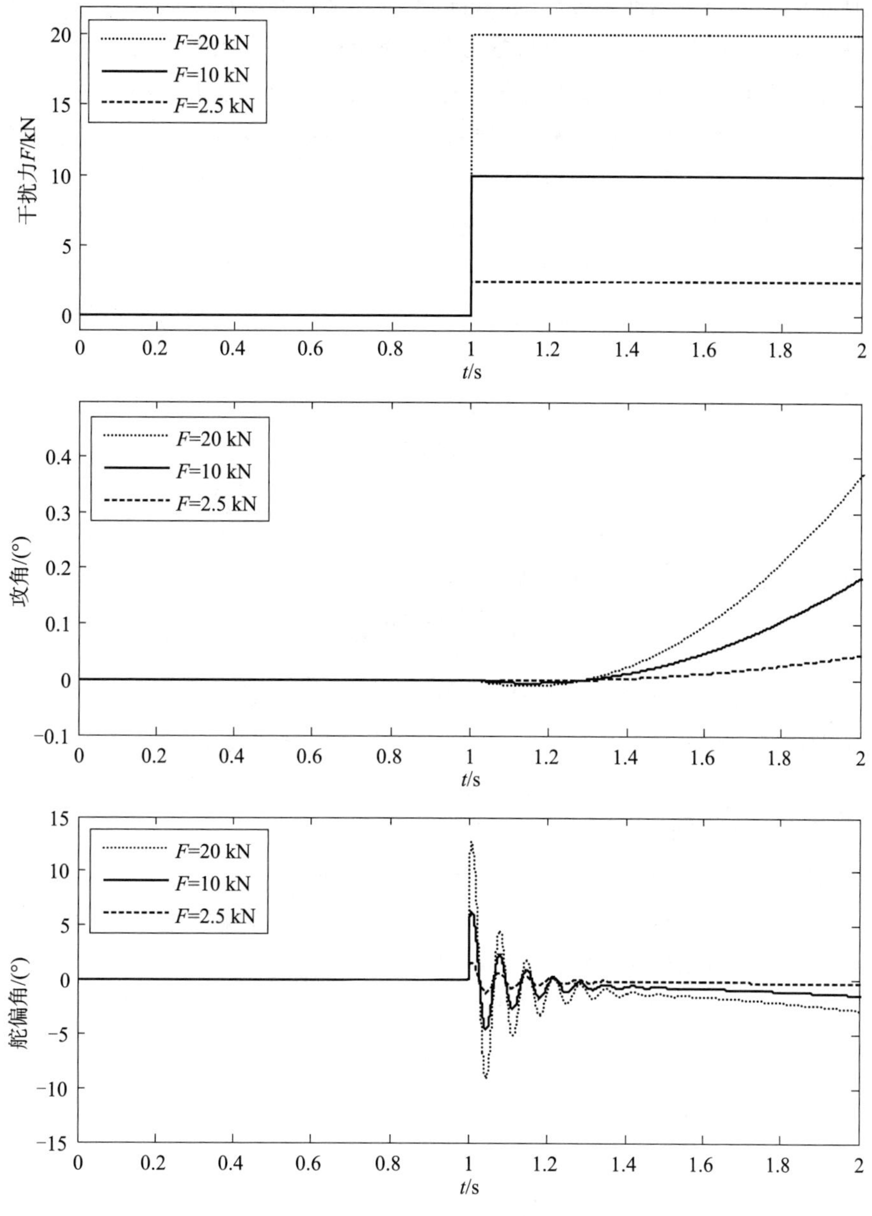

图 6－30　侧喷干扰力作用下姿态稳定系统响应

6.4.4　基于推力分档的轨控发动机开启策略研究

轨控发动机开启策略是直接侧向力控制的关键。根据 9M96E 等轨控式直接侧向力/气动力复合控制导弹的相关资料，在导弹与目标遭遇前 0.5～1 s 启动轨控发动机，可以得到较好的拦截结果。根据导弹制导精度的要求以及轨控发动机燃烧时间的限制，通过制导控制系统仿真验证，本章设计在预测遭遇时间前 1 s 开启轨控发动机。

轨控式直接力侧向力控制部分的设计结合轨控发动机推力比例分挡调节及推力模型的

特点，根据过载指令与各挡推力可提供的过载关系，确定发动机开启策略。由于轨控发动机位置与弹体坐标系固连，且每个喷口推力分挡完全相同，因此弹体轴 y 轴或 z 轴上 2 个相反方向的喷口在任意时刻至多需要打开 1 个。相比不可调节推力大小的轨控发动机，推力分挡的轨控式直接侧向力具有明显的优势，即可以根据过载指令输入选择合适的推力挡位，而不是仅仅通过开关轨控发动机来调节直接侧向力；同时，与推力大小可以任意调节的轨控发动机相比，推力分挡的轨控发动机较容易设计实现，但不能使推力对应任意大小的过载指令。因此，需要设计合理的轨控发动机开启策略，控制轨控发动机提供合适的直接侧向力，使导弹产生的过载最接近过载指令，从而跟踪过载指令以满足制导系统提出的机动要求。

由轨控式直接侧向力/气动力复合控制模型中表示出的直接侧向力，可得到导弹的直接侧向力 F_{jkn} 与导弹产生过载 N_{yf} 的对应关系为

$$N_{yf}=\frac{F_{jkn}}{mg} \tag{6-44}$$

则轨控式直接侧向力可令弹体产生的最大过载为

$$N_{yf\max}=\frac{F_{j\max}}{mg} \tag{6-45}$$

当指令过载 N_{yfc} 恰好等于轨控发动机 $n(n=0,1,2,3,4)$ 挡推力对应的过载时，发动机喷口按照对应挡位开启；当指令过载 N_{yfc} 介于轨控发动机 n（$n=0,1,2,3$）挡和 $n+1$（$n=0,1,2,3$）挡推力对应的过载之间时，需要导弹产生的过载 N_{yf} 最接近过载指令 N_{yfc}，以轨控发动机 n（$n=0,1,2,3$）挡和 $n+1$（$n=0,1,2,3$）挡推力对应的两挡过载中值作为分界点，若 N_{yfc} 小于该中值，则喷口按 n 挡开启，若 N_{yfc} 大于该中值，则喷口按 $n+1$ 挡开启。另外，若指令过载 N_{yfc} 大于直接侧向力可以提供的最大过载 $N_{yf\max}$，则喷口开启推力最大的挡位，即 $n=4$。

将以上轨控发动机开启策略整理为数学表达式，得到

1）当 $N_{yfc}\geqslant 0$，喷口 1 关闭（$F_{j1n}=0$），喷口 3 开启策略：

$$\begin{cases}F_{j3n}=\dfrac{n}{4}F_{j\max}(n=0,1,2,3),\text{当}\dfrac{nF_{j\max}}{4mg}\leqslant N_{yfc}<\dfrac{(2n+1)F_{j\max}}{8mg}<\dfrac{F_{j\max}}{mg}\\ F_{j3n}=\dfrac{n+1}{4}F_{j\max}(n=0,1,2,3),\text{当}\dfrac{(2n+1)F_{j\max}}{8mg}\leqslant N_{yfc}<\dfrac{(n+1)F_{j\max}}{4mg}<\dfrac{F_{j\max}}{mg}\\ F_{j3n}=\dfrac{n}{4}F_{j\max}(n=4),\text{当}\ N_{yfc}\geqslant\dfrac{F_{j\max}}{mg}\end{cases} \tag{6-46}$$

2）当 $N_{yfc}<0$，喷口 3 关闭（$F_{j3n}=0$），喷口 1 开启策略：

$$\begin{cases} F_{j1n} = -\dfrac{n}{4} F_{j\max} (n=0,1,2,3), \text{当} -\dfrac{F_{j\max}}{mg} < -\dfrac{(2n+1)F_{j\max}}{8mg} < N_{yfc} \leqslant -\dfrac{nF_{j\max}}{4mg} \\ F_{j1n} = -\dfrac{n+1}{4} F_{j\max} (n=0,1,2,3), \text{当} -\dfrac{F_{j\max}}{mg} < -\dfrac{(n+1)F_{j\max}}{4mg} < N_{yfc} \leqslant -\dfrac{(2n+1)F_{j\max}}{8mg} \\ F_{j1n} = -\dfrac{n}{4} F_{j\max} (n=4), \text{当} N_{yfc} \leqslant -\dfrac{F_{j\max}}{mg} \end{cases} \tag{6-47}$$

将式（6-46）及式（6-47）的轨控发动机开启策略用图 6-31 的形式表示如下。

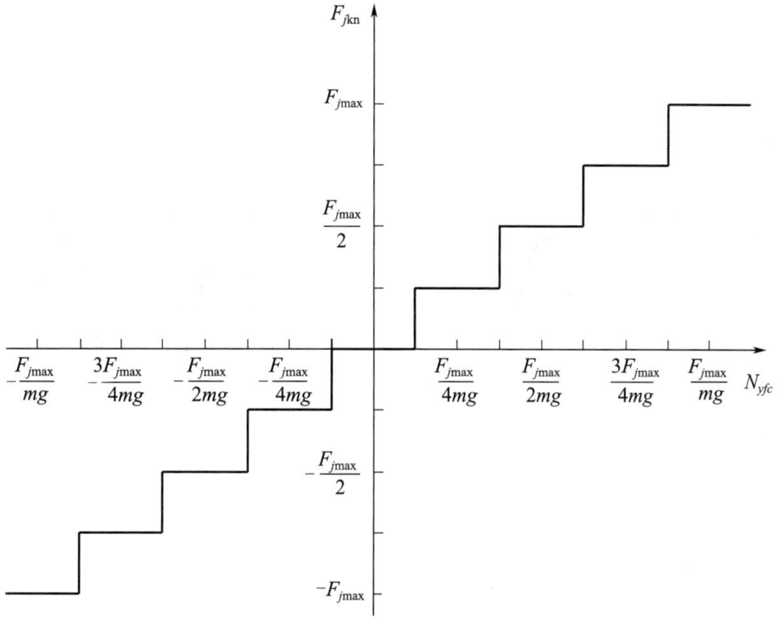

图 6-31　轨控发动机开启策略示意图

对轨控发动机开启策略进行仿真。输入相同幅值、不同频率的正弦信号作为过载指令，通过轨控发动机策略判断喷口开启与否及推力挡位，作用于弹体时产生的过载曲线如图 6-32 所示。可以看出，导弹在轨控式直接侧向力的作用下能够快速地跟踪过载指令，尤其是当过载指令变化越快，输出过载的跟踪误差越小，而当过载指令变化频率较低时，由于加速度计的反馈，轨控发动机会在推力相邻挡位间切换以尽可能减小误差，过载变化曲线出现了略微的振荡，这是推力分挡调节的轨控式直接侧向力发动机本身所决定的，对系统跟踪指令的能力影响较小。

因此，以上轨控发动机开启策略可以满足提出的轨控式直接侧向力/气动力复合控制系统方案要求，即利用轨控式直接侧向力响应的快速性，通过轨控发动机推力作用，使导弹跟踪过载指令。

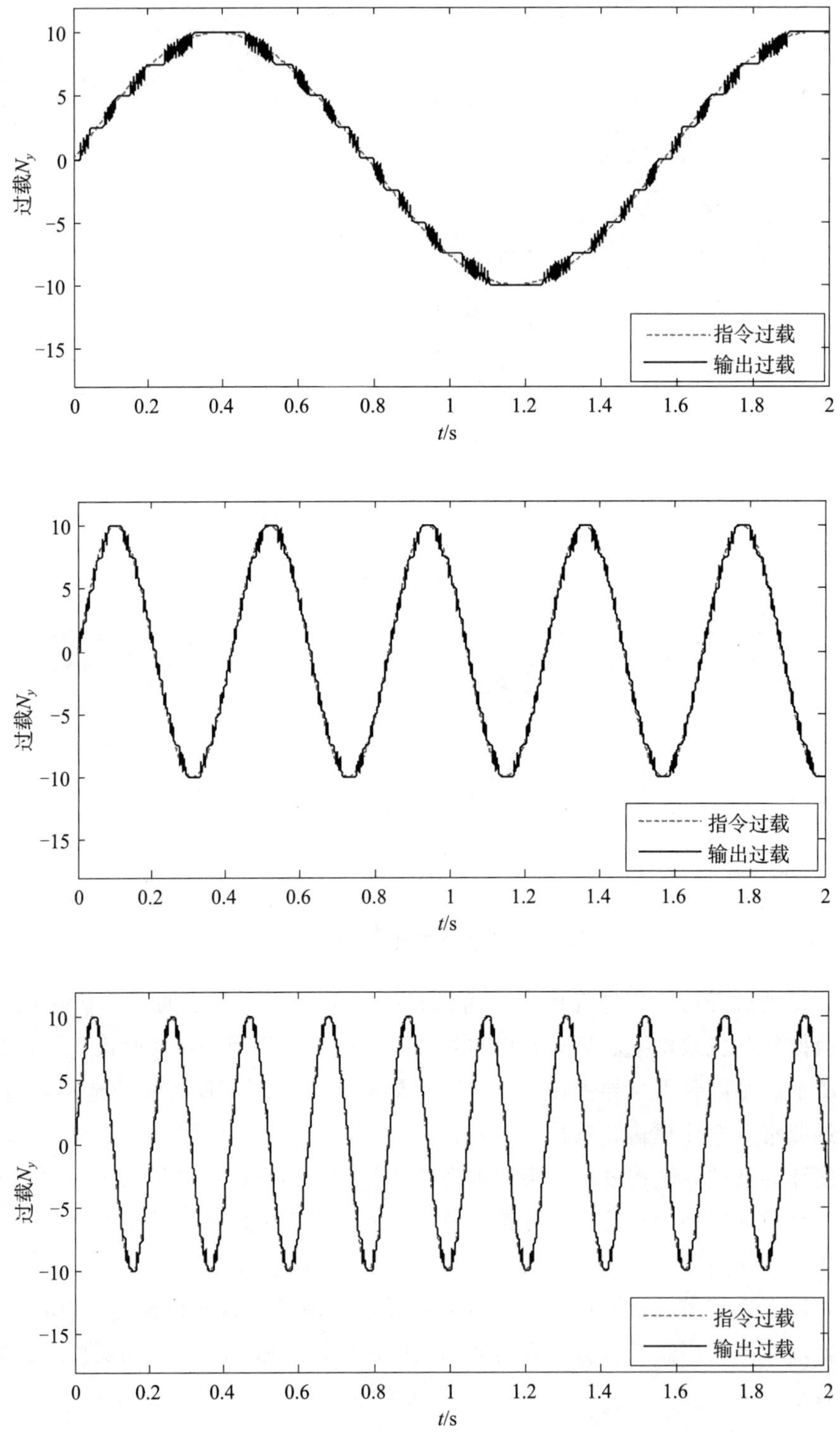

图 6-32　导弹在轨控式直接侧向力作用下跟踪过载指令

6.4.5　轨控式直接侧向力/气动力复合控制结果及分析

根据 6.4.2 节中提出的复合控制系统方案，将基于攻角滑模变结构的抗干扰控制部分与基于推力分档的轨控发动机开启策略相结合，形成完整的轨控式直接侧向力/气动力复合控制系统。为验证轨控式直接侧向力/气动力复合控制方法的效果，选择四个特征点进行仿真，每个特征点的飞行高度、飞行速度及对应的动力系数如表 6-4 所示。其中 $V=1\ 460\ \mathrm{m/s}$，$H=20\ 000\ \mathrm{m}$ 及 $V=1\ 400\ \mathrm{m/s}$，$H=23\ 000\ \mathrm{m}$ 两个特征点与纯气动力控制仿真中所选的特征点相同，便于将轨控式直接侧向力/气动力复合控制系统仿真结果与气动力控制系统仿真结果进行对比。

表 6-4　气动力控制系统设计仿真特征点动力系数

特征点		动力系数				
H/m	V/(m/s)	a_1	a_2	a_3	a_4	a_5
20 000	1 460	0.101 3	5.207 0	29.918 5	0.123 5	0.024 2
23 000	1 400	0.062 7	3.879 8	17.853 6	0.071 8	0.015 1
27 000	1 320	0.033 1	1.896 7	8.963 1	0.035 0	0.008 1
30 000	1 290	0.027 2	1.518 5	7.236 0	0.028 0	0.006 6

设弹体初始攻角 $\alpha_0=0°$，跟踪指令攻角 $\alpha_c=0°$，弹体所受侧向喷流气动干扰作用下直接侧向力的合力作用点偏移 $X_{cpi}=0.1\ \mathrm{m}$，力干扰因子 $K_f=1$。根据特征点数据，轨控式直接侧向力/气动力复合控制系统设计参数如表 6-5 所示。

表 6-5　滑模变结构控制设计参数

特征点		参数			
H/m	V/(m/s)	ε	k	c	d_c
20 000	1 460	0.04	17	16	2.2
23 000	1 400	0.09	16.5	15.2	2.5
27 000	1 320	0.1	16	15	2.8
30 000	1 290	0.1	15	14.2	3

仿真结果如图 6-33 所示，可以看到，轨控式直接侧向力/气动力复合控制系统对过载指令响应速度很快，在 20 km 及 23 km 高度处导弹跟踪 10g 过载指令时达到 70%的稳态过载只需要 0.005 s 以内。与图 6-27 中纯气动力控制系统对过载响应速度相比有很大幅度的提高，过载曲线的响应性能非常好，且由于气动舵仅需要维持弹体姿态稳定，需要的舵偏角远未达到舵偏角限幅，导弹能够承受的侧向喷流干扰力还可以更大。在飞行高度更高的条件下，27 km 及 30 km 高度的响应曲线显示，轨控式直接侧向力/气动力复合控制系统对过载指令响应速度依然很快。同时，导弹攻角变化非常缓慢，变化量很小，说明侧向喷流干扰力对弹体姿态影响非常微小，气动力控制能够保证弹体稳定。另外，通过四个高度不同的特征点的舵偏角曲线比较可以发现，随着飞行高度的增加，动压降低，气动

力作用减小，在相同侧向喷流干扰力影响下，需要更大的舵偏角来稳定弹体姿态。

根据仿真结果，轨控式直接侧向力/气动力复合控制方案设计合理可行，复合控制系统可以很好地跟踪过载指令，导弹能够满足制导系统提出的机动要求。

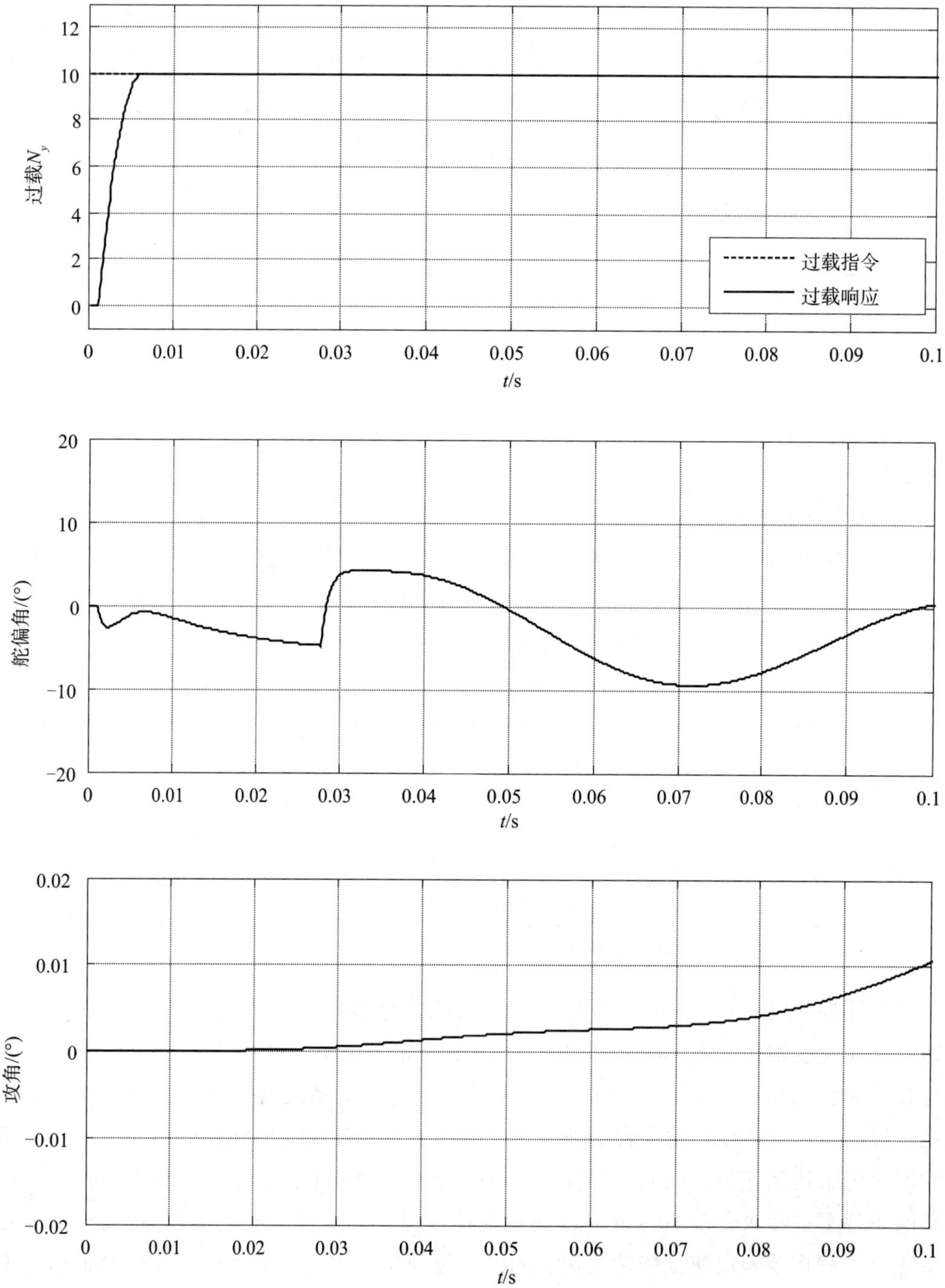

(a) V=1 460 m/s，H=20 000 m

图 6－33　轨控式直接侧向力/气动力复合控制系统过载响应

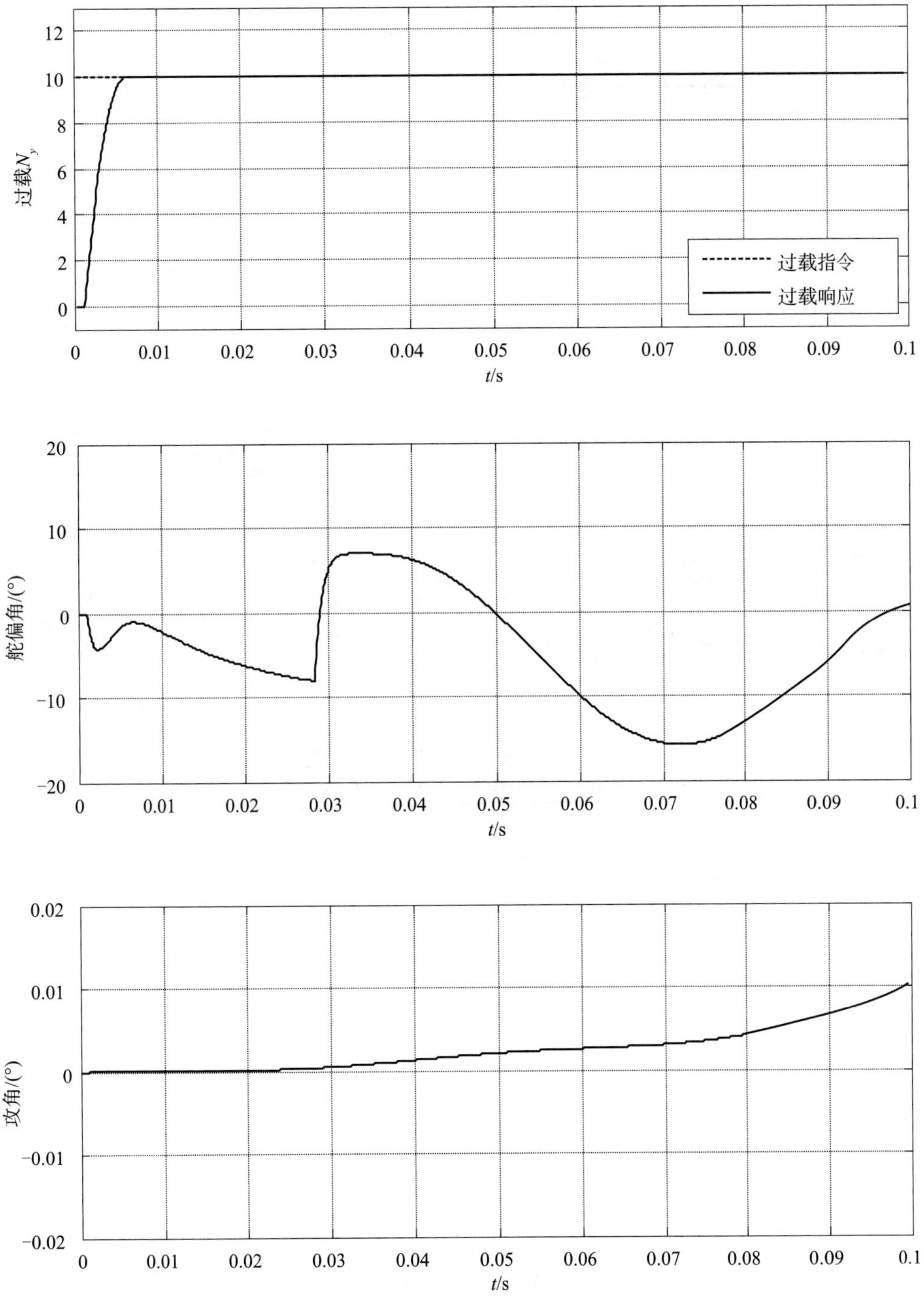

(b) V=1 400 m/s，H=23 000 m

图 6-33　轨控式直接侧向力/气动力复合控制系统过载响应（续）

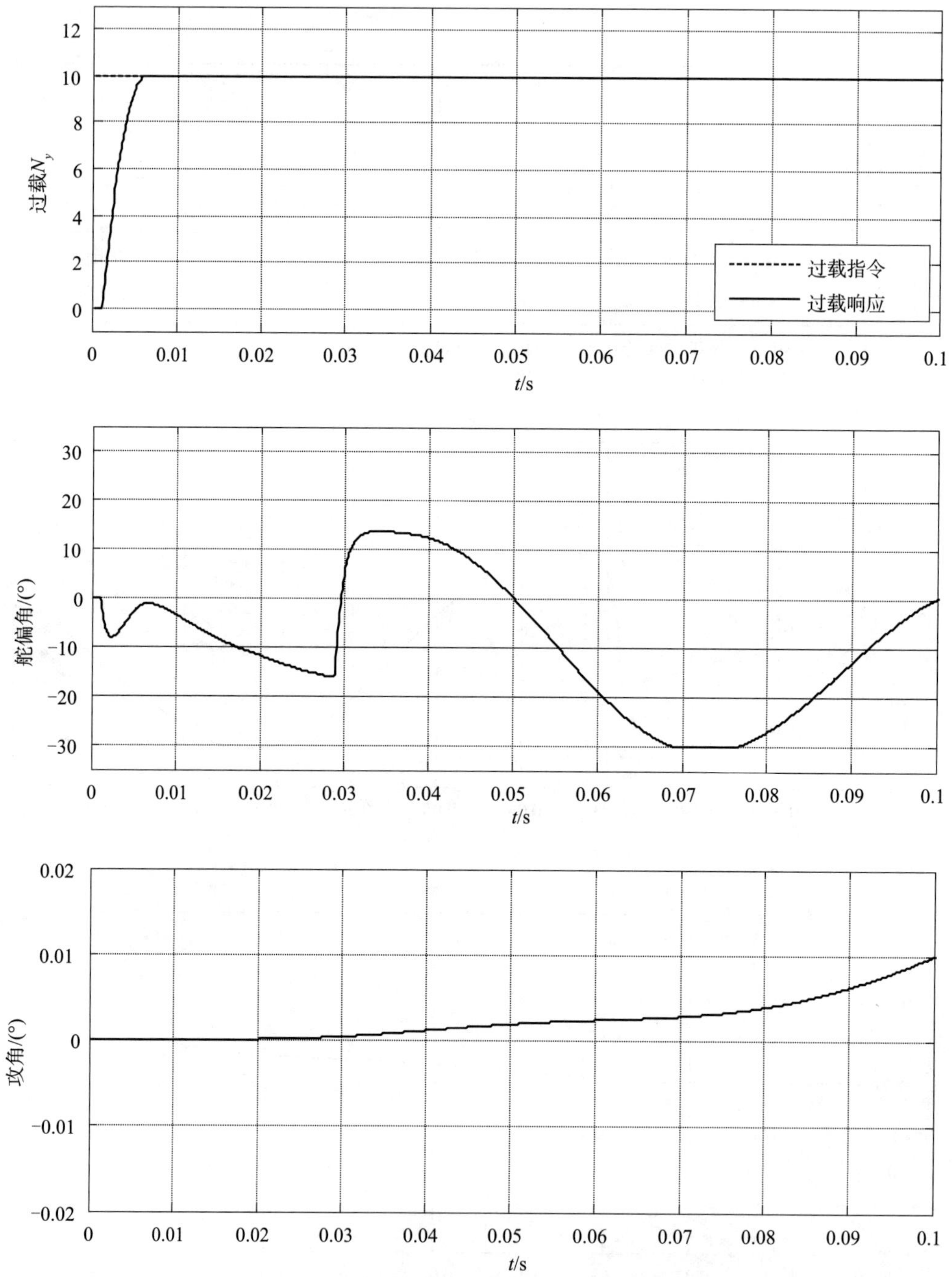

(c) V=1 320 m/s，H=27 000 m

图 6 - 33　轨控式直接侧向力/气动力复合控制系统过载响应（续）

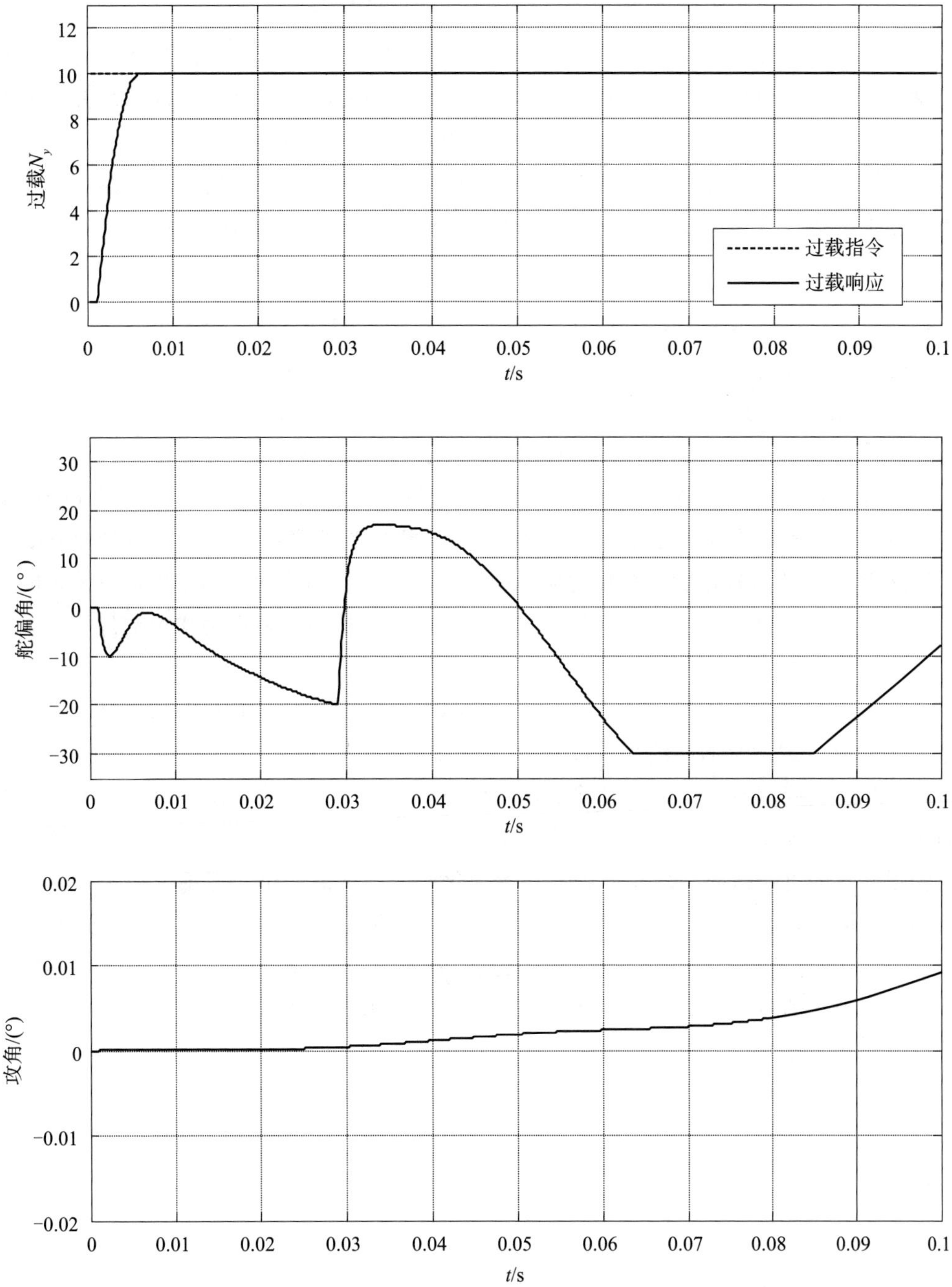

(d) V=1 290 m/s，H=30 000 m

图 6－33　轨控式直接侧向力/气动力复合控制系统过载响应（续）

6.4.6 轨控式直接侧向力/气动力复合控制系统稳定性分析

在对轨控式直接侧向力/气动力复合控制方法的研究中发现，复合控制系统中存在多个变量因素，如导弹受到的侧向喷流气动干扰、导弹质心漂移、复合控制系统开始跟踪过载指令时导弹的初始攻角、导弹飞行速度及导弹飞行高度，都会对轨控式直接侧向力/气动力复合控制系统跟踪过载指令时的动态特性产生影响。因此，需要采用控制变量法对这些因素分别进行分析，研究它们对轨控式直接侧向力/气动力复合控制系统稳定性的影响。

6.4.6.1 侧向喷流气动干扰对系统稳定性的影响分析

设导弹飞行速度为 $V=1\ 400\ \mathrm{m/s}$ ，飞行高度 $H=23\ 000\ \mathrm{m}$ ，导弹初始攻角 $\alpha_0=0°$ ，弹体所受侧向喷流气动干扰作用下直接侧向力的合力作用点偏移 $X_{cpi}=0\ \mathrm{m}$ ，跟踪指令攻角 $\alpha_c=0°$ ，比较侧向喷流气动干扰的力干扰因子对轨控式直接侧向力/气动力复合控制系统稳定性的影响。选取 3 种不同大小的力干扰因子 $K_f=3$，$K_f=1$，$K_f=0.3$ 进行仿真。其中，$K_f=3$ 表示在轨控发动机的侧向喷流与围绕导弹的气流发生干扰时，由于复杂的流场作用，轨控发动机推力实际引起的直接侧向力作用相当于轨控发动机喷口产生推力的 3 倍，同理 $K_f=0.3$ 为轨控发动机推力实际引起的直接侧向力作用相当于轨控发动机喷口产生推力的 0.3 倍，而 $K_f=1$ 为轨控发动机推力实际引起的直接侧向力作用恰好等于轨控发动机喷口产生推力。

图 6-34（a）为力干扰因子不同时，0.1 s 内轨控式直接侧向力/气动力复合控制系统跟踪 $10g$ 阶跃过载指令的曲线。可以看到，当力干扰因子 $K_f=3$ 时，由于轨控发动机推力实际引起的直接侧向力较大，过载变化曲线稳态值变大，且响应曲线出现超调，但调整时间在 0.05 s 以内，系统稳定性可以满足要求；当力干扰因子 $K_f=0.3$ 时，轨控发动机推力实际引起的直接侧向力较小，因此过载变化曲线稳态值变小，而系统稳定性依然可以满足要求。同时，在 0.1 s 内，攻角变化量极小，由图 6-34（b）给出的 1 s 内轨控式直接侧向力/气动力复合控制系统跟踪 $10g$ 阶跃过载指令的曲线可以看到，即使在轨控发动机推力实际引起的直接侧向力作用相当于轨控发动机喷口产生推力的 3 倍条件下，1 s 内导弹攻角变化也非常小，弹体能够较好地保持姿态稳定。

由仿真结果可知，力干扰因子不同会改变轨控式直接侧向力/气动力复合控制系统跟踪指令过载时的稳态值和动态过程，但当力干扰因子在一定范围内变化时，复合控制系统可以保持稳定。

6.4.6.2 质心漂移对系统稳定性的影响分析

设导弹飞行速度为 $V=1\ 400\ \mathrm{m/s}$ ，飞行高度 $H=23\ 000\ \mathrm{m}$ ，导弹初始攻角 $\alpha_0=0°$ ，弹体所受侧向喷流气动干扰作用下力干扰因子 $K_f=1$，跟踪指令攻角 $\alpha_c=0°$ ，比较直接侧向力的合力作用点偏移 X_{cpi} 对轨控式直接侧向力/气动力复合控制系统稳定性的影响。

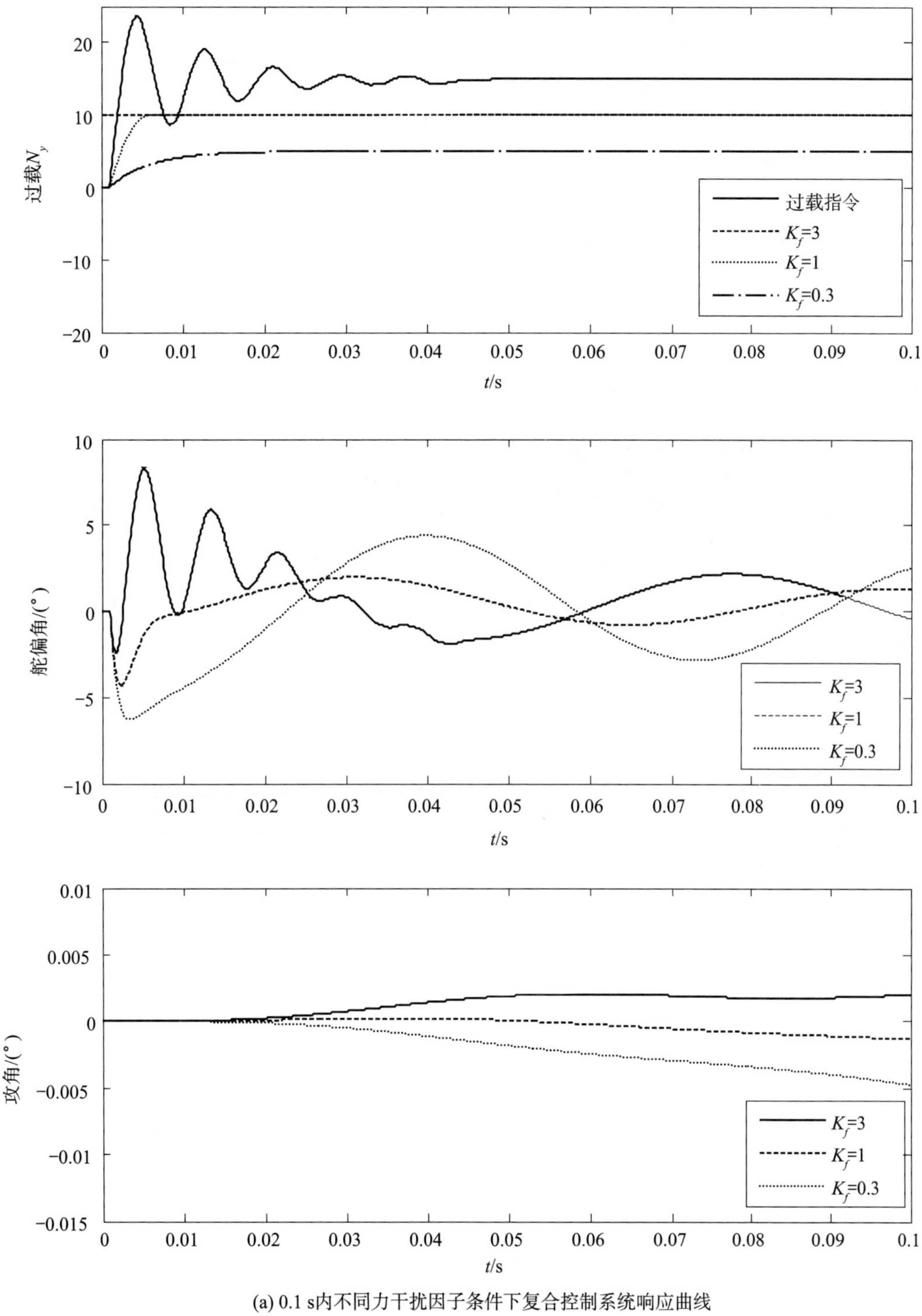

(a) 0.1 s内不同力干扰因子条件下复合控制系统响应曲线

图 6-34　侧向喷流气动干扰对轨控式直接侧向力/气动力复合控制系统稳定性的影响

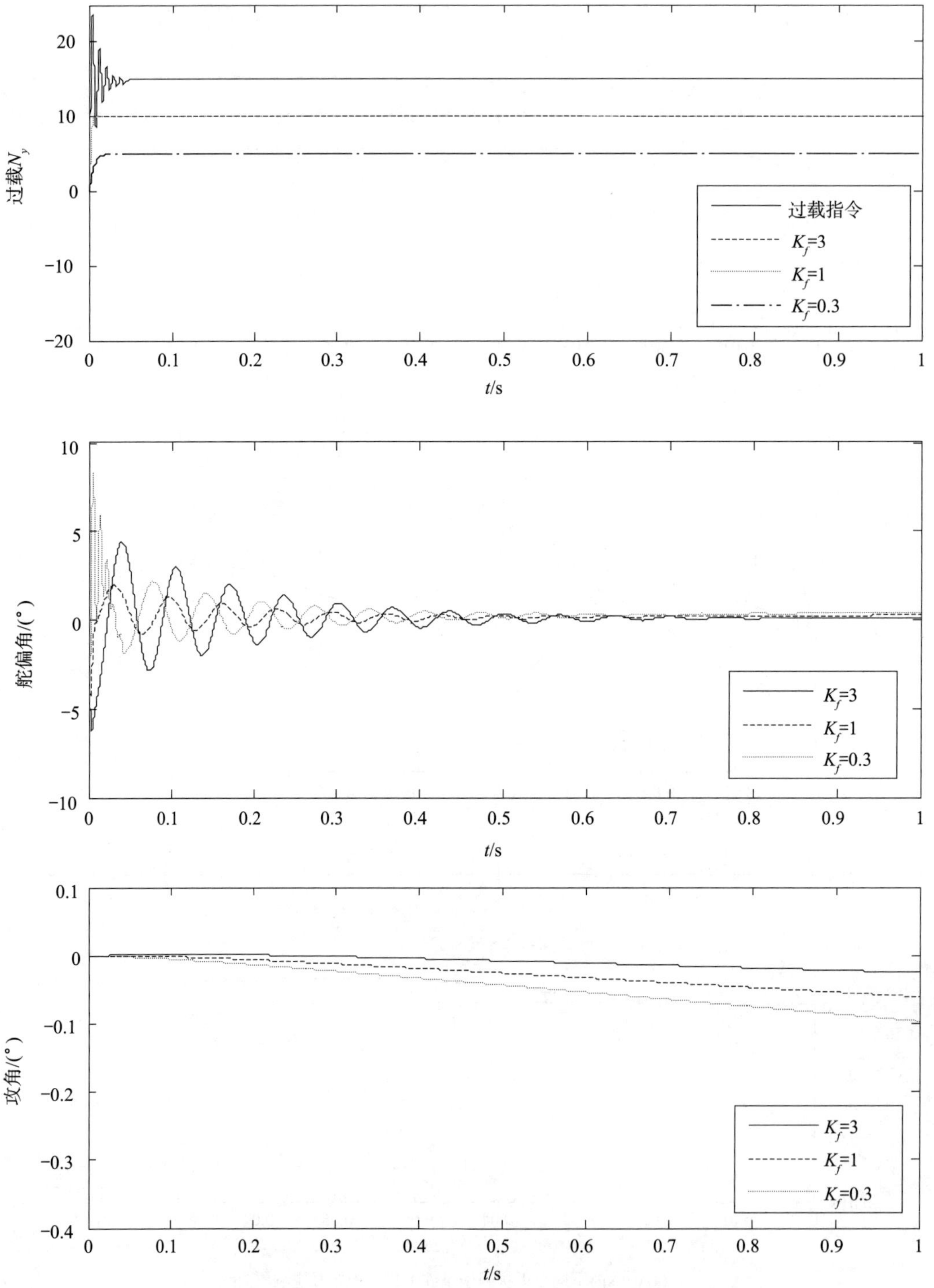

(b) 1 s内不同力干扰因子条件下复合控制系统响应曲线

图 6-34 侧向喷流气动干扰对轨控式直接侧向力/气动力复合控制系统稳定性的影响（续）

首先比较直接侧向力作用点偏移 X_{cpi} 的极性对轨控式直接侧向力/气动力复合控制系统稳定性的影响，选取 $X_{cpi}=0.1$ m，$X_{cpi}=0$ m，$X_{cpi}=-0.1$ m 的情况进行仿真。其中，$X_{cpi}=0.1$ m 表示由于质心漂移等原因，轨控发动机产生的直接侧向力作用点在质心前 0.1 m 处，同理 $X_{cpi}=-0.1$ m 表示轨控发动机产生的直接侧向力作用点在质心后 0.1 m 处，而 $X_{cpi}=0$ m 表示轨控发动机产生的直接侧向力作用点恰好在质心处。

如图 6-35（a）中 0.1 s 内直接侧向力作用点偏移极性不同时复合控制系统响应曲线显示，轨控式直接侧向力/气动力复合控制系统准确快速地跟踪了过载指令。当轨控发动机产生的直接侧向力作用点不在质心处时，由于导弹攻角变化很小，弹体转动对直接侧向力作用效果影响极小甚至可以忽略，由攻角变化产生的气动力提供的过载也非常小，对系统稳态值没有大的影响。当轨控发动机产生的直接侧向力作用点在质心附近时，导弹受直接侧向力产生的加速度垂直于弹体 Ox_1 轴，导弹运动方向发生变化，弹道倾角发生变化而导弹姿态角未能瞬间改变，导弹会产生不为 0 的攻角。当同向大指令维持 1 s 时，如图 6-35（b）中当轨控发动机产生的直接侧向力作用点不在质心处时，导弹攻角发生缓慢的变化，这是因为直接侧向力对弹体持续产生力矩，造成弹体转动，且由于直接侧向力作用点偏移极性不同导致弹体转动方向不同，$X_{cpi}>0$ 时直接侧向力作用点在质心前，当指令过载为正时会产生令导弹头部上抬的力矩，攻角向正值方向变化，$X_{cpi}<0$ 时直接侧向力作用点在质心后，当指令过载为正时会产生令导弹尾部上抬的力矩，攻角向负值方向变化，此时由攻角变化产生的气动力提供的过载会对轨控式直接侧向力/气动力复合控制系统产生的总过载造成一定影响，但这部分过载未达到总过载的 10%。

接下来分析直接侧向力作用点偏移 X_{cpi} 大小对轨控式直接侧向力/气动力复合控制系统稳定性的影响，选取 $X_{cpi}=0.2$ m，$X_{cpi}=0.1$ m，$X_{cpi}=0.05$ m 的情况进行仿真。

图 6-36（a）为 0.1 s 内直接侧向力作用点偏移大小不同时复合控制系统响应曲线，可以看出，轨控式直接侧向力/气动力复合控制系统准确快速地跟踪了过载指令，由于导弹攻角变化很小，弹体转动对直接侧向力作用效果影响极小甚至可以忽略，由攻角变化产生的气动力提供的过载也非常小，对系统稳态值没有大的影响。当同向大指令维持 1 s 时，图 6-36（b）中导弹攻角发生缓慢的变化，并且随着直接侧向力作用点偏移增大，在直接侧向力大小相同时，其对弹体持续产生的力矩也较大，造成弹体转动角度大，此时由攻角变化产生的气动力提供的过载也会变大，对轨控式直接侧向力/气动力复合控制系统产生的总过载造成一定影响，但这部分过载仍未达到总过载的 10%。按照这一规律推理可知，当直接侧向力作用点偏移 X_{cpi} 很大时，持续的同向直接侧向力会导致导弹攻角连续变化，而在高空中为了保证弹体稳定及防止导弹失速，对导弹最大攻角是有限制的，因此在直接侧向力作用点偏移 X_{cpi} 大于某一临界值时，一定时间内攻角就会达到甚至超过导弹最大攻角极限值。因此，对于轨控式直接侧向力/气动力复合控制导弹，尽量减小质心漂移是有必要的。而对于过载指令极性变化较频繁的情况，由于同一方向直接侧向力作用时间较短，攻角的变化减少很多，弹体姿态保持情况更好。

由仿真结果可知，直接侧向力作用点偏移会改变轨控式直接侧向力/气动力复合控制导弹的姿态，当直接侧向力作用点偏移在一定范围内变化时，复合控制系统可以保持稳定。

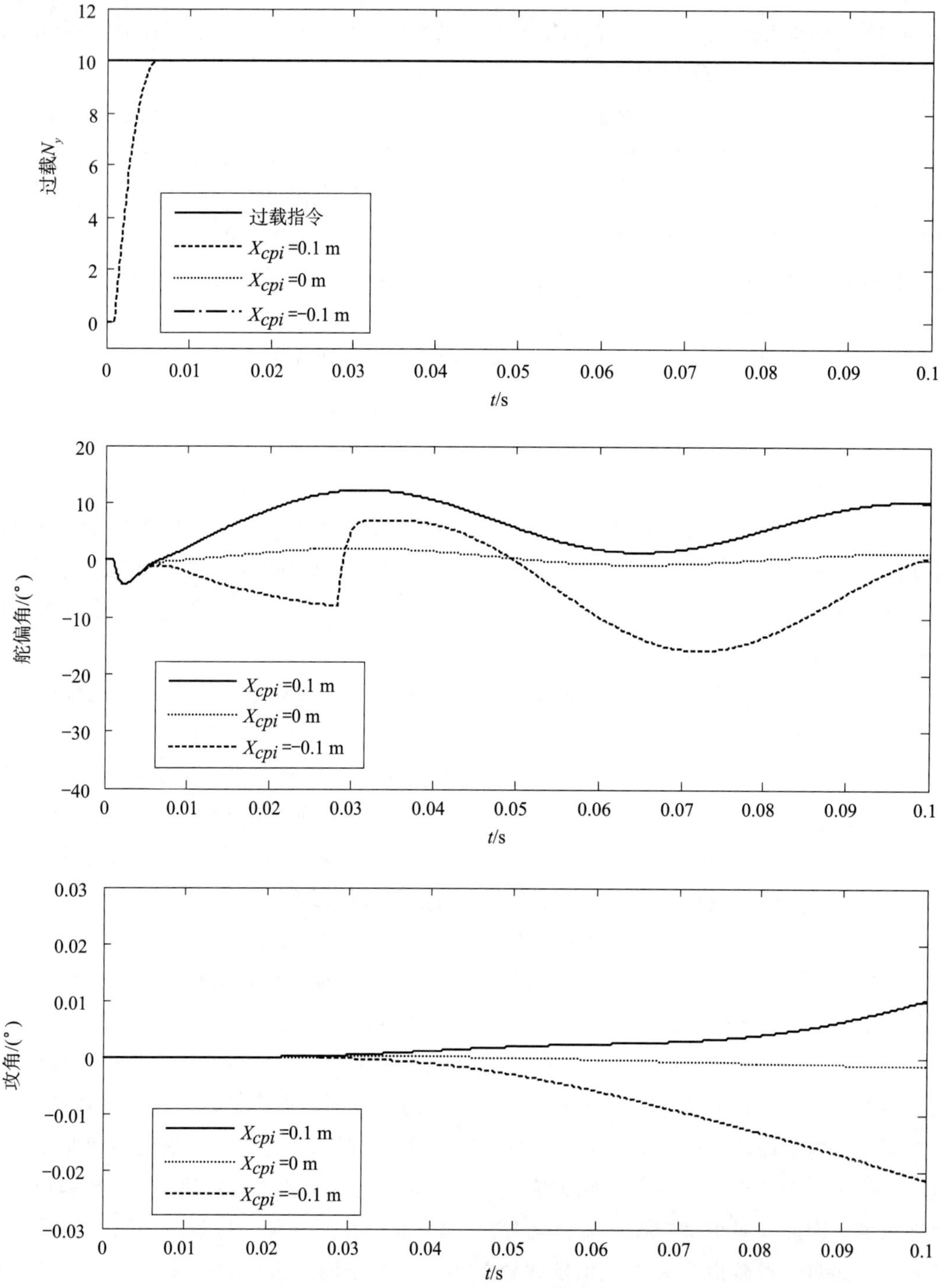

(a) 0.1 s内直接侧向力作用点偏移极性不同时复合控制系统响应曲线

图 6－35　直接侧向力作用点偏移极性对轨控式直接侧向力/气动力复合控制系统稳定性的影响

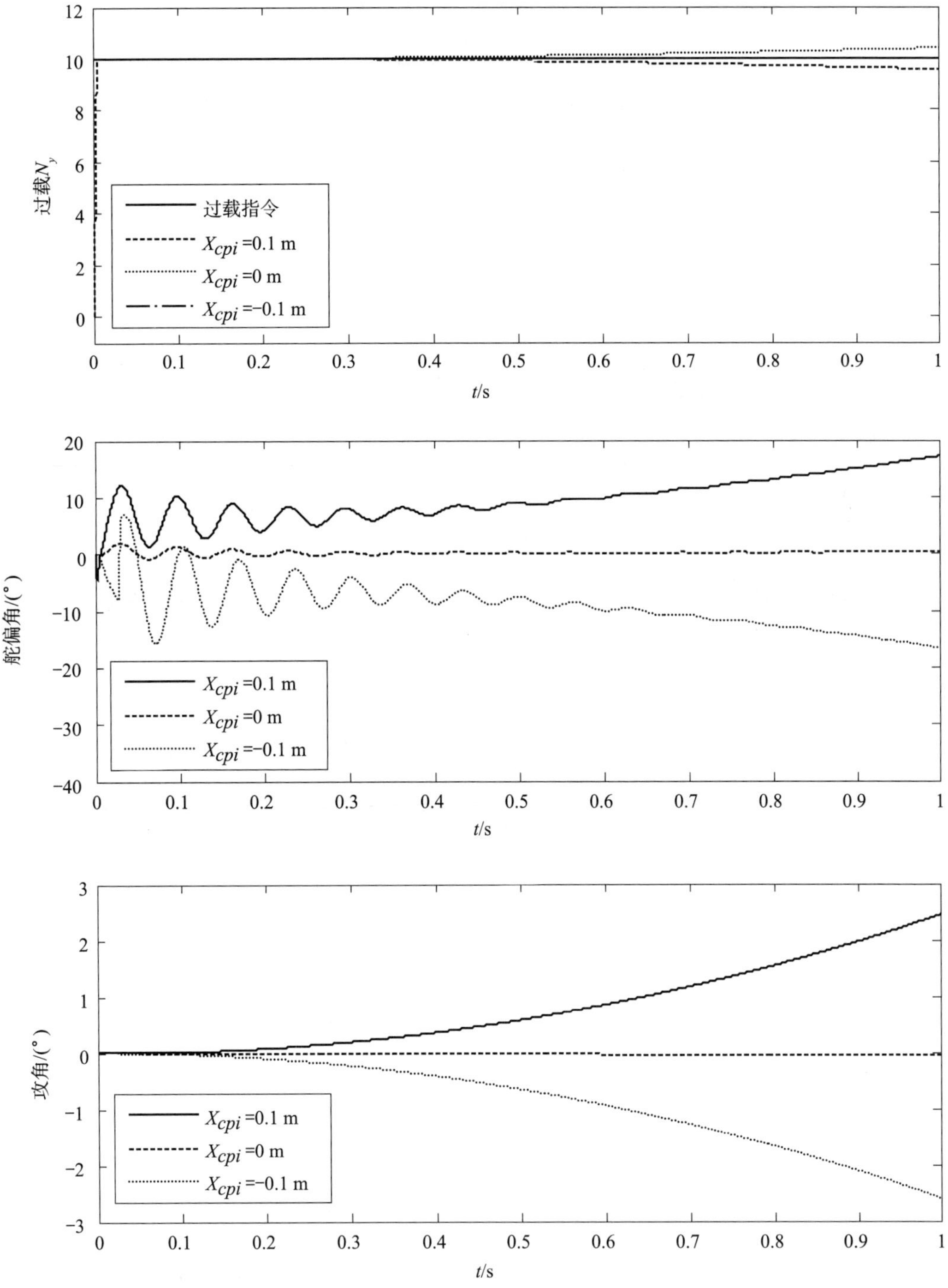

(b) 1 s内直接侧向力作用点偏移极性不同时复合控制系统响应曲线

图 6-35　直接侧向力作用点偏移极性对轨控式直接侧向力/气动力复合控制系统稳定性的影响（续）

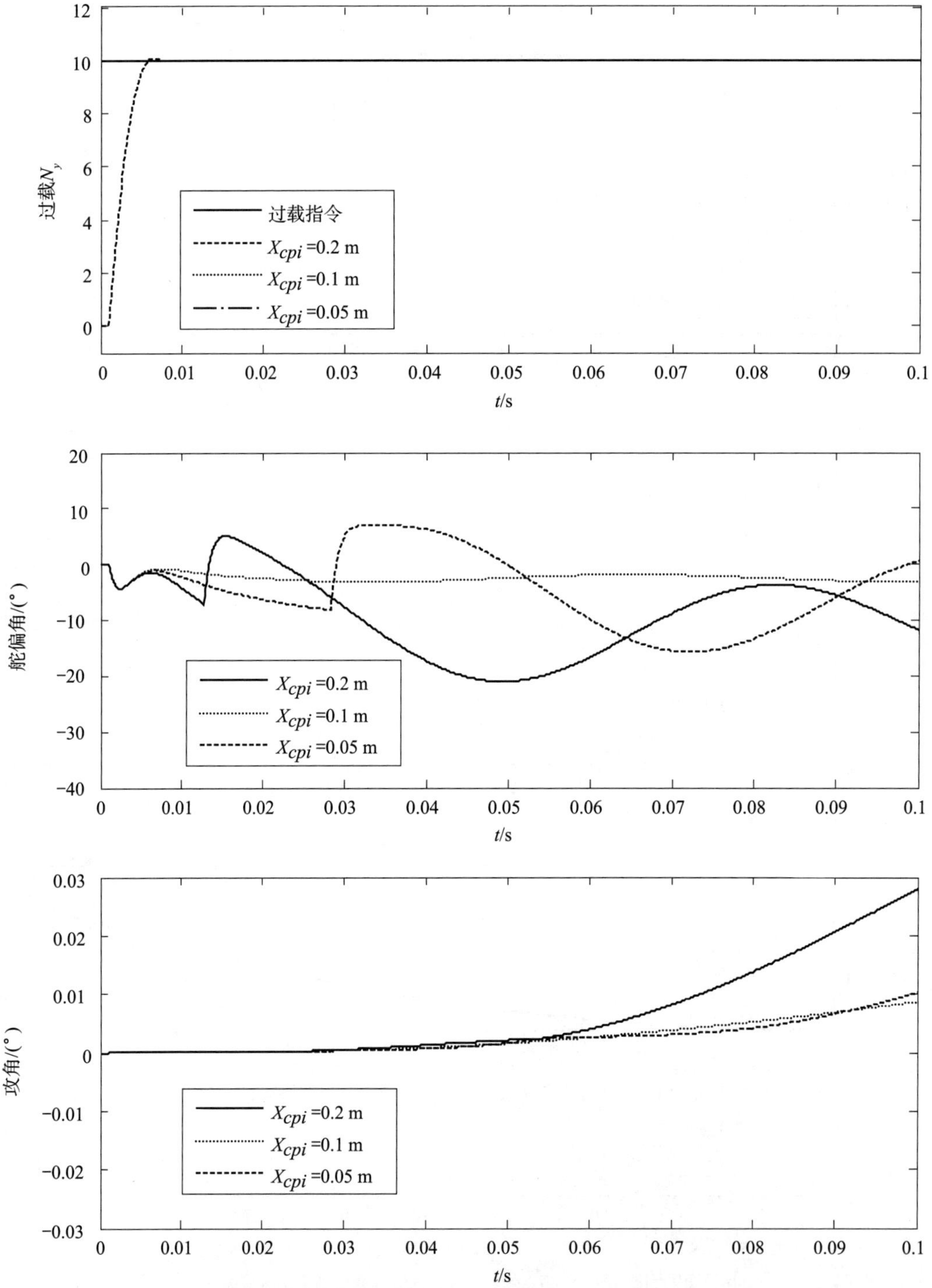

(a) 0.1 s内直接侧向力作用点偏移大小不同时复合控制系统响应曲线

图 6－36　直接侧向力作用点偏移大小对轨控式直接侧向力/气动力复合控制系统稳定性的影响

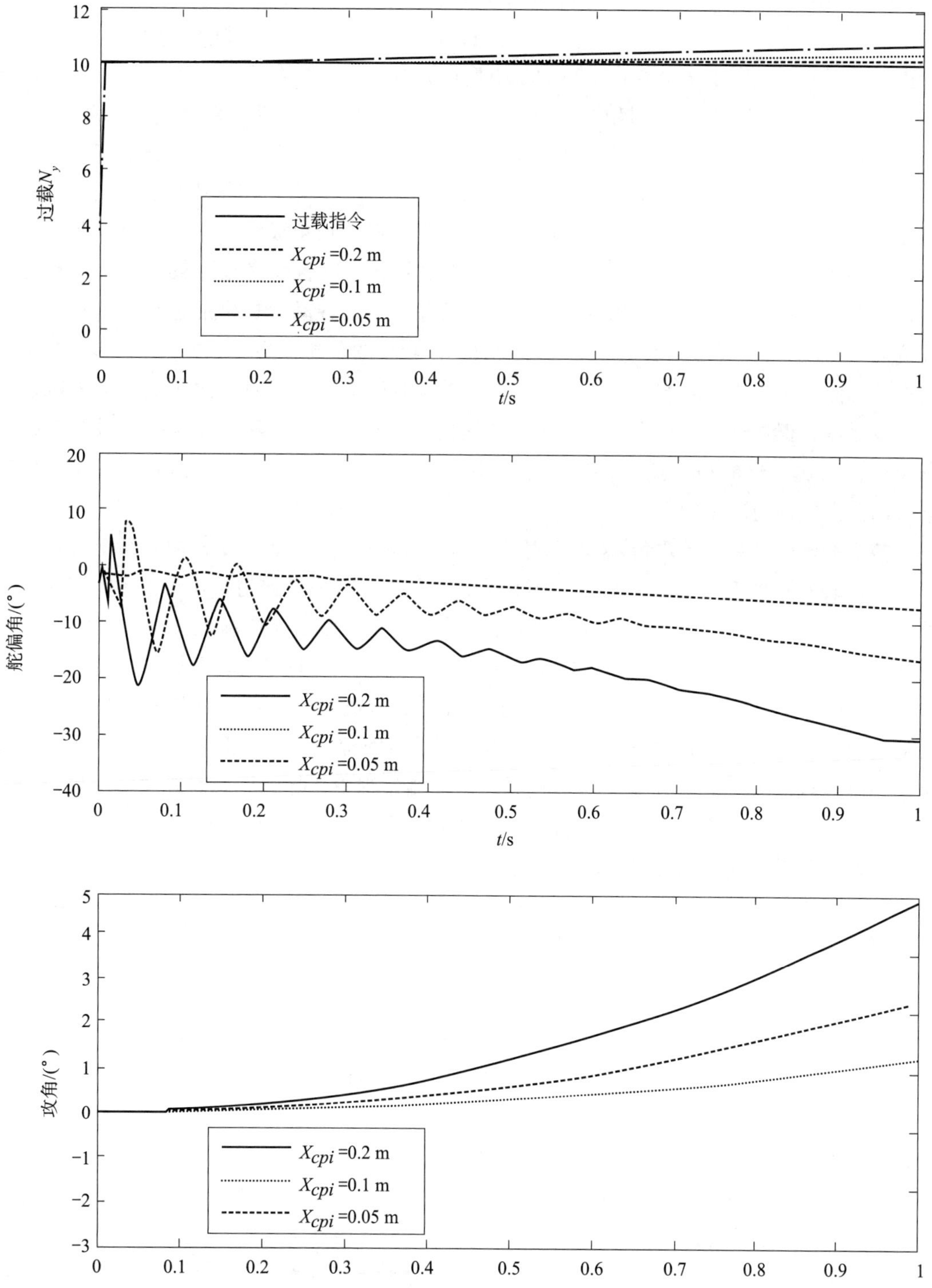

(b) 1 s内直接侧向力作用点偏移大小不同时复合控制系统响应曲线

图 6－36　直接侧向力作用点偏移大小对轨控式直接侧向力/气动力复合控制系统稳定性的影响（续）

6.4.6.3 初始攻角对系统稳定性的影响分析

设导弹飞行速度为 $V=1\ 400$ m/s，飞行高度 $H=23\ 000$ m，弹体所受侧向喷流气动干扰作用下力干扰因子 $K_f=1$，直接侧向力的合力作用点偏移 $X_{cpi}=0$，跟踪指令攻角 $\alpha_c=0°$，比较导弹初始攻角对轨控式直接侧向力/气动力复合控制系统稳定性的影响。

首先比较导弹初始攻角 α_0 的极性对轨控式直接侧向力/气动力复合控制系统稳定性的影响，选取 $\alpha_0=0°$，$\alpha_0=2°$，$\alpha_0=-2°$ 的情况进行仿真。其中，初始攻角表示复合控制系统开始跟踪过载指令时导弹的攻角。图 6-37 为导弹初始攻角极性不同时复合控制系统响应曲线，从中可以看出，轨控式直接侧向力/气动力复合控制系统对过载指令响应速度很快，稳态误差极小。当初始攻角不为 0 时，由攻角产生的气动力提供的过载会对轨控式直接侧向力/气动力复合控制系统产生的总过载造成较小的影响，当 $\alpha_0>0°$ 时弹体会产生正向过载，曲线出现小的超调，而当 $\alpha_0<0°$ 时弹体会产生负向过载，曲线上升沿末段过载增大较缓慢，但这部分气动力产生的过载未达到总过载的 5%；随着复合控制系统跟踪攻角指令 $\alpha_c=0$，导弹攻角逐渐调整稳定在 0°附近，此时系统产生的总过载达到稳定，而调整时间是由气动力决定的。

接下来比较导弹初始攻角 α_0 大小对轨控式直接侧向力/气动力复合控制系统稳定性的影响，选取 $\alpha_0=2°$ 和 $\alpha_0=4°$ 的情况进行仿真。如图 6-38 为导弹初始攻角大小不同时复合控制系统响应曲线，可以看到，轨控式直接侧向力/气动力复合控制系统对过载指令响应速度很快，稳态误差极小。当初始攻角不为 0 时，由攻角产生的气动力提供的过载会对轨控式直接侧向力/气动力复合控制系统产生的总过载造成影响，且随着初始攻角增大，产生的过载也会增大，过载响应曲线超调增大，调整时间延长，但这部分气动力产生的过载未达到总过载的 10%，证明在复合控制系统的控制过程中，导弹姿态始终向指令攻角调整不断趋于稳定，初始攻角的大小对响应特性会有一定影响。因此当过载指令不断变化时，减小初始攻角对提高过载跟踪精度是有好处的。

由仿真结果可知，导弹初始攻角在一定范围内变化时，轨控式直接侧向力/气动力复合控制系统可以保持稳定。

6.4.6.4 飞行速度对系统稳定性的影响分析

设导弹飞行高度 $H=20\ 000$ m，导弹初始攻角 $\alpha_0=0°$，弹体所受侧向喷流气动干扰作用下力干扰因子 $K_f=1$，直接侧向力的合力作用点偏移 $X_{cpi}=0$，跟踪指令攻角 $\alpha_c=0°$，比较导弹飞行速度对轨控式直接侧向力/气动力复合控制系统稳定性的影响。对导弹飞行速度 $V=1\ 460$ m/s 及 $V=1\ 000$ m/s 的情况进行仿真。

图 6-39 为导弹飞行速度不同时，直接侧向力/气动力复合控制系统跟踪 $10g$ 阶跃过载指令的曲线。可以看到，轨控式直接侧向力/气动力复合控制系统均可以准确快速地跟踪过载指令。同时由于气动力条件不同，在保持弹体姿态稳定时舵偏角变化有一定差别，导弹攻角变化也有微小的不同，但弹体姿态变化极小，对整个复合控制系统的影响可以忽略。

由仿真结果可知，导弹飞行速度在一定范围内变化时，其对整个复合控制系统的影响极小，轨控式直接侧向力/气动力复合控制系统可以保持稳定。

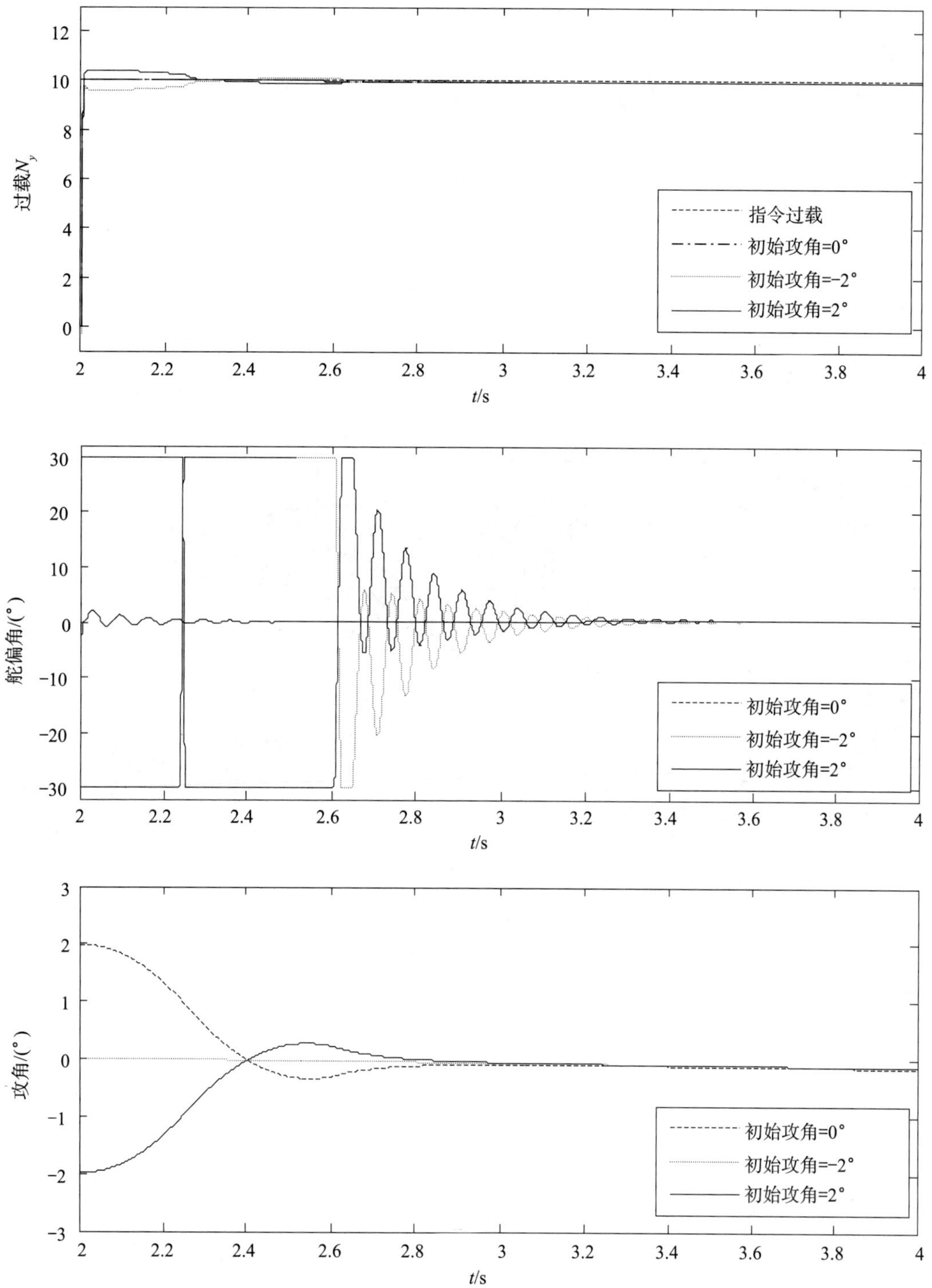

图 6-37　导弹初始攻角极性不同时复合控制系统响应曲线

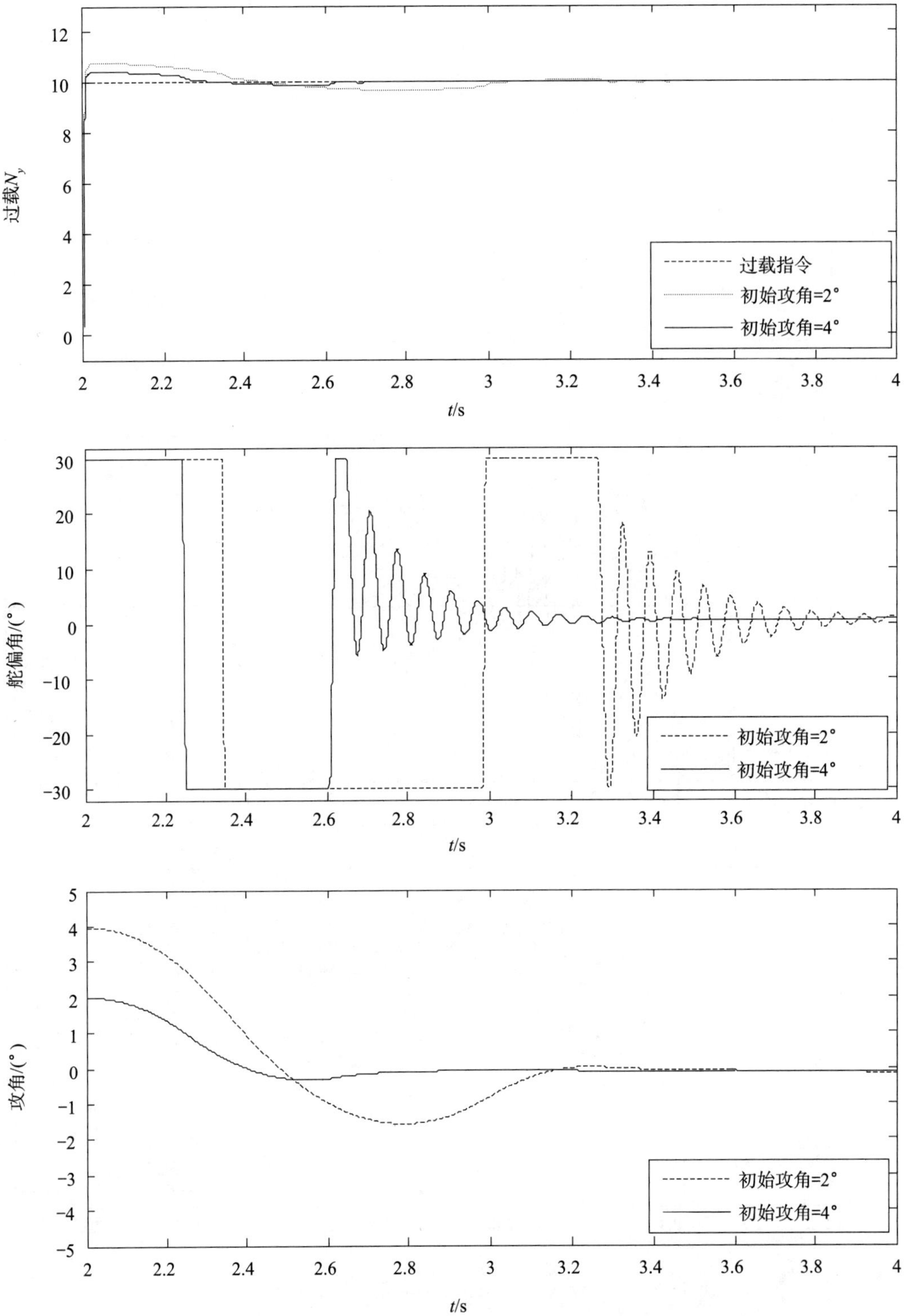

图 6-38　导弹初始攻角大小不同时复合控制系统响应曲线

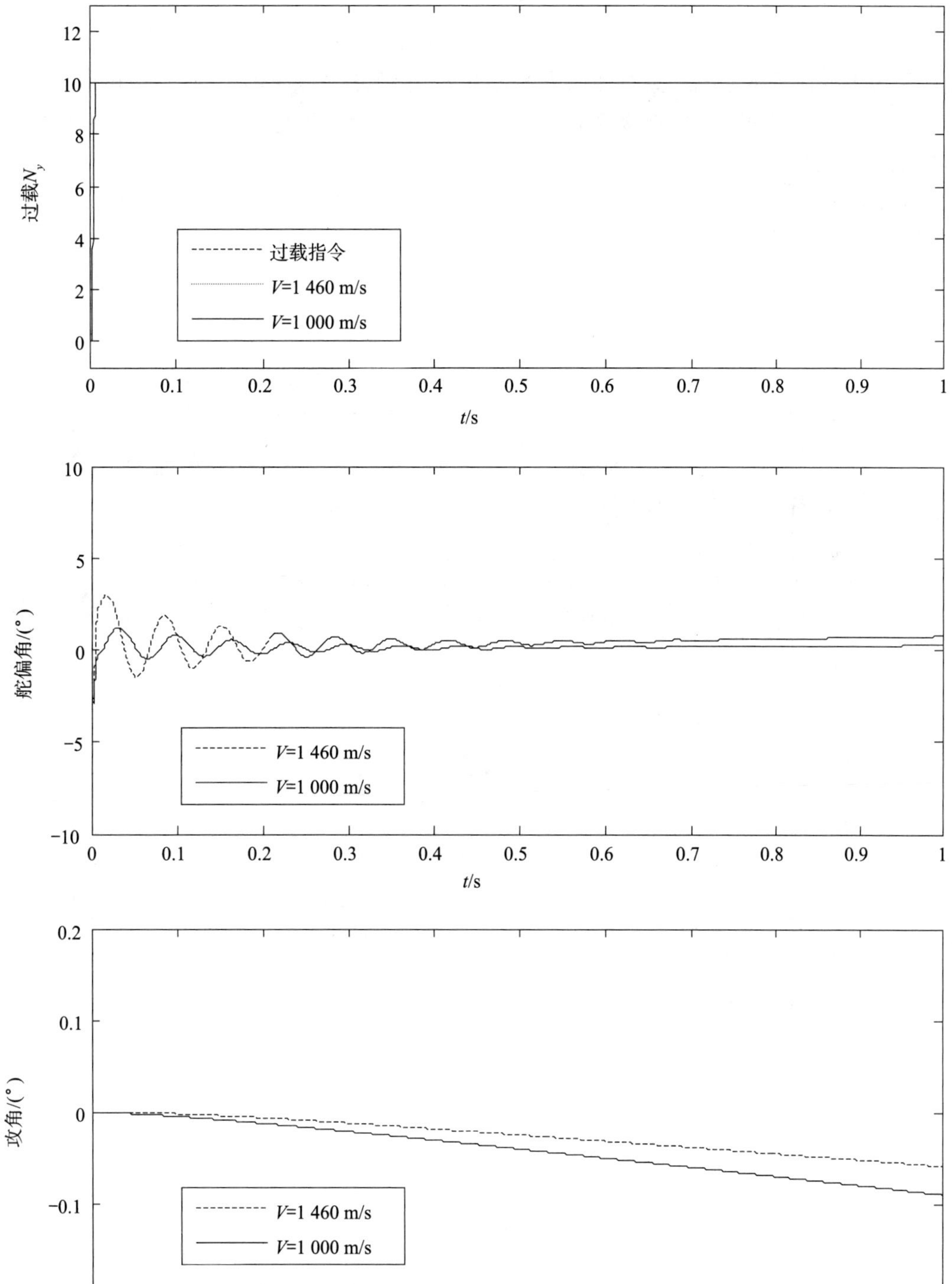

图 6-39　导弹飞行速度不同时复合控制系统响应曲线

6.4.6.5　飞行高度对系统稳定性的影响分析

设导弹飞行速度 $V=1\ 400$ m/s，导弹初始攻角 $\alpha_0=0°$，弹体所受侧向喷流气动干扰作用下力干扰因子 $K_f=1$，直接侧向力的合力作用点偏移 $X_{cpi}=0$，跟踪指令攻角 $\alpha_c=0°$，比较导弹飞行高度对轨控式直接侧向力/气动力复合控制系统稳定性的影响。对导弹飞行高度 $H=20\ 000$ m 及 $H=35\ 000$ m 的情况进行仿真。

图 6-40 为导弹飞行高度不同时，直接侧向力/气动力复合控制系统跟踪 10g 阶跃过

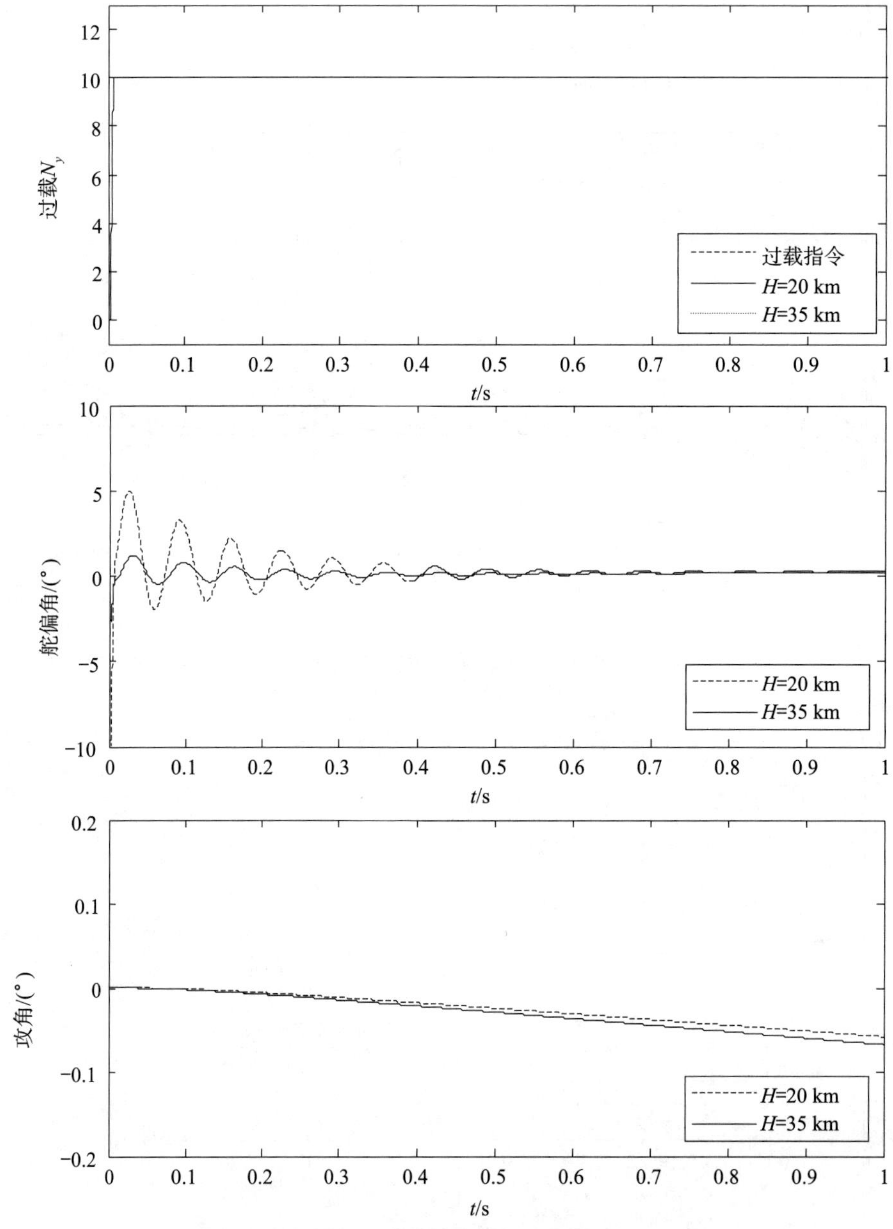

图 6-40　导弹飞行高度不同时复合控制系统响应曲线

载指令的曲线。可以看到，轨控式直接侧向力/气动力复合控制系统均可以准确快速地跟踪过载指令。同时由于气动力条件不同，在保持弹体姿态稳定时舵偏角变化有一定差别，导弹攻角变化也有微小的不同，但弹体姿态变化极小，对整个复合控制系统的影响可以忽略。

由仿真结果可知，导弹飞行高度在一定范围内变化时，其对整个复合控制系统的影响极小，轨控式直接侧向力/气动力复合控制系统可以保持稳定。

6.5　基于轨控式直接侧向力/气动力复合控制的导引方法研究

导引方法对导弹能否精确打击目标至关重要。本节介绍轨控式直接侧向力/气动力复合控制导弹的制导控制过程，给出目标运动设定并分析相应的拦截过程特点，在此基础上研究基于轨控式直接侧向力/气动力复合控制的导引方法，根据导弹—目标相对运动关系，提出一种修正的比例导引方法，并推导设计变结构导引律，以便探索不同导引律在轨控式直接侧向力/气动力复合控制导弹的制导控制过程中的效果，并开展精度仿真分析。

6.5.1　轨控式直接侧向力/气动力复合控制导弹的制导控制过程

导弹的制导系统在导弹飞向目标的过程中，不断测量导弹与目标的相对运动信息，按照一定的导引规律，计算出导弹击中目标所需的控制指令，由控制系统跟踪指令，驱动伺服系统工作，调整导弹运动状态，保证导弹命中目标。

导弹制导控制系统工作过程可以按阶段分为无控飞行段、初制导段、中制导段和末制导段，本章中导引方法的设计主要针对末制导段。

在中制导段导弹飞行主动段结束时，可以选择关闭主发动机或与助推器分离两种方式。本章中采用助推器分离方式，主要原因有以下几个方面：

1）主弹体在与助推器分离后，在被动段前半部分只依靠分离前的动能飞行，导弹速度不断减小。倘若导弹只是关闭主发动机而不抛去助推部分，大直径助推器阻力较大，速度减小更加严重，而抛去助推器后阻力较小，导弹速度减小会相对缓慢一些；

2）当轨控发动机开启后，轨控式直接侧向力/气动力复合控制系统提供的过载由直接侧向力提供。在同样大小的侧向推力作用下，弹体的质量越小，获得的过载越大，因此抛去助推器以减小导弹总质量，使导弹尽可能地获得较大的可用过载；

3）根据导弹拦截目标的位置不同，主弹体在与助推器分离的时间也不同，因此分离时助推器部分的剩余推进剂质量存在一些差异。由于轨控发动机位置在发射前已经安装确定，助推部分的质量差异会造成导弹质心位置变化，直接侧向力作用点与质心位置的距离就会发生改变。然而，根据质心漂移对系统稳定性的影响分析结果，在轨控式直接侧向力/气动力复合控制系统工作时，直接侧向力作用位置对弹体姿态会产生一定影响，希望轨控式直接侧向力尽可能准确地作用于主弹体质心位置。当采用主弹体在与助推器分离方式时，只需要保证在安装时确定轨控发动机喷口位置在主弹体质心位置处，在主弹体在与助推器分离后，轨控发动机就会处于主弹体质心位置，从而减小了质心漂移量。

拦截导弹依制导指令向预定的拦截位置飞行，在指定高度空域达到预定速度和空间位置时助推器关机，弹体分离抛去助推器，主弹体进入被动段中制导，导弹的位置和速度信息由雷达和弹上惯导系统提供，此时需要为末制导创造良好条件，保证中末制导可靠交班，导引头可靠捕获目标。当导弹与目标距离达到导引头可捕捉的范围内，导弹进入末制导段，导引头捕获目标并稳定跟踪目标，达到轨控发动机开机条件时，由轨控式直接侧向力/气动力复合控制系统提供过载，主弹体与目标相撞，从而摧毁目标。

6.5.2 基于轨控式直接侧向力/气动力复合控制的导引方案研究

在末制导段，导弹根据导引头提供的导弹与目标的相对信息，产生制导指令，从而使导弹命中目标。在这个阶段，希望导弹在飞行过程中推进剂消耗较小，同时制导精度较高。因此在设计基于轨控式直接侧向力/气动力复合控制的导引方法时，需要考虑制导律设计满足视线角速率收敛的条件，希望在稳定控制系统动态延迟极小化的同时，保证导弹可用过载极大化。

根据轨控式直接侧向力/气动力复合控制导弹的特点，在开启轨控发动机后，通过基于攻角滑模变结构的抗干扰控制方法追踪零攻角指令，因此弹体始终保持较小的攻角，通过合理设计导引律，可以满足视线角速率收敛的条件。

在轨控发动机开启前，导弹稳定控制系统采用纯气动控制，由于导弹飞行高度较高，气动力不足，对过载指令响应时间长，可用过载较小，同时需要较大的舵偏角来保持弹体稳定。因此，在飞行高度增加的同时，需要限制弹体攻角大小，防止弹体稳定控制系统发散甚至导弹失速或倾覆。在开启轨控发动机后，采用轨控式直接侧向力/气动力复合控制方法，气动力控制维持弹体姿态稳定，利用轨控发动机的直接力产生过载。由于轨控发动机推力垂直于弹体 Ox_1 轴，在轨控式直接侧向力/气动力复合控制过程中小攻角条件下，可充分利用轨控发动机推力提供的最大过载，增强弹道修正能力。

根据以上分析，基于轨控式直接侧向力/气动力复合控制的导引方案特点如下：

1）与相同高度、速度条件下的单纯气动控制方法相比较，轨控式直接侧向力/气动力复合控制方法可以有效提高导弹响应速度和机动能力，因此希望可以尽可能多地利用轨控式直接侧向力/气动力复合控制，但轨控发动机推进剂有限，根据参考文献及国外 9M96E 等轨控式直接侧向力/气动力复合控制导弹的相关资料，在导弹与目标遭遇前 0.5 s～1 s 启动轨控发动机，可以得到较好的拦截结果。根据导弹制导精度的要求以及轨控发动机燃烧时间的限制，通过制导控制系统仿真验证，本章设计在预测遭遇时间前 1 s 开启轨控发动机；

2）为了保证在整个飞行过程中弹体姿态保持稳定，在轨控发动机开启前需要限制过载指令幅值。因此依据全弹道的动力系数数据，以及给出对应高度的攻角限制范围，通过气动力控制系统进行分析，给出相应过载指令的限制范围。当过载指令形成时，在依据视线角速度进行末制导律计算的同时，需要对过载指令的幅值进行限制；

3）由于轨控式直接侧向力/气动力复合控制方法在导弹响应速度方面与气动控制方法有所不同，在设计导引律时要考虑导引方法与响应速度相对应，对于响应速度较快的轨控式直接侧向力/气动力复合控制方法，可适当减小导引律对噪声的敏感度，避免在距离目标较近时视线角变化过于剧烈；

4）根据轨控发动机推力比例分档调节及推力模型的特点，由于设计的轨控发动机开机策略可以有效地利用轨控式直接侧向力响应的快速性，跟踪连续的过载指令，因此可利用连续的制导律计算方法产生指令过载。本节中采用修正的比例导引律和变结构导引律作为末制导律，研究不同导引律在轨控式直接侧向力/气动力复合控制导弹的制导控制过程中的效果。

6.5.3　导弹—目标相对运动

导弹和目标在空间进行三维运动，研究导弹和目标的相对运动时，可以将导弹和目标视为质点，并且将导弹和目标的运动分解在二维平面内，则导弹与目标相对运动关系如图 6-41 所示。

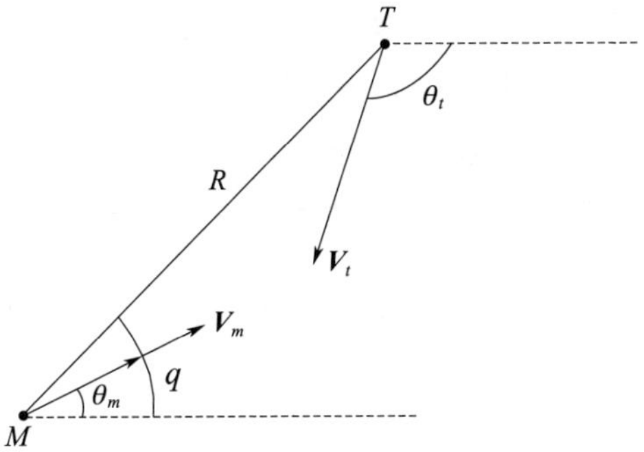

图 6-41　导弹与目标相对运动示意图

在建立相对运动方程时，采用极坐标（R，q）来表示导弹和目标的相对位置。其中 R 表示导弹 M 与目标 T 之间的相对距离；q 表示目标视线与基准线之间的夹角，称为目标视线角，从基准线逆时针转向目标线为正；θ_m ，θ_t 分别表示导弹速度向量、目标速度向量与基准线之间的夹角，从基准线逆时针转向速度向量为正。

在图中可以看到，相对距离 R 的变化率 $\dot{R}$ 等于目标速度向量和导弹速度向量在目标视线上分量的代数和，即

$$\dot{R} = \mathbf{V}_t \cos(q - \theta_t) - \mathbf{V}_m \cos(q - \theta_m) \tag{6-48}$$

$\dot{q}$ 表示目标视线的旋转角速度。导弹速度向量 $\mathbf{V}_m$ 在垂直于目标方向上的分量为 $\mathbf{V}_m \sin(q - \theta_m)$ ，使目标线逆时针旋转，q 角增大；而目标速度向量 $\mathbf{V}$ 在垂直于目标视线方向上的分量为 $\mathbf{V}_t \sin(q - \theta_t)$ ，使目标视线顺时针旋转，q 角减小。则 $\dot{q}$ 等于导弹速度向量

和目标速度向量在垂直于目标视线方向上分量的和除以相对距离 R ，即

$$\dot{q}=\frac{1}{R}\left[-\boldsymbol{V}_t\sin(q-\theta_t)+\boldsymbol{V}_m\sin(q-\theta_m)\right] \tag{6-49}$$

整理并联立上面两式，得到导弹和目标的相对运动方程组为

$$\begin{cases}\dot{R}=\boldsymbol{V}_t\cos(q-\theta_t)-\boldsymbol{V}_m\cos(q-\theta_m)\\ R\dot{q}=-\boldsymbol{V}_t\sin(q-\theta_t)+\boldsymbol{V}_m\sin(q-\theta_m)\end{cases} \tag{6-50}$$

6.5.4 修正的比例导引

比例导引作为一种常用的制导律，不仅可以有效应付机动性较弱的目标，同时具有实现简单、易于进行修正变形等优点。本节中采用比例导引方法，同时对其进行变系数修正，从而与轨控式直接侧向力/气动力复合控制导弹的制导控制过程相适应。

选用一种比较常用的比例导引方法，即在导弹拦截目标时，保持导弹速度向量转动的角速度 $\dot{\theta}_m$ 与目标视线转动速度 q 保持一定的比例，导引方程为

$$n_y=\frac{k\mid\dot{R}\mid\dot{q}}{g}=K_N\mid\dot{R}\mid\dot{q} \tag{6-51}$$

其中，K_N 为导航比。在轨控发动机开启前，K_N 可以为常系数，而当轨控发动机开启后，由于轨控式直接侧向力/气动力复合控制方法的过载响应时间较短，可随着导弹与目标相对距离 R 的减小适当减小 K_N ，避免在距离目标较近时视线角因噪声影响变化过于剧烈。

设轨控发动机开机时导航比为 K_{NF} ，导弹与目标遭遇时的导航比为 K_{N0} ，设计的系数 K_N 的形式为

$$K_N=\frac{a}{b+cR} \tag{6-52}$$

设轨控发动机开机时导弹与目标的相对距离为 R_F ，则有

$$\begin{cases}K_{NF}=\dfrac{a}{b+cR_F}\\ K_{N0}=\dfrac{a}{b}\end{cases} \tag{6-53}$$

根据导弹拦截目标的弹道特点，仿真寻优可得出合适的 K_{NF} ，K_{N0} 与 c ，即可反解出 a 与 b ，得到 K_N 的表达式。例如在某次拦截中，轨控发动机开启前取 $K_{NF}=5$，导弹与目标碰撞时 $K_{N0}=3$，系数 $c=-0.002$，当开启轨控发动机时 $R_F=3\ 300\ \text{m}$ ，则可反解出

$$\begin{cases}a=49.5\\ b=16.5\end{cases} \tag{6-54}$$

于是得到

$$K_N=\frac{49.5}{16.5-0.002R_F} \tag{6-55}$$

6.5.5 变结构导引

变结构导引是一种比较成熟的制导律，具有鲁棒性强的特点，可以较好地适应目标机动，同时抑制噪声影响。本课题中同时也选取了变结构导引方法，探索不同导引律在轨控式直接侧向力/气动力复合控制导弹的制导控制过程中的效果。

下面对变结构导引律进行推导。将式（6－50）中两式分别对时间求一阶导数，得到

$$\ddot{R}=\dot{q}\,[-\mathbf{V}_t\sin(q-\theta_t)+\mathbf{V}_m\sin(q-\theta_m)]+[\dot{\mathbf{V}}_t\cos(q-\theta_t)+\mathbf{V}_t\dot{\theta}_t\sin(q-\theta_t)]-[\dot{\mathbf{V}}_m\cos(q-\theta_m)+\mathbf{V}_m\dot{\theta}_m\sin(q-\theta_m)] \tag{6-56}$$

$$\dot{R}\dot{q}+R\ddot{q}=-\dot{q}\,[\mathbf{V}_t\cos(q-\theta_t)-\mathbf{V}_m\cos(q-\theta_m)]+[\mathbf{V}_t\dot{\theta}_t\cos(q-\theta_t)-\dot{\mathbf{V}}_t\sin(q-\theta_t)]-[\mathbf{V}_m\dot{\theta}_m\cos(q-\theta_m)-\dot{\mathbf{V}}_m\sin(q-\theta_m)] \tag{6-57}$$

令

$$u_{Rt}=\dot{\mathbf{V}}_t\cos(q-\theta_t)+\mathbf{V}_t\dot{\theta}_t\sin(q-\theta_t) \tag{6-58}$$

$$u_{Rm}=\dot{\mathbf{V}}_m\cos(q-\theta_m)+\mathbf{V}_m\dot{\theta}_m\sin(q-\theta_m) \tag{6-59}$$

$$u_{nt}=\mathbf{V}_t\dot{\theta}_t\cos(q-\theta_t)-\dot{\mathbf{V}}_t\sin(q-\theta_t) \tag{6-60}$$

$$u_{nm}=\mathbf{V}_m\dot{\theta}_m\cos(q-\theta_m)-\dot{\mathbf{V}}_m\sin(q-\theta_m) \tag{6-61}$$

可以化简得到

$$\ddot{R}=R\dot{q}^2+u_{Rt}-u_{Rm} \tag{6-62}$$

$$\dot{R}\dot{q}+R\dot{q}^2=-\dot{R}\dot{q}+u_{nt}-u_{nm} \tag{6-63}$$

由上两式可以推出

$$\ddot{q}=-\frac{2\dot{R}}{R}\dot{q}+\frac{1}{R}u_{nt}-\frac{1}{R}u_{nm} \tag{6-64}$$

可以看到，u_{Rt} 和 u_{Rm} 分别是目标加速度和导弹加速度在视线方向上的分量；u_{nt} 和 u_{nm} 分别是目标加速度和导弹加速度在视线法向上的分量。在导弹拦截目标过程中，需要控制 u_{nm} 使 $\dot{q}$ 趋近于零。

定义切换函数

$$s=\dot{q} \tag{6-65}$$

则有

$$\dot{s}=\ddot{q}=-\frac{2\dot{R}}{R}\dot{q}+\frac{1}{R}u_{nt}-\frac{1}{R}u_{nm} \tag{6-66}$$

取滑模趋近律

$$\dot{s}=-\frac{k\,|\dot{R}\,|}{R}s-\frac{\varepsilon}{R}\mathrm{sgn}(s),k>0,\varepsilon>0 \tag{6-67}$$

于是有

$$u_{nm}=(k+2)|\dot{R}|\dot{q}+u_{nt}+\varepsilon\,\mathrm{sgn}(\dot{q}) \tag{6-68}$$

由于目标机动能力有限甚至不机动，u_{nt} 为有界量，所以取

$$u_{nm}=(k+2)|\dot{R}|\dot{q}+\varepsilon\,\mathrm{sgn}(\dot{q}) \tag{6-69}$$

为保证系统轨迹能够到达滑动面，并沿滑动面运动，由 Lyapunov 方法，构造 Lyapunov 函数为

$$V=\frac{1}{2}s^2 \tag{6-70}$$

对该正定函数，需要满足当 $s\neq 0$ 时

$$\dot{V}=s\dot{s}<0 \tag{6-71}$$

即

$$\dot{V}=-\frac{k|\dot{R}|}{R}\dot{q}^2-\frac{\dot{q}}{R}[\varepsilon\,\mathrm{sgn}(\dot{q})+u_{nt}]<0 \tag{6-72}$$

则需要

$$k>0,\varepsilon>|u_{nt}| \tag{6-73}$$

于是得到最终的变结构制导律

$$u=u_{nm}=(k+2)|\dot{R}|\dot{q}+\varepsilon\,\mathrm{sgn}(\dot{q}) \tag{6-74}$$

由上式可以看出，变结构导引律从形式上相当于在比例导引律的基础上增加了一项，这一项使导弹能够更快地对目标运动状态的变化做出反应。

6.5.6 仿真研究及精度分析

6.5.6.1 仿真研究

根据轨控式直接侧向力/气动力复合控制导弹的制导控制过程进行仿真研究，选择典型弹道，仿真条件：导弹初始速度 1 565.01 m/s，导弹初始高度为 15.502 5 km，仿真开始时刻为导弹飞行第 21 s，预测命中点高度 30.028 6 km，预测命中时导弹飞行总时间 32.7 s，命中时目标终端速度 2 000 m/s，目标不机动，末制导开始条件为导弹－目标相对距离 4 km，轨控开机条件为预测遭遇时刻前 1 s。

分别对制导末段开启轨控发动机与不开启轨控发动机的情况进行了仿真，以比较轨控式直接侧向力/气动力复合控制与纯气动控制的作用效果；同时分别对以上两种策略采用修正的比例导引和变结构导引方法进行制导控制，以探索不同导引律在制导控制过程中的效果。由于仿真中噪声的随机性，每次仿真结果也具有不确定性，因为纯气动控制较为经典且常见，本节中仅给出在不同导引方法下采用轨控式直接侧向力/气动力复合控制方法的两组仿真曲线，见图 6－42 中（a）～（e）图与图 6－43 中（a）～（e）图。

（1）末制导段采用修正的比例导引方法，本次仿真脱靶量 0.253 3 m。

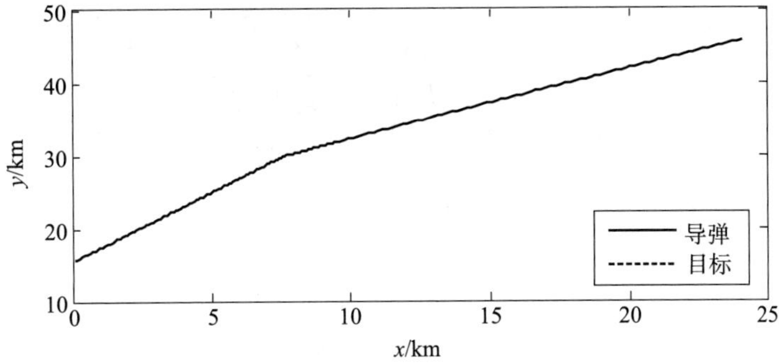

(a) 导弹与目标弹道曲线x-y

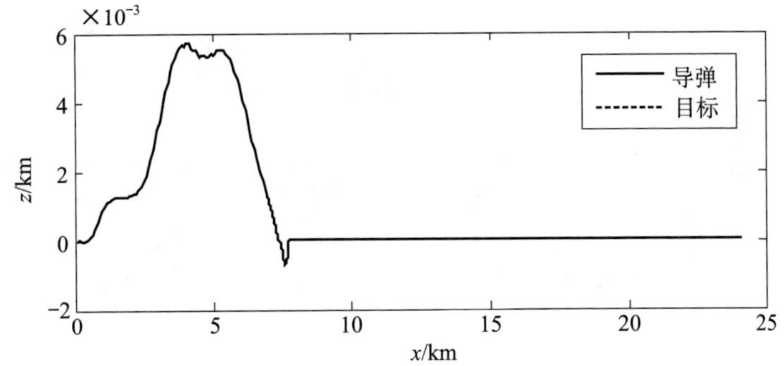

(b) 导弹与目标弹道曲线x-z

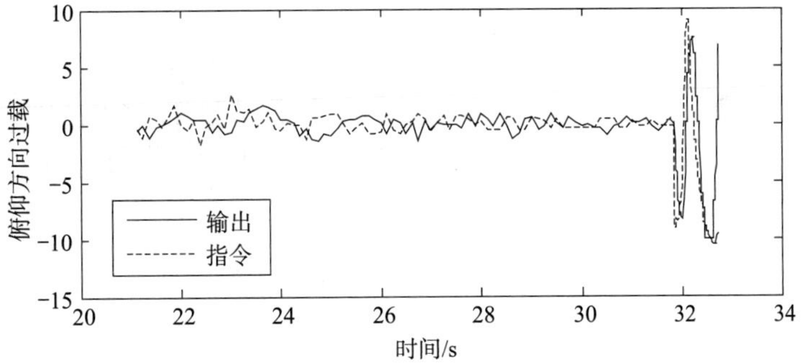

(c) 俯仰方向过载曲线

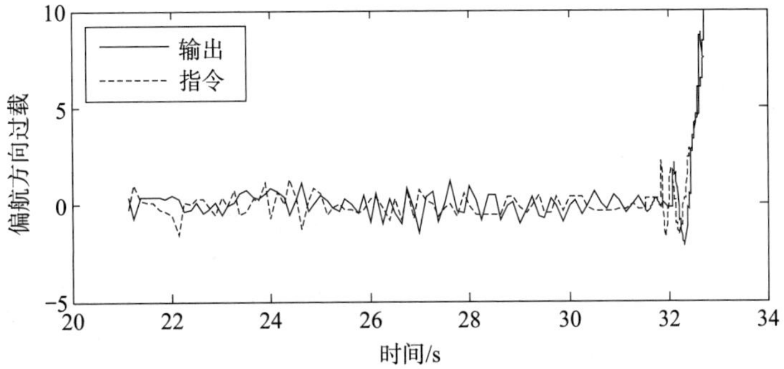

(d) 偏航方向过载曲线

图 6-42　采用修正比例导引法的轨控式直接侧向力/气动力复合控制导弹仿真曲线

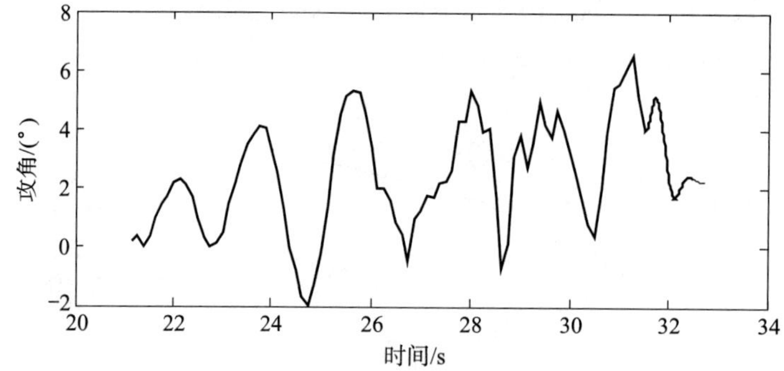

(e) 攻角变化曲线

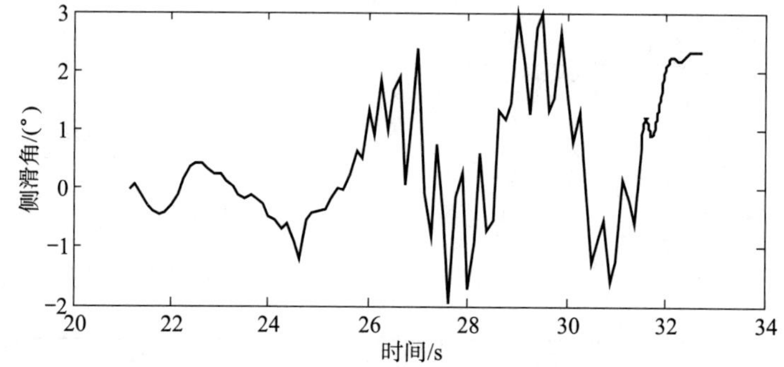

(f) 侧滑角变化曲线

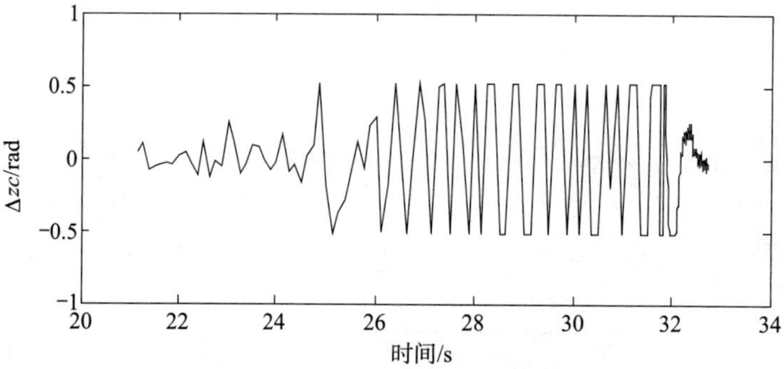

(g) 俯仰通道舵偏角变化曲线

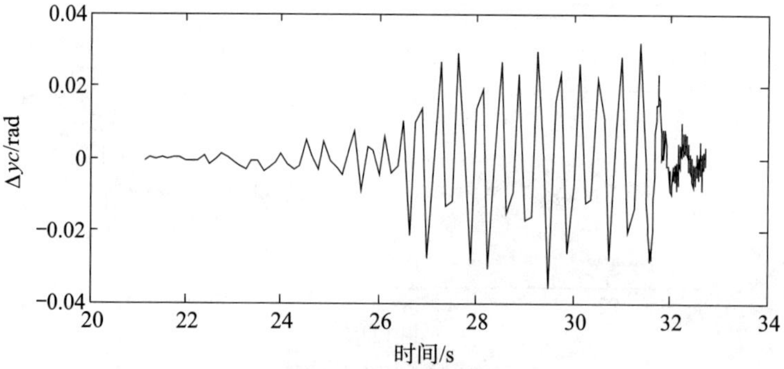

(h) 偏航通道舵偏角变化曲线

图 6－42　采用修正比例导引法的轨控式直接侧向力/气动力复合控制导弹仿真曲线（续）

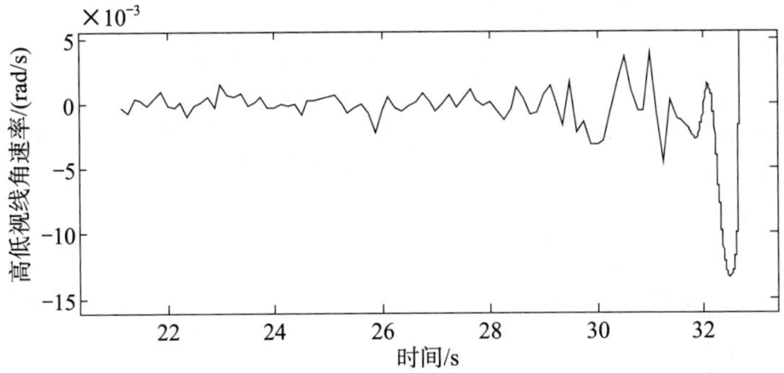

(i) 高低视线角速率曲线

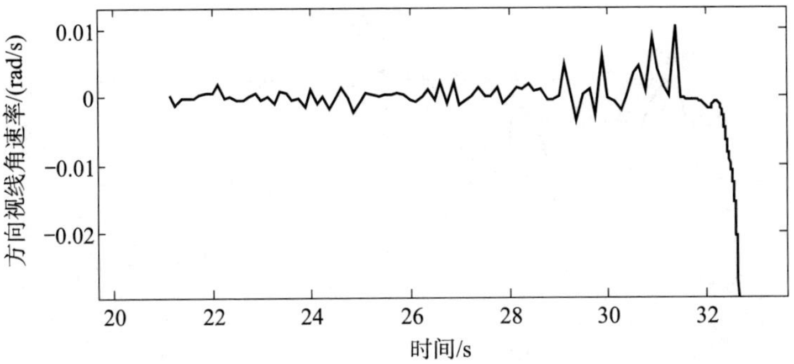

(j) 方位视线角速率曲线

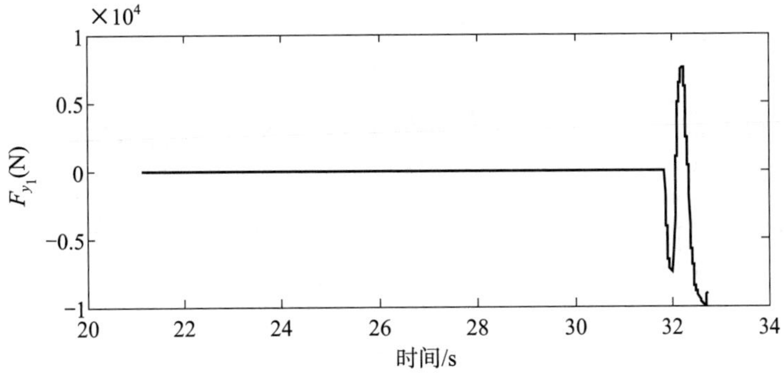

(k) y_1方向的轨控发动机推力

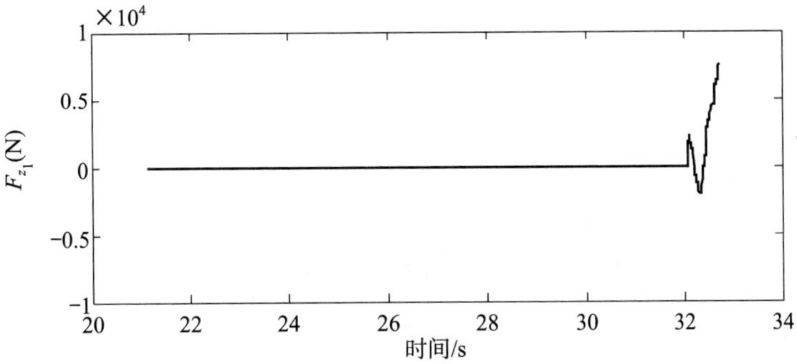

(l) z_1方向的轨控发动机推力

图 6-42　采用修正比例导引法的轨控式直接侧向力/气动力复合控制导弹仿真曲线（续）

（2）末制导段采用变结构导引方法，本次仿真脱靶量 0.534 3 m。

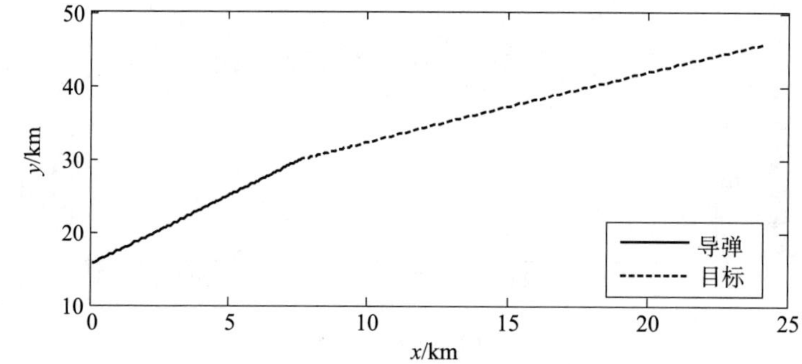

(a) 导弹与目标弹道曲线 x–y

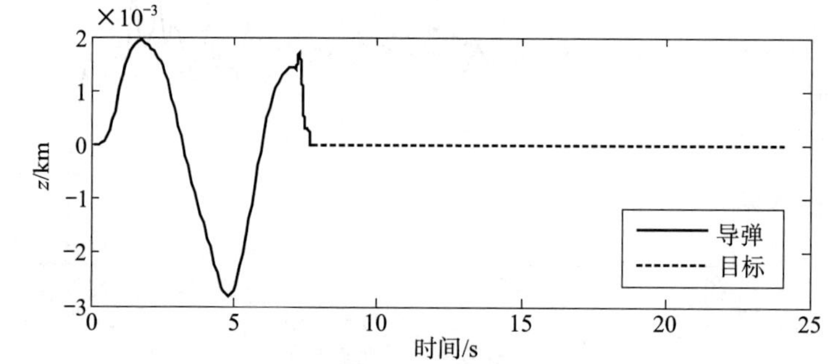

(b) 导弹与目标弹道曲线 x–z

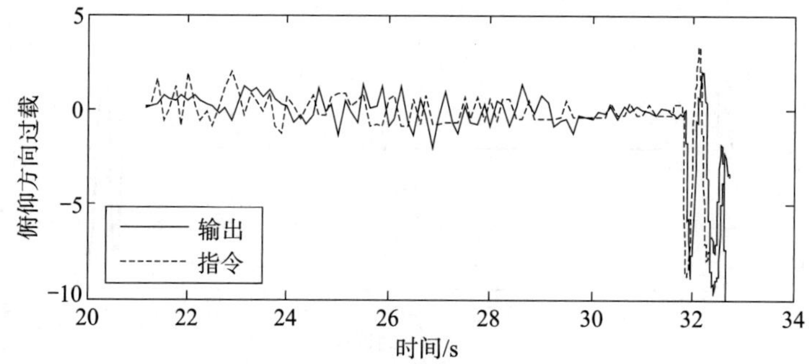

(c) 俯仰方向过载曲线

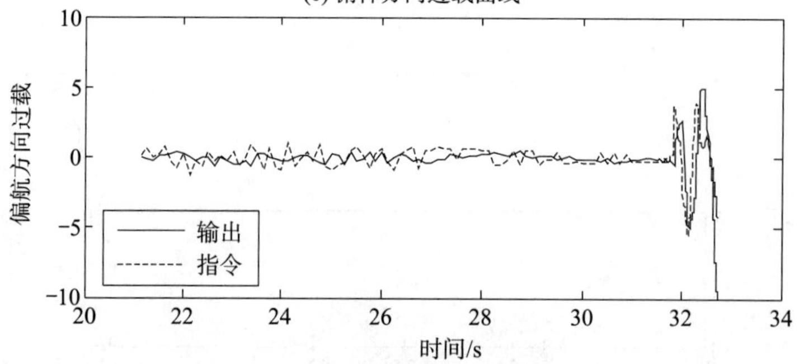

(d) 偏航方向过载曲线

图 6-43　采用变结构导引方法的轨控式直接侧向力/气动力复合控制导弹仿真曲线

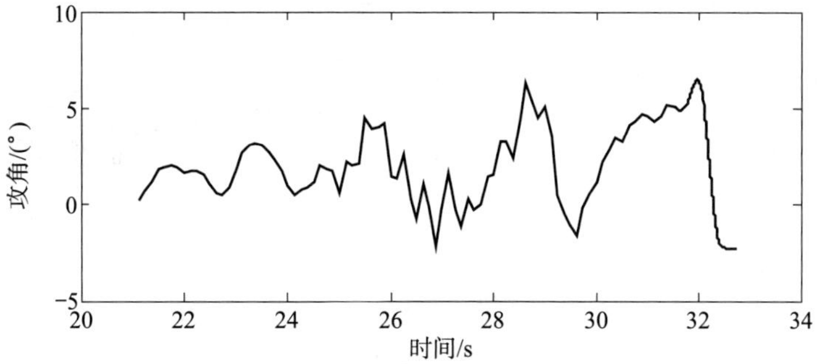

(e) 攻角变化曲线

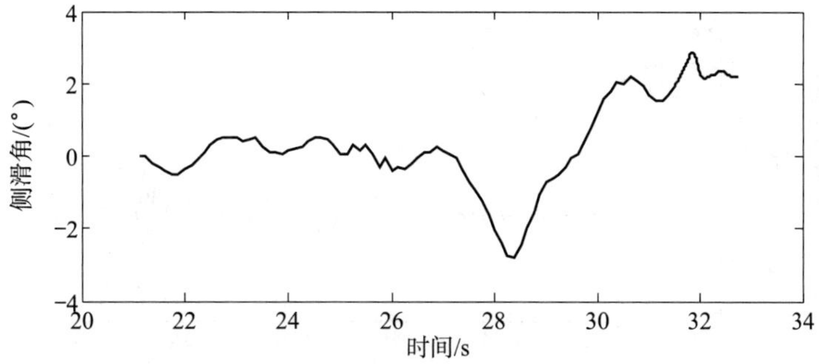

(f) 侧滑角变化曲线

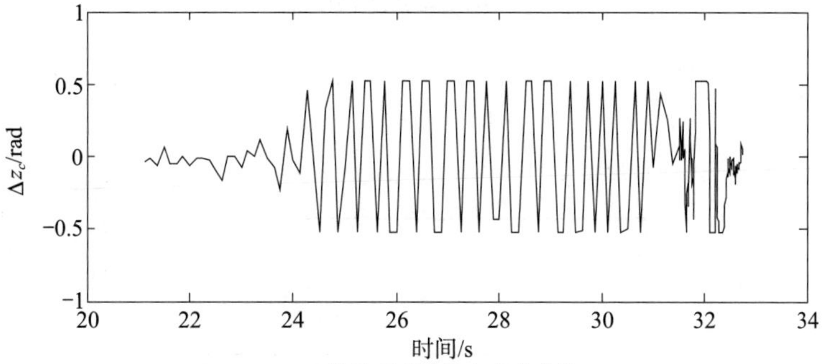

(g) 俯仰通道舵偏角变化曲线

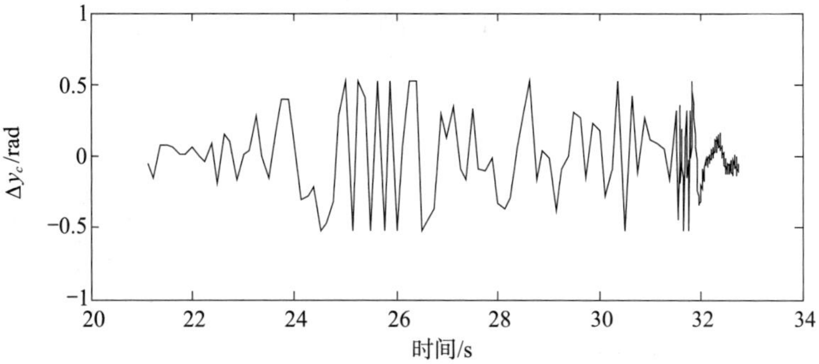

(h) 偏航通道舵偏角变化曲线

图 6－43　采用变结构导引方法的轨控式直接侧向力/气动力复合控制导弹仿真曲线（续）

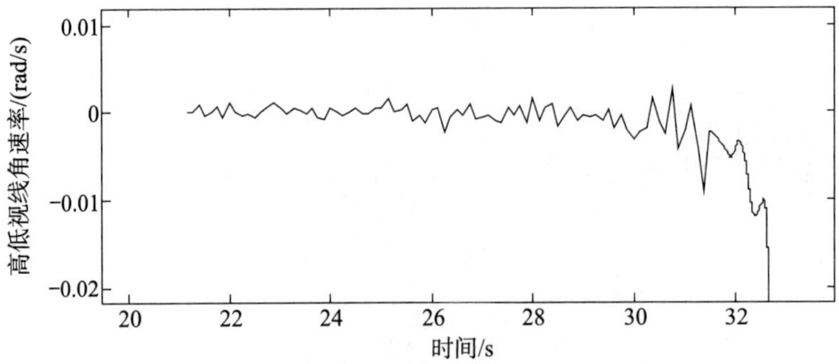

(i) 高低视线角速率曲线

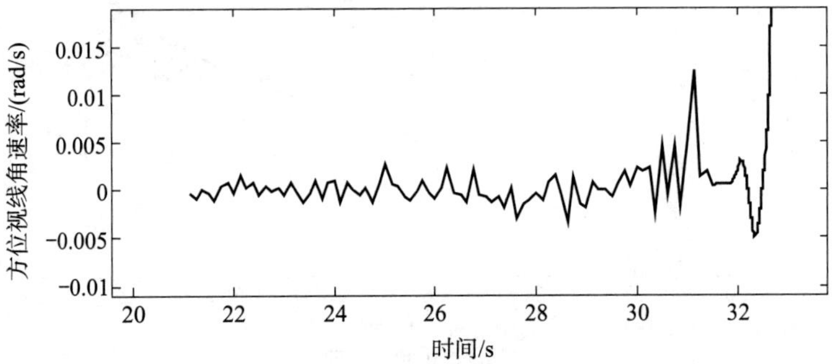

(j) 方位视线角速率曲线

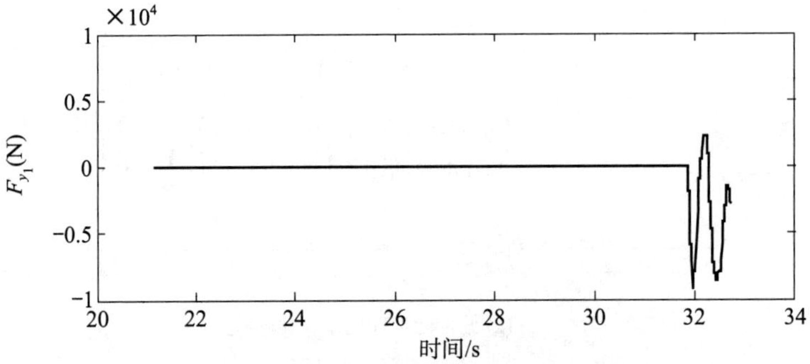

(k) y_1方向的轨控发动机推力

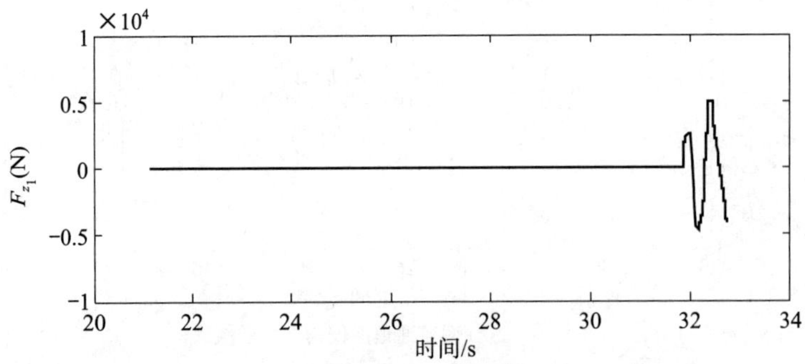

(l) z_1方向的轨控发动机推力

图 6-43　采用变结构导引方法的轨控式直接侧向力/气动力复合控制导弹仿真曲线（续）

6.5.6.2　精度分析

采用蒙特卡洛法进行重复仿真试验，统计脱靶量结果。对每组试验条件各进行 100 次仿真，结果如表 6－6 所示。

表 6－6 仿真结果统计表

导引方法	修正比例导引		变结构导引	
是否开启轨控发动机	开启	不开启	开启	不开启
脱靶量均值/m	0.781 664	5.303 431	0.816 088	5.370 538
脱靶量标准差/m	0.486 036	1.728 452	0.483 875	1.854 495
脱靶量最大值/m	3.046 136	8.539 002	2.099 121	8.468 428
1 m(含)落入概率	78%	0	71%	1%
2 m(含)落入概率	97%	2%	99%	1%
3 m(含)落入概率	99%	10%	100%	13%
4 m(含)落入概率	100%	30%	100%	31%

通过仿真结果可以看出，轨控式直接侧向力/气动力复合控制导弹在 30 km 高度拦截目标时，脱靶量 3 m 以内的落入概率可达 99%以上，脱靶量 1 m 以内的落入概率可达 71%以上，可以满足导弹拦截目标的要求。

与相同条件下的纯气动力控制方法相比，轨控式直接侧向力/气动力复合控制方法能够有效提高制导精度。从仿真曲线可以看到，在轨控发动机开启前，由于气动力不足，在舵偏角达到较大值时，弹体响应速度仍然很慢，在保持弹体姿态稳定的同时，很难提供较大的过载；当轨控发动机开启，利用轨控式直接力的快速性，弹体响应速度有很大提高，跟踪过载指令的能力明显增强，在碰撞前 1 s 内快速修正导弹飞行方向，可以减小脱靶量。

另外，在仿真曲线中，由于开启轨控发动机时间较短，且制导指令变化较快，两种导引方法在图中并没有特别明显的差异。从仿真结果中也可以发现，对于目标不机动的情况，采用修正的比例导引方法和变结构导引方法，对制导精度影响不大，采用轨控式直接侧向力/气动力复合控制方法时均可以实现拦截目的。

6.6　本章小结

本章围绕稀薄大气层直气复合控制，系统地介绍了直接侧向力/气动力复合控制系统的设计思路，并针对拦截器姿控系统设计和轨控式直气复合控制系统设计进行研究与分析。

首先，针对直气复合控制导弹的原理、分类和工程实例进行了介绍。

其次，分别采用相平面控制律、准滑模控制律设计了拦截器姿控系统，并进行了仿真研究，通过分析比较两种控制器的优劣及适应范围，研究了一种切换控制方法使拦截器能适应在大气层内外的稳定飞行。切换控制方法主要包括：

1）双重推力水平切换控制逻辑；

2）相平面控制与准滑模控制律切换准则；

3）角度反馈切换控制策略。

通过仿真表明，姿控系统切换控制方法鲁棒性强、控制效果好。

再者，给出一种稀薄大气条件下轨控式直接侧向力/气动力复合控制方案，即通过气动控制进行弹体姿态稳定，同时利用轨控式直接侧向力快速跟踪指令过载。采用滑模变结构控制方法设计了抗干扰控制器，并结合轨控发动机推力分档的特点研究了轨控发动机开机策略，充分发挥了轨控式直接侧向力的快速性优势，实现轨控式直接侧向力/气动力复合控制功能。从仿真结果可以看到，轨控式直接侧向力/气动力复合控制系统可以很好地跟踪过载指令，与纯气动力控制系统相比跟踪快速性有大幅提高，并进一步分析了侧向喷流气动干扰、导弹质心漂移、导弹初始攻角、导弹飞行速度及导弹飞行高度等因素对轨控式直接侧向力/气动力复合控制系统性能的影响，仿真证实当这些因素在一定范围内变化时，复合控制系统可以保持稳定，系统具有较强的鲁棒性。

最后，介绍了轨控式直接侧向力/气动力复合控制导弹的制导控制系统的工作过程，根据拦截对象设定目标运动，分析拦截过程特点。针对轨控式直接侧向力/气动力复合控制方法过载响应时间短的特点，提出一种修正的比例导引方法并推导设计变结构导引律，使导弹在距离目标较近时视线角受噪声影响较小。采用蒙特卡洛法进行仿真，通过统计结果可以看出，轨控式直接侧向力/气动力复合控制导弹在 30 km 高度拦截目标时，能够有效提高制导精度，减小脱靶量。

第 7 章　直接力/气动力复合控制系统稳定性分析方法

7.1　引言

为提高防空导弹的快速响应能力和机动水平，支撑导弹在跨域高速机动飞行条件下高精度快响应复合控制技术能力的形成，一般均引入了多操纵机构实现对弹体的复合控制，由此也带来了控制结构的复杂化。本章以类 PAC—3 的姿控式直接力/气动力复合控制系统为研究对象，对于控制系统所关心的稳定性问题进行分析和探讨。

7.2　基于经典控制理论的直接力/气动力复合控制稳定性分析

选取一种典型姿控式直接力/气动力复合控制回路结构图，如图 7-1 所示。

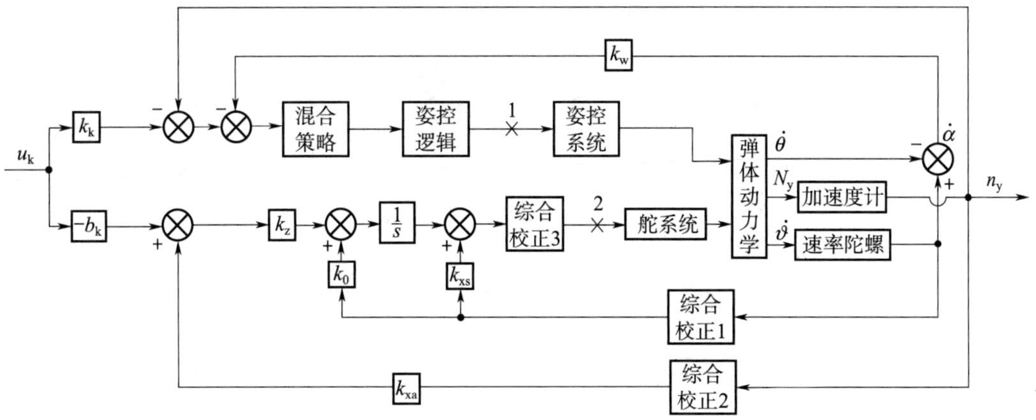

图 7-1　控制结构示意图

选取两个特征点的参数，分别为静稳定点（特征点 1）和静不稳定点（特征点 2）：

表 7-1　特征点参数表

特征点	$V/(m/s)$	H/m	a_1	a_2	a_3	a_4	a_5
1	670.4	1 680	1.009	95.1	163.281	0.813	0.2
2	1 467.7	1 120	1.432	−227.33	467.172	1.642	0.328

7.2.1 静稳定弹体传递函数

7.2.1.1 以舵偏角 δ 为输入，以 $\dot{\vartheta}$ 为输出

$$G_{\delta}^{\dot{\vartheta}}=\frac{\dot{\vartheta}(S)}{\delta(S)}=-\frac{a_3S+a_3a_4-a_2a_5}{S^2+(a_1+a_4)S+a_1a_4+a_2}=\frac{-K_M(T_{M1}S+1)}{T_M^2S^2+2T_M\xi_MS+1} \tag{7-1}$$

其中

$$T_{M1}=\frac{a_3}{a_3a_4-a_2a_5}；K_M=\frac{a_3a_4-a_2a_5}{a_1a_4+a_2}>0；T_M=\frac{1}{\sqrt{a_1a_4+a_2}}；\xi_M=\frac{a_1+a_4}{2\sqrt{a_1a_4+a_2}}$$

7.2.1.2 以舵偏角 δ 为输入，以过载 N_y 为输出

由于 $N_y\approx\frac{V}{g}\dot{\theta}$，先推导出从 δ 到 $\dot{\theta}$ 的传递函数

$$G_{\delta}^{\dot{\theta}}=\frac{\dot{\theta}(S)}{\delta(S)}=\frac{a_5S^2+a_1a_5S-a_3a_4+a_2a_5}{S^2+(a_1+a_4)S+a_1a_4+a_2}=\frac{K_M(T_{M2}^2S^2+2T_{M2}\xi_{M2}S-1)}{T_M^2S^2+2T_M\xi_MS+1} \tag{7-2}$$

其中

$T_{M2}=\sqrt{\frac{a_5}{a_3a_4-a_2a_5}}$；$\xi_{M2}=\frac{a_1\sqrt{a_5}}{2\sqrt{a_3a_4-a_2a_5}}$；$K_M$、$T_M$、$\xi_M$ 定义同式（7-1）。

通常情况下，由于 a_5 较小，如果忽略 a_5 的影响，则有

$$G_{\delta}^{\dot{\theta}}=\frac{-K_M}{T_M^2S^2+2T_M\xi_MS+1} \tag{7-3}$$

进一步有

$$G_{\delta}^{N_y}=\frac{V}{g}G_{\delta}^{\dot{\theta}}=\frac{-K_M\cdot V}{g\cdot(T_M^2S^2+2T_M\xi_MS+1)} \tag{7-4}$$

7.2.1.3 以直接力 δ_n 为输入，以 $\dot{\vartheta}$ 为输出

$$G_{\delta_n}^{\dot{\vartheta}}=\frac{\dot{\vartheta}(S)}{\delta_n(S)}=-\frac{a'_3S+a'_3a_4-a_2a'_5}{S^2+(a_1+a_4)S+a_1a_4+a_2}=\frac{K_M(T_{M1}S+1)}{T_M^2S^2+2T_M\xi_MS+1} \tag{7-5}$$

其中

$$T_{M1}=\frac{a'_3}{a'_3a_4-a_2a'_5}；K_M=-\frac{a'_3a_4-a_2a'_5}{a_1a_4+a_2}>0；T_M=\frac{1}{\sqrt{a_1a_4+a_2}}；$$

$$\xi_M=\frac{a_1+a_4}{2\sqrt{a_1a_4+a_2}}$$

7.2.1.4 以直接力 δ_n 为输入，以过载 N_y 为输出

由于 $N_y\approx\frac{V}{g}\dot{\theta}$，先推导出从 δ_n 到 $\dot{\theta}$ 的传递函数

$$G_{\delta_n}^{\dot{\theta}}=\frac{\dot{\theta}(S)}{\delta_n(S)}=\frac{a'_5S^2+a_1a'_5S-a'_3a_4+a_2a'_5}{S^2+(a_1+a_4)S+a_1a_4+a_2}=\frac{K_M(T_{M2}^2S^2+2T_{M2}\xi_{M2}S+1)}{T_M^2S^2+2T_M\xi_MS+1}$$

（7-6）

其中

$$T_{M2}=\sqrt{\frac{a'_5}{-(a'_3a_4-a_2a'_5)}}\ ;\ \xi_{M2}=\frac{a_1\sqrt{a'_5}}{2\sqrt{-(a'_3a_4-a_2a'_5)}}$$

；K_M 、T_M 、ξ_M 定义同式（7－5）。

通常情况下，由于 a'_5 较小，如果忽略 a'_5 的影响，则有

$$G_{\delta_n}^{\dot{\vartheta}}=\frac{K_M}{T_M^2S^2+2T_M\xi_MS+1} \tag{7-7}$$

进一步有

$$G_{\delta_n}^{N_y}=\frac{V}{g}G_{\delta_n}^{\dot{\vartheta}}=\frac{K_M\cdot V}{g\cdot(T_M^2S^2+2T_M\xi_MS+1)} \tag{7-8}$$

7.2.2　静不稳定弹体传递函数

7.2.2.1　以舵偏角 δ 为输入，以 $\dot{\vartheta}$ 为输出

$$G_{\delta}^{\dot{\vartheta}}=\frac{\dot{\vartheta}(S)}{\delta(S)}=-\frac{a_3S+a_3a_4-a_2a_5}{S^2+(a_1+a_4)S+a_1a_4+a_2}=\frac{-K_M(T_{M1}S+1)}{T_M^2S^2+2T_M\xi_MS-1} \tag{7-9}$$

其中

$$T_{M1}=\frac{a_3}{a_3a_4-a_2a_5}\ ;\ K_M=-\frac{a_3a_4-a_2a_5}{a_1a_4+a_2}>0\ ;\ T_M=\frac{1}{\sqrt{-(a_1a_4+a_2)}}\ ;$$

$$\xi_M=\frac{a_1+a_4}{2\sqrt{-(a_1a_4+a_2)}}$$

7.2.2.2　以舵偏角 δ 为输入，以过载 N_y 为输出

由于 $N_y\approx\frac{V}{g}\dot{\theta}$，先推导出从 δ 到 $\dot{\theta}$ 的传递函数

$$G_{\delta}^{\dot{\theta}}=\frac{\dot{\theta}(S)}{\delta(S)}=\frac{a_5S^2+a_1a_5S-a_3a_4+a_2a_5}{S^2+(a_1+a_4)S+a_1a_4+a_2}=\frac{K_M(T_{M2}^2S^2+2T_{M2}\xi_{M2}S-1)}{T_M^2S^2+2T_M\xi_MS-1} \tag{7-10}$$

其中

$$T_{M2}=\sqrt{\frac{a_5}{a_3a_4-a_2a_5}}\ ;\ \xi_{M2}=\frac{a_1\sqrt{a_5}}{2\sqrt{a_3a_4-a_2a_5}}$$

；K_M 、T_M 、ξ_M 定义同式（7－9）。

通常情况下，由于 a_5 较小，如果忽略 a_5 的影响，则有

$$G_{\delta}^{\dot{\theta}}=\frac{-K_M}{T_M^2S^2+2T_M\xi_MS-1} \tag{7-11}$$

进一步有

$$G_{\delta}^{N_y}=\frac{V}{g}G_{\delta}^{\dot{\theta}}=\frac{-K_M\cdot V}{g\cdot(T_M^2S^2+2T_M\xi_MS-1)} \tag{7-12}$$

7.2.2.3　以直接力 δ_n 为输入，以 $\dot{\vartheta}$ 为输出

$$G_{\delta_n}^{\dot{\vartheta}}=\frac{\dot{\vartheta}(S)}{\delta_n(S)}=-\frac{a'_3S+a'_3a_4-a_2a'_5}{S^2+(a_1+a_4)S+a_1a_4+a_2}=\frac{K_M(T_{M1}S+1)}{T_M^2S^2+2T_M\xi_MS-1}\tag{7-13}$$

其中

$$T_{M1}=\frac{a'_3}{a'_3a_4-a_2a'_5}\text{；}K_M=\frac{a'_3a_4-a_2a'_5}{a_1a_4+a_2}>0\text{；}T_M=\frac{1}{\sqrt{-(a_1a_4+a_2)}}\text{；}$$

$$\xi_M=\frac{a_1+a_4}{2\sqrt{-(a_1a_4+a_2)}}$$

7.2.2.4　以直接力 δ_n 为输入，以过载 N_y 为输出

由于 $N_y\approx\dfrac{V}{g}\dot{\theta}$，先推导出从 δ_n 到 $\dot{\theta}$ 的传递函数

$$G_{\delta_n}^{\dot{\theta}}=\frac{\dot{\theta}(S)}{\delta_n(S)}=\frac{a'_5S^2+a_1a'_5S-a'_3a_4+a_2a'_5}{S^2+(a_1+a_4)S+a_1a_4+a_2}=\frac{K_M(T_{M2}^2S^2+2T_{M2}\xi_{M2}S+1)}{T_M^2S^2+2T_M\xi_MS-1}\tag{7-14}$$

其中

$T_{M2}=\sqrt{-\dfrac{a'_5}{a'_3a_4-a_2a'_5}}$；$\xi_{M2}=\dfrac{a_1\sqrt{a'_5}}{2\sqrt{-(a'_3a_4-a_2a'_5)}}$；$K_M$、$T_M$、$\xi_M$ 定义同式(7-13)。

通常情况下，由于 a'_5 较小，如果忽略 a'_5 的影响，则有

$$G_{\delta_n}^{\dot{\theta}}=\frac{K_M}{T_M^2S^2+2T_M\xi_MS-1}\tag{7-15}$$

进一步有

$$G_{\delta_n}^{N_y}=\frac{V}{g}G_{\delta_n}^{\dot{\theta}}=\frac{K_M\cdot V}{g\cdot(T_M^2S^2+2T_M\xi_MS-1)}\tag{7-16}$$

7.2.3　复合控制系统静稳定点特性分析

时域仿真情况（跟踪过载 10g），如图 7-2 所示。

频域特性分析如下。先求出单独气动舵回路工作时的开环传函（此时认为直接力控制支路不存在），在图 7-1 中，“2”将回路断开，求取开环传函，其 Bode 图如图 7-3 所示，幅值裕度 11.6 dB，相位裕度 55.2°，截止频率 29.9 rad/s。

由于在频域中分析幅相特性需要求取系统的开环传递函数，目前对于这种具有两种执行机构的控制系统，其开环传递函数的求取方法尚无统一认识，本文选取三种情况进行开环传函的求取，并画出其 Bode 图。

开环传函方法 1：在图 7-1 中，“2”将回路断开，求取开环传函（此时直接力回路仍工作，求取开环传递函数时认为直接力回路是气动舵控制回路反馈的一部分），其 Bode 图如图 7-4 所示，幅值裕度 9.19 dB，相位裕度 57.2°，截止频率 40.6 rad/s。

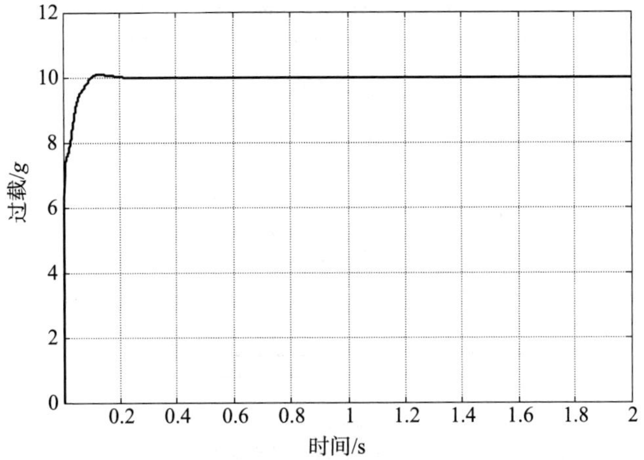

图 7－2　静稳定特征点跟踪过载 10g

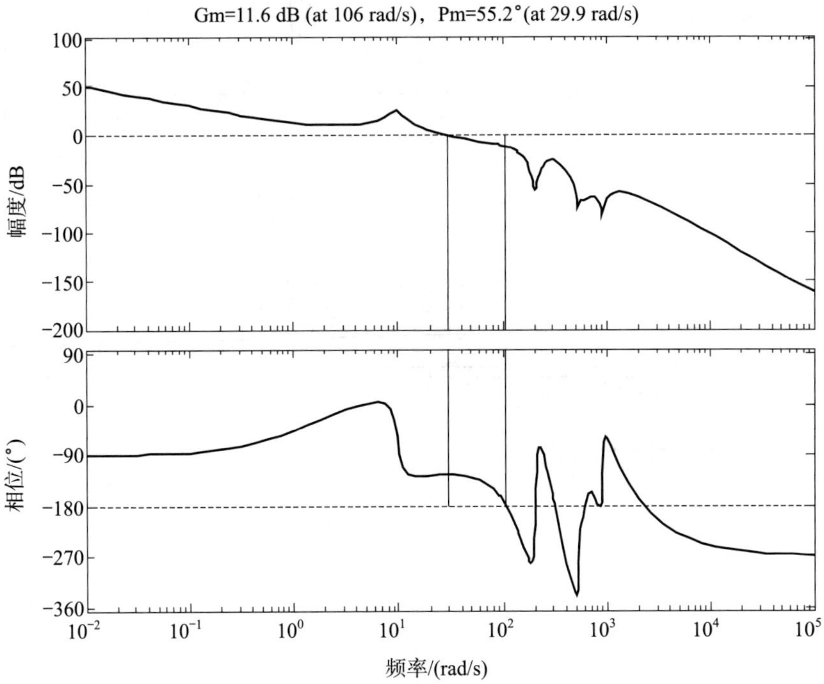

图 7－3　单独气动舵回路 Bode 图

开环传函方法 2：在图 7－1 中，“1”将回路断开，求取开环传函（此时气动舵回路仍工作，求取开环时认为气动舵控制回路是直接力控制支路反馈的一部分），其 Bode 图如图 7－5 所示，幅值裕度 18.4 dB，相位裕度 130°，截止频率 62.618 rad/s。

开环传函方法 3：在图 7－1 中，“1”“2”均断开，相当于分别求直接力控制回路和气动舵控制回路的开环传递函数，再把两个开环传递函数相加，得到一个总的开环传递函数。其 Bode 图如图 7－6 所示。

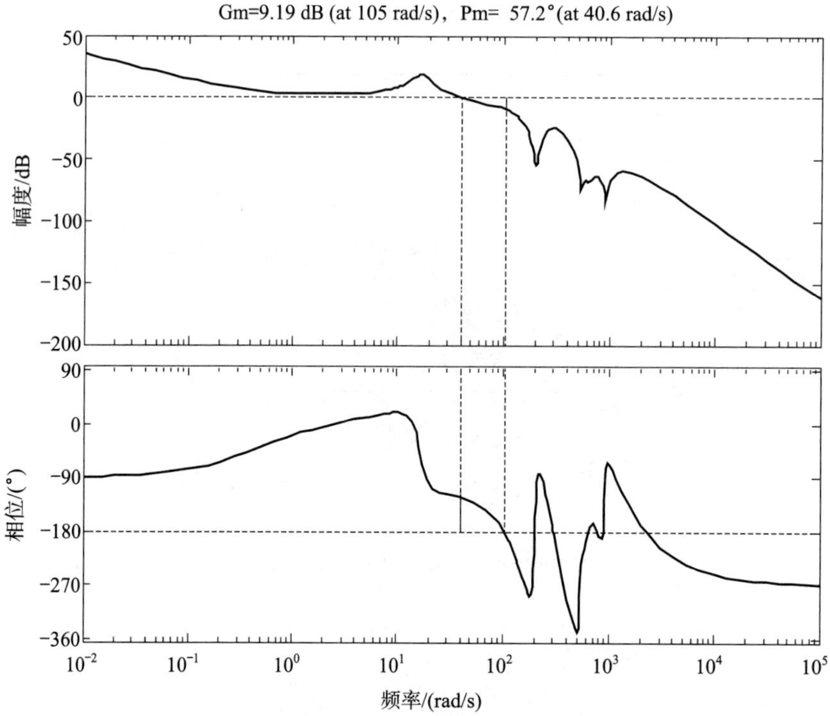

图 7-4　"2"点（图 7-1 中）断开时的开环传递函数 Bode 图

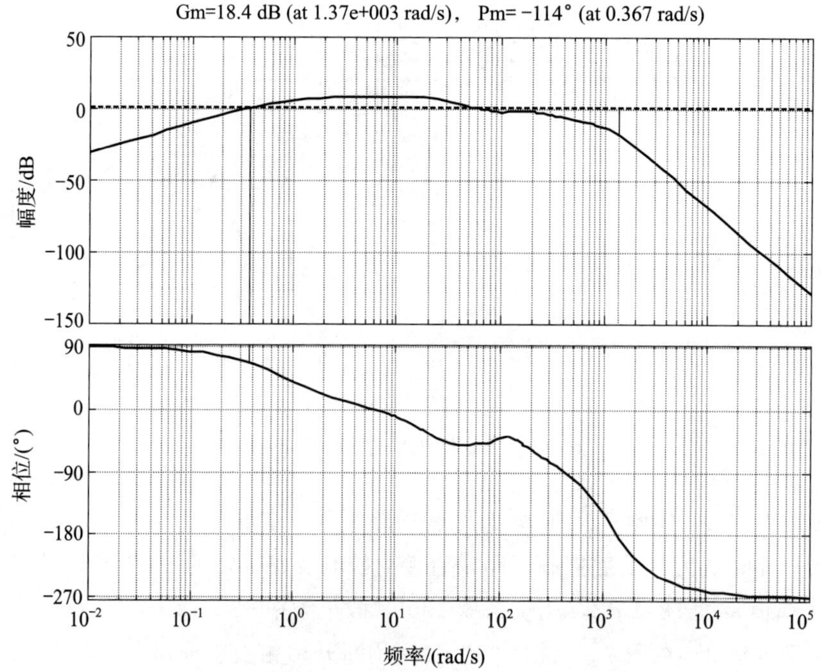

图 7-5　"1"点（图 7-1 中）断开时的开环传递函数 Bode 图

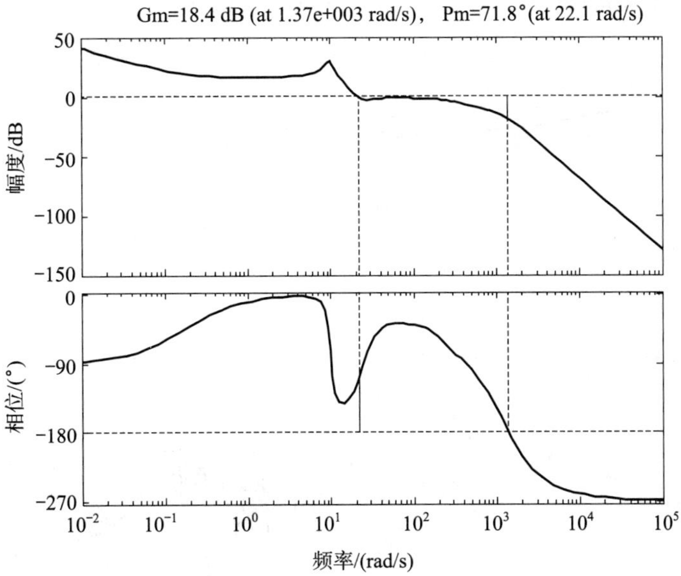

图 7-6　“1”“2”点（图 7-1 中）均断开时的开环传递函数 Bode 图

7.2.4　复合控制系统静不稳定点特性分析

时域仿真情况（跟踪过载 $10g$），如图 7-7 所示。

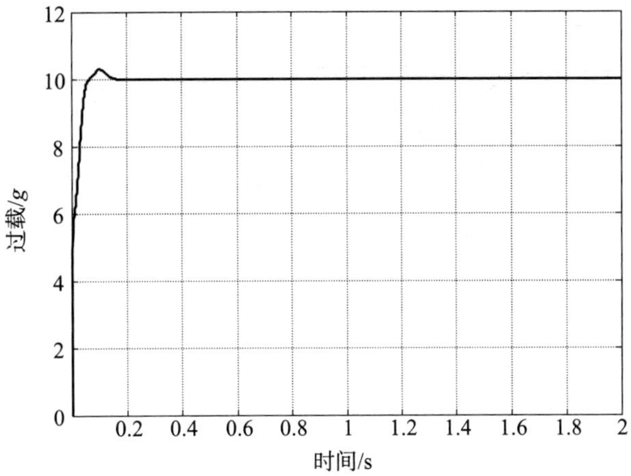

图 7-7　静不稳定特征点跟踪过载 $10g$

频域特性分析如下。首先求出单独气动舵回路工作时的开环传递函数（此时认为直接力控制支路不存在），在图 7-1 中，“2”将回路断开，求取开环传递函数，其 Bode 图如图 7-8 所示，低频幅值裕度 4.68 dB，相位裕度 49.2°，截止频率 23.2 rad/s，高频幅值裕度 10.66 dB。

开环传递函数方法 1：在图 7-1 中，“2”将回路断开，求取开环传递函数（此时直接力回路仍工作，求取开环时认为直接力回路是气动舵控制回路反馈的一部分），其 Bode 图如图 7－9 所示，相位裕度 51.2°，截止频率 53.1 rad/s。

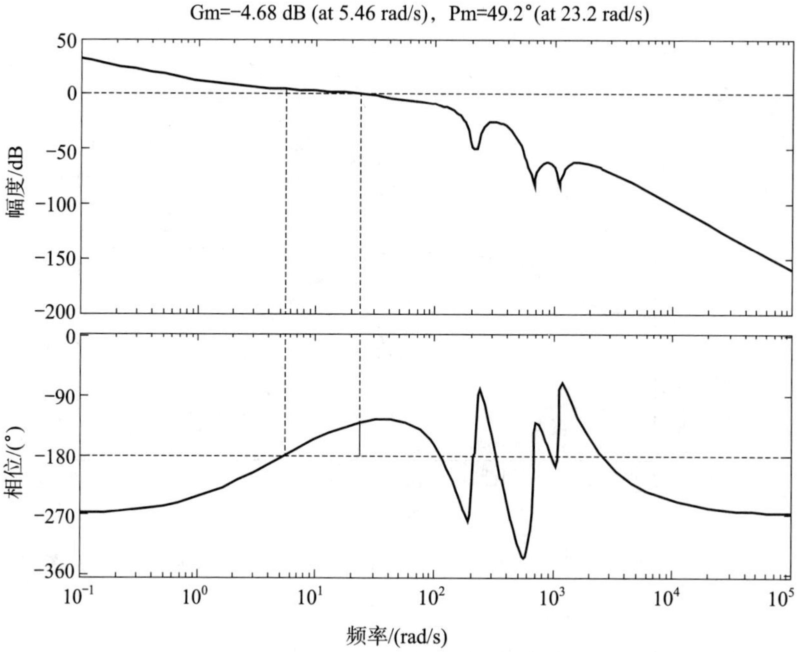

图 7－8　单独气动舵回路 Bode 图

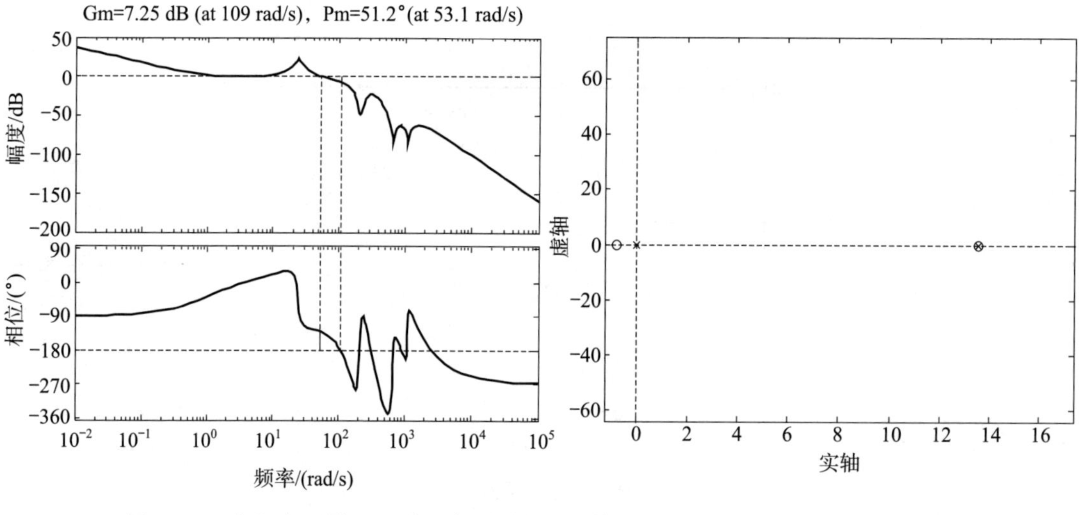

图 7－9　“2”点（图 7－1 中）断开时的开环传递函数 Bode 图及右半平面零极点

开环传递函数方法 2：在图 7－1 中，“1”将回路断开，求取开环传递函数（此时气动舵回路仍工作，求取开环时认为气动舵控制回路是直接力控制支路反馈的一部分），其 Bode 图如图 7－10 所示，相位裕度 105°，截止频率 60.81 rad/s。

开环传递函数方法 3：在图 7－1 中“1”“2”均断开，相当于分别求直接力控制回路和气动舵控制回路的开环传递函数，再把两个开环传递函数相加，得到一个总的开环传递函数。其 Bode 图如图 7－11 所示。

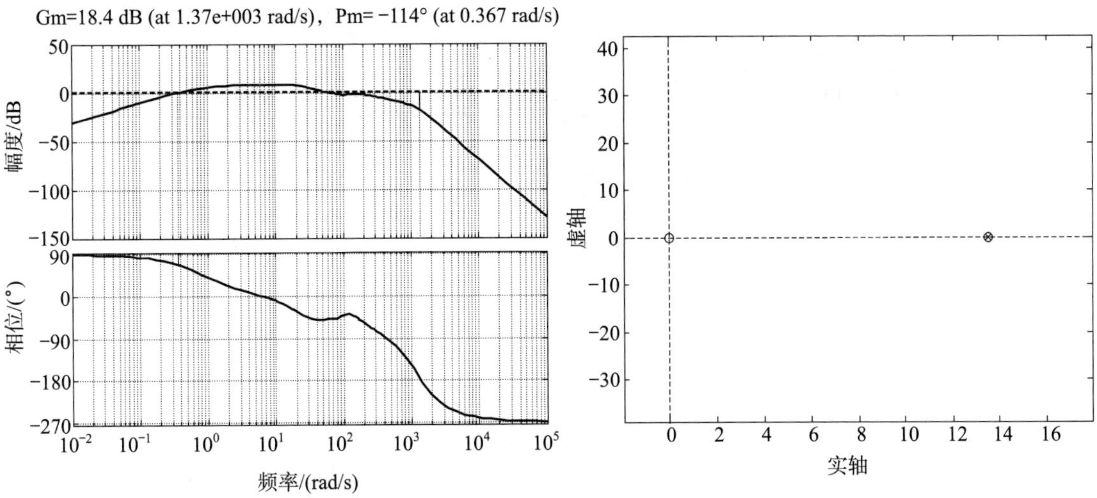

图 7－10　“1”点（图 7－1 中）断开时的开环传递函数 Bode 图及右半平面零极点

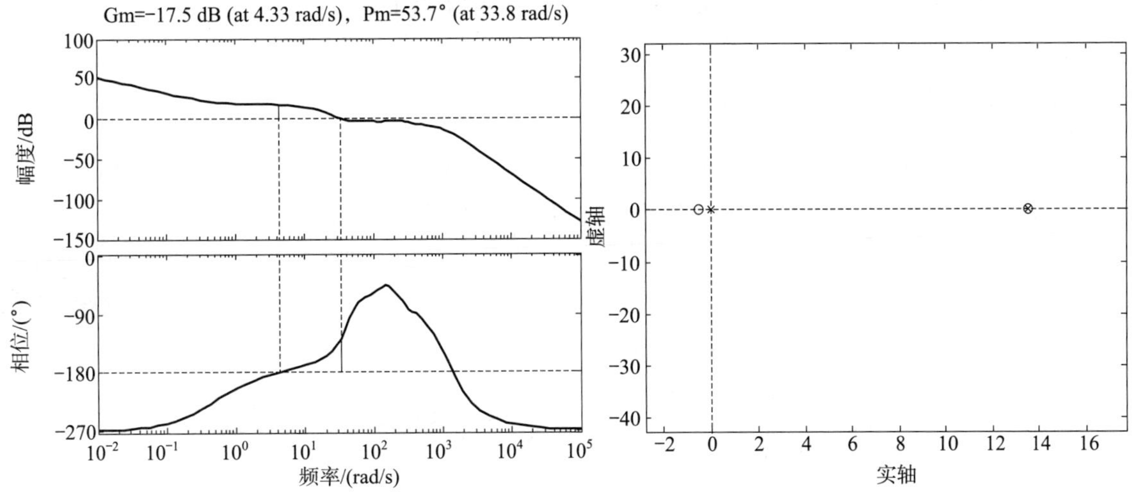

图 7－11　“1”“2”点（图 7－1 中）均断开时的开环传递函数 Bode 图及右半平面零极点

在图 7－11 中，其开环传递函数在右半平面实轴上 13.5 处有两个极点，一个零点，原点处有一个极点，这个极点相当于一个积分环节。

由图 7－9 和图 7－10 可以看出，无论从“1”还是“2”断开，其开环传递函数都在右半平面实轴上存在一对不稳定的偶极子。偶极子对系统开环传递函数来说，其影响在 Bode 图上相互抵消。因此从 Bode 图分析，系统是稳定的。

但是，由于存在闭环零、极点对消时闭环传递函数不再是系统的完全描述，故此时系统的外部稳定性与内部稳定性可能是不一致的。不稳定的偶极子成为系统的隐模态，它将有可能导致系统内部信号的无界。因此，虽然在理论上不稳定的极点-零点对消是允许的，但在实际中，不稳定的极点一零点对消将导致系统最终不稳定，时域响应如图 7－12 所示

（与图 7－7 比较，时间拉长到 2.5 s，系统出现不稳定）。

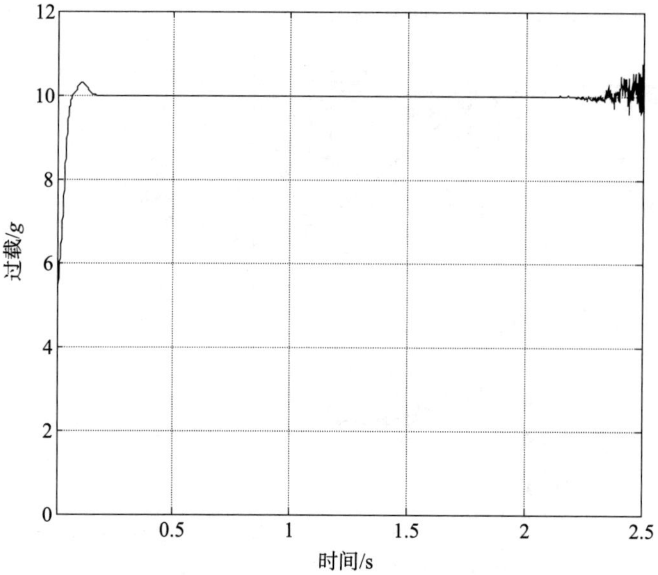

图 7－12　静不稳定特征点跟踪过载 10g

7.2.5　单独直接力控制时的静不稳定点特性分析

静不稳定特征点时域响应如图 7－13 所示，Bode 图如图 7－14 所示，低频幅值裕度 16 dB，截止频率 23.9 rad/s，高频幅值裕度 18.34 dB，系统稳定。

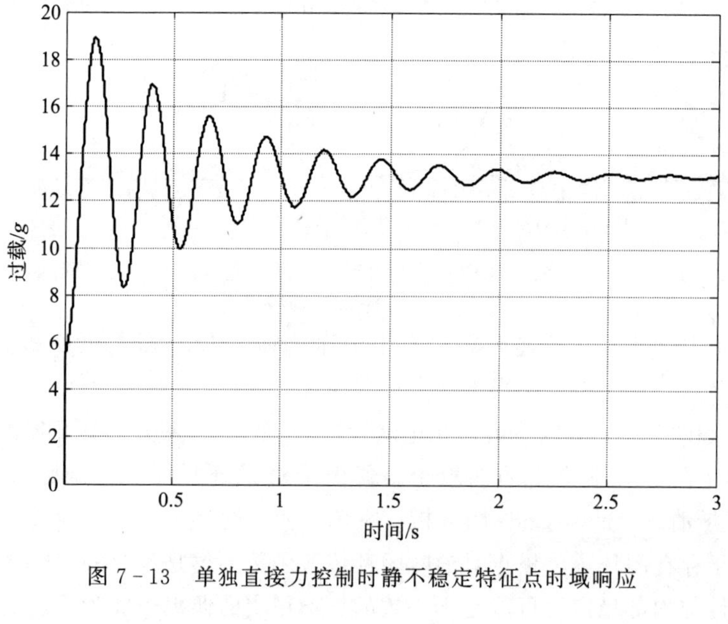

图 7－13　单独直接力控制时静不稳定特征点时域响应

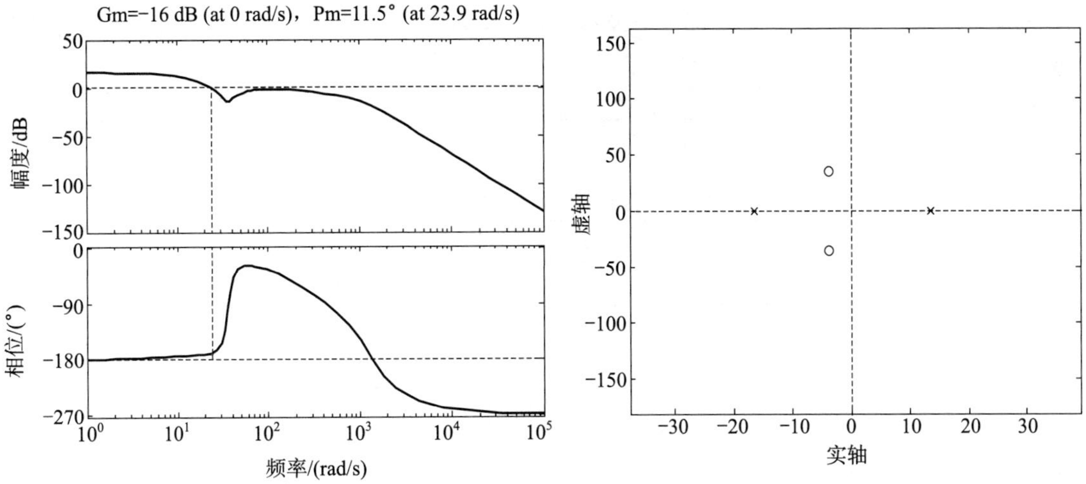

图 7 - 14　单独直接力控制时静不稳定点开环 Bode 图及零极点分布图

7.2.6　对复合控制系统在静不稳定点特性的深入分析

由以上分析可知，在静不稳定点，即使单独直接力和单独气动力控制都是稳定的，但复合控制系统反而不稳定，其原因初步分析如下。

1）复合控制虽然是两种执行机构在弹体环节处的线性叠加，用式（7 - 17）、式（7 - 18）表示为

$$\dot{\vartheta}(S)=G_{\delta}^{\dot{\vartheta}}\delta(S)+G_{\delta_n}^{\dot{\vartheta}}\delta_n(S) \tag{7-17}$$

$$N_y(S)=G_{\delta}^{N_y}\delta(S)+G_{\delta_n}^{N_y}\delta_n(S) \tag{7-18}$$

但这种叠加是对于弹体环节来说的，从弹体环节来看，其输入是舵偏角和直接力。从整个控制结构来看，整个控制系统的输入为过载指令，气动舵和直接力回路共用这个输入，因此对整个控制系统来说，仍然为单输入单输出的系统，并不存在一个输入线性叠加的过程。所以气动舵和直接力单独控制的稳定性与复合控制系统的稳定性之间并不存在一个必然的联系。也就是说：在单独气动舵控制和单独直接力控制都稳定的情况下，其复合控制回路不一定稳定。

2）由图 7 - 9 和图 7 - 10 可以看出，无论从“1”还是“2”断开，其开环传递函数都在右半平面实轴上存在一对不稳定的偶极子。不稳定的偶极子成为系统的隐模态，它有可能导致系统内部信号的无界。

对于系统控制结构图 7 - 15，如果从 2 处断开，求取开环传递函数，则将气动舵控制回路视作系统的主回路，直接力回路视作气动舵回路上的一个等效环节，如图 7 - 16 所示。依据图 7 - 16 求取系统的开环传递函数，则直接力回路等效环节将成为系统反馈回路上的一个环节。这个等效环节由 4 个传递函数 G_{35}，G_{36}，G_{45}，G_{46} 构成，分别为从图 7 - 16 中“3”到“5”、“3”到“6”、“4”到“5”、“4”到“6”之间的传递函数。由于在静

不稳定点，弹体环节传递函数带有不稳定的极点，而直接力等效环节中 G_{45} 有一个在同一位置的零点，G_{45} 在右半平面还有一个极点，G_{46} 本身就带一个不稳定偶极子和一个不稳定极点，如图 7－17 所示。

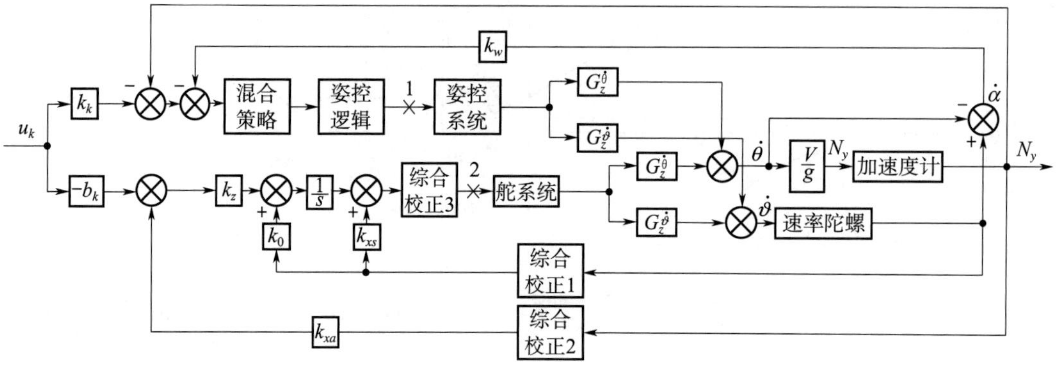

图 7－15　控制结构图

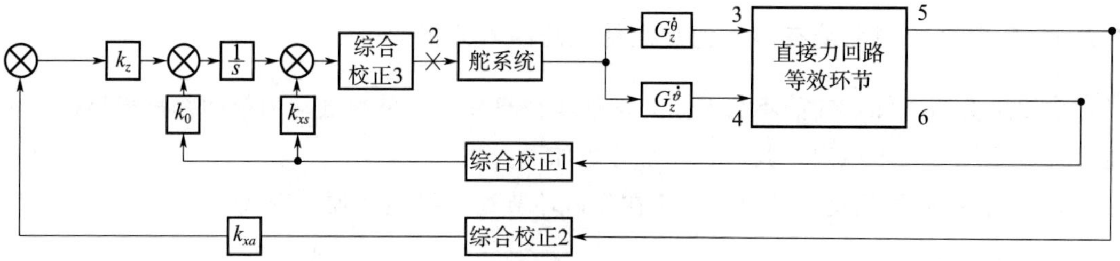

图 7－16　从“2”处断开求开环传递函数的等效框图

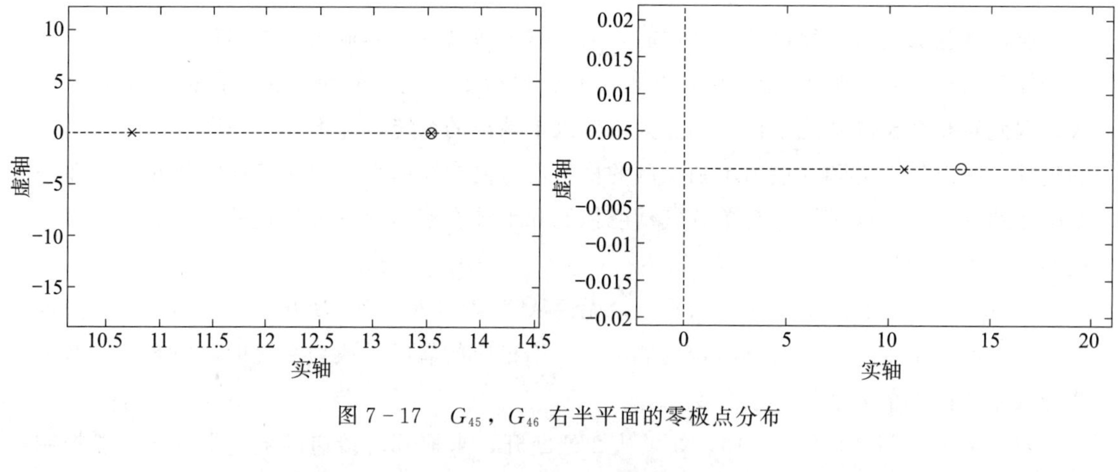

图 7－17　G_{45}，G_{46} 右半平面的零极点分布

因此，对于这种特殊的零极点相消的系统，用传统的古典控制理论的 Bode 分析都是外部稳定性（BIBO 稳定）的判稳问题，会造成系统是稳定的假象。实际上，古典控制理论检查系统稳定性时，隐含着认为控制器本身是稳定的假设，而在图 7－16 中，直接力的等效环节实际上作为了气动舵控制回路的反馈支路上控制器，而这个控制器又是不稳定

的，因此复合控制系统实际上是内部不稳定的。

但在研究中还发现，不稳定偶极子对系统的影响在一段时间内是表现不出来的。也就是说，系统内部信号在一段时间之内都是有界的，其发散时间与系统的静不稳定度有关，静不稳定度越大，发散时间越早。反之，则发散越晚。例如在一条弹道上某静不稳定点，$a_2=-1.81$，其时域响应如图 7－18 所示，仿真直到 25 s 才有发散的迹象，在其他静不稳定特征点处，至少也能维持 2 s 内不发散。

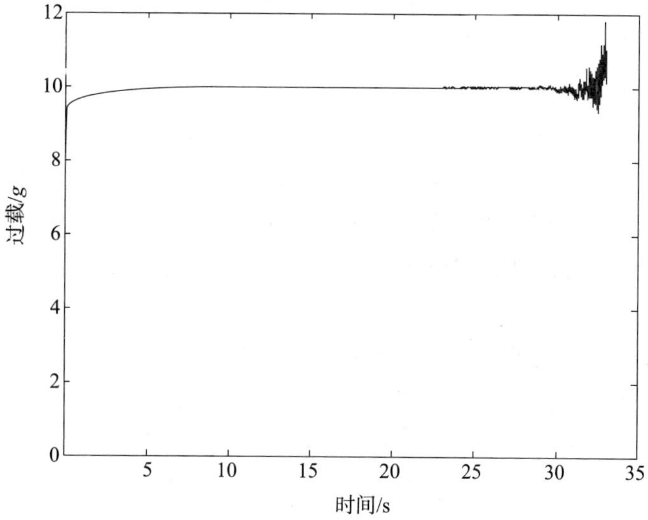

图 7－18　某静不稳定点的过载时域响应曲线

在工程应用中，在每一个状态的停留时间都是很短的，在状态发散之前就可以进入下一个状态。因此，如果在弹道上经过正交试验、拉偏仿真，状态不发散的话，可以保证时域内系统不会发散，这种情况是允许出现的。

另外，从切换系统驻留时间层面进行考虑，可以有如下两条结论：

1）在稳定的子系统之间进行切换，只要维持一个满足一定条件的比较低的切换频率，即可保证整个切换系统的稳定；

2）如果存在不稳定的子系统，只要保证系统在稳定子系统上的总驻留时间大于系统在不稳定子系统上的总驻留时间，并且总切换次数有限，即可保证系统稳定。

虽然 1）、2）两条结论也只是充分条件，具有一定的保守性，但比较直观。特别是结论 2），其意味着在系统设计中可以容忍在某些子系统中状态是“有限逃逸的”，或称之为“有限时间内，状态有界”。其含义是，虽然子系统不稳定，但由于切换序列在不稳定子系统上的驻留时间有限，状态不会发散至 ∞，在系统回到稳定子系统以后，状态又进入收敛过程，最终的系统状态总是有界的，因此从宏观上来看，整个系统仍然至少是有界稳定的。但值得说明的是，这时虽然系统是稳定的，但该结论与控制品质无关，在时域中有可能表现为系统出现较大的超调量和大幅振荡。所以，本章只是对系统性能之一的稳定性做了分析，对于存在不稳定子系统的切换系统来说，要综合达到系统“稳、准、快”的目的，还必须对状态“有限逃逸”的上界做出限制。

7.3 脉冲发动机“取整—饱和”硬非线性环节对复合控制系统的影响

在之前章节复合控制系统的研究过程中，将脉冲发动机产生的直接侧向力当作连续信号进行设计，得到以连续变量表征的脉冲发动机点火个数之后，再在回路中加入取整环节及饱和环节，得到用整数表征的点火个数。而“取整—饱和”环节属于典型的硬非线性环节，在仿真中控制系统具有良好的跟踪性能，但并没有从理论上论证这种硬非线性环节对控制系统性能的影响。即脉冲发动机在提高控制系统响应速度的同时，随之也带来了两方面的问题：首先，脉冲发动机的点火个数必须是整数，并且受脉冲发动机布局和能量最省等因素的限制，脉冲发动机每次点火的总个数也是受限的，这就在复合控制系统的结构中引入了“取整－饱和”硬非线性环节；其次，脉冲发动机的工作方式是离散脉冲式，在其工作时间内，脉冲发动机也具有相应的动态特性，并且脉冲发动机点火个数的“取整”也会在其每个工作时间内引入相应的量化误差。这两个问题都是直接力/气动力复合控制系统所特有的，均由脉冲发动机的工作特性引起，本节将从上述两个方面出发，分析并论证脉冲发动机工作特性对复合控制性能的影响。

在控制系统中，非线性环节的引入有可能使系统出现极限环，不稳定的极限环使控制系统的跟踪精度下降甚至发散，而稳定的极限环所引起的持续振动会导致控制系统硬件的磨损，在含有脉冲发动机的复合控制系统中，有可能引起脉冲发动机的频繁开启，使系统不能稳定跟踪指令，并造成脉冲发动机能量的浪费。

7.3.1 脉冲发动机“取整—饱和”硬非线性环节的数学描述

“取整—饱和”非线性环节是在常见的饱和非线性环节的基础上，加入了取整量化环节。在本节中，将非线性环节的模型用描述函数表征，因为“取整－饱和”非线性环节是单值的，因此它的描述函数是输入正弦信号幅值的实函数。

设每次点火的最大个数用 $a_{\max}$ 表征，考虑输入 $x(t)=A\sin(\omega t)$ ，A 可视为理论计算的脉冲发动机点火个数，本节分为两种情况进行分析：$A\leqslant a_{\max}$ 和 $A>a_{\max}$

1）当 $A\leqslant a_{\max}$ 时

“取整－饱和”非线性环节的输入输出关系如图 7－19 所示。可以看到输出函数的一个周期分成 4 个对称的部分。在第一个四分之一周期内，它可以表示为

$$y(t)=\begin{cases}0 & 0\leqslant\omega t\leqslant\gamma_1\\ h_1 & \gamma_1<\omega t\leqslant\gamma_2\\ \vdots & \vdots\\ h_m & \gamma_m<\omega t\leqslant\dfrac{\pi}{2}\end{cases}\tag{7-19}$$

其中　$\gamma_1=\arcsin\dfrac{a_1}{A}$，$\gamma_2=\arcsin\dfrac{a_2}{A}$，…，$\gamma_m=\arcsin\dfrac{a_m}{A}$。

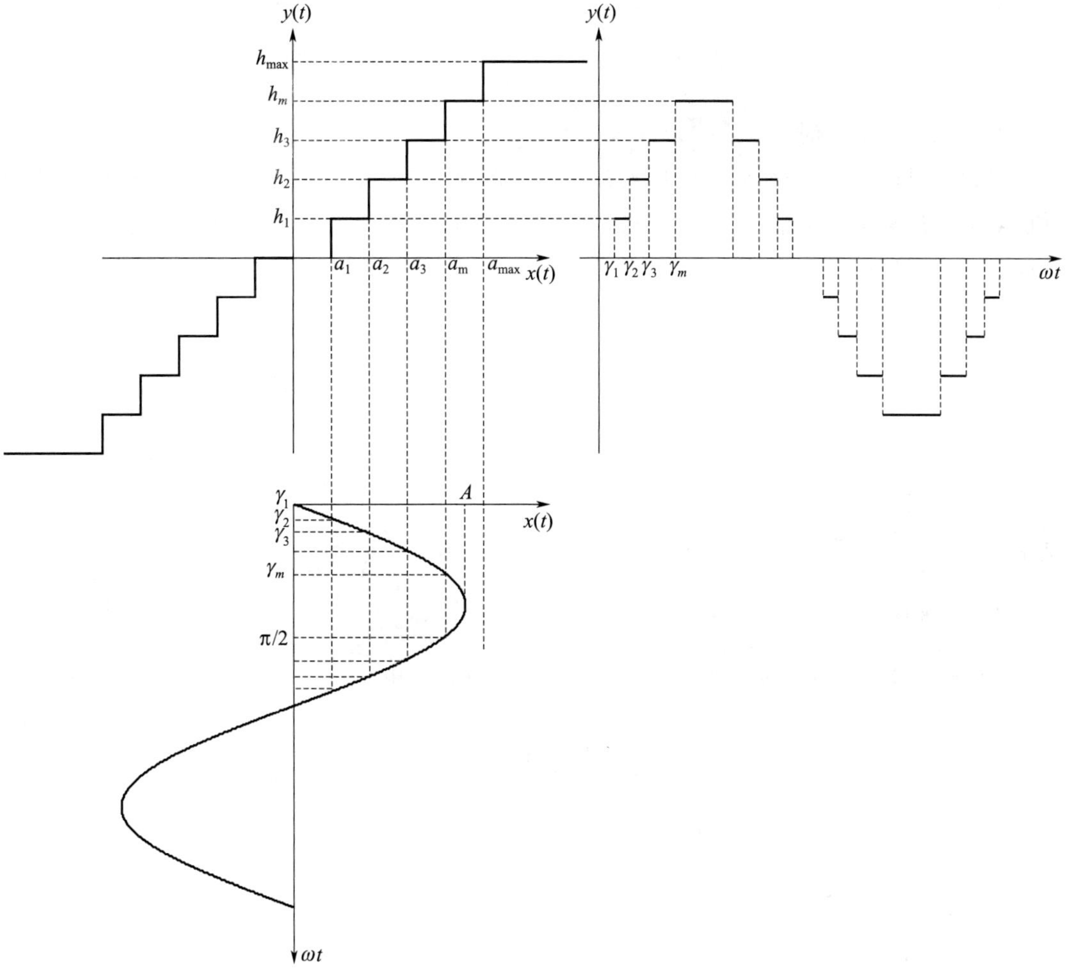

图 7-19　“取整—饱和”非线性环节及其输入-输出关系

描述函数的形式为 $N(A,\ \omega)=\dfrac{1}{A}(B_1+A_1 j)$ ，其中 $A_1=\dfrac{1}{\pi}\int_{-\pi}^{\pi}y(t)\cos(\omega t)\,\mathrm{d}(\omega t)$ ，$B_1=\dfrac{1}{\pi}\int_{-\pi}^{\pi}y(t)\sin(\omega t)\,\mathrm{d}(\omega t)$

由于 $y(t)$ 为奇函数，所以 $A_1=0$，并且由 $y(t)$ 在一个周期内 4 个部分的对称性得到

$$
\begin{aligned}
B_1&=\frac{1}{\pi}\int_{-\pi}^{\pi}y(t)\sin(\omega t)\,\mathrm{d}(\omega t)=\frac{4}{\pi}\int_{0}^{\pi/2}y(t)\sin(\omega t)\,\mathrm{d}(\omega t)\\
&=\frac{4}{\pi}\left[\int_{\gamma_1}^{\gamma_2}h_1\sin(\omega t)\,\mathrm{d}(\omega t)+\int_{\gamma_2}^{\gamma_3}(h_2)\sin(\omega t)\,\mathrm{d}(\omega t)+\cdots+\int_{\gamma_m}^{\pi/2}(h_m)\sin(\omega t)\,\mathrm{d}(\omega t)\right]\\
&=\frac{4}{A\pi}\sum_{i=1}^{m}(h_i-h_{i-1})\sqrt{A^2-a_i^2}
\end{aligned}
\tag{7-20}
$$

其中　$h_0=0$，$a_0=0$，$a_m<A<a_{m+1}$ 。

从而得到非线性描述函数为

$$N(A)=\frac{B_1+jA_1}{A}=\frac{4}{A^2\pi}\sum_{i=1}^{m}(h_i-h_{i-1})\sqrt{A^2-a_i^2} \tag{7-21}$$

2）当 $A>a_{\max}$ 时

“取整一饱和”非线性环节的输入输出关系如图 7-20 所示。可以看到此时饱和特性开始对输入信号进行限幅，其输出函数的一个周期仍旧可以分成 4 个对称的部分。在第一个四分之一周期内，它可以表示为

$$y(t)=\begin{cases}0 & 0\leqslant \omega t\leqslant \gamma_1\\ h_1 & \gamma_1<\omega t\leqslant \gamma_2\\ \vdots & \vdots\\ h_{\max} & \gamma_{\max}<\omega t\leqslant \dfrac{\pi}{2}\end{cases} \tag{7-22}$$

其中　$\gamma_1=\arcsin\dfrac{a_1}{A}$，$\gamma_2=\arcsin\dfrac{a_2}{A}$，…，$\gamma_{\max}=\arcsin\dfrac{a_{\max}}{A}$。

由 $y(t)$ 在一个周期内 4 个部分的对称性得到

$$\begin{aligned}B_1&=\frac{1}{\pi}\int_{-\pi}^{\pi}y(t)\sin(\omega t)\mathrm{d}(\omega t)=\frac{4}{\pi}\int_{0}^{\pi/2}y(t)\sin(\omega t)\mathrm{d}(\omega t)\\&=\frac{4}{\pi}\left[\int_{\gamma_1}^{\gamma_2}h_1\sin(\omega t)\mathrm{d}(\omega t)+\int_{\gamma_2}^{\gamma_3}(h_2)\sin(\omega t)\mathrm{d}(\omega t)+\cdots+\int_{\gamma_{\max}}^{\pi/2}(h_m)\sin(\omega t)\mathrm{d}(\omega t)\right]\\&=\frac{4}{A\pi}\sum_{i=1}^{\max}(h_i-h_{i-1})\sqrt{A^2-a_i^2}\end{aligned} \tag{7-23}$$

从而得到非线性描述函数为

$$N(A)=\frac{B_1+jA_1}{A}=\frac{4}{A^2\pi}\sum_{i=1}^{\max}(h_i-h_{i-1})\sqrt{A^2-a_i^2} \tag{7-24}$$

将式（7-21）和式（7-24）合并如下

$$N(A)=\begin{cases}\dfrac{4}{A^2\pi}\displaystyle\sum_{i=1}^{m}(h_i-h_{i-1})\sqrt{A^2-a_i^2} & A\leqslant a_{\max}\\ \dfrac{4}{A^2\pi}\displaystyle\sum_{i=1}^{\max}(h_i-h_{i-1})\sqrt{A^2-a_i^2} & A>a_{\max}\end{cases} \tag{7-25}$$

7.3.2　脉冲发动机“取整—饱和”非线性特性对复合控制系统的影响分析

当气动舵单独作用于弹体时，系统的动态特性由其在滑动流形上的等效系统唯一表征，对于直接力作为输入的外环控制来说，气动舵控制回路在滑动流形上的等价系统成为其新的控制对象。因此直接力控制回路的数学表达式重写如下

$$\dot{\boldsymbol{X}}=\{\boldsymbol{I}_4+\boldsymbol{b}_1\cdot[-(\boldsymbol{G}\boldsymbol{b}_1)^{-1}\boldsymbol{G}]\}(\boldsymbol{A}\boldsymbol{X})+\boldsymbol{b}_2\dot{\boldsymbol{u}}_2=\bar{\boldsymbol{A}}\boldsymbol{X}+\boldsymbol{b}_2\dot{\boldsymbol{u}}_2 \tag{7-26}$$

由于控制系统采用平滑控制思想对控制对象进行重构，因此系统的虚拟控制量是 $\dot{\boldsymbol{u}}_2$，

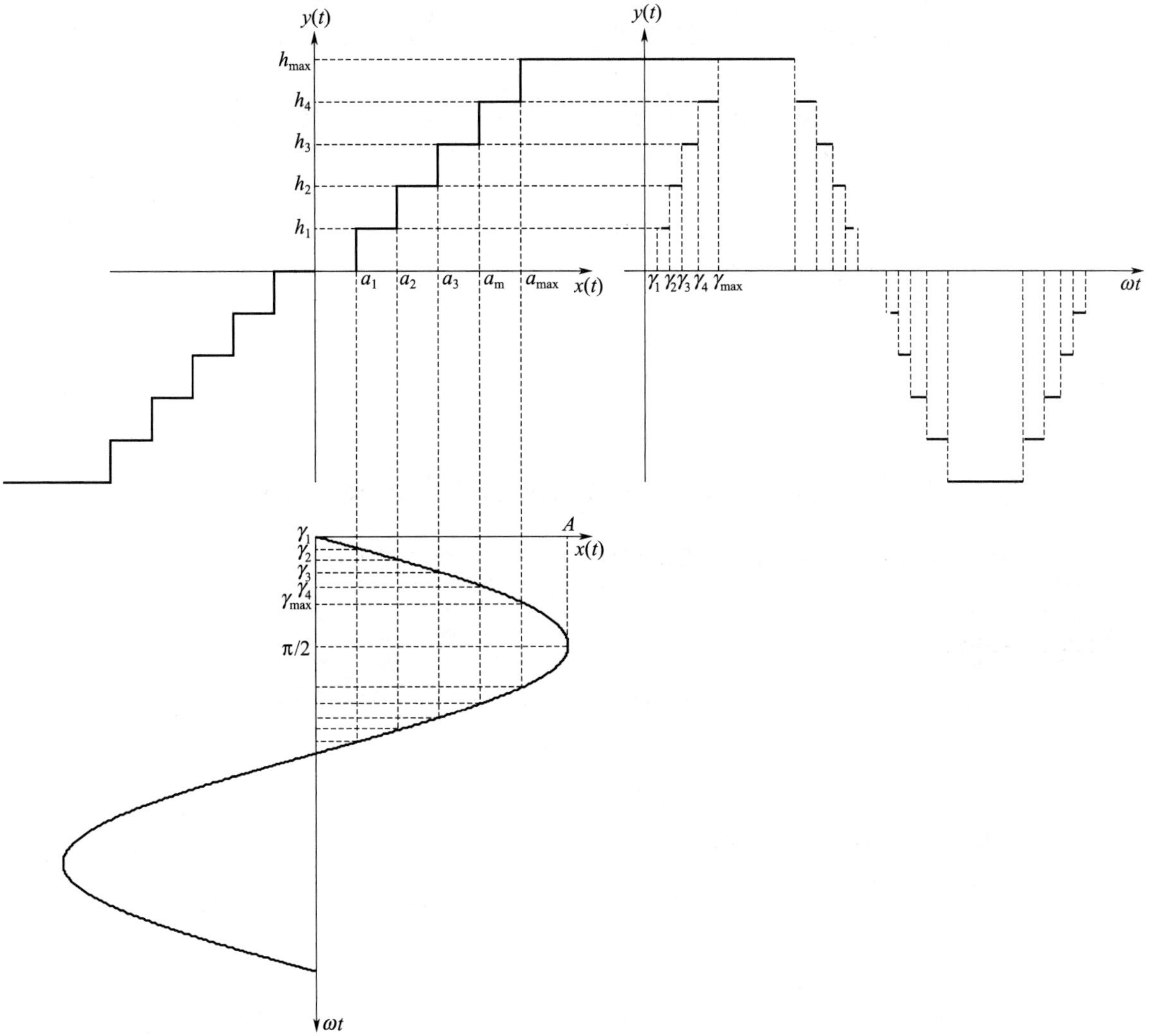

图 7－20　“取整—饱和”非线性环节及其输入—输出关系

$\dot{\boldsymbol{u}}_2$ 经过积分环节得到以连续变量表征的脉冲发动机点火个数 $\boldsymbol{u}_2$，$\boldsymbol{u}_2$ 经过图 7－19 所示的“取整—饱和”非线性环节，得到整数化的点火个数 n ，非线性环节用 ϕ 表示，则包含脉冲发动机非线性特性的直接力控制回路示意图如图 7－21 所示

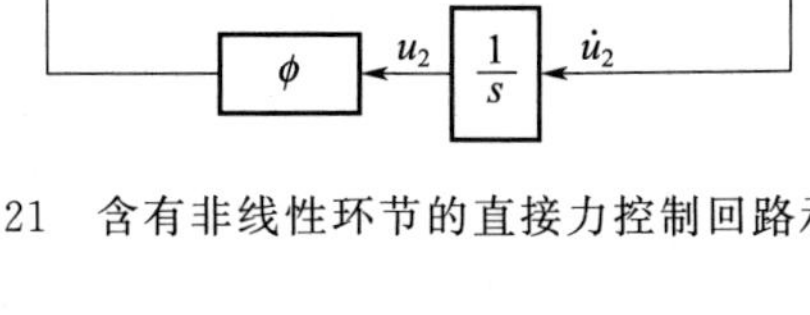

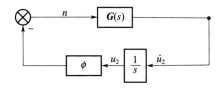

图 7－21　含有非线性环节的直接力控制回路示意图

图 7－21 中的非线性环节用 ϕ 表示，线性环节表达式为

$$\boldsymbol{G}(s)=\boldsymbol{K}\ (sI-\bar{A})^{-1}\boldsymbol{b}_2 \tag{7-27}$$

其中，$\boldsymbol{K}$ 是直接力控制回路的状态反馈矩阵，$\boldsymbol{b}_2=\begin{bmatrix}0 & -\dfrac{V}{g}a'_5 & 0 & a'_3\end{bmatrix}^{\mathrm{T}}$。

将图 7-21 中的积分环节 $\dfrac{1}{s}$ 并入传递函数 $\boldsymbol{G}(s)$，并将非线性环节用描述函数 $N(A)$ 表示，得到闭环系统的特征方程为

$$\bar{\boldsymbol{G}}(\mathrm{j}\omega)\boldsymbol{N}(A)+1=0 \tag{7-28}$$

其中，$\bar{\boldsymbol{G}}(\mathrm{j}\omega)=\boldsymbol{G}(\mathrm{j}\omega)\dfrac{1}{\mathrm{j}\omega}$。

将（7-28）其写为如下形式

$$\bar{\boldsymbol{G}}(\mathrm{j}\omega)=-\frac{1}{\boldsymbol{N}(A)} \tag{7-29}$$

由式（7-29），可以同时画出频率响应函数 $\bar{\boldsymbol{G}}(\mathrm{j}\omega)$ 的图像和描述函数的负倒数 $-\dfrac{1}{\boldsymbol{N}(A)}$ 的图像，从而预测系统中是否出现极限环，对系统性能进行校核。

7.3.3 实例分析

某弹道特征点为例，其频域传递函数为

$$\bar{G}(\mathrm{j}\omega)=\frac{-18.85\mathrm{j}\omega^3-743.4\omega^2+3\ 970\mathrm{j}\omega-3.296}{\mathrm{j}\omega^5+50\omega^4-800\mathrm{j}\omega^3-4\ 000\omega^2}$$

画出系统在该特征点的 Nyquist 曲线如图 7-22 所示。

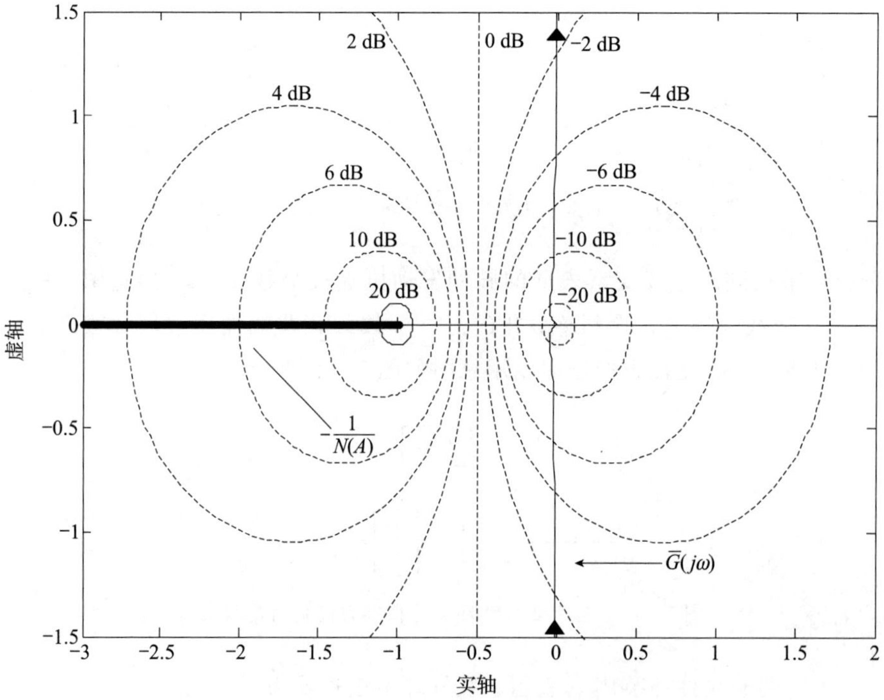

图 7-22 直接力控制回路 Nyquist 曲线

从图 7-22 可以看出，线性部分 $\bar{G}(\mathrm{j}\omega)$ 的 Nyquist 曲线与非线性部分的负倒描述函数 $-\dfrac{1}{N(A)}$ 的曲线没有交点，说明控制系统不存在极限环，“取整一饱和”硬非线性环节对复合控制系统的性能不会产生不利影响，确保了控制系统具有期望的良好性能。

另外，由于侧向喷流气动干扰效应的影响，脉冲发动机所产生的力和力矩的效率都会有所变化，表现为与直接力相关的动力系数 a'_3 和 a'_5 的改变，分别取攻角为 0°、10°、20°，喷管开启个数为 5 时的侧喷干扰情况，其直接力控制回路的 Nyquist 曲线如图 7-23 所示，其中图 7-23（b）为局部放大图。当取攻角分别为−10°、−20°、−30°，喷管开启个数为 5 时的侧喷干扰情况，其直接力控制回路的 Nyquist 曲线如图 7-24 所示，其中图 7-24（b）为局部放大图。其中侧喷干扰因子的大小如表 7-2、表 7-3 所示。由表 7-3 可以看出，在负攻角时，力干扰因子在已经出现极性改变的情况，说明侧喷干扰效应已经较为严重。

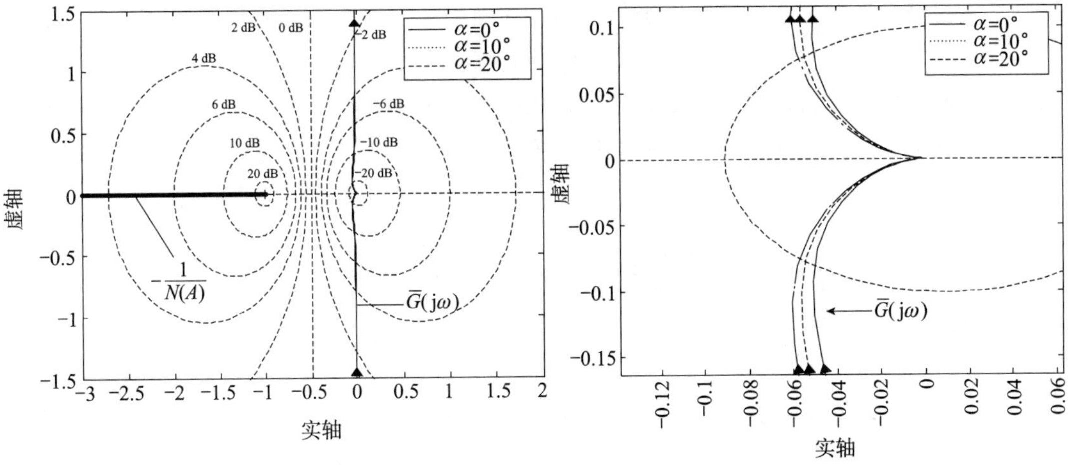

(a) 全景图　　(b) 局部放大

图 7-23　直接力控制回路 Nyquist 曲线（考虑侧喷干扰）（见彩插）

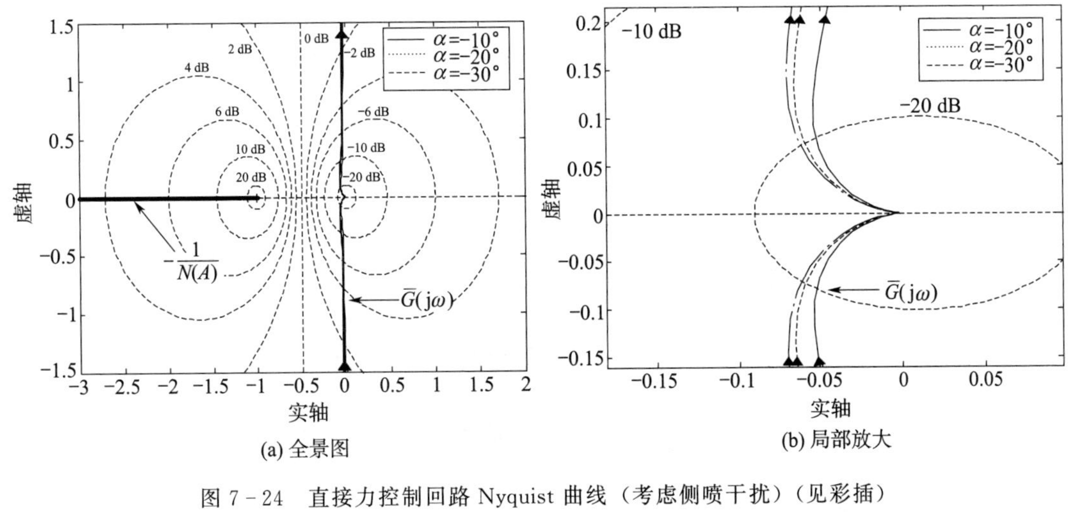

(a) 全景图　　(b) 局部放大

图 7-24　直接力控制回路 Nyquist 曲线（考虑侧喷干扰）（见彩插）

表 7-2 力干扰因子

干扰因子	K_F					
攻角/(°)	0	10	20	−10	−20	−30
大小	0.864 6	1.040 1	1.036 9	0.409 8	−0.206 6	−0.656 8

表 7-3 力矩干扰因子

干扰因子	K_M					
攻角/(°)	0	10	20	−10	−20	−30
大小	1.002 2	1.115 7	1.073 3	1.364 3	1.360 6	0.921 7

由图 7-23、图 7-24 可以看出，线性部分频率响应函数 $\bar{G}(j\omega)$ 图像与非线性部分的负倒描述函数 $-\dfrac{1}{N(A)}$ 的曲线没有交点，说明在侧喷干扰效应影响下，特别是力干扰因子已经改变极性的情况下，控制系统仍然不存在极限环，确保了复合控制系统具有良好的鲁棒性。

值得说明的是，目前控制理论界尚没有统一的方法对非线性系统中是否存在极限环进行严格的理论证明，描述函数方法是工程中较常采用的工具。对于其他特征点，可以用相同的方法对其进行检验，确保复合控制系统在整个弹道上具有良好的鲁棒性。

7.4 脉冲发动机离散动态特性及“取整量化”误差对复合控制系统的稳定性影响分析

在研究复合控制方法时，虽然是按照连续系统设计的，但是脉冲发动机是离散脉冲式的执行机构，这种离散脉冲式的工作方式不同于传统意义下的数字采样系统，而是涉及执行机构本身的工作特性，因此有必要在考虑脉冲发动机离散动态特性的前提下，对复合控制系统的性能进行校核。

7.4.1 脉冲发动机离散动态特性和“取整量化”误差的数学描述

直接力控制回路的状态方程为 $\dot{\boldsymbol{X}}=\bar{\boldsymbol{A}}\boldsymbol{X}+\boldsymbol{b}_2\dot{\boldsymbol{u}}_2$，其中 $\bar{\boldsymbol{A}}$ 的表达式为

$$\bar{A}=\begin{bmatrix} 0 & 1 & 0 & 0 \\ 0 & \dfrac{a_4a_3g-Va_5g_0-a_5a_2g}{Va_5g_1-a_3g} & \dfrac{Va_2a_5-Va_3a_4}{Va_5g_1-a_3g} & \dfrac{-Va_5g_2-Va_1a_5}{Va_5g_1-a_3g} \\ 0 & 0 & 0 & 1 \\ 0 & \dfrac{a_2a_5g\cdot g_1+a_3g\cdot g_0-a_3a_4g\cdot g_0}{Va_5g_1-a_3g} & \dfrac{-Va_5a_2g_1+Va_3a_4g_1}{Va_5g_1-a_3g} & \dfrac{-Va_5a_1g_1+Va_3g\cdot g_1}{Va_5g_1-a_3g} \end{bmatrix}$$

其中，a_1、a_2、a_3、a_4、a_5 为动力系数，g 为重力加速度，g_0、g_1、g_2、g_3 为气动舵控制回路参数。

以非滚转导弹为例，利用 Backstepping 方法所设计的直接力控制回路的控制律为 $\dot{\boldsymbol{u}}_2 = -\boldsymbol{K} \cdot \boldsymbol{X}$，$\boldsymbol{K}$ 为状态反馈矩阵。因此，完成闭环设计的复合控制系统状态方程为 $\dot{\boldsymbol{X}} = (\bar{\boldsymbol{A}} - b_2\boldsymbol{K})\boldsymbol{X}$。整个控制系统的性能在仿真实例中已经得到完全的展示，显示出了良好的跟踪性能。但是由于脉冲发动机是离散脉冲式工作的执行机构，在回路中“强加”的“取整量化”运算会引入相应量化误差，这些因素都会对控制系统的性能产生影响，本节将在考虑脉冲发动机离散动态特性的前提下，对复合控制系统的稳定性进行分析与论证。

由于脉冲发动机是离散工作的，其工作时间为 T，在时间 T 内，其工作特性如图 7 - 25 所示，为一个典型的梯形波形式，在起始时刻有 1 ms 的延时，上升至稳态的时间为 3 ms，在结束时刻前亦有 1 ms 的延时，图 7 - 25（b）为脉冲发动机在一个工作时间内，其一阶导数的曲线。

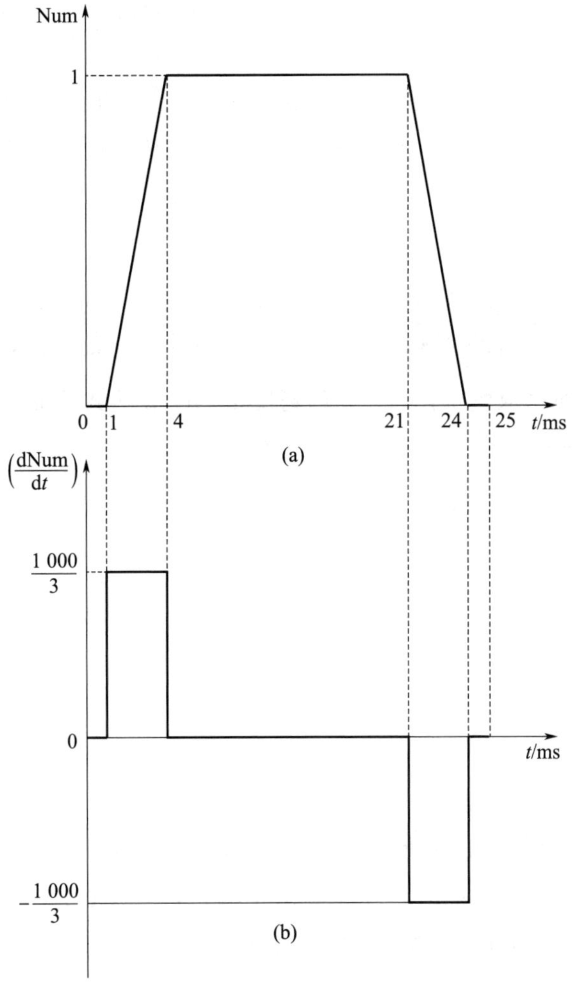

图 7 - 25　脉冲发动机离散动态工作特性

本节将考查在脉冲发动机的一个工作时间 T 内，其离散动态特性和“取整量化”误差对控制系统稳定性的影响。值得说明的是，时间 T 并不是数字控制系统的采样周期，采样周期通常要比脉冲发动机工作时间小。由于采样周期较短，因此在采样周期内无法完整地对图 7-25 所示的脉冲发动机动态特性进行描述。本节首先将闭环状态方程按脉冲发动机工作时间 T 进行分段离散化，对脉冲发动机的离散动态特性和“取整量化”误差对控制系统稳定性的影响进行统一的考虑。

由图 7-25 可知，对于直接力控制回路的状态方程 $\dot{\boldsymbol{X}}=\bar{\boldsymbol{A}}\boldsymbol{X}+\boldsymbol{b}_2\dot{\boldsymbol{u}}_2$ 来说，其控制量 $\dot{\boldsymbol{u}}_2$ 在脉冲发动机的一个工作时间 T 内表达式为

$$\dot{\boldsymbol{u}}_2=\begin{cases}\dfrac{1\,000}{3}N_{yc} & t\in[t_0+0.001,t_0+0.004]\\ -\dfrac{1\,000}{3}N_{yc} & t\in[t_0+0.021,t_0+0.024]\\ 0 & t\in[t_0,t_0+0.001)\cup(t_0+0.004,t_0+0.021)\cup(t_0+0.024,t_0+0.025]\end{cases}\tag{7-30}$$

其中，N_{yc} 为脉冲发动机的点火个数。这里的 N_{yc} 只是连续化的“名义”点火个数，$N_{yc}\in\mathbf{R}$，t_0 为脉冲发动机点火时刻。而在考虑系统“取整量化”误差情况下，脉冲发动机点火个数 N_{yc} 的表达式为

$$N_{yc}(t)=\bar{N}_{yc}(t)+q(t)\tag{7-31}$$

其中，$\bar{N}_{yc}(t)$ 为“取整量化”后的点火个数，$\bar{N}_{yc}(t)\in\boldsymbol{Z}$；$q(t)$ 为“取整量化”误差，$|q(t)|\leqslant\varepsilon$，在本文的“取整量化”环节中，采用四舍五入的方式，因此，$\varepsilon=0.5$。

在考虑脉冲发动机“取整量化”误差的情况下，$\dot{\boldsymbol{u}}_2$ 表达式为 $\dot{\boldsymbol{u}}_2=\dot{\bar{\boldsymbol{u}}}_2+\boldsymbol{\beta}\cdot\boldsymbol{q}(t)$，其中，$\beta$ 在脉冲发动机的一个工作时间 T 内的表达式为

$$\beta=\begin{cases}\dfrac{1\,000}{3} & t\in[t_0+0.001,t_0+0.004]\\ -\dfrac{1\,000}{3} & t\in[t_0+0.021,t_0+0.024]\\ 0 & t\in[t_0,t_0+0.001)\cup(t_0+0.004,t_0+0.021)\cup(t_0+0.024,t_0+0.025]\end{cases}\tag{7-32}$$

因此，在实际系统中，量化误差项 $\boldsymbol{\beta}\cdot\boldsymbol{q}(t)$ 则作为扰动而存在，对于完成闭环设计的实际系统，其状态表达式为

$$\begin{aligned}\dot{\boldsymbol{X}}(t)&=\bar{\boldsymbol{A}}\boldsymbol{X}(t)+\boldsymbol{b}_2\dot{\boldsymbol{u}}_2=\bar{\boldsymbol{A}}\boldsymbol{X}(t)+\boldsymbol{b}_2[\dot{\bar{\boldsymbol{u}}}_2+\boldsymbol{\beta q}(t)]\\&=\bar{\boldsymbol{A}}\boldsymbol{X}(t)+\boldsymbol{b}_2[-\boldsymbol{KX}+\boldsymbol{b}_2\cdot\boldsymbol{\beta q}(t)]=\tilde{\boldsymbol{A}}\boldsymbol{X}(t)+\boldsymbol{b}_2\cdot\boldsymbol{\beta q}(t)\end{aligned}\tag{7-33}$$

按脉冲发动机的工作时间 T 将离散化，得到

$$\boldsymbol{X}(t_0+T)=\mathrm{e}^{\widetilde{A}T}\boldsymbol{X}(t_0)+\int_{t_0}^{t_0+T}\mathrm{e}^{\widetilde{A}(t_0+T-\tau)}b_2\cdot\beta q(\tau)\,\mathrm{d}\tau\tag{7-34}$$

其中，t_0 是脉冲发动机点火的初始时刻。

考查式（7-34）中的第二项，化简如下

$$\int_{t_0}^{t_0+T} e^{\widetilde{A}(t_0+T-\tau)} b_2 \cdot \beta q(\tau)\,d\tau = \int_0^T e^{\widetilde{A}t} b_2 \cdot \beta q(t)\,dt \tag{7-35}$$

“取整量化”误差 $q(\tau)$ 是一个随机量，它由四舍五入运算产生，但在一个脉冲发动机点火周期内，它是一个常值，则

$$\int_0^T e^{\widetilde{A}t} b_2 \cdot \beta q(t)\,dt = q \cdot \int_0^T e^{\widetilde{A}t} b_2 \beta\,dt \tag{7-36}$$

将 β 表达式代入上式，得

$$q\int_0^T e^{\widetilde{A}t} b_2 \beta\,dt = q \cdot \frac{1\,000}{3} \cdot \left(\int_{0.001}^{0.004} e^{\widetilde{A}t} b_2\,dt - \int_{0.021}^{0.024} e^{\widetilde{A}t} b_2\,dt\right) \tag{7-37}$$

若 $\widetilde{A}$ 的特征值为 $\widetilde{\lambda}_1$，$\widetilde{\lambda}_2$，…，$\widetilde{\lambda}_n$，特征向量为 $\boldsymbol{p}_1$，$\boldsymbol{p}_2$，…，$\boldsymbol{p}_n$，并令 $B_{d1} = \int_{0.001}^{0.004} e^{\widetilde{A}t} b_2\,dt$ 、$B_{d2} = \int_{0.021}^{0.024} e^{\widetilde{A}t} b_2\,dt$ ，则有

$$B_{d1} = \int_{0.001}^{0.004} e^{\widetilde{A}t} b_2\,dt = \int_{0.001}^{0.004} \boldsymbol{P} \begin{bmatrix} e^{\widetilde{\lambda}_1 t} & & & \\ & e^{\widetilde{\lambda}_2 t} & & \\ & & \ddots & \\ & & & e^{\widetilde{\lambda}_n t} \end{bmatrix} P^{-1} b_2\,dt \tag{7-38}$$

$$B_{d2} = \int_{0.021}^{0.024} e^{\widetilde{A}t} b_2\,dt = \int_{0.021}^{0.024} \boldsymbol{P} \begin{bmatrix} e^{\widetilde{\lambda}_1 t} & & & \\ & e^{\widetilde{\lambda}_2 t} & & \\ & & \ddots & \\ & & & e^{\widetilde{\lambda}_n t} \end{bmatrix} P^{-1} b_2\,dt \tag{7-39}$$

其中，$P = (\boldsymbol{p}_1, \boldsymbol{p}_2, \cdots, \boldsymbol{p}_n)$ 。

由 $H = e^{\widetilde{A}T}$ ，令 $\boldsymbol{Q} = q \cdot \frac{1\,000}{3} \cdot (B_{d1} - B_{d2})$ ，则

$$\boldsymbol{X}(t_0 + T) = \boldsymbol{H}\boldsymbol{X}(t_0) + \boldsymbol{Q} \tag{7-40}$$

式（7-40）即为考虑脉冲发动机离散动态特性及“取整量化”误差的控制系统状态方程，与不考虑“取整量化”误差的系统相比，方程在形式上增加了一个扰动项 $\boldsymbol{Q}$ 。因此方程的建立，使得可以在考虑其离散动态工作特性和“取整量化”误差的前提下，对系统的稳定性进行分析，对控制算法的性能进行进一步的校核。

7.4.2 脉冲发动机离散动态特性及量化误差对控制系统的稳定性影响分析

关于量化误差对系统稳定性的影响，本节将在考虑脉冲发动机离散动态特性的情况下，基于状态范数有界的思想，针对“取整量化”误差对直接力/气动力复合控制系统的影响进行详细分析，并对相关结论进行严格的理论推导，所得到的结论可以对复合控制系统的稳定性进行校核。

在本节的定理叙述和证明过程中，$\|\cdot\|$ 为向量和矩阵的 2－范数。

考虑脉冲发动机离散动态特性及“取整量化”误差的情况下，考查系统状态的有界

性，对 $\forall t \in [t_0, t_0+T]$ 有如下定理。

定理 7-1 对于系统方程，如果 $\exists \gamma_1 > 0$，使得 $\| \boldsymbol{X}(t_0) \| < \gamma_1 \varepsilon$ 成立，则一定存在 $\gamma_2 > 0$，使得 $\forall t \in [t_0, t_0+T]$ ，$\| \boldsymbol{X}(t) \| \leqslant \gamma_2 \cdot \varepsilon$ 成立。

证明： 对 $\forall t \in [t_0, t_0+T]$ ，由可以得到

$$\boldsymbol{X}(t) = \boldsymbol{X}(t_0) + \int_{t_0}^{t} [\widetilde{\boldsymbol{A}}\boldsymbol{X}(\tau) + \boldsymbol{b}_2 \cdot \boldsymbol{\beta q}(\tau)]\,\mathrm{d}\tau \tag{7-41}$$

令 $B_\beta = b_2 \cdot \beta$ ，则有

$$\begin{aligned}\boldsymbol{X}(t) &= \boldsymbol{X}(t_0) + \int_{t_0}^{t} [\widetilde{\boldsymbol{A}}\boldsymbol{X}(\tau) + \boldsymbol{B}_\beta \boldsymbol{q}(\tau)]\,\mathrm{d}\tau \\ &= \boldsymbol{X}(t_0) + \int_{t_0}^{t} [\widetilde{\boldsymbol{A}}\boldsymbol{X}(\tau)]\,\mathrm{d}\tau + \int_{t_0}^{t} [\boldsymbol{B}_\beta \boldsymbol{q}(\tau)]\,\mathrm{d}\tau\end{aligned} \tag{7-42}$$

将式（7-42）两边取范数，则有

$$\begin{aligned}\| \boldsymbol{X}(t) \| &\leqslant \| \boldsymbol{X}(t_0) \| + \int_{t_0}^{t} (\| \widetilde{\boldsymbol{A}} \| \cdot \| \boldsymbol{X}(\tau) \|)\,\mathrm{d}\tau + (\| \boldsymbol{B}_\beta \|_{\max} \cdot \| \boldsymbol{q}(t_0) \|) \cdot (t - t_0) \\ &\leqslant \| \boldsymbol{X}(t_0) \| + \int_{t_0}^{t} (\| \widetilde{\boldsymbol{A}} \| \cdot \| \boldsymbol{X}(\tau) \|)\,\mathrm{d}\tau + (\| \boldsymbol{B}_\beta \|_{\max} \cdot \| \boldsymbol{q}(t_0) \|) \cdot T\end{aligned} \tag{7-43}$$

考虑到 $\| \boldsymbol{X}(t_0) \| + (\| \boldsymbol{B}_\beta \|_{\max} \cdot \| \boldsymbol{q}(t_0) \|) \cdot T \leqslant \gamma_1 \varepsilon + (\| \boldsymbol{B}_\beta \|_{\max} T) \cdot \varepsilon \leqslant \varepsilon \cdot \sqrt{\gamma_1^2 + T^2 \| \boldsymbol{B}_\beta \|_{\max}^2}$ ，则由式（7-43）可以得到

$$\| \boldsymbol{X}(t) \| \leqslant \varepsilon \cdot \sqrt{\gamma_1^2 + T^2 \| \boldsymbol{B}_\beta \|_{\max}^2} + \int_{t_0}^{t} (\| \widetilde{\boldsymbol{A}} \| \cdot \| \boldsymbol{X}(\tau) \|)\,\mathrm{d}\tau \tag{7-44}$$

由 Gronwall-Bellman 不等式，则由式 得到

$$\begin{aligned}\| \boldsymbol{X}(t) \| &\leqslant \left(\varepsilon \cdot \sqrt{\gamma_1^2 + T^2 \| \boldsymbol{B}_\beta \|_{\max}^2}\right) \cdot \exp\left(\int_{t_0}^{t} (\| \widetilde{\boldsymbol{A}} \|)\,\mathrm{d}\tau\right) \\ &= \left(\varepsilon \cdot \sqrt{\gamma_1^2 + T^2 \| \boldsymbol{B}_\beta \|_{\max}^2}\right) \cdot \exp[\| \widetilde{\boldsymbol{A}} \| \cdot (t - kT)] \\ &\leqslant \left(\varepsilon \cdot \sqrt{\gamma_1^2 + T^2 \| \boldsymbol{B}_\beta \|_{\max}^2}\right) \cdot \exp(\| \widetilde{\boldsymbol{A}} \| \cdot T)\end{aligned} \tag{7-45}$$

取 $\gamma_2 = \left(\sqrt{\gamma_1^2 + T^2 \| \boldsymbol{B}_\beta \|_{\max}^2}\right) \cdot e^{(\| \widetilde{\boldsymbol{A}} \| \cdot T)}$ ，则可以得到 $\| \boldsymbol{X}(t) \| \leqslant \gamma_2 \cdot \varepsilon$ ，证毕。

定理 7-1 的结论说明，在考虑脉冲发动机“取整量化”误差的情况下，如果在脉冲发动机某次点火的初始时刻 t_0，能够保证其状态 $\| \boldsymbol{X}(t_0) \|$ 有界，则在本次脉冲发动机工作时间内，直接力/气动力复合控制系统的状态始终是有界的，并且能够确切给出状态的上界。但这个结论尚不足以说明复合控制的稳定性。下面在定理 7-1 的基础上，给出复合控制系统在 Lagrange 意义下稳定的充分条件，有如下定理 7-2。

定理 7-2 对于系统，如果 H 是 Schur 稳定的，则一定存在 $\zeta_2 \geqslant \zeta_1 > 0$，当 $\| \boldsymbol{X}(t_0) \| \leqslant \zeta_1 \varepsilon$ 时，有以下两个结论成立：

1）对 $\forall k \in \mathbf{Z}^+$ ，$t = t_0 + kT$ ，$\| \boldsymbol{X}(t) \| < \zeta_2 \varepsilon$ 成立；

2）系统在 Lagrange 意义下稳定。

证明：先证明结论 1）。

由于 H 是 Schur 稳定的，则存在实对称正定矩阵 $\boldsymbol{P}$，使得

$$\boldsymbol{H}^{\mathrm{T}}\boldsymbol{P}\boldsymbol{H}-\boldsymbol{P}=-I \tag{7-46}$$

因此，$\boldsymbol{H}^{\mathrm{T}}\boldsymbol{P}\boldsymbol{H}+\boldsymbol{I}=\boldsymbol{P}$，由于 $\boldsymbol{H}^{\mathrm{T}}\boldsymbol{P}\boldsymbol{H}$ 也为正定矩阵，因此其特征值 $\lambda(\boldsymbol{H}^{\mathrm{T}}\boldsymbol{P}\boldsymbol{H})>0$，进一步可得矩阵 $\boldsymbol{P}$ 的特征值满足

$$\lambda(\boldsymbol{P})>1$$

由于 $\boldsymbol{P}$ 为正定矩阵，则其可以分解为

$$\boldsymbol{P}=\boldsymbol{L}^{\mathrm{T}}\boldsymbol{\Lambda}\boldsymbol{L} \tag{7-47}$$

其中，$\boldsymbol{L}$ 是由 $\boldsymbol{P}$ 的特征向量构成的矩阵且 $\boldsymbol{L}^{\mathrm{T}}\boldsymbol{L}=\boldsymbol{I}$，$\boldsymbol{\Lambda}$ 是由 $\boldsymbol{P}$ 的特征值构成的对角矩阵。记 $\lambda_{\min}(\boldsymbol{P})$ 和 $\lambda_{\max}(\boldsymbol{P})$ 为 $\boldsymbol{P}$ 的最大和最小特征值。

如果令 $\boldsymbol{z}=\boldsymbol{L}\boldsymbol{X}$，则有

$$\boldsymbol{X}^{\mathrm{T}}\boldsymbol{P}\boldsymbol{X}=\boldsymbol{X}^{\mathrm{T}}\boldsymbol{L}^{\mathrm{T}}\boldsymbol{\Lambda}\boldsymbol{L}\boldsymbol{X}=\boldsymbol{z}^{\mathrm{T}}\boldsymbol{\Lambda}\boldsymbol{z} \tag{7-48}$$

又 $\boldsymbol{z}^{\mathrm{T}}\boldsymbol{z}=(\boldsymbol{L}\boldsymbol{X})^{\mathrm{T}}(\boldsymbol{L}\boldsymbol{X})=\|\boldsymbol{X}\|^{2}$，则有

$$\boldsymbol{X}^{\mathrm{T}}\boldsymbol{P}\boldsymbol{X}=\boldsymbol{z}^{\mathrm{T}}\boldsymbol{\Lambda}\boldsymbol{z}=\|\boldsymbol{\Lambda}\|\cdot\|\boldsymbol{z}^{\mathrm{T}}\boldsymbol{z}\|=\|\boldsymbol{\Lambda}\|\cdot\|\boldsymbol{X}\|^{2} \tag{7-49}$$

又 $\lambda_{\min}(\boldsymbol{P})\leqslant\|\boldsymbol{\Lambda}\|\leqslant\lambda_{\max}(\boldsymbol{P})$，得到

$$\lambda_{\min}(\boldsymbol{P})\|\boldsymbol{X}\|^{2}\leqslant\boldsymbol{X}^{\mathrm{T}}\boldsymbol{P}\boldsymbol{X}\leqslant\lambda_{\max}(\boldsymbol{P})\|\boldsymbol{X}\|^{2} \tag{7-50}$$

取 Lyapunov 函数为 $\boldsymbol{V}(\boldsymbol{X})=\boldsymbol{X}^{\mathrm{T}}\boldsymbol{P}\boldsymbol{X}$，考虑到 $\lambda(\boldsymbol{P})>1$，则

$$\|\boldsymbol{X}\|^{2}<\boldsymbol{X}^{\mathrm{T}}\boldsymbol{P}\boldsymbol{X}\leqslant\lambda_{\max}(\boldsymbol{P})\|\boldsymbol{X}\|^{2} \tag{7-51}$$

对 $\boldsymbol{V}[\boldsymbol{X}(t_0)]$ 作一阶差分，有

$$\begin{aligned}\Delta\boldsymbol{V}[\boldsymbol{X}(t_0)]&=\boldsymbol{V}[\boldsymbol{X}(t_0+T)]-\boldsymbol{V}[X(t_0)]=\boldsymbol{X}(t_0+T)^{\mathrm{T}}\boldsymbol{P}\boldsymbol{X}(t_0+T)-\boldsymbol{X}(t_0)^{\mathrm{T}}\boldsymbol{P}\boldsymbol{X}(t_0)\\&=[\boldsymbol{H}\boldsymbol{X}(t_0)+Q(t_0)]^{\mathrm{T}}\boldsymbol{P}[\boldsymbol{H}\boldsymbol{X}(t_0)+\boldsymbol{Q}(t_0)]-\boldsymbol{X}(t_0)^{\mathrm{T}}\boldsymbol{P}\boldsymbol{X}(t_0)\\&=\boldsymbol{X}(t_0)^{\mathrm{T}}[\boldsymbol{H}^{\mathrm{T}}\boldsymbol{P}\boldsymbol{H}-\boldsymbol{P}]\boldsymbol{X}(t_0)+2\boldsymbol{Q}(t_0)^{\mathrm{T}}\boldsymbol{P}\boldsymbol{H}\boldsymbol{X}(t_0)+\boldsymbol{Q}(t_0)^{\mathrm{T}}\boldsymbol{P}\boldsymbol{Q}(t_0)\\&=\boldsymbol{X}(t_0)^{\mathrm{T}}[-\boldsymbol{I}]\boldsymbol{X}(t_0)+2\boldsymbol{Q}(t_0)^{\mathrm{T}}\boldsymbol{P}\boldsymbol{H}\boldsymbol{X}(t_0)+\boldsymbol{Q}(t_0)^{\mathrm{T}}\boldsymbol{P}\boldsymbol{Q}(t_0)\end{aligned} \tag{7-52}$$

由于 $\boldsymbol{Q}=\boldsymbol{q}\cdot\dfrac{1\,000}{3}\cdot(\boldsymbol{B}_{d1}-\boldsymbol{B}_{d2})$，则

$$\|\boldsymbol{Q}\|=\left\|q\cdot\frac{1\,000}{3}\cdot(\boldsymbol{B}_{d1}-\boldsymbol{B}_{d2})\right\|\leqslant\|\boldsymbol{q}\|\cdot\left\|\frac{1\,000}{3}\cdot(\boldsymbol{B}_{d1}-\boldsymbol{B}_{d2})\right\| \tag{7-53}$$

令 $C=\left\|\dfrac{1\,000}{3}\cdot(\boldsymbol{B}_{d1}-\boldsymbol{B}_{d2})\right\|$，则

$$\|\boldsymbol{Q}\|=\left\|\boldsymbol{q}\cdot\frac{1\,000}{3}\cdot(\boldsymbol{B}_{d1}-\boldsymbol{B}_{d2})\right\|\leqslant C\|\boldsymbol{q}\| \tag{7-54}$$

进一步有

$$\begin{aligned}\Delta\boldsymbol{V}[\boldsymbol{X}(t_0)]&=\|\Delta\boldsymbol{V}(\boldsymbol{X}(t_0))\|\leqslant-\|[\boldsymbol{X}(t_0)]\|^{2}+2\|\boldsymbol{Q}(t_0)\|\cdot\|\boldsymbol{P}\boldsymbol{H}\|\cdot\|\boldsymbol{X}(t_0)\|\\&\quad+\|\boldsymbol{P}\|\cdot\|\boldsymbol{Q}(t_0)\|^{2}\\&=-\|[\boldsymbol{X}(t_0)]\|^{2}+2(C\varepsilon)\cdot\|\boldsymbol{P}\boldsymbol{H}\|\cdot\|\boldsymbol{X}(t_0)\|+\|\boldsymbol{P}\|\cdot C^{2}\varepsilon^{2}\end{aligned} \tag{7-55}$$

由式（7－51）、式（7－55）可得

$$\Delta\boldsymbol{V}[\boldsymbol{X}(t_0)]\leqslant-\frac{1}{\lambda_{\max}(P)}\boldsymbol{V}[\boldsymbol{X}(t_0)]+2(C\varepsilon)\cdot\|\boldsymbol{PH}\|\cdot\sqrt{\boldsymbol{V}[\boldsymbol{X}(t_0)]}+\|\boldsymbol{P}\|\cdot C^2\varepsilon^2 \tag{7-56}$$

取 $\rho=1-\dfrac{1}{\lambda_{\max}(\boldsymbol{P})}$，则 $0<\rho<1$，结合式得到

$$\begin{aligned}\|\boldsymbol{X}(t_0+T)\|^2&<V[\boldsymbol{X}(t_0+T)]=V[\boldsymbol{X}(t_0)]+\Delta V[\boldsymbol{X}(t_0)]\\&\leqslant\left(1-\frac{1}{\lambda_{\max}(\boldsymbol{P})}\right)V[\boldsymbol{X}(t_0)]+2(C\varepsilon)\cdot\|\boldsymbol{PH}\|\cdot\sqrt{V[\boldsymbol{X}(t_0)]}+\|\boldsymbol{P}\|\cdot C^2\varepsilon^2\\&=\rho\cdot V[\boldsymbol{X}(t_0)]+2(C\varepsilon)\cdot\|\boldsymbol{PH}\|\cdot\sqrt{V[X(t_0)]}+\|\boldsymbol{P}\|\cdot C^2\varepsilon^2\end{aligned} \tag{7-57}$$

取正数 ζ，使得 $\rho\zeta^2+2C\zeta(\|\boldsymbol{PH}\|)+C^2\|\boldsymbol{P}\|\leqslant\zeta^2$ 成立，令 $\zeta_1=\dfrac{\zeta}{\sqrt{\lambda_{\max}(\boldsymbol{P})}}$，则当 $\|\boldsymbol{X}(t_0)\|\leqslant\zeta_1\varepsilon$ 时，有 $\|\boldsymbol{X}(t_0)\|^2\leqslant\zeta_1^2\varepsilon^2$，即

$$\lambda_{\max}(\boldsymbol{P})\|\boldsymbol{X}(t_0)\|^2\leqslant\zeta^2\varepsilon^2 \tag{7-58}$$

结合式（7－51）、式（7－58），得到

$$\|V[\boldsymbol{X}(t_0)]\|\leqslant\zeta^2\varepsilon^2 \tag{7-59}$$

将式（7－59）式代入式（7－57），得到

$$\|\boldsymbol{X}(t_0+T)\|^2<V[\boldsymbol{X}(t_0+T)]\leqslant\rho\zeta^2\varepsilon^2+2C\cdot\|\boldsymbol{PH}\|\cdot\zeta\varepsilon^2+\|\boldsymbol{P}\|\cdot C^2\varepsilon^2 \tag{7-60}$$

考虑到 $\rho\zeta^2+2C\zeta(\|\boldsymbol{PH}\|)+C^2\|\boldsymbol{P}\|\leqslant\zeta^2$，则

$$\|\boldsymbol{X}(t_0)\|^2<\zeta^2\varepsilon^2 \tag{7-61}$$

因此，$\|\boldsymbol{X}(t_0)\|<\zeta\varepsilon$。

下面考查 $\boldsymbol{V}[\boldsymbol{X}(t_0+2T)]$ 与 $\|\boldsymbol{X}(t_0+2T)\|$ 的范围。

由式（7－60），并考虑到 $\rho\zeta^2+2C\zeta(\|\boldsymbol{PH}\|)+C^2\|\boldsymbol{P}\|\leqslant\zeta^2$，可得 $\boldsymbol{V}[\boldsymbol{X}(t_0+T)]\leqslant\zeta^2\varepsilon^2$，又因为

$$\begin{aligned}\|\boldsymbol{X}(t_0+2T)\|^2&<\boldsymbol{V}[\boldsymbol{X}(t_0+2T)]=\boldsymbol{V}[\boldsymbol{X}(t_0+T)]+\Delta\boldsymbol{V}[\boldsymbol{X}(t_0+T)]\\&\leqslant\rho\cdot\boldsymbol{V}[\boldsymbol{X}(t_0+T)]+2(C\varepsilon)\cdot\|\boldsymbol{PH}\|\cdot\sqrt{\boldsymbol{V}[\boldsymbol{X}(t_0+T)]}+\|\boldsymbol{P}\|\cdot C^2\varepsilon^2\end{aligned} \tag{7-62}$$

将 $\boldsymbol{V}[\boldsymbol{X}(t_0+T)]\leqslant\zeta^2\varepsilon^2$ 代入上式，得到 $\|\boldsymbol{X}(t_0+2T)\|^2<\boldsymbol{V}[\boldsymbol{X}(t_0+2T)]\leqslant\zeta^2\varepsilon^2$，即 $\boldsymbol{V}[\boldsymbol{X}(t_0+2T)]\leqslant\zeta^2\varepsilon^2$，$\|\boldsymbol{X}(t_0+2T)\|<\zeta\varepsilon$。

下面由数学归纳法证明，假设 $t=t_0+\kappa T$ 时，$\|\boldsymbol{X}(t)\|<\zeta\varepsilon$，$\boldsymbol{V}[\boldsymbol{X}(t)]\leqslant\zeta^2\varepsilon^2$ 成立，其中 $\kappa\in\boldsymbol{Z}^+$。则当 $t=t_0+(\kappa+1)T$ 时

$$\begin{aligned}\|\boldsymbol{X}[t_0+(\kappa+1)T]\|^2&<\boldsymbol{V}\{\boldsymbol{X}[t_0+(\kappa+1)T]\}=\boldsymbol{V}[\boldsymbol{X}(t_0+\kappa T)]+\Delta\boldsymbol{V}[\boldsymbol{X}(t_0+\kappa T)]\\&\leqslant\rho\cdot V[\boldsymbol{X}(t_0+\kappa T)]+2(C\varepsilon)\cdot\|\boldsymbol{PH}\|\cdot\sqrt{V[\boldsymbol{X}(t_0+\kappa T)]}+\|\boldsymbol{P}\|\cdot C^2\varepsilon^2\end{aligned}$$

由于 $\boldsymbol{V}[\boldsymbol{X}(t_0+\kappa T)]\leqslant\zeta^2\varepsilon^2$，则

$\| \boldsymbol{X}[t_0+(\kappa+1)T] \|^2 < \boldsymbol{V}\{\boldsymbol{X}[t_0+(\kappa+1)T]\} \leqslant \rho \cdot \zeta^2\varepsilon^2 + 2(C\zeta) \cdot \| \boldsymbol{PH} \| \cdot \varepsilon^2 + \| \boldsymbol{P} \| \cdot C^2\varepsilon^2$

考虑到 $\rho\zeta^2 + 2C\zeta(\| \boldsymbol{PH} \|) + C^2 \| \boldsymbol{P} \| \leqslant \zeta^2$，则有

$$\| \boldsymbol{X}[t_0+(\kappa+1)T] \|^2 < \boldsymbol{V}\{\boldsymbol{X}[t_0+(\kappa+1)T]\} \leqslant \zeta^2\varepsilon^2$$

即 $\| \boldsymbol{X}[t_0+(\kappa+1)T] \|^2 < \zeta^2\varepsilon^2, V\{\boldsymbol{X}[t_0+(\kappa+1)T]\} \leqslant \zeta^2\varepsilon^2$ 成立。依此类推，对 $\forall k \in \boldsymbol{Z}^+$，$\| \boldsymbol{X}(t_0+kT) \| < \zeta\varepsilon$ 成立。取 $\zeta_2 = \zeta$，则 $\| \boldsymbol{X}(t_0+kT) \| < \zeta_2\varepsilon$，结论 1）证毕。

下面证明结论 2）。

结论 1）说明，复合系统在脉冲发动机各个点火时刻的状态均为有界的，即

$$\| \boldsymbol{X}(t_0+kT) \| < \zeta_2 \quad \forall k \in \mathbb{Z}^+ \cup \{0\}$$

而由定理 7 - 1 可知，存在 $\zeta = \left(\sqrt{\zeta_2^2 + T^2 \| \boldsymbol{B}_\beta \|_{\max}^2}\right) \cdot e^{(\| \widetilde{A} \| \cdot T)}$，有下式成立

$$\| \boldsymbol{X}(t) \| \leqslant \zeta \cdot \varepsilon \quad t \in [t_0 + K \cdot T, t_0 + (k+1) \cdot T]$$

即复合控制系统在脉冲发动机工作时间内的状态也是有界的，则进一步有 $\forall t \geqslant t_0$，有 $\| \boldsymbol{X}(t) \| \leqslant \zeta_m \cdot \varepsilon$，其中 $\zeta_m = \max\{\zeta_2, \zeta\}$。因此，复合控制系统在 Lagrange 意义下稳定，定理 7 - 2 证毕。

定理 7 - 2 的结论说明，对于系统，如果 H 是 Schur 稳定的，则 $\| \boldsymbol{X}(t) \|$ 是有界的，即在考虑脉冲发动机离散动态特性及“取整量化”误差的情况下，复合控制系统是 Lagrange 意义下稳定的系统。

注意到定理 7 - 2 的条件要求 H 是 Schur 稳定的，这就意味着 H 的特征值均在单位圆内。下面将定理 7 - 2 的结论进行进一步的推广，探讨当 H 的特征值不全在单位圆内的情况下，复合系统在 Lagrange 意义下稳定的充分条件。

条件 7 - 1　矩阵 $\boldsymbol{H}$ 的特征值的幅值都小于或等于 1，且幅值为 1 的特征值是 $\boldsymbol{H}$ 最小多项式的单根，这就意味着存在如下正半定矩阵 $\boldsymbol{W}$，使得离散 Lyapunov 方程 $\boldsymbol{H}^{\mathrm{T}}\boldsymbol{PH} - \boldsymbol{P} = -\boldsymbol{W}$，有正定对称解 $\boldsymbol{P}$。

定理 7 - 3　对于系统，如果矩阵 $\boldsymbol{H}$ 满足条件 7 - 1 且 $\boldsymbol{W}$ 的特征值不全为 0，则系统在 Lagrange 意义下稳定。

证明：分情况进行讨论。

1）如果 $\boldsymbol{H}$ 的特征值的幅值都小于 1，则由定理 7—2 即可得结论成立。

2）如果 $\boldsymbol{H}$ 的特征值中，有一个幅值为 1 的特征值，取 Lyapunov 函数为 $\boldsymbol{V}[\boldsymbol{X}(t_0+k\cdot T)] = \boldsymbol{X}(t_0+k\cdot T)^{\mathrm{T}}\boldsymbol{PX}(t_0+k\cdot T)$，对 $\boldsymbol{V}[\boldsymbol{X}(t_0+k\cdot T)]$ 作一阶差分，有

$$\begin{aligned}
\Delta\boldsymbol{V}[\boldsymbol{X}(t_0+k\cdot T)] &= \boldsymbol{V}\{\boldsymbol{X}[t_0+(k+1)\cdot T]\} - \boldsymbol{V}[\boldsymbol{X}(t_0+k\cdot T)] \\
&= \boldsymbol{X}[t_0+(k+1)\cdot T]^{\mathrm{T}}\boldsymbol{PX}[t_0+(k+1)\cdot T] - \boldsymbol{X}(t_0+k\cdot T)^{\mathrm{T}}\boldsymbol{PX}(t_0+k\cdot T) \\
&= [\boldsymbol{HX}(t_0+k\cdot T) + \boldsymbol{Q}(t_0+k\cdot T)]^{\mathrm{T}}\boldsymbol{P}[\boldsymbol{HX}(t_0+k\cdot T) + \boldsymbol{Q}(t_0+k\cdot T)] - \\
&\quad \boldsymbol{X}(t_0+k\cdot T)^{\mathrm{T}}\boldsymbol{PX}(t_0+k\cdot T) \\
&= \boldsymbol{X}(t_0+k\cdot T)^{\mathrm{T}}[-\boldsymbol{W}]\boldsymbol{X}(t_0+k\cdot T) + 2\boldsymbol{Q}(t_0+k\cdot T)^{\mathrm{T}}\boldsymbol{PHX}(t_0+k\cdot T) + \\
&\quad \boldsymbol{Q}(t_0+k\cdot T)^{\mathrm{T}}\boldsymbol{PQ}(t_0+k\cdot T)
\end{aligned} \tag{7-63}$$

进一步有

$$\begin{aligned}\Delta \boldsymbol{V}[\boldsymbol{X}(t_0+k\cdot T)] &= \|\Delta \boldsymbol{V}[X(t_0+k\cdot T)]\| \\ &\leqslant -\|\boldsymbol{W}\|\cdot\|[\boldsymbol{X}(t_0+k\cdot T)]\|^2+2\|\boldsymbol{Q}(t_0+k\cdot T)\|\cdot \\ &\quad \|\boldsymbol{PH}\|\cdot\|\boldsymbol{X}(t_0+k\cdot T)\|+\|\boldsymbol{P}\|\cdot\|\boldsymbol{Q}(t_0+k\cdot T)\|^2 \\ &= -\|\boldsymbol{W}\|\cdot\|[\boldsymbol{X}(t_0+k\cdot T)]\|^2+2(C\varepsilon)\cdot\|\boldsymbol{PH}\|\cdot \\ &\quad \|\boldsymbol{X}(t_0+k\cdot T)\|+\|\boldsymbol{P}\|\cdot C^2\varepsilon^2\end{aligned} \tag{7-64}$$

令 $\eta_1=\|\boldsymbol{W}\|$，$\eta_2=2C\cdot\|\boldsymbol{PH}\|$，$\eta_3=\|\boldsymbol{P}\|\cdot C^2$，则

$$\Delta \boldsymbol{V}[\boldsymbol{X}(t_0+k\cdot T)]\leqslant -\mu_1\cdot\|[\boldsymbol{X}(t_0+k\cdot T)]\|^2+\mu_2\cdot\|\boldsymbol{X}(t_0+k\cdot T)\|\varepsilon+\mu_3\varepsilon^2$$

由于$\boldsymbol{W}$的特征值不全为0，则$\mu_1=\|\boldsymbol{W}\|\neq 0$，令$G=\dfrac{\mu_2+\sqrt{\mu_2+4\mu_1\mu_3}}{2\mu_1}$。下面再分两种情况进行讨论。

(1) $\|[X(t_0+k\cdot T)]\|>G\varepsilon$

此时 $\Delta \boldsymbol{V}[\boldsymbol{X}(t_0+k\cdot T)]<0$，整个系统的能量是衰减的，则存在 $k_m\in\{k\mid\|[\boldsymbol{X}(t_0+k\cdot T)]\|>G\varepsilon\}$，使得对 $\forall k\in\{k\mid\|[\boldsymbol{X}(t_0+k\cdot T)]\|>G\varepsilon\}$，$\boldsymbol{V}[X(t_0+k\cdot T)]\leqslant\boldsymbol{V}[\boldsymbol{X}(t_0+k_m\cdot T)]$，考虑到 Lyapunov 函数 $\boldsymbol{V}[X(t_0+k\cdot T)]$ 的表达式为 $\boldsymbol{V}[X(t_0+k\cdot T)]=\boldsymbol{X}(t_0+k\cdot T)^{\mathrm{T}}\boldsymbol{PX}(t_0+k\cdot T)$，则有

$$\lambda_{\min}(P)\|\boldsymbol{X}(t_0+k\cdot T)\|^2\leqslant\boldsymbol{V}[X(t_0+k\cdot T)]$$

不妨设 $\boldsymbol{V}[X(t_0+k_m\cdot T)]=J\cdot\varepsilon^2$，则 $\forall k\in\{k\mid\|[\boldsymbol{X}(t_0+k\cdot T)]\|>G\varepsilon\}$，有

$$\|\boldsymbol{X}(t_0+k\cdot T)\|\leqslant\sqrt{\frac{\boldsymbol{V}[\boldsymbol{X}(t_0+k\cdot T)]}{\lambda_{\min}(P)}}=\varepsilon\cdot\sqrt{\frac{J}{\lambda_{\min}(P)}}$$

(2) 当 $\|[\boldsymbol{X}(t_0+k\cdot T)]\|\leqslant G\varepsilon$ 时，则显然有 $k_m\in\{k\mid\|[\boldsymbol{X}(t_0+k\cdot T)]\|\leqslant G\varepsilon\}$，有 $\|[\boldsymbol{X}(t_0+k\cdot T)]\|\leqslant G\varepsilon$。

综合 (1)、(2)，令 $\zeta=\max\left\{\sqrt{\dfrac{J}{\lambda_{\min}(P)}},\ G\right\}$，则对于 $\forall k\in\mathbf{Z}^+$，$t=t_0+kT$，$\|\boldsymbol{X}(t)\|<\zeta\varepsilon$ 成立。

而由定理 7－1 可知，存在 $\zeta=\left(\sqrt{\zeta^2+T^2\|\boldsymbol{B}_\beta\|^2_{\max}}\right)\cdot e^{(\|\tilde{A}\|\cdot T)}$，有下式成立

$$\|\boldsymbol{X}(t)\|\leqslant\zeta\cdot\varepsilon\quad t\in[t_0+k\cdot T\quad t_0+(k+1)\cdot T]$$

综合上述结论可以得到，$\forall t\geqslant t_0$，有 $\|\boldsymbol{X}(t)\|\leqslant\zeta_m\cdot\varepsilon$，其中 $\zeta_m=\max\{\zeta,\ \zeta\}$。即系统在 Lagrange 意义下稳定，定理 7－3 证毕。

定理 7－3 的结论说明，矩阵 $\boldsymbol{H}$ 满足条件 7－1 时，只要找到一个特征值不全为 0 的半正定矩阵 $\boldsymbol{W}$，仍然可以保证复合系统是 Lagrange 意义下稳定的系统。

另外，在上述分析证明过程中，为了充分考虑脉冲发动机的离散动态特性，按其工作时间 T 对闭环状态方程进行了离散化，而系统的采样周期 T_c 比 T 要小，如果按 T_c 对系统进行离散化，按照三个定理的证明思路，可以验证上述结论仍然成立，在此不再详述。

7.4.3　实例分析

仍以 7.2.3 的特征点为例，其在连续域内直接力控制回路的系统方程为

$$\dot{\boldsymbol{X}}=\bar{\boldsymbol{A}}\boldsymbol{X}+\boldsymbol{b}_2\dot{\boldsymbol{u}}_2$$

其中，$\bar{\boldsymbol{A}}=\begin{bmatrix}0 & 1.0000 & 0 & 0\\ 0 & 3.8636 & 176.9579 & 6.0668\\ 0 & 0 & 0 & 1.0000\\ 0 & -39.3965 & -769.0996 & -53.8636\end{bmatrix}$，$\boldsymbol{b}_2=[0\quad -1.7\quad 0\quad -10.75]^{\mathrm{T}}$。

状态反馈 $\dot{\boldsymbol{u}}_2=-\boldsymbol{K}\cdot\boldsymbol{X}$ 中的反馈阵 $\boldsymbol{K}$ 为 $\boldsymbol{K}=[-0.0010\quad -2.6971\quad -43.1963\quad -1.3267]^{\mathrm{T}}$。按照脉冲发动机工作时间 T 对 $\dot{\boldsymbol{X}}=(\bar{\boldsymbol{A}}-\boldsymbol{b}_2\boldsymbol{K})\boldsymbol{X}$ 进行离散化，得到

$$\boldsymbol{H}=\mathrm{e}^{\widetilde{A}T}=\exp(\bar{\boldsymbol{A}}-\boldsymbol{b}_2\boldsymbol{K})=\begin{bmatrix}0 & 1.0000 & 0 & 0\\ -0.0017 & 8.4505 & 250.4210 & 8.3231\\ 0 & 0 & 0 & 1.0000\\ -0.0110 & -10.4005 & -304.7025 & -39.6005\end{bmatrix}$$

而

$$\boldsymbol{B}_{d1}=\int_{0.001}^{0.004}\mathrm{e}^{\widetilde{A}t}\boldsymbol{b}_2\mathrm{d}t=[-0.0000\quad -0.0056\quad -0.0001\quad -0.0276]^{\mathrm{T}}$$

$$\boldsymbol{B}_{d2}=\int_{0.021}^{0.024}\mathrm{e}^{\widetilde{A}t}\boldsymbol{b}_2\mathrm{d}t=[-0.0002\quad -0.0088\quad -0.0003\quad -0.0032]^{\mathrm{T}}$$

则 $Q=q\cdot\dfrac{2.1\times10^6}{3}\cdot(\boldsymbol{B}_{d1}-\boldsymbol{B}_{d2})=\begin{bmatrix}0.0103\\ 0.2191\\ 0.0193\\ -1.7146\end{bmatrix}\times10^4\cdot q$，至此，考虑脉冲发动机离散动态特性及“取整量化”误差的控制系统状态方程 $\boldsymbol{X}(t_0+T)=\boldsymbol{H}\boldsymbol{X}(t_0)+\boldsymbol{Q}$ 中的所有元素得以求出，其中，$\boldsymbol{H}$ 的特征值分别为：$\lambda_1=0.4813$、$\lambda_2=0.9753$、$\lambda_3=0.9814$、$\lambda_4=0.9963$。其在单位圆上的分布如图 7-26 所示，图 7-26（b）为局部放大图。

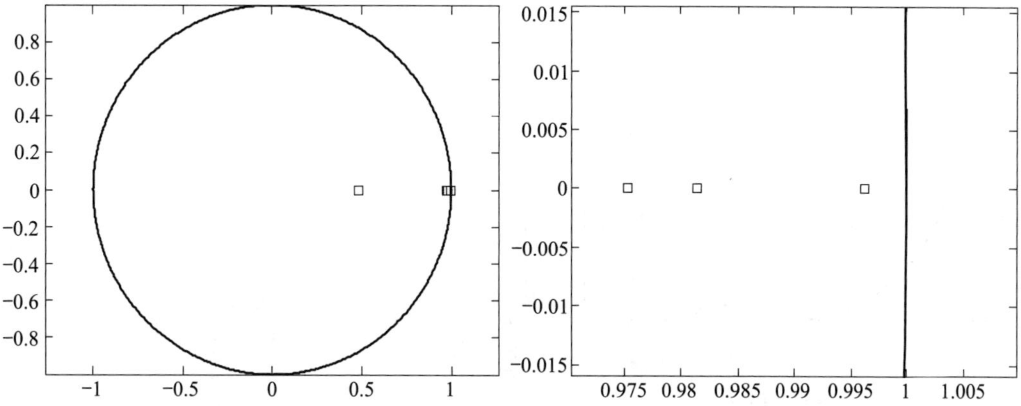

(a) 特征值分布　(b) 局部放大

图 7-26　$\boldsymbol{H}$ 的特征值分布

由图 7－26 可知，***H*** 的特征值均在单位圆内，可得出结论，考虑脉冲发动机离散动态工作特性及“取整量化”误差的直接力/气动力复合控制系统是 Lagrange 意义下稳定的系统，这个结论也与仿真结果相对应，说明了所提出的复合控制方法具有良好的鲁棒性。

在此特征点处，分别取攻角为 0°、10°、20°，喷管开启个数为 5 时的侧喷干扰情况，力干扰因子和力矩干扰因子的大小分别如表 7—2、表 7—3 所示，此时矩阵 ***H*** 的特征值分布如图 7－27 所示，其中图 7－27（b）为局部放大图，图 7－27 中的符号“□”表示攻角为 0°的情况、“◇”表示攻角为 10°的情况、“O”表示攻角为 20°的情况。当攻角分别取为－10°、－20°、－30°，喷管开启个数为 5 时的侧喷干扰情况，其矩阵 ***H*** 的特征值分布如图 7－28 所示，其中图 7－28（b）为局部放大图，图 7－28 中的符号“□”表示攻角为－10°的情况、“◇”表示攻角为－20°的情况、“O”表示攻角为－30°的情况。

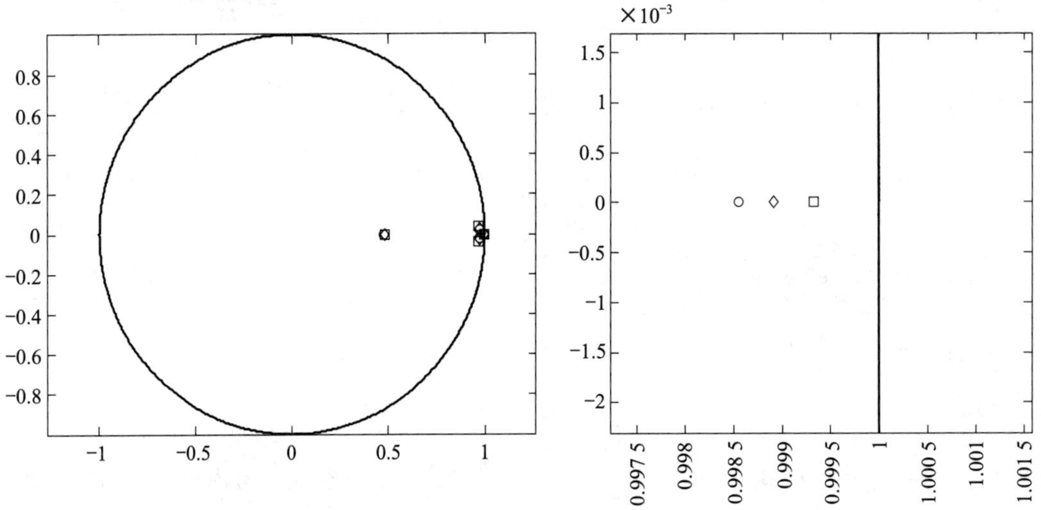

(a) 特征值分布　　(b) 局部放大

图 7－27　***H*** 的特征值分布

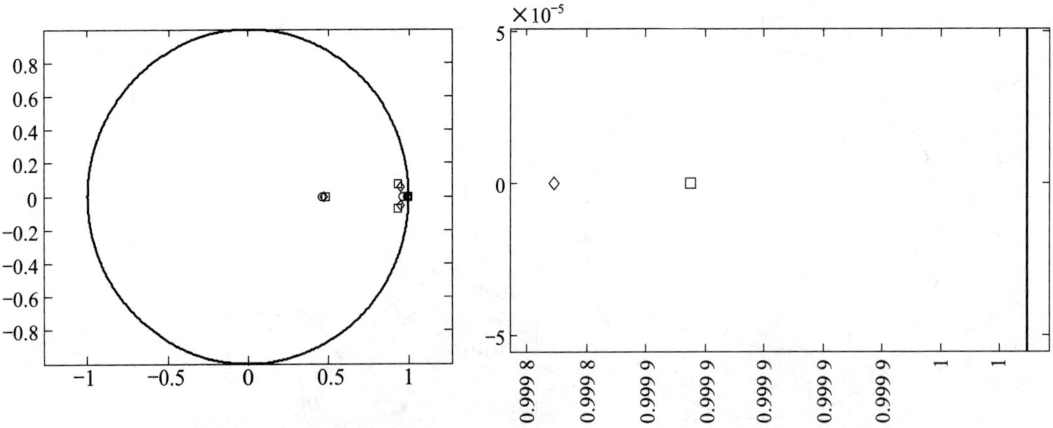

(a) 特征值分布　　(b) 局部放大

图 7－28　***H*** 的特征值分布

由图 7－27、图 7－28 可出看出，即使在侧喷干扰影响下，由于 H 的特征值仍然在单位圆内，由定理 7—2 的结论可知，直接力/气动力复合控制系统仍然是 Lagrange 意义下稳定的系统，确保了复合控制系统的性能。

7.5　本章小结

本章以类 PAC—3 的姿控式直接力/气动力复合控制系统为研究对象，针对控制系统中引入脉冲发动机之后所带来的新问题进行了研究、分析和探讨。基于经典控制理论对复合控制系统的稳定性进行了深入的分析，并从描述函数方法出发，建立了脉冲发动机的“取整—饱和”硬非线性环节的数学模型，对复合控制系统中是否存在极限环进行了预测。针对脉冲发动机的离散动态特性，并在考虑“取整量化”误差的基础上，建立了复合控制系统在离散域内的数学模型，并基于状态范数有界的思想，分析并提出了复合控制系统在 Lagrange 意义下稳定的充分条件。

值得说明的是，本章只是给出了系统稳定的定性结论，在系统的设计过程中，还需要借助大量数学仿真、拉偏试验来对系统进行检验，以保证时域稳定性。

第8章　导弹多操纵机构复合控制方法

8.1　引言

在导弹与目标高速接近时，防空导弹精确制导的可用时间非常短，只有短短数秒，这对导弹的快响应和机动性要求较高。

对于稳定控制系统来说，导弹在临近空间的作战能力最重要的是跟踪过载指令的响应速度，因此当面对新型的来袭目标时，为了有效拦截需要最大程度地提高拦截弹的响应速度。传统的拦截弹气动力控制方法是利用舵偏角产生相应的控制力和力矩，产生攻角及侧滑角实现相应的过载响应。对于纯气动力控制而言，系统的响应较慢，而且导弹的控制效率受到动压的影响。当动压较小时效率较低，对于高速、大机动的来袭导弹，要求拦截弹具备较强的机动性和较快的过载跟踪速度，否则可能会造成脱靶。因此考虑设计一种气动舵、姿控发动机、轨控发动机等异类多操纵机构复合的控制系统，该系统结合了气动舵和姿、轨控直接力的优势，加快系统响应的同时又可以增强系统的机动性，而且气动力控制也可以节约姿轨控发动机推进剂，增强了导弹的拦截能力，能够实现对来袭目标的精准拦截。

本章主要以采用气动舵、开关式液体推进剂姿轨控系统和脉冲式固体姿轨控系统等异类多操纵机构的拦截弹为研究对象，研究多维异构过载协调复合控制技术，在临近空间实现过载快速响应。首先建立导弹多维异构复合控制系统的数学模型，以纵向通道的设计为例，基于线性二次型最优控制理论设计出舵偏角连续控制量的状态反馈控制器；然后，采用滑模控制理论设计开关控制量的直接侧向力状态反馈控制器；最后，利用数学仿真验证复合控制系统的有效性。

8.2　多维异构复合控制动力学模型

8.2.1　多维异构导弹纵向通道模型

导弹数学模型中忽略重力的影响，纵向通道的运动方程可以写成

$$\dot{\alpha}=\omega_z-a_4\alpha-a_5\delta_z-k_yF_{Ty} \tag{8-1}$$

$$\dot{\omega}_z=-a_1\omega_z-a_2\alpha-a_3\delta_z-l_zF_{Ty} \tag{8-2}$$

式中　$k_y=1/(mV)$；

F_{Ty}——纵向通道直接力之和（包含姿控和轨控）；

l_z——力臂。

纵向通道输出的过载 n_y 可以写成

$$n_y = \frac{V}{g}a_4\alpha + \frac{V}{g}a_5\delta_z + \frac{V}{g}k_yF_{Ty} \tag{8-3}$$

对式（8-3）相对于时间做微分得到

$$\dot{n}_y = \frac{V}{g}a_4\dot{\alpha} + \frac{V}{g}a_5\dot{\delta}_z + \frac{V}{g}k_y\dot{F}_{Ty} \tag{8-4}$$

假设 δ_z 和 F_{Ty} 的动态变化过程可以用一阶惯性环节描述，即

$$\dot{\delta}_z = -\tau_1\delta_z + \tau_1\delta_{zc} \tag{8-5}$$

$$\dot{F}_{Ty} = -\tau_2F_{Ty} + \tau_2F_{Tyc} \tag{8-6}$$

其中，τ_1 和 τ_2 分别代表气动舵和侧向直接力动态响应时间常数，它们均大于零，δ_{zc} 代表舵偏角指令，F_{Tyc} 代表俯仰通道直接力指令。

将式（8-1）、式（8-5）、式（8-6）代入式（8-4），得到

$$\dot{n}_y = \frac{V}{g}a_4(\omega_z - a_4\alpha - a_5\delta_z - k_yF_{Ty}) + \frac{V}{g}a_5(-\tau_1\delta_z + \tau_1\delta_{zc}) + \frac{V}{g}k_y(-\tau_2F_{Ty} + \tau_2F_{Tyc}) \tag{8-7}$$

进一步整理得到

$$\begin{aligned}\dot{n}_y =& \frac{V}{g}a_4\omega_z - a_4\left(\frac{V}{g}a_4\alpha + \frac{V}{g}a_5\delta_z + \frac{V}{g}k_yF_{Ty}\right) + \frac{V}{g}a_5(-\tau_1\delta_z + \tau_1\delta_{zc}) \\ &+ \frac{V}{g}k_y(-\tau_2F_{Ty} + \tau_2F_{Tyc})\end{aligned} \tag{8-8}$$

再由式（8-3），式（8-8）可以写作

$$\dot{n}_y = \frac{V}{g}a_4\omega_z - a_4n_y - \frac{V}{g}a_5\tau_1\delta_z + \frac{V}{g}a_5\tau_1\delta_{zc} - \frac{V}{g}k_y\tau_2F_{Ty} + \frac{V}{g}k_y\tau_2F_{Tyc} \tag{8-9}$$

由式（8-2）和（8-3）可得

$$\begin{aligned}\dot{\omega}_z &= -a_1\omega_z - a_2\left(\frac{g}{Va_4}n_y - \frac{a_5}{a_4}\delta_z - \frac{k_y}{a_4}F_{Ty}\right) - a_3\delta_z - l_zF_{Ty} \\ &= -a_1\omega_z - \frac{a_2g}{Va_4}n_y + \frac{a_2a_5}{a_4}\delta_z + \frac{a_2k_y}{a_4}F_{Ty} - a_3\delta_z - l_zF_{Ty} \\ &= -a_1\omega_z - \frac{a_2g}{Va_4}n_y + \left(\frac{a_2a_5}{a_4} - a_3\right)\delta_z + \left(\frac{a_2k_y}{a_4} - l_z\right)F_{Ty}\end{aligned} \tag{8-10}$$

整理后得到纵向通道控制系统的数学模型为

$$\begin{cases}\dot{n}_y = -a_4n_y + \dfrac{V}{g}a_4\omega_z - \dfrac{V}{g}a_5\tau_1\delta_z - \dfrac{V}{g}k_y\tau_2F_{Ty} + \dfrac{V}{g}a_5\tau_1\delta_{zc} + \dfrac{V}{g}k_y\tau_2F_{Tyc} \\ \dot{\omega}_z = -a_1\omega_z - \dfrac{a_2g}{Va_4}n_y + \left(\dfrac{a_2a_5}{a_4} - a_3\right)\delta_z + \left(\dfrac{a_2k_y}{a_4} - l_z\right)F_{Ty} \\ \dot{\delta}_z = -\tau_1\delta_z + \tau_1\delta_{zc} \\ \dot{F}_{Ty} = -\tau_2F_{Ty} + \tau_2F_{Tyc}\end{cases} \tag{8-11}$$

定义过载指令跟踪误差为

$$e_y = n_{yc} - n_y \tag{8-12}$$

对其微分，并把式（8－11）中的第一个公式代入后可得

$$\begin{aligned}\dot{e}_y &= \dot{n}_{yc} - \dot{n}_y \\ &= a_4 n_y - \frac{V}{g}a_4\omega_z + \frac{V}{g}a_5\tau_1\delta_z + \frac{V}{g}k_y\tau_2F_{Ty} - \frac{V}{g}a_5\tau_1\delta_{zc} - \frac{V}{g}k_y\tau_2F_{Tyc} + \dot{n}_{yc}\end{aligned} \tag{8-13}$$

再由式（8－13）和式（8－12）得到

$$\begin{aligned}\dot{e}_y &= \dot{n}_{yc} - \dot{n}_y \\ &= -a_4e_y - \frac{V}{g}a_4\omega_z + \frac{V}{g}a_5\tau_1\delta_z + \frac{V}{g}k_y\tau_2F_{Ty} - \frac{V}{g}a_5\tau_1\delta_{zc} - \frac{V}{g}k_y\tau_2F_{Tyc} + a_4n_{yc} + \dot{n}_{yc}\end{aligned}$$

在控制系统设计中，忽略上式中的指令项，则

$$\dot{e}_y = -a_4e_y - \frac{V}{g}a_4\omega_z + \frac{V}{g}a_5\tau_1\delta_z + \frac{V}{g}k_y\tau_2F_{Ty} - \frac{V}{g}a_5\tau_1\delta_{zc} - \frac{V}{g}k_y\tau_2F_{Tyc} \tag{8-14}$$

再把定义 $n_y = n_{yc} - e_y$ 代入式（8－11）中的第二个公式后可得

$$\dot{\omega}_z = \frac{a_2g}{Va_4}e_y - a_1\omega_z + \left(\frac{a_2a_5}{a_4} - a_3\right)\delta_z + \left(\frac{a_2k_y}{a_4} - l_z\right)F_{Ty} - \frac{a_2g}{Va_4}n_{yc}$$

忽略上式中的指令项，则

$$\dot{\omega}_z = \frac{a_2g}{Va_4}e_y - a_1\omega_z + \left(\frac{a_2a_5}{a_4} - a_3\right)\delta_z + \left(\frac{a_2k_y}{a_4} - l_z\right)F_{Ty} \tag{8-15}$$

那么，过载指令跟踪误差系统的状态方程写作

$$\begin{cases}\dot{e}_y = -a_4e_y - \frac{V}{g}a_4\omega_z + \frac{V}{g}a_5\tau_1\delta_z + \frac{V}{g}k_y\tau_2F_{Ty} - \frac{V}{g}a_5\tau_1\delta_{zc} - \frac{V}{g}k_y\tau_2F_{Tyc} \\ \dot{\omega}_z = \frac{a_2g}{Va_4}e_y - a_1\omega_z + \left(\frac{a_2a_5}{a_4} - a_3\right)\delta_z + \left(\frac{a_2k_y}{a_4} - l_z\right)F_{Ty} \\ \dot{\delta}_z = -\tau_1\delta_z + \tau_1\delta_{zc} \\ \dot{F}_{Ty} = -\tau_2F_{Ty} + \tau_2F_{Tyc}\end{cases} \tag{8-16}$$

为了提高过载指令跟踪精度，引入过载指令跟踪误差的积分项，即定义状态变量 $x_1 = \int_0^t e_y \mathrm{d}t$ ，另外，定义 $x_2 = e_y$ ，$x_3 = \omega_z$，$x_4 = \delta_z$，$x_5 = F_{Ty}$ ，控制变量为 $u_1 = \delta_{zc}$，$u_2 = F_{Tyc}$ ，则结合式（8－16）得到

$$\begin{cases}\dot{x}_1 = x_2 \\ \dot{x}_2 = -a_4x_2 - \dfrac{V}{g}a_4x_3 + \dfrac{V}{g}a_5\tau_1x_4 + \dfrac{V}{g}k_y\tau_2x_5 - \dfrac{V}{g}a_5\tau_1u_1 - \dfrac{V}{g}k_y\tau_2u_2 \\ \dot{x}_3 = \dfrac{a_2g}{Va_4}x_2 - a_1x_3 + \left(\dfrac{a_2a_5}{a_4} - a_3\right)x_4 + \left(\dfrac{a_2k_y}{a_4} - l_z\right)x_5 \\ \dot{x}_4 = -\tau_1x_4 + \tau_1u_1 \\ \dot{x}_5 = -\tau_2x_5 + \tau_2u_2\end{cases} \tag{8-17}$$

8.2.2　多维异构导弹侧向通道模型

不计干扰，侧向通道运动方程写作

$$\dot{\beta} = \omega_y - b_4\beta - b_5\delta_y - k_zF_{Tz} \tag{8-18}$$

$$\dot{\omega}_y = -b_1\omega_y - b_2\beta - b_3\delta_y - l_yF_{Tz} \tag{8-19}$$

其中，F_{Tz} 表示侧向通道直接力之和（包含姿控和轨控），l_y 为力臂。

侧向通道的输出为过载，即

$$n_z = -\frac{V}{g}b_4\beta - \frac{V}{g}b_5\delta_y - \frac{V}{g}k_zF_{Tz} \tag{8-20}$$

对式（8－20）相对于时间微分得到

$$\dot{n}_z = -\frac{V}{g}b_4\dot{\beta} - \frac{V}{g}b_5\dot{\delta}_y - \frac{V}{g}k_z\dot{F}_{Tz} \tag{8-21}$$

假设 δ_y 和 F_{Tz} 的动态变化过程用一阶惯性环节描述，即

$$\dot{\delta}_y = -\tau_1\delta_y + \tau_1\delta_{yc} \tag{8-22}$$

$$\dot{F}_{Tz} = -\tau_2F_{Tz} + \tau_2F_{Tzc} \tag{8-23}$$

其中，δ_{yc} 代表舵偏角指令，F_{Tzc} 代表直接力指令。

将式（8－18），式（8－22）和式（8－23）代入式（8－21），得到

$$\dot{n}_z = -\frac{V}{g}b_4(\omega_y - b_4\beta - b_5\delta_y - k_zF_{Tz}) - \frac{V}{g}b_5(-\tau_1\delta_y + \tau_1\delta_{yc}) - \frac{V}{g}k_z(-\tau_2F_{Tz} + \tau_2F_{Tzc}) \tag{8-24}$$

进一步整理得到

$$\dot{n}_z = -\frac{V}{g}b_4\omega_y - b_4\left(-\frac{V}{g}b_4\beta - \frac{V}{g}b_5\delta_y - \frac{V}{g}k_zF_{Tz}\right) - \frac{V}{g}b_5(-\tau_1\delta_y + \tau_1\delta_{yc}) - \frac{V}{g}k_z(-\tau_2F_{Tz} + \tau_2F_{Tzc}) \tag{8-25}$$

再由式（8－20），上式可以写作

$$\dot{n}_z = -\frac{V}{g}b_4\omega_y - b_4n_z - \frac{V}{g}b_5(-\tau_1\delta_y + \tau_1\delta_{yc}) - \frac{V}{g}k_z(-\tau_2F_{Tz} + \tau_2F_{Tzc}) \tag{8-26}$$

由式（8－19）和式（8－20）可得

$$\dot{\omega}_y = -b_1\omega_y + b_2\frac{g}{Vb_4}n_z + \left(\frac{b_2b_5}{b_4} - b_3\right)\delta_y + \left(\frac{b_2k_z}{b_4} - l_y\right)F_{Tz} \tag{8-27}$$

整理后得到纵向通道控制系统的数学模型

$$\begin{cases}\dot{n}_z=-\frac{V}{g}b_4\omega_y-b_4n_z-\frac{V}{g}b_5(-\tau_1\delta_y+\tau_1\delta_{yc})-\frac{V}{g}k_z(-\tau_2F_{Tz}+\tau_2F_{Tzc})\\ \dot{\omega}_y=-b_1\omega_y+b_2\frac{g}{Vb_4}n_z+\left(\frac{b_2b_5}{b_4}-b_3\right)\delta_y+\left(\frac{b_2k_z}{b_4}-l_y\right)F_{Tz}\\ \dot{\delta}_y=-\tau_1\delta_y+\tau_1\delta_{yc}\\ \dot{F}_{Tz}=-\tau_2F_{Tz}+\tau_2F_{Tzc}\end{cases} \tag{8-28}$$

定义过载指令跟踪误差为

$$e_z=n_{zc}-n_z \tag{8-29}$$

则将上式微分，并把式（8-28）中的第一个公式代入后可得

$$\begin{aligned}\dot{e}_z&=\dot{n}_{zc}-\dot{n}_z\\&=-\frac{V}{g}b_4\omega_y-b_4n_z-\frac{V}{g}b_5(-\tau_1\delta_y+\tau_1\delta_{yc})-\frac{V}{g}k_z(-\tau_2F_{Tz}+\tau_2F_{Tzc})+\dot{n}_{zc}\end{aligned} \tag{8-30}$$

进一步得到

$$\begin{aligned}\dot{e}_z&=\dot{n}_{zc}-\dot{n}_z\\&=b_4e_z-\frac{V}{g}b_4\omega_y-\frac{V}{g}b_5(-\tau_1\delta_y+\tau_1\delta_{yc})-\frac{V}{g}k_z(-\tau_2F_{Tz}+\tau_2F_{Tzc})-b_4n_{zc}+\dot{n}_{zc}\end{aligned}$$

在控制系统设计中，忽略上式中的指令项，则

$$\dot{e}_z=b_4e_z-\frac{V}{g}b_4\omega_y+\frac{V}{g}b_5\tau_1\delta_y-\frac{V}{g}b_5\tau_1\delta_{yc}+\frac{V}{g}k_z\tau_2F_{Tz}-\frac{V}{g}k_z\tau_2F_{Tzc} \tag{8-31}$$

再把定义 $n_z=n_{zc}-e_z$ 代入式（8-28）中的第二个公式后可得

$$\dot{\omega}_y=-\frac{gb_2}{Vb_4}e_z-b_1\omega_y+\left(\frac{b_2b_5}{b_4}-b_3\right)\delta_y+\left(\frac{b_2k_z}{b_4}-l_y\right)F_{Tz}+b_2\frac{g}{Vb_4}n_{zc}$$

忽略上式中的指令项，则

$$\dot{\omega}_y=-\frac{gb_2}{Vb_4}e_z-b_1\omega_y+\left(\frac{b_2b_5}{b_4}-b_3\right)\delta_y+\left(\frac{b_2k_z}{b_4}-l_y\right)F_{Tz} \tag{8-32}$$

那么，过载指令跟踪误差系统的状态方程写作

$$\begin{cases}\dot{e}_z=b_4e_z-\frac{V}{g}b_4\omega_y+\frac{V}{g}b_5\tau_1\delta_y-\frac{V}{g}b_5\tau_1\delta_{yc}+\frac{V}{g}k_z\tau_2F_{Tz}-\frac{V}{g}k_z\tau_2F_{Tzc}\\ \dot{\omega}_y=-\frac{gb_2}{Vb_4}e_z-b_1\omega_y+\left(\frac{b_2b_5}{b_4}-b_3\right)\delta_y+\left(\frac{b_2k_z}{b_4}-l_y\right)F_{Tz}\\ \dot{\delta}_y=-\tau_1\delta_y+\tau_1\delta_{yc}\\ \dot{F}_{Tz}=-\tau_2F_{Tz}+\tau_2F_{Tzc}\end{cases} \tag{8-33}$$

为了提高过载指令跟踪精度，引入过载指令跟踪误差的积分项，即定义状态变量 $x_1=\int_0^t e_z\mathrm{d}t$，另外，定义 $x_2=e_z$，$x_3=\omega_y$，$x_4=\delta_y$，$x_5=F_{Tz}$，控制变量为 $u_1=$

δ_{yc} ，$u_2 = F_{Tzc}$ ，则结合式（8-33）得到

$$
\begin{cases}
\dot{x}_1 = x_2 \\
\dot{x}_2 = b_4 x_2 - \dfrac{V}{g} b_4 x_3 + \dfrac{V}{g} b_5 \tau_1 x_4 + \dfrac{V}{g} k_z \tau_2 x_5 - \dfrac{V}{g} b_5 \tau_1 u_1 - \dfrac{V}{g} k_z \tau_2 u_2 \\
\dot{x}_3 = -\dfrac{g b_2}{V b_4} x_2 - b_1 x_3 + \left(\dfrac{b_2 b_5}{b_4} - b_3 \right) x_4 + \left(\dfrac{b_2 k_z}{b_4} - l_y \right) x_5 \\
\dot{x}_4 = -\tau_1 x_4 + \tau_1 u_1 \\
\dot{x}_5 = -\tau_2 x_5 + \tau_2 u_2
\end{cases} \tag{8-34}
$$

8.3 采用开关式直接力的多维异构复合控制律设计

针对系统（8-17）的复合控制律设计分为两步进行，首先设计出关于连续控制量舵偏角的状态反馈控制器，然后再设计关于开关控制量直接侧向力的状态反馈控制器。

8.3.1 多维异构导弹舵偏角最优控制律

在设计关于舵偏角的状态反馈控制器时，令 $u_2 = F_{Tyc} = 0$，采用下列 4 阶模型进行设计

$$
\begin{cases}
\dot{x}_1 = x_2 \\
\dot{x}_2 = -a_4 x_2 - \dfrac{V}{g} a_4 x_3 + \dfrac{V}{g} a_5 \tau_1 x_4 + \dfrac{V}{g} k_y \tau_2 x_5 - \dfrac{V}{g} a_5 \tau_1 u_1 \\
\dot{x}_3 = \dfrac{a_2 g}{V a_4} x_2 - a_1 x_3 + \left(\dfrac{a_2 a_5}{a_4} - a_3 \right) x_4 \\
\dot{x}_4 = -\tau_1 x_4 + \tau_1 u_1
\end{cases} \tag{8-35}
$$

系统状态向量为 $\boldsymbol{X}_1 = [x_1 \quad x_2 \quad x_3 \quad x_4]^{\mathrm{T}}$ ，控制量为 u_1，系统的状态方程为

$$
\dot{\boldsymbol{X}}_1 = \boldsymbol{A}_1 \boldsymbol{X}_1 + \boldsymbol{B}_1 u_1 \tag{8-36}
$$

其中

$$
\boldsymbol{A}_1 = \begin{bmatrix}
0 & 1 & 0 & 0 \\
0 & -a_4 & -\dfrac{V}{g} a_4 & \dfrac{V}{g} a_5 \tau_1 \\
0 & \dfrac{a_2 g}{V a_4} & -a_1 & \dfrac{a_2 a_5}{a_4} - a_3 \\
0 & 0 & 0 & -\tau_1
\end{bmatrix}, \boldsymbol{B}_1 = \begin{bmatrix}
0 \\
-\dfrac{V}{g} a_5 \tau_1 \\
0 \\
\tau_1
\end{bmatrix}
$$

因为 $\mathrm{rank}(\boldsymbol{A}_1, \boldsymbol{B}_1) = 4$，则状态空间模型是完全能控的。

基于线性二次型最优控制理论，针对系统（8-36）设计出关于舵偏角的状态反馈控制器

$$
u_1 = \boldsymbol{K} \boldsymbol{X}_1 = K_1 x_1 + K_2 x_2 + K_3 x_3 + K_4 x_4 \tag{8-37}
$$

即

$$\delta_{zc}=K_1\int_0^t e_y\mathrm{d}t+K_2e_y+K_3\omega_z+K_4\delta_z \tag{8-38}$$

其中，K_1、K_2、K_3 和 K_4 是通过最小化下面的线性二次性能指标而获得的负反馈增益。

$$J=\int_0^{\infty}(\boldsymbol{X}_1^{\mathrm{T}}\boldsymbol{Q}_1\boldsymbol{X}_1+u_1^{\mathrm{T}}R_1u_1)\,\mathrm{d}t \tag{8-39}$$

其中，$\boldsymbol{Q}_1$ 是半正定加权矩阵，R_1 是正常数。

8.3.2 多维异构导弹直接力滑模控制律

8.3.2.1 多维异构直接力控制模型

将式（8-37）代入式（8-36），得到加入舵偏角反馈控制的闭环模型

$$\dot{\boldsymbol{X}}_1=(\boldsymbol{A}_1+\boldsymbol{B}_1\boldsymbol{K}_1)\boldsymbol{X}_1=\bar{\boldsymbol{A}}_1\boldsymbol{X}_1 \tag{8-40}$$

其中

$$\bar{\boldsymbol{A}}_1=\begin{bmatrix}0 & 1 & 0 & 0\\ -\frac{V}{g}a_5\tau_1K_1 & -a_4-\frac{V}{g}a_5\tau_1K_2 & -\frac{V}{g}a_4-\frac{V}{g}a_5\tau_1K_3 & \frac{V}{g}a_5\tau_1-\frac{V}{g}a_5\tau_1K_4\\ 0 & \frac{a_2g}{Va_4} & -a_1 & \frac{a_2a_5}{a_4}-a_3\\ \tau_1K_1 & \tau_1K_{12} & \tau_1K_3 & -\tau_1+\tau_1K_4\end{bmatrix}$$

在设计直接侧向力控制律的时候，新的系统模型为

$$\dot{\boldsymbol{X}}_2=\boldsymbol{A}_2\boldsymbol{X}_2+\boldsymbol{B}_2u_2 \tag{8-41}$$

其中 $\boldsymbol{X}_2=[\boldsymbol{X}_1^{\mathrm{T}}\quad x_5]^{\mathrm{T}}$，

$$\boldsymbol{A}_2=\begin{bmatrix}0 & 1 & 0 & 0 & 0\\ -\frac{V}{g}a_5\tau_1K_1 & -a_4-\frac{V}{g}a_5\tau_1K_2 & -\frac{V}{g}a_4-\frac{V}{g}a_5\tau_1K_3 & \frac{V}{g}a_5\tau_1-\frac{V}{g}a_5\tau_1K_4 & \frac{V}{g}k_y\tau_2\\ 0 & \frac{a_2g}{Va_4} & -a_1 & \frac{a_2a_5}{a_4}-a_3 & \frac{a_2k_y}{a_4}-l_z\\ \tau_1K_1 & \tau_1K_2 & \tau_1K_3 & -\tau_1+\tau_1K_4 & 0\\ 0 & 0 & 0 & 0 & -\tau_2\end{bmatrix},$$

$$\boldsymbol{B}_2=\begin{bmatrix}0\\ -\frac{V}{g}k_y\tau_2\\ 0\\ 0\\ \tau_2\end{bmatrix}$$

因为 $\mathrm{rank}(\boldsymbol{A}_2,\ \boldsymbol{B}_2)=5$，则状态空间模型是完全能控的。

8.3.2.2 具有规范形式的线性系统的滑模控制律设计方法

考虑到侧喷发动机的开关式工作特点，选取滑模控制作为设计控制律的工具是一个很

自然的选择。

考虑一类线性系统

$$\dot{\boldsymbol{X}} = \boldsymbol{AX} + \boldsymbol{b}u \tag{8-42}$$

其中，$\boldsymbol{X} \in \mathbf{R}^n$ 是状态变量，$u \in \mathbf{R}$ 是控制输入，($\boldsymbol{A}$，$\boldsymbol{b}$) 是规范形式，即控制变量 $\boldsymbol{b} \in \mathbf{R}^n$ 的形式为 $\boldsymbol{b} = [0 \quad \cdots \quad 0 \quad b_n]^{\mathrm{T}}$，其中 $b_n \neq 0$，状态矩阵 $\boldsymbol{A} \in \mathbf{R}^{n \times n}$ 的形式具有如下特点

$$\boldsymbol{A} = \begin{bmatrix} 0 & & & \\ \vdots & & \boldsymbol{I}_{n-1} & \\ 0 & & & \\ -r_0 & -r_1 & \cdots & -r_{n-1} \end{bmatrix} \tag{8-43}$$

对于线性系统，设计如下形式滑模面

$$S(\boldsymbol{X}) = p_1 x_1 + p_2 x_2 + \cdots + p_{n-1} x_{n-1} + p_n x_n \tag{8-44}$$

其中，p_i，$i = 1$，…，n 满足 Hurwize 条件，且 $p_n = 1$。

设计滑模控制律满足如下形式

$$u = \begin{cases} f_1, S(\boldsymbol{X}) > 0 \\ f_2, S(\boldsymbol{X}) < 0 \end{cases} \tag{8-45}$$

其中，f_1 和 f_2 分别是控制变量 u 的上界和下界。

假设系统的初始状态 $\boldsymbol{X}_0$ 是不属于滑模面上的任意一点。为了使点 $\boldsymbol{X}_0$ 渐近收敛到滑模面上，必须满足如下条件

$$S(\boldsymbol{X})\dot{S}(\boldsymbol{X}) < 0 \tag{8-46}$$

从式（8-44）～（8-46）可得

$$\dot{S}(\boldsymbol{X}) = \begin{cases} \sum_{i=0}^{n-1} (p_i - r_i) x_{i+1} + b_n f_1 < 0, S(\boldsymbol{X}) > 0 \\ \sum_{i=0}^{n-1} (p_i - r_i) x_{i+1} + b_n f_2 > 0, S(\boldsymbol{X}) < 0 \end{cases} \tag{8-47}$$

其中 $p_0 = 0$，根据式（8-47），可得如下滑模子空间

$$b_n f_1 < \sum_{i=0}^{n-1} (r_i - p_i) x_{i+1} < b_n f_2 \tag{8-48}$$

显然，滑模子空间的边界由两个平行的超平面给出，其表达形式如下所示

$$\sum_{i=0}^{n-1} (r_i - p_i) x_{i+1} = b_n f_{1,2} \tag{8-49}$$

定义 $\boldsymbol{p} = [p_1, p_2, \cdots, p_n]^{\mathrm{T}}$ 和 $\boldsymbol{r} = [r_0, r_1, \cdots, r_{n-1}]^{\mathrm{T}}$，则式（8-44）～式（8-49）可表示为如下紧集形式

$$\boldsymbol{p}^{\mathrm{T}} \boldsymbol{x} = 0 \tag{8-50}$$

$$(\boldsymbol{r}^{\mathrm{T}} - \boldsymbol{p}^{\mathrm{T}} \boldsymbol{G}) \boldsymbol{x} = b_n f_{1,2} \tag{8-51}$$

其中

$$G=\begin{bmatrix}\mathbf{0}_{(n-1)\times 1} & \boldsymbol{I}_{n-1}\\ \mathbf{0} & \mathbf{0}_{1\times(n-1)}\end{bmatrix}$$

为了使得滑模面属于滑模子空间，可获得如下方程

$$(\boldsymbol{r}^{\mathrm{T}}-\boldsymbol{p}^{\mathrm{T}}\boldsymbol{G})=\rho\boldsymbol{p}^{\mathrm{T}} \tag{8-52}$$

其中，$\rho\in\boldsymbol{R}$ 满足下面等式

$$\rho^{n}-r_{n-1}\rho^{n-1}+\cdots+(-1)^{n}r_{0}=0 \tag{8-53}$$

基于式（8－45）的控制输入约束形式和由设计的滑模面决定的滑模子空间（8－48），针对式（8－42）描述的规范形式系统，如果滑模面系数满足方程（8－52）和 Hurwize 条件，则所设计的滑模面属于滑模子空间。

8.3.2.3　多维异构导弹开关式直接力滑模控制律设计

由于式（8－41）表示的新受控对象是完全可控的，通过线性非奇异变换 $\bar{X}=P^{-1}X_{2}$，俯仰通道模型可转变为如下规范形式

$$\dot{\bar{\boldsymbol{X}}}=\boldsymbol{A}_{c}\bar{\boldsymbol{X}}+\boldsymbol{B}_{c}u_{2} \tag{8-54}$$

其中

$$\boldsymbol{A}_{c}=\begin{bmatrix}0&1&0&0&0\\0&0&1&0&0\\0&0&0&1&0\\0&0&0&0&1\\-r_{0}&-r_{1}&-r_{2}&-r_{3}&-r_{4}\end{bmatrix},\boldsymbol{B}_{c}=\begin{bmatrix}0\\0\\0\\0\\1\end{bmatrix}$$

线性非奇异变换矩阵为

$$\boldsymbol{P}=\begin{bmatrix}\bar{p}_{1}\\\bar{p}_{2}\\\vdots\\\bar{p}_{n}\end{bmatrix}=\begin{bmatrix}\bar{p}_{1}\\\bar{p}_{1}A_{c}{}^{2}\\\vdots\\\bar{p}_{1}A_{c}{}^{n-1}\end{bmatrix} \tag{8-55}$$

其中，$\bar{\boldsymbol{p}}_{1}=[0\quad 0\quad\cdots\quad 1]\,[\boldsymbol{B}_{c}\quad \boldsymbol{A}_{c}\boldsymbol{B}_{c}\quad\cdots\quad \boldsymbol{A}_{c}{}^{n-1}\boldsymbol{B}_{c}]$，$r_{i}(i=1,2,3,4)$ 是下式特征多项式的系数

$$\det(s\boldsymbol{I}-\boldsymbol{A}_{2})=s^{5}+r_{4}s^{4}+r_{3}s^{3}+r_{2}s^{2}+r_{1}s+r_{0} \tag{8-56}$$

选取滑模面为

$$S(\boldsymbol{X})=p_{1}x_{1}+p_{2}x_{2}+p_{3}x_{3}+p_{4}x_{4}+p_{5}x_{5} \tag{8-57}$$

其中，$p_{i}(i=1,2,3,4,5)$ 满足等式（8－52）且满足 Hurwize 条件。

那么，设计滑模控制律为

$$u_{2}=F_{T_{z}}=\begin{cases}F_{s},S(\boldsymbol{X})>0\\-F_{s},S(\boldsymbol{X})<0\end{cases} \tag{8-58}$$

可确保所设计的滑模面属于滑模子空间，其中 F_{s} 是单个侧喷发动机的稳态推力。

为了消除抖振现象且节省推进剂，对控制器增加边界层设计如下

$$u_2 = F_{Tz} = \begin{cases} F_s, & S(\boldsymbol{X}) > \varepsilon \\ 0, & S(\boldsymbol{X}) \leqslant |\varepsilon| \\ -F_s, & S(\boldsymbol{X}) < -\varepsilon \end{cases} \tag{8-59}$$

其中，ε 表示小的正值。

显然，当 $S(\boldsymbol{X}) > \varepsilon$ 或 $S(\boldsymbol{X}) < -\varepsilon$ 时，满足不等式（8-46），即系统是完全可控的。

轨控系统和姿控系统可以输出不同量值的作用力和力矩。按照上述滑模控制律，可以根据当前的飞行状态和指令要求，选取当前系统适合的控制力的幅值在大和小两挡之间进行切换。如果当前系统的状态距离滑模面较远，则取推力较大的幅值，而当系统的状态距离滑模面较近时，则取推力较小的幅值，但两挡产生的控制力矩必须均大于外来干扰力矩。这样，变结构控制的表达式扩展为

$$u_2 = F_{Tz} = \begin{cases} F_{s1}, S(\bar{\boldsymbol{X}}) \geqslant \varepsilon_1 \\ F_{s2}, \varepsilon_1 > S(\bar{\boldsymbol{X}}) > \varepsilon_2 \\ 0, S(\bar{\boldsymbol{X}}) \leqslant |\varepsilon_2| \\ -F_{s2}, -\varepsilon_1 < S(\bar{\boldsymbol{X}}) < -\varepsilon_2 \\ -F_{s1}, S(\bar{\boldsymbol{X}}) \leqslant -\varepsilon_1 \end{cases} \tag{8-60}$$

其中，$F_{s1} = F_{gs}$，F_{gs} 代表轨控发动机的稳态推力；$F_{s2} = F_{zs} l_{zz} / l_z$，$F_{zs}$ 代表姿控发动机的稳态推力，l_z 代表轨控发动机的力臂，l_{zz} 代表姿控发动机的力臂，$\varepsilon_1 = \text{const.} > \varepsilon_2 = \text{const.} > 0$。

针对系统（8-34）的侧向通道复合控制律设计与纵向通道设计过程一致，在此不再赘述。

8.3.3　仿真验证

针对采用开关式姿轨控发动机和气动舵的多维异构导弹复合控制系统，在 30 km 典型高度上进行仿真，给出了纵向通道的仿真结果。

图 8-1～图 8-6 中绘出的是 30 km 高度上，纵向通道姿控发动机、轨控发动机直接侧向力与气动力复合控制系统跟踪 $10g$ 阶跃过载指令情况下的仿真结果。

复合控制系统跟踪阶跃型指令的上升时间为 0.153 s，稳态跟踪误差为 0.01。攻角建立快速，稳态平稳。俯仰角速率最大值小于 140（°）/s。在动态过程中，舵偏角有一定程度的饱和，稳态平稳，从而将系统状态稳定在滑模面上，并收敛到原点，弥补了稳态过程中发动机一直关机造成的稳态误差，侧喷发动机只在动态过程中工作，稳态一直关机，避免了过多的推进剂消耗和扰动。系统的滑模函数快速收敛到滑模面并随后保持稳定。

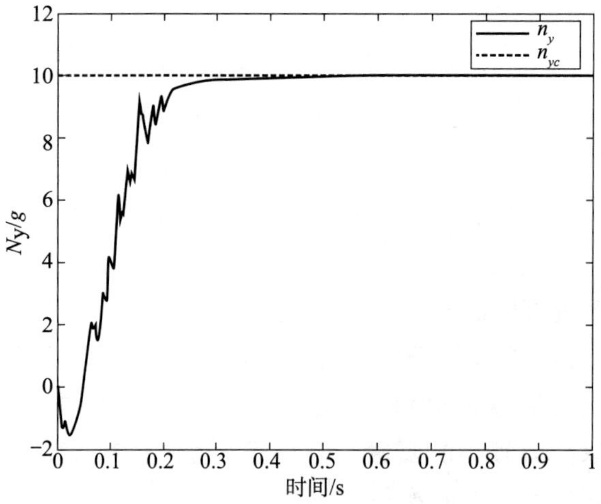

图 8－1　过载指令跟踪（纵向通道高度 30 km）

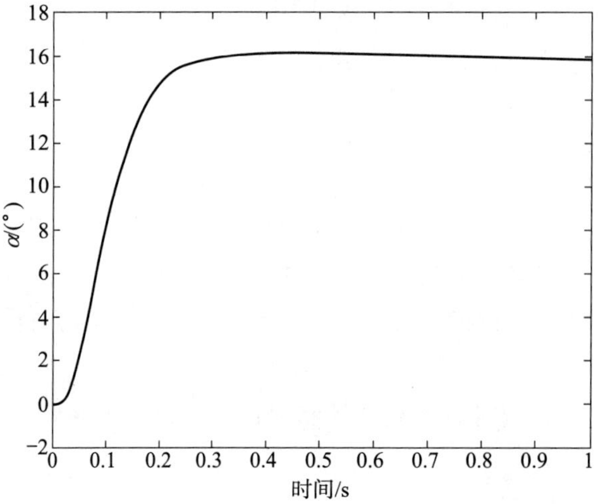

图 8－2　攻角变化情况（纵向通道高度 30 km）

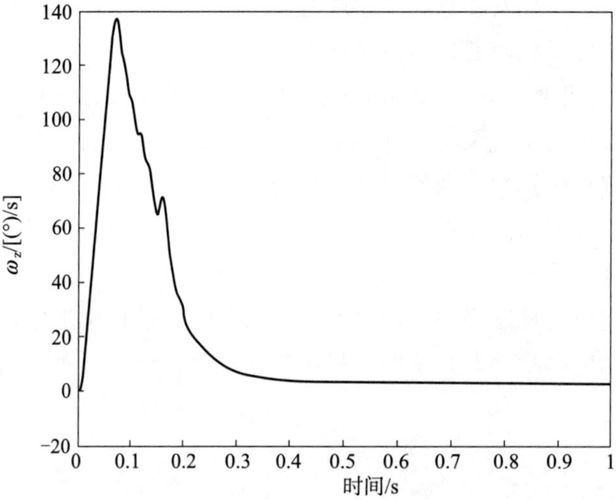

图 8－3　俯仰角速率变化情况（纵向通道高度 30 km）

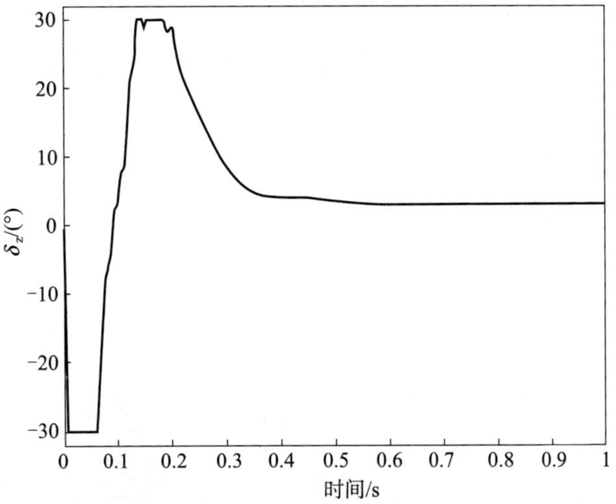

图 8－4　舵偏角变化情况（纵向通道高度 30 km）

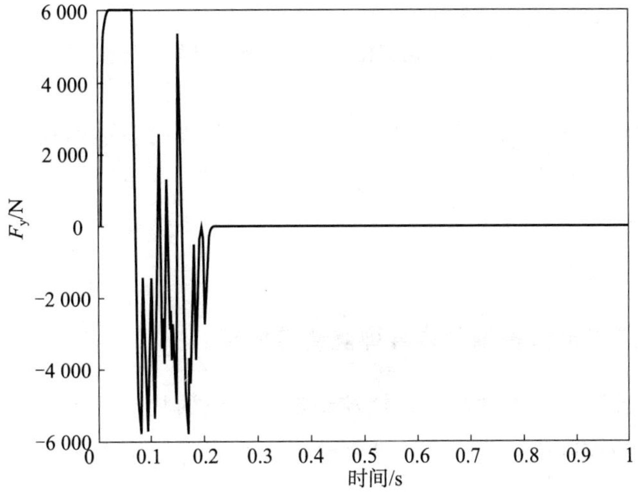

图 8－5　发动机推力变化情况（纵向通道高度 30 km）

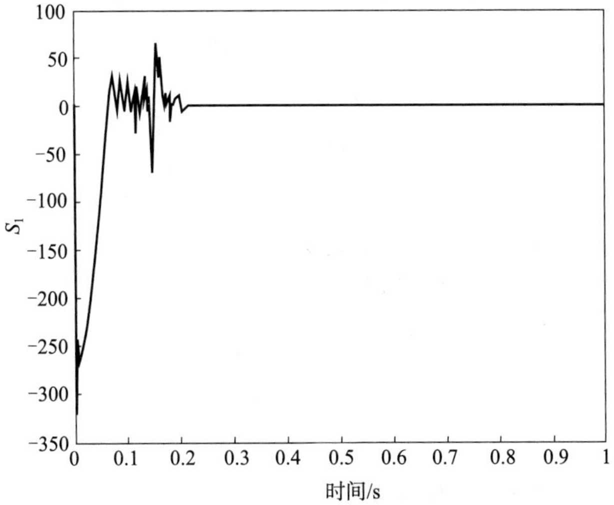

图 8－6　滑模函数变化情况（纵向通道高度 30 km）

8.4 采用脉冲式直接力的多维异构导弹复合控制律设计

采用固体姿轨控的多维异构导弹的执行机构如图 8－7 所示。其中的轨控系统只在制导的某个特定周期内产生较强的控制过载，在姿控系统保持飞行器姿态稳定的情况下，实现开环控制即可。

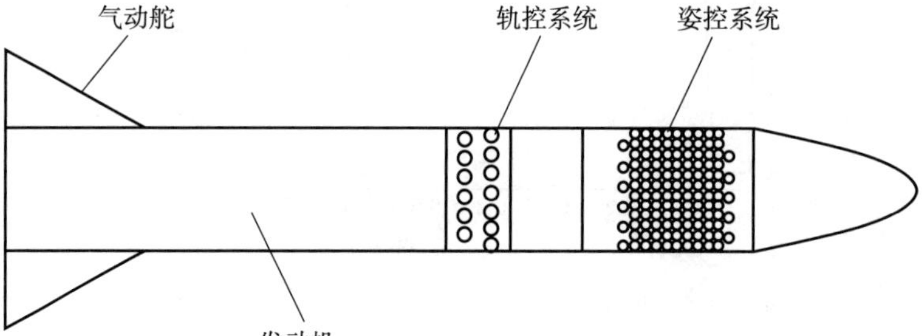

图 8－7 采用固体发动机组的多维异构导弹

采用固体发动机组的多维异构导弹，三通道运动方程的表达形式与采用开关式直接力的多维异构导弹并没有什么不同，但直接侧向力 F_{Ty} 和 F_{Tz} 的产生方式不同，其控制律的设计方法也有所不同。下面以纵向通道为例，介绍采用固体发动机组的多维异构导弹直接侧向力与气动力复合控制律设计方法。

8.4.1 采用脉冲式直接力多维异构导弹复合控制律

复合控制律设计同样分为两步，连续控制量舵偏角的状态反馈控制器同 8.3.1 节，直接力的控制方法分为控制律和开机逻辑两部分，下面进行分别说明。

8.4.1.1 基于趋近律的固体姿轨控滑模控制律设计

考虑到固体姿控发动机组可以给出能力足够强的最大控制力，而且通过调节每一控制周期内点火的脉冲发动机数量可以近似给出连续的控制力，这里考虑控制量不受限情况，且采用滑模趋近律方法来设计滑模控制器。

状态方程同式（8－41），选取切换面为

$$S(\bar{\boldsymbol{X}})=p_1\bar{x}_1+p_2\bar{x}_2+p_3\bar{x}_3+p_4\bar{x}_4+p_5\bar{x}_5 \tag{8-61}$$

其中，$p_i(i=1, 2, 3, 4, 5)$ 满足 Hurwize 条件。

用指数趋近律设计滑模控制器，即令

$$\dot{S}=-kS-\eta\operatorname{sgn}S \tag{8-62}$$

其中，$k=\text{const.}>0$，$\eta=\text{const.}>0$。显然，满足趋近律式（8－62）则必然满足滑模的到达条件 $\dot{S}S<0$。

将式（8－61）相对于时间求导可得

$$\begin{aligned}\dot{S} &= p_1\dot{\bar{x}}_1 + p_2\dot{\bar{x}}_2 + p_3\dot{\bar{x}}_3 + p_4\dot{\bar{x}}_4 + p_5\dot{\bar{x}}_5 \\ &= p_1\bar{x}_2 + p_2\bar{x}_3 + p_3\bar{x}_4 + p_4\bar{x}_5 + p_5(-r_0\bar{x}_1 - r_1\bar{x}_2 - r_2\bar{x}_3 - r_3\bar{x}_4 - r_4\bar{x}_5 + u_2)\end{aligned} \tag{8-63}$$

把式（8-63）代入式（8-62）可得

$$u_2 = \frac{1}{p_5}[p_5r_0\bar{x}_1 + (p_5r_1 - p_1)\bar{x}_2 + (p_5r_2 - p_2)\bar{x}_3 + (p_5r_3 - p_3)\bar{x}_4 + (p_5r_4 - p_4)\bar{x}_5] - \frac{k}{p_5}S - \frac{\eta}{p_5}\mathrm{sgn}S \tag{8-64}$$

实现上述控制律需要姿控发动机组通过调节开启的发动机数量来近似给出需要的控制力。设每个姿控发动机的稳态推力为 F_{zs}，则可以用下式计算姿控发动机开启的数量

$$n = \mathrm{fix}\left(\frac{u_2}{F_{zs}}\right) \tag{8-65}$$

其中，fix(　) 代表向下取整函数。

当上述控制律大于姿控发动机组提供的推力时，则需要开启轨控发动机组从而给出需要的控制力。设每个轨控发动机的稳态推力为 F_{gs}，姿控发动机组提供的推力为 u_{zs}，则可以用下式计算轨控发动机开启的数量 n_2 为

$$n_2 = \mathrm{fix}\left(\frac{u_2 - u_{zs}}{F_{gs}}\right) \tag{8-66}$$

8.4.1.2　脉冲发动机点火逻辑

实际复合控制系统中，纵向通道所需要的直接侧向力与侧向通道所需要的直接侧向力合成后，由脉冲发动机组来提供所需要的推力。脉冲发动机有 m 行 n 列，排列方式以及发动机编号如图 8-8 和图 8-9 所示，每个脉冲发动机推力为 F_{zs}，推力大小不可调节。为方便记录和编程，我们用一个 $m \times n$ 矩阵记录发动机使用情况，每一个元素代表一个发动机，初始时，所有元素都为 1，代表全部发动机都处于可用状态，当某一个发动机用完后，即令对应的元素为 0。

控制律根据发动机和质心的平均距离 d_0 以及推力大小，计算出在某一方向上所需要的发动机数量 N，用于姿态控制，由于每两圈之间有间隔，径向一列 m 个脉冲发动机对导弹姿态的影响是不同的，因此我们设计点火逻辑分别计算每一个发动机所能产生的力矩，相加后跟踪向量 Nd_0，以准确控制姿态。发动机按照由外到内的顺序使用，即先使用距离质心较远的发动机，再使用距离质心较近的。

采用矢量合成的方法设计点火逻辑，将 Y 通道与 Z 通道的输入指令利用向量相加成为一个向量，这个合向量就认为是期望向量。每次在这 n 列脉冲发动机中寻找与期望向量的反方向最接近的一列，点燃这一列的一个发动机，然后用期望向量与此次输出相减得到误差向量，作为新的期望向量，再寻找与它的反方向最接近的一列，继续点燃这列的一个发动机，直到误差值小于一定的误差限，最后把各次输出做向量相加，再分解到 Y 和 Z 两个通道作为输出。

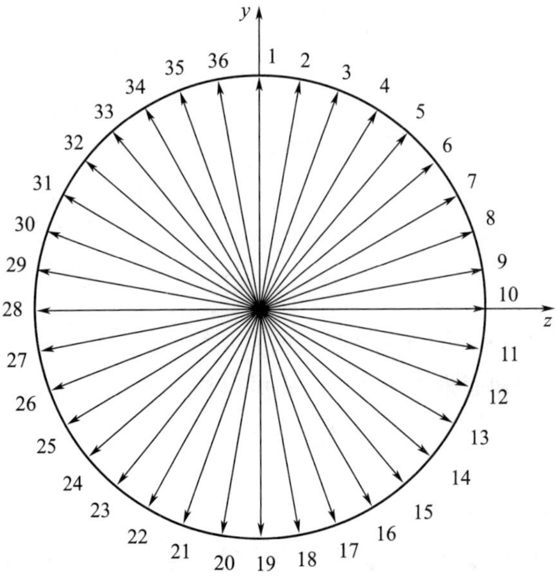

图 8-8 脉冲发动机布局排列图

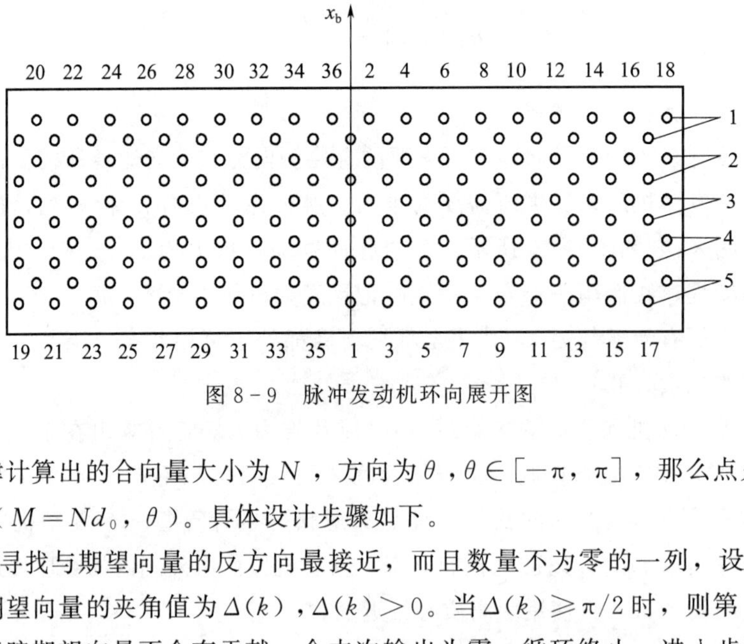

图 8-9 脉冲发动机环向展开图

设控制律计算出的合向量大小为 N ，方向为 θ ，$\theta \in [-\pi, \pi]$ ，那么点火逻辑所要跟踪的向量为（$M = Nd_0$，θ）。具体设计步骤如下。

步骤 1：寻找与期望向量的反方向最接近，而且数量不为零的一列，设其为第 k 列，并记录其与期望向量的夹角值为 $\Delta(k)$ ，$\Delta(k) > 0$。当 $\Delta(k) \geqslant \pi/2$ 时，则第 k 列发动机的输出向量对跟踪期望向量不会有贡献，令本次输出为零，循环终止，进入步骤 4，否则继续步骤 2。

步骤 2：当条件 $M(1-\sin(\Delta)) > x$ 成立时，点燃该列所剩余的距质心最远的 1 个发动机，否则令本次输出为零，循环终止，进入步骤 4，其中 x 为误差限，Δ 的取值见注 1、图 8-10 和图 8-11。设本次输出向量大小为 $1 \times d_i$ ，方向为 γ_i 。利用向量相减来计算剩余误差向量，误差向量设为 N_k ，则 N_k 在 Z 通道上的分量为 $N\_kz = Nd_0 * \cos\theta -$

$d_i\sin\gamma_i$，N_k 在 Y 通道上的分量为 $N\_ky = Nd_0 \times \sin\theta - d_i\cos\gamma_i$，那么误差向量的大小可以求出 $N\_k = \sqrt{N\_kz^2 + N\_ky^2}$，方向可由 N_kz 和 N_ky 做反正切求出，$\angle N\_k = \arctan(N\_ky/N\_kz)$，同时确保 $\angle N\_k$ 落在 $[-\pi, \pi]$ 内。

【注1】：确定 Δ 的说明：$\Delta(k)$ 是与期望向量的最小夹角，$\Delta(k')$ 和 $\Delta(k)$ 所代表的向量分别在期望向量的两侧，$\Delta(k')$ 是另一侧与期望向量的最小夹角，在这两方向上各点燃一个发动机产生合力大小为 $H = \sqrt{2 + 2\cos(\Delta(k') + \Delta(k))}$，它与 N_k 的夹角

$$\Delta(k'') = \left|\frac{\Delta(k) - \Delta(k')}{2}\right|$$

如果 $N\_k > H$ 时，取 $\Delta = \min\{\Delta(k), \Delta(k'')\}$，$N\_k\sin(\Delta)$ 表示无法消除的误差大小。

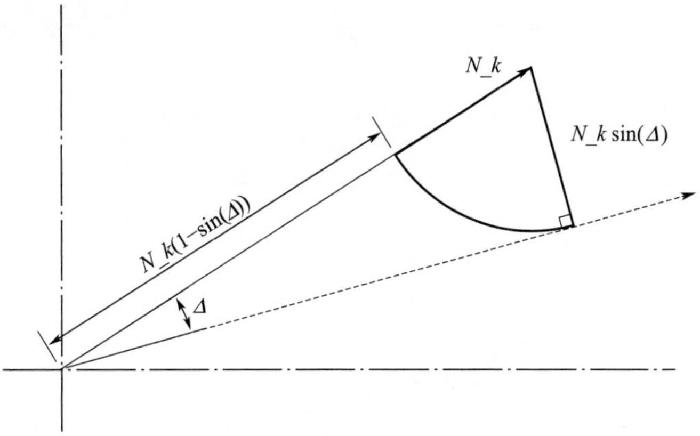

图 8-10　误差限示意图

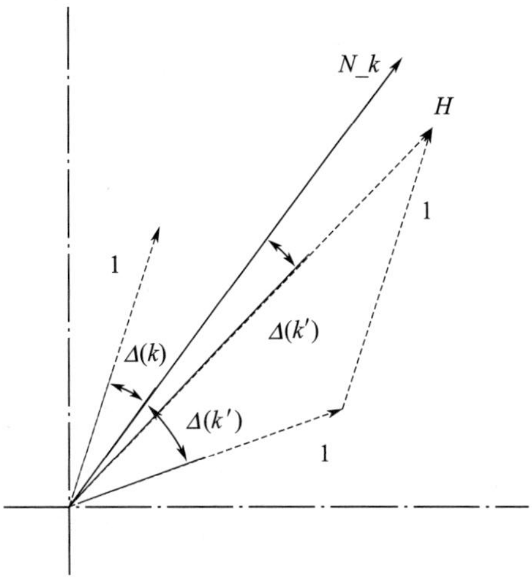

图 8-11　确定 Δ 示意图

步骤 3：把误差向量当作新的期望向量，令 $M=N\_k$，$\theta=\angle N\_k$，重复步骤 1 和步骤 2。

步骤 4：求出总合力以及 $\sum d_i$，并分解到两个方向上作为输出。

图 8－12 是一个点火过程的示意图，细实线为期望向量，粗实线为每次点燃后剩余的误差向量，也即是用于下一次计算的期望向量，虚线为距离期望向量最近的而且剩余数量不为零的两列，若这两列发动机数量够用，则粗实线向量始终会落在这二者之间，黑色为每一次计算出的应该点燃的发动机，可见每次点燃一个发动机后，期望向量都会减小。共经过 6 次计算后满足误差限。

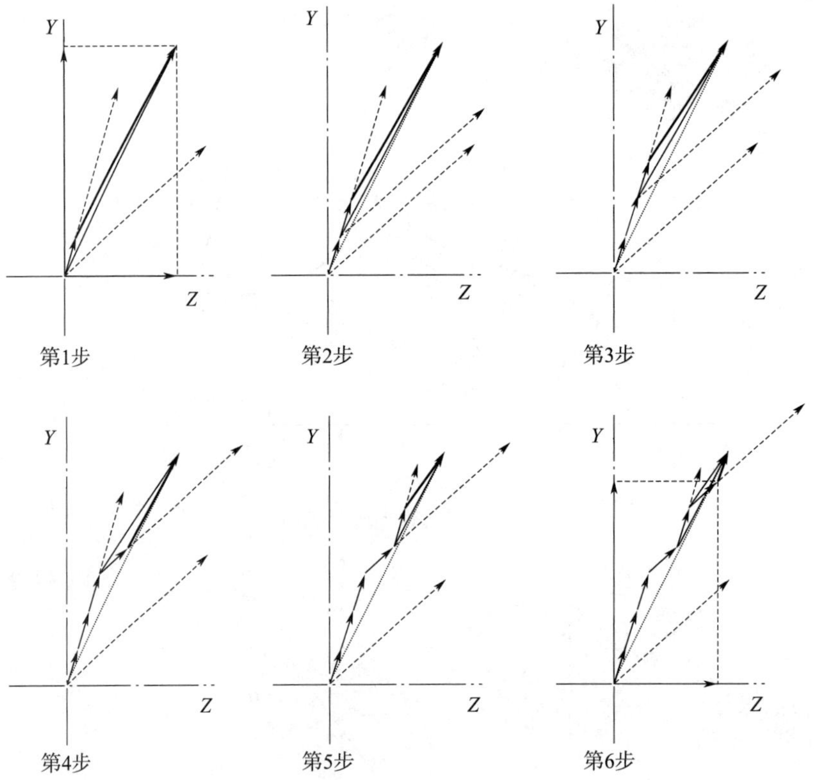

图 8－12　点火过程示意图

8.4.2　仿真验证

针对脉冲式固体发动机组和气动舵的多维异构导弹复合控制系统，在 30 km 典型高度上进行仿真，给出纵向通道仿真结果。

图 8－13～图 8－19 中绘出的是 30 km 高度上，纵向通道姿控发动机和轨控发动机直接侧向力与气动力复合控制系统跟踪 $10g$ 阶跃过载指令情况下的仿真结果。图 8－13 中仿真结果表明，复合控制系统跟踪阶跃型指令的上升时间为 0.155 s，稳态跟踪误差为 0.06。图 8－14 中攻角快速建立起来，稳态平稳。图 8－15 中俯仰角速率最大值小于

140（°）/s。在动态过程中，舵偏角有一定程度的饱和，稳态平稳，从而将系统状态稳定在滑模面上，并收敛到原点，弥补了稳态过程中发动机一直关机造成的稳态误差，见图 8 -16。侧喷发动机只在动态过程中工作，稳态一直关机，避免了过多的推进剂消耗和扰动，见图 8 - 17。系统的滑模函数快速收敛到滑模面并随后保持稳定，见图 8 - 18。图 8 - 19 给出了脉冲发动机消耗个数。

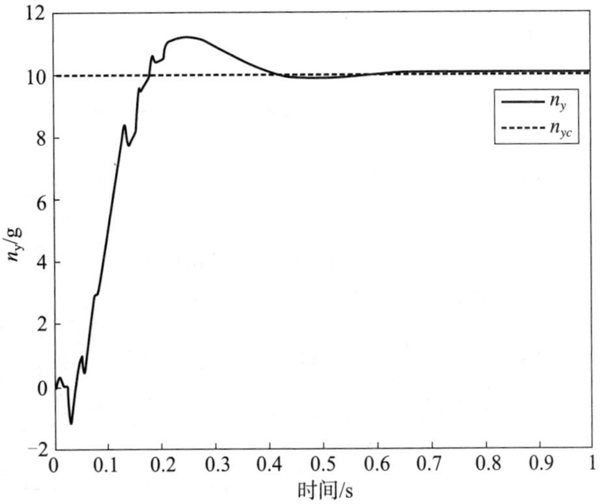

图 8 - 13　过载指令跟踪

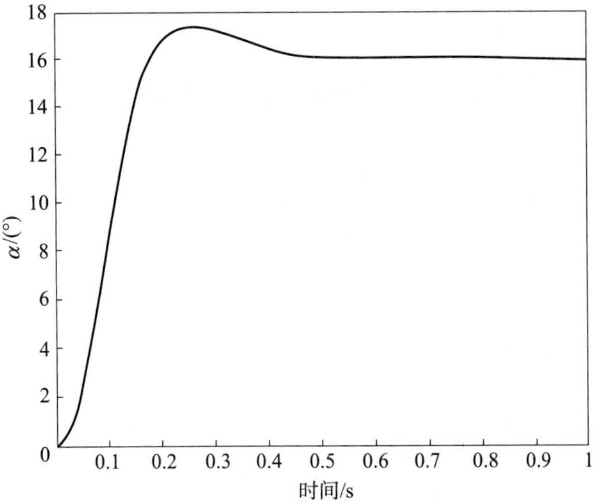

图 8 - 14　攻角变化情况

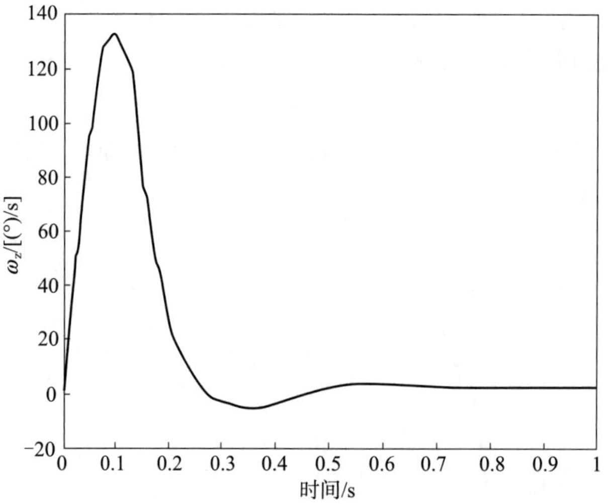

图 8-15　俯仰角速率变化情况

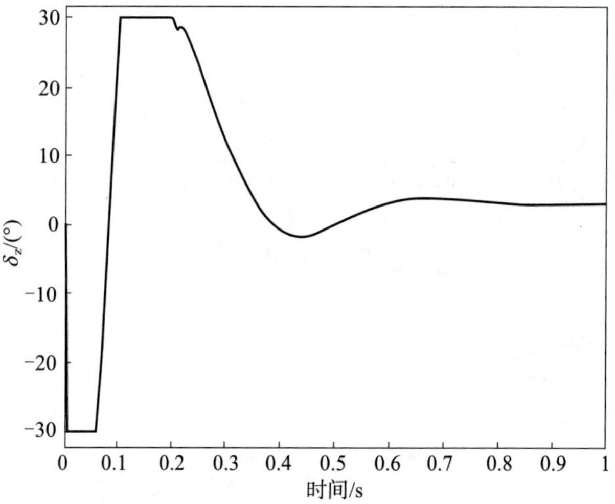

图 8-16　舵偏角变化情况

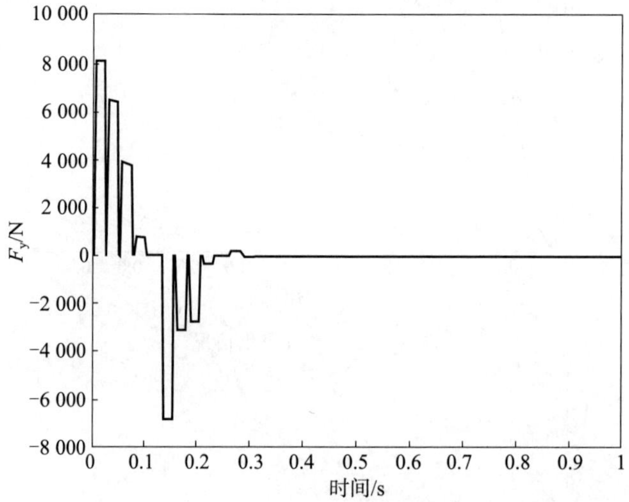

图 8-17　发动机推力变化情况

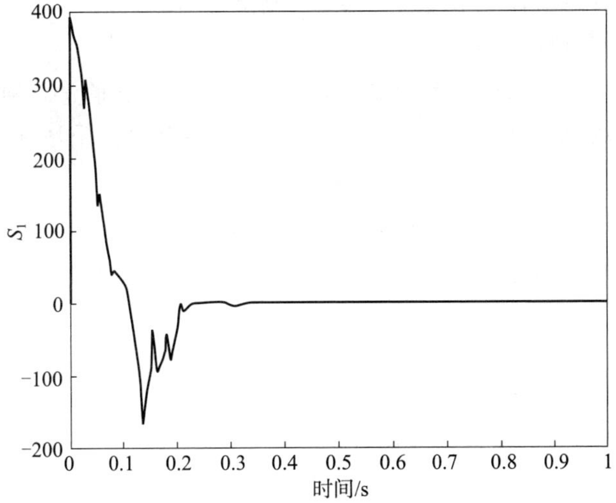

图 8－18　滑模函数变化情况

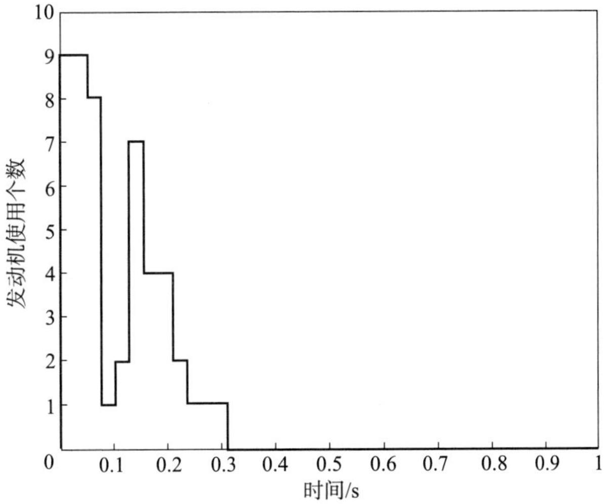

图 8－19　脉冲发动机使用个数

8.5　本章小结

本章主要研究了多维异构导弹复合控制方法，包括气动舵、姿控发动机、轨控发动机多操纵机构复合控制策略。针对基于开关式液体推进剂姿轨控发动机的直气复合控制系统采用控制量受限的滑模控制律设计了姿轨控发动机的开机策略；针对基于脉冲式固体脉冲姿轨控发动机的直气复合控制系统采用滑模指数趋近律设计了姿轨控发动机的开机策略。最后通过临近空间典型高度上的仿真结果，验证了复合控制系统过载响应的快速性。主要内容概括如下：

1）推导出多维异构复合控制动力学模型，在STT控制前提下，非线性控制系统可以解耦和线性化为纵向和侧向运动子系统；

2）设计气动舵的线性状态反馈控制律，设计结果作为新的受控对象，将受控对象进行能控标准型转换以构造滑模面，采用滑模控制得到控制量受限情况下的开关式控制律，得到开关式直接力的多维异构复合控制律设计方法；

3）利用指数趋近律设计了脉冲式固体姿轨控发动机复合控制律，得出控制合成期望向量，采用脉冲发动机合成向量寻优法得到姿轨控脉冲发动机点火逻辑。

第 9 章　浅谈变外形控制技术

9.1　引言

变外形概念起源于人类对鸟类飞行的认识。鸟类在空中飞行会遇到各种飞行环境，它们会根据各种飞行情况，在较大范围内调整自身的形状来达到最好的飞行性能。因此使用变外形获得良好气动特性，极大提升飞行性能，是仿生学和飞行器设计完美结合的一个典范。变外形飞行器相比于传统飞行器，可以通过结构变外形适应多种作战任务、实现最佳飞行性能，如减少重量、增加飞行距离、提高机动能力等。由于变体飞行器参数变化剧烈，模型复杂度高，飞行条件多变，在建模和控制领域面临着诸多挑战，但一直都是各国军事领域研究的热点。由于每个变外形飞行器的变外形结构特点不同，其动力学模型差异非常大，变外形控制方法较传统控制方法也会更加复杂，高速防空导弹复杂变外形技术目前大多还处在研究探索阶段，本章将主要介绍变外形应用模式，并给出一种简单变形对象的控制器设计思路。

9.2　变外形应用模式

9.2.1　变外形在飞机上的应用

变外形在飞机上应用主要集中在机身、机翼、尾翼等部分。图 9－1 为美国 NextGen 航空公司研制的变后掠翼飞行器 Teledyne Ryan BQM－34 “Fire－bee”，该飞行器的机翼后掠角可以在 15°到 60°之间连续变化，具有巡航、高速、机动等多种可变构型。机翼后掠角的变化会导致机翼面积、翼展、平均气动弦长等模型参数的变化，进而引起气动力和力矩、转动惯量、重心等参数的变化，产生惯性力和力矩干扰。

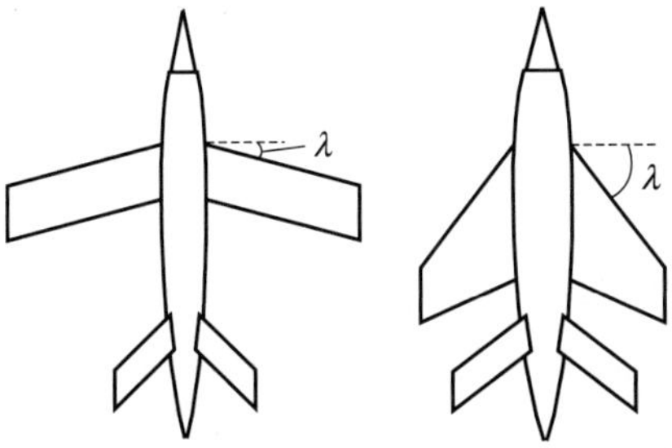

(a) 巡航构型　　(b) 高速构型

图 9－1　变体飞行器构型示意图

美国在 20 世纪中叶研制的 Navion 通用航空飞机 L－17B 改型是一款变翼展飞行器，如图 9－2 所示。该系列飞机采用单引擎动力及常规布局设计，其平直下单翼提供了良好的低空亚声速飞行性能，巡航速度为 250 km/h，失速速度为 103 km/h，飞行高度上限约为 4 500 m。

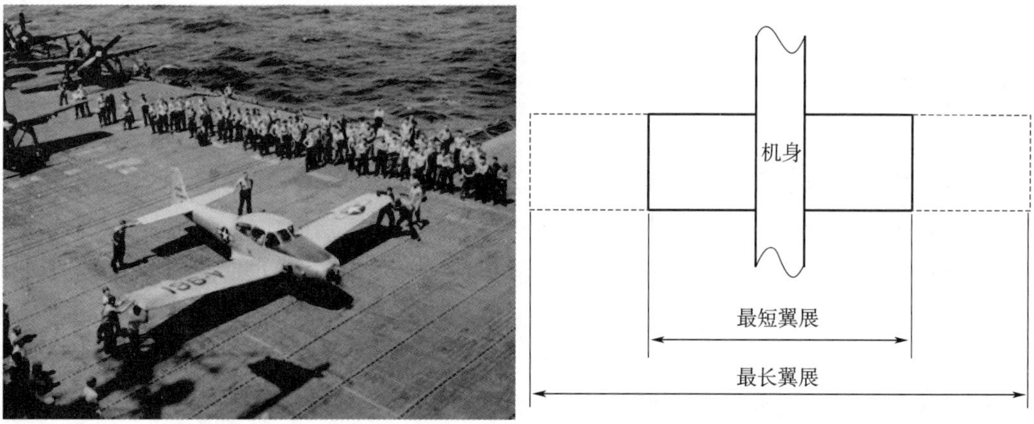

图 9－2　美国 L－17B 战斗机和机翼展长变形示意图

David A. Neal 等人进行了完全自适应飞机结构的设计和风洞试验分析，试验样机可以变化翼展、后掠角和扭转翼面，如图 9－3 所示，风洞试验表明机翼变形可以获得较好的气动力特性。

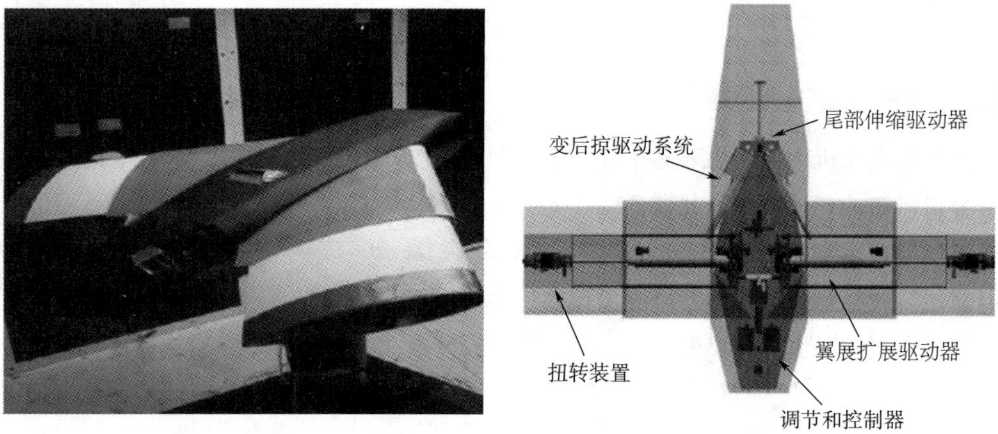

图 9－3　风洞试验中的变外形飞机模型和飞行器内部结构

2006 年，美国五角大楼国防预研计划局授予诺斯罗普·格鲁曼公司斜翼飞行器研发项目，这种飞行器被命名为“弹簧小折刀”（Switchblade），如图 9－4 所示。这是一种可改变翼扫（机翼相对机身的角度）的无人机，既有很高的低速飞行效率，能执行盘旋监视任务，又能执行超声速打击任务。当机翼转动 60°，呈现一侧前掠一侧后掠状态后，“弹簧小折刀”就进入超声速飞行状态，其最大飞行速度为 2 马赫。

图 9-4　“弹簧小折刀”无人机

9.2.2　变外形在导弹上的应用

变外形在导弹上应用常体现在：助推器与弹体的分离、弹体之间级间分离、折叠弹翼展开、弯曲弹头、增加头部扰流板、可变后掠弹翼以及随着飞行状态（速度、高度、周围介质）的改变导弹外形的自主式或智能化改变等。这些变外形是通过主动控制导弹外形变化，以得到优良的性能来满足多种飞行任务需求。例如弹翼变形的研究主要集中于巡航导弹，通过改变弹翼的后掠角和翼展等，增大巡航弹的航程和提高攻击目标的快速性；也有通过偏转弹体来获得更好的导弹机动性能。

变外形导弹着重在以下方面改进。

1）减少导弹的气动摩擦阻力：尽可能保持层流附面层控制，紊流减阻等；

2）减少波阻：增大后掠角，减少展弦比等；

3）减少诱导阻力：带弯度的翼型，特殊翼型等；

4）较少配平阻力：放宽静稳定度，自配平设计等；

5）增加升力线斜率：增加弹翼展弦比等；

6）提高最大升力系数：加大弹翼后掠角等；

7）提高升阻比：面对称导弹外形等；

8）改善大攻角和大侧滑角的气动特性：尾翼布局，导弹头部设计等方法；

9）增强控制面的控制效率，增强机动性能。

偏转弹头目前是国外研究已经比较成熟的一种变外形导弹控制技术，它的形状如图 9-5 所示。在导弹初始飞行阶段采用的是弹头不偏转的气动布局，而在导弹实行机动时偏转弹头。在飞行中，弹头根据飞行要求和飞行环境与弹体成一定的角度，通过在空气流中的导弹的整个头部的角度偏转，离开导弹的中心线，在导弹头部的迎风面和背风面产生不同的空气压力，提供空气动力矩操纵飞行器飞行姿态，可以在较大范围内调整飞行器的升力矢量的大小和方向。通过弯头提供的较大范围变化的操纵力矩配合导弹其他操纵面的偏转，可以提供飞行器较大范围变化的平衡攻角，完成高过载转弯和低机动飞行（包括水平飞行)，从而实现飞行器的高机动性和多任务性，能够极大地提升飞行器的性能。

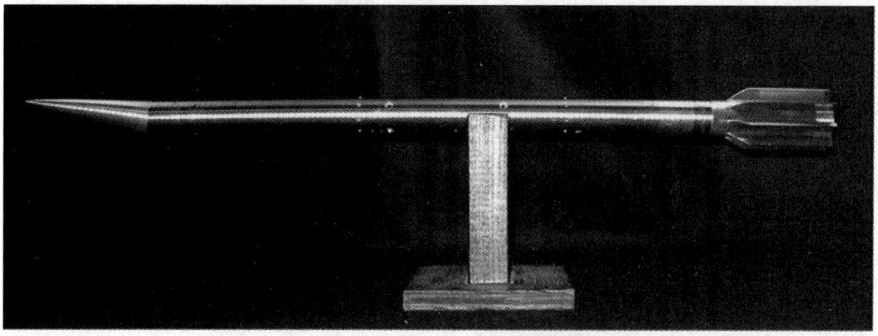

图 9-5 偏转弹头导弹简图

图 9-6 是钻石背导弹示意图，钻石背是一种串式联动弹翼组件，在空中折叠展开充分利用高升阻比巡航飞行，是弹药增程计划主要技术途径之一，飞行速度很快，飞行距离远而且成本低。

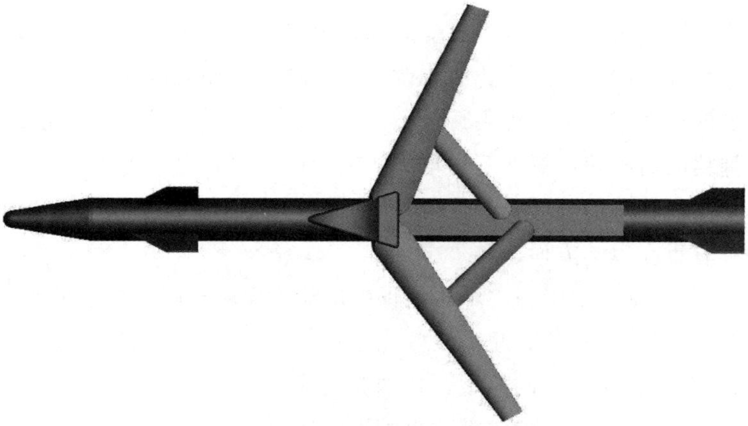

图 9-6 钻石背导弹外形示意图

需要重视的是，不能仅仅关注变外形带来的气动优势和控制能力优势，同时也需关注变外形过程中带来的不利影响，如质心、压心、转动惯量大幅变化以及通道耦合的增强等。

9.3 变后掠翼飞行控制器设计思路

9.3.1 基于自适应滑模的控制器设计思路

对变体飞行器非线性模型进行处理，提取速度子系统和姿态子系统为

$$\begin{aligned}\dot{x}_1&=\dot{V}=f_1(x_1,\xi)+g_1(x_1,\xi)\delta_r+d_1\\ \dot{x}_2&=\ddot{\vartheta}=f_2(x_2,\xi)+g_2(x_2,\xi)\delta_e+d_2\end{aligned}\tag{9-1}$$

式中，ξ 表示后掠角或者翼展角变化率。

定义系统的参考指令信号为 $x_{id}\ (i=1,\ 2)$，复合干扰 d_1，d_2 的估计值 $\hat{d}_i(i=1,\ 2)$，并做出如下假设：

1) 参考指令信号 x_{id} 具有二阶连续导数 $\dot{x}_{id}$ 和 $\ddot{x}_{id}$，且 x_{id}、$\dot{x}_{id}$ 和 $\ddot{x}_{id}$ 均有界；

2) 复合干扰 $|d_i|\leqslant\bar{d}_i$，其中 $\bar{d}_i$ 为 d_i 的保守估计值；

3) $g_1(x_1,\ \xi)$，$g_2(x_2,\ \xi)$ 可逆。

设计自适应滑模控制器使得：

1) x_i，$\dot{x}_i(i=1,\ 2)$ 均有界；

2) 当 $t\to\infty$ 时，$\hat{d}_i(t)\to\hat{d}_{i,\infty}(t)(i=1,\ 2)$，其中 $\hat{d}_{i,\infty}(t)$ 为常数；

3) 对于预先设定的调整时间 $T_f>0$ 和允许跟踪误差 $\zeta_i>0(i=1,\ 2)$，当 $t\geqslant T_f$ 时，$|x_i-x_{id}|\leqslant\zeta_i$ 成立。

首先对姿态子系统进行自适应滑模控制率设计，定义

$$z_2=e_2-\eta_2 \tag{9-2}$$

式中 $e_2=x_2-x_{2d}=\vartheta-\vartheta_d$ 为俯仰角跟踪误差，俯仰角参考信号 ϑ_d 由期望的高度信号生成，η_2 为拟合的期望跟踪误差曲线，满足条件：

1) η_2 在 $[0,\ \infty)$ 上二阶连续可导且 η_2，$\dot{\eta}_2$，$\ddot{\eta}_2$ 均有界；

2) $\eta_2(0)=e_2(0)$，$\dot{\eta}_2(0)=\dot{e}_2(0)$；

3) 当 $t\geqslant T_f$ 时，$\eta_2=0$，T_f 为调整时间。

根据上述条件，η_2 依据下列公式拟合：

$$\eta_2(t)=\begin{cases}a_0+a_1t+a_2t^2+a_3t^3, & 0\leqslant t\leqslant T_f\\ 0, & t>T_f\end{cases} \tag{9-3}$$

式中，$a_0=x_2(0)$，$a_1=0$，$a_2=-3(x_2(0)/T_f^2)$，$a_3=2[x_2(0)/T_f^2]$。

定义滑模面

$$s_2=\dot{z}_2+C_2z_2 \tag{9-4}$$

其中，$C_2>0$ 为待设计参数，显然，由于 $z_2(0)=0$，$\dot{z}_2(0)=0$，所以有 $s_2(0)=0$，并且

$$\begin{aligned}\dot{s}_2&=\ddot{z}_2+C_2z_2\\&=\ddot{e}_2-\ddot{\eta}_2+C_2(\dot{e}_2-\dot{\eta}_2)\\&=\ddot{x}_2-\ddot{x}_{2d}-\ddot{\eta}_2+C_2(\dot{x}_2-\dot{x}_{2d}-\dot{\eta}_2)\\&=f(x_2,\xi_1)+g_2(x_2,\xi_1)u+d_2-\ddot{x}_{2d}-\ddot{\eta}_2+C_2(\dot{x}_2-\dot{x}_{2d}-\dot{\eta}_2)\end{aligned} \tag{9-5}$$

根据选取的滑模面，设计控制律如下

$$u_2=\delta_e=g_2^{-1}(x_2,\xi_2)[-f_2(x_2,\xi_2)-\mathrm{sat}(s_2/\varepsilon_2)\hat{d}_2+w_2-\mathrm{sat}(s_2/\varepsilon_2)k_2] \tag{9-6}$$

式中，$k_2>0$ 为待设计的参数，$\mathrm{sat}(s_2/\varepsilon_2)$ 为饱和函数，具体表达式为

$$\mathrm{sat}(s_2/\varepsilon_2)=\begin{cases}-1 & s_2<-\varepsilon_2\\ \dfrac{s_2}{\varepsilon_2} & -\varepsilon_2\leqslant s_2\leqslant\varepsilon_2\\ 1 & s_2>\varepsilon_2\end{cases} \tag{9-7}$$

式中，ε_2 为一常数，满足不等式 $0<\varepsilon_2<\frac{1}{\sqrt{2}}C_2\zeta_2$，$\zeta_2$ 为期望的系统跟踪误差。

$w_2=\ddot{x}_{2d}-\ddot{\eta}_2+C_2(\dot{x}_2-\dot{x}_{2d}-\dot{\eta}_2)$，$\hat{d}_2$ 为干扰上界 $\bar{d}_2$ 的估计值，由自适应率给出

$$\dot{\hat{d}}_2=\begin{cases}0 & |s_2|\leqslant\varepsilon_2\\ \mu_2|s_2| & |s_2|>\varepsilon_2\end{cases},\hat{d}_2(0)=0$$

式中 $\mu_2>0$——待设计参数。

其次，对速度子系统进行自适应滑模控制律设计。

定义滑模面

$$s_1=e_1-\eta_1$$

式中 $e_1=x_1-x_{1d}=V-V_d$ 为速度跟踪误差，η_1 为拟合的期望跟踪误差曲线，拟合条件和 η_2 相同。根据选取的滑模面，设计控制律为

$$u_1=\delta_T=g_1^{-1}(x_1,\ \xi)[-f_1(x_1,\ \xi_1)-\mathrm{sat}(s_1/\varepsilon_1)\hat{d}_1+w_1-\mathrm{sat}(s_1/\varepsilon_1)k_1]$$

式中，$k_1>0$ 为待设计的参数，$\mathrm{sat}(s_1/\varepsilon_1)$ 为饱和函数，具体表达式为

$$\mathrm{sat}(s_1/\varepsilon_1)=\begin{cases}-1 & s_1<-\varepsilon_1\\ \dfrac{s_1}{\varepsilon_1} & -\varepsilon_1\leqslant s_1\leqslant\varepsilon_1\\ 1 & s_1>\varepsilon_1\end{cases}$$

式中 ε_1 为期望的系统跟踪误差，$w_1=\dot{\eta}_1$，$\hat{d}_1$ 为干扰上界 $\bar{d}_1$ 的估计值，由自适应率给出

$$\dot{\hat{d}}_1=\begin{cases}0 & |s_1|\leqslant\varepsilon_1\\ \mu_1|s_1| & |s_1|>\varepsilon_1\end{cases},\hat{d}_1(0)=0$$

式中 $\mu_1>0$——待设计参数。

9.3.2 变外形与飞行协调控制思路

上节给出的方法是将变体飞行器结构变形看作外部给定指令，研究了在变形过程中稳定飞行和跟踪控制问题。显然，这样处理并不能充分发挥和体现结构变形给飞行器带来的优势，需要研究变形与飞行协调控制方法。此协调控制原理是将结构变形看作系统的一个输入，作为除舵偏角之外的另外一种执行机构进行协调控制，通过设计合理的控制律使得变外形飞行器在飞行过程中进行主动变形，实现良好气动特性满足任务需求。

进行飞行状态——变外形协同控制研究时，变外形飞行器的结构变形被看作系统控制输入，需要建立变体飞行器飞行状态变形协同控制的动力学模型。

例如除舵偏角 δ_e 外，引入了机翼变后掠角 δ_t 、翼展变形 δ_b 作为执行机构，并选择控制目标为飞行速度 V、俯仰角 θ 和飞行高度 h，建立变翼展飞行器变形辅助机动的纵向非线性动力学模型的一般表达式

$$\begin{cases}\dot{\boldsymbol{x}}(t)=\boldsymbol{f}_m[\boldsymbol{x}(t)]+\boldsymbol{g}_m[x(t)]\boldsymbol{u}_m(t)+\boldsymbol{d}(t)\\ \boldsymbol{y}_m(t)=\boldsymbol{h}_m[\boldsymbol{x}(t)]\end{cases}$$

式中，状态向量

$$\boldsymbol{x}(t)=[x_1(t)\ x_2(t)\ x_3(t)\ x_4(t)\ x_5(t)]^{\mathrm{T}}=[V\ \alpha\ \theta\ q\ h]^{\mathrm{T}}$$

输入向量

$$\boldsymbol{u}_m(t)=[u_{m1}(t)\ u_{m2}(t)\ u_{m3}(t)]^{\mathrm{T}}=[\delta_e\ \delta_t\ \xi_b]^{\mathrm{T}}$$

输出向量

$$\boldsymbol{y}_m(t)=[y_{m1}(t)\ y_{m2}(t)\ y_{m3}(t)]^{\mathrm{T}}=[V\ \theta\ h]^{\mathrm{T}}$$

其中 $f_m[\boldsymbol{x}(t)]$、$\boldsymbol{g}_m[\boldsymbol{x}(t)]$、$\boldsymbol{h}_m[\boldsymbol{x}(t)]$ 为系统函数。

9.4　变外形技术在远程防空导弹上的应用

防空导弹通常具备高敏捷、高加速、高精度、高集成、高效毁伤和低成本的基本特点。针对远程拦截斜距的要求，传统防空导弹存在以下问题。

一是为达到高敏捷特点，防空导弹通常采用轴对称布局，以具备末段全向高机动能力。但此类气动布局导弹升阻效率较低，并不适合远距离飞行。二是防空导弹常采用固体动力主动段高加速，以尽快达到作战速度，压缩对目标的拦截作战时间。针对远距离飞行，其他类型导弹通常采用吸气式发动机作为高速续航动力。但此类导弹通常体积大、造价高，与防空导弹高集成、低成本的特点不符。为实现超远程飞行，发动机一般均采用两级或多级双脉冲形式，通过能量分配提升射程。但当射程达到 1 000 千米以上时，导弹速度均达到十几马赫以上，且由于导弹升阻比不高，飞行高度相对较低，气动加热严重，传统防热的方法又与高敏捷、高集成的特点相矛盾。因此，如何在保证防空导弹高敏捷高机动的同时，提升防空导弹远界飞行能力是目前需要研究的重点。

防空导弹在飞行过程中可分为发射、飞行、拦截三个阶段。对于远程飞行，发射阶段影响相对较小，现有的轴对称布局解决了拦截段的全向高机动需求。因此关注重点应为如何更好地解决超过十分钟的飞行段飞行问题，以提升导弹远界飞行能力。导弹飞行过程中受到升力、阻力、重力、推力的共同作用。以目前远程防空导弹通常采用的无翼尾舵式气动布局为例，弹身需要特定的大攻角才能产生足够升力，但同时也会产生相应的诱导阻力，升阻比较低，这对提升导弹的远界飞行性能不利。导弹飞行时，升力不需要太大，与重力基本平衡即可。而提升升阻比的本质是以最小的阻力代价，提升足够的升力。升力方面，核心是提升小攻角条件下的升力，最直接的方法为提升升力面性能。在维持气动布局的基础上，一般会考虑增加舵面面积，但这会带来集成度、重量、舵机负载能力、总体参数匹配等一系列的问题。因此，需要打破原气动布局的基础。首先，可以考虑非圆截面的形式，通过应用升力体、乘波体等新式构型，利用流场和激波特性提高升力。其次，可以考虑额外增加翼面等升力面，提升导弹升力性能。阻力方面，提升导弹飞行性能需要重点关注减阻，减阻可以在飞行过程中，随着时间的推移，更容易维持速度，也可以有效地降低气动热效应。减阻的途径，一是由于超远程防空导弹速度远高于传统防空导弹，这就要考虑专门开展 $Ma\,6\sim10$ 以上气动外形优化，比如头部锐化，以降低阻力；二是随着导弹升力系数的增加，通过弹道合理设计，使导弹在更高的高度飞行，这有助于降低阻力；三是考虑以涡流发生器、射流装置等主动流动控制的方式，通过改变流场特性降低阻力。重力方面，在防空导弹原有的高集成度的基础上，要继续开展结构轻量化、结构防热功能一体化、弹上设备一体化等方面研究，降低导弹质量。在推力方面，可以考虑组合动力形态；助推段采用大推力固体火箭发动机，将导弹尽快推送到一定高度和速度；在飞行段采用固液混合推力可调发动机，发动机在飞行段一直工作，一是可以提供可调推力便于导弹维持飞行高度，二是可以降低底部阻力。

综上，将面对称导弹的飞行性能和轴对称导弹的机动性能相结合，通过主动变外形设计，综合提升防空导弹远距离飞行能力和拦截能力，研究全新的超远程防空导弹，对于防空导弹设计工程师而言，这将是一个挑战性非常高的系统工程，也是一个非常激动人心的设计工作。

9.5　本章小结

本章给出了几种变外形应用模式；同时给出了一种基于自适应滑模的变后掠翼飞行控制器设计思路和一种变外形与飞行协调控制的思路，即将结构变形看作为除舵偏角之外的另外一种执行机构，通过设计合理的控制律使得变外形飞行器在飞行过程中进行主动变形。由于每种变外形飞行器的变结构模式不同，总体参数、结构、气动等特征有显著区别，动力学模型差异非常大，远程高速防空导弹对变外形技术需求迫切，但复杂的变外形控制技术目前大多还处在研究探索阶段，距离工程实际应用还有一定的距离。

第 10 章　基于能量约束的初中制导方法

10.1　引言

远程防空导弹需要通过助推加速到一定高度和速度，随后在临近空间长距离飞行，并在接近目标时再降至稠密大气层。全程制导过程通常可分为初始转弯段、中制导段、中末制导交班段以及末制导段。

初始转弯段主要任务是控制导弹达到预定的速度指向角，且满足一定的精度要求。远程防空导弹的该过程一般较长，过程中要求过载变化平稳、速度损失小，对于大静不稳弹体需要机动时机可控。远程防空导弹中制导段在临近空间长时间飞行，除了需要根据弹目相对运动关系生成制导指令，还需要考虑长时气动干扰对速度衰减的影响，为创造更为有利的中末制导交班条件，需要研究一种弹道平稳、交班精度高的制导律。

本章以远程防空导弹为研究对象，重点研究能量约束条件下的初中制导方法。首先将最优控制理论应用到初始转弯控制律设计中，由状态量中弹目视线角速度和速度矢量指向角的末值约束及控制能量约束组成指标函数，设计控制量权重系数自适应的时变最优转弯控制律，提高转弯精度，同时控制机动时机。然后，研究防空导弹多约束能量最优中制导律，以弹目视线与参考线偏差量为变量建立状态方程及能量最优指标函数，为避免求解黎卡缇方程的大量计算，使用能够体现末值约束的线性系统最优解算方法，得出多约束能量最优制导律，提高中制导精度，同时降低能量损耗。

10.2　初始转弯最优制导律研究

初始转弯段一般采用基于预测命中点制导的控制方式，转弯结束时需要控制速度矢量方向指向预测命中点，其中速度矢量指向角（弹道倾角、弹道偏角）的控制精度是设计关键。远程拦截弹多采用长细比较大的弹体，静不稳定度比较大，主动段发动机处于工作状态，导弹的质量和质心变化导致导弹静不稳定度在不同时间有所不同，不能实现全程高机动控制，需要选择机动时机，避免在静不稳定时有较大机动。因此，在制导律设计时，不仅要提高弹道角终端控制精度，而且需要减小控制量，避免在静不稳定度大时过载需求大，同时减小能量损耗，为后续拦截弹飞行段保留更多动能，提高系统响应速度。

首先研究基于极小值原理的一种最优制导律，该制导律可以满足速度矢量方向角的控制精度要求，但是过载变化比较剧烈；其次，采用控制量权重系数自适应时变方法，通过对制导律算法中的参数进行调整，可以控制过载在不同时期的变化趋势，以满足大静不稳定度导弹对不同时段过载的约束，使其变化更平缓，并减小动能损失，实现机动过载时机的可选择性。

10.2.1 导弹到预测位置点的纵向相对运动模型

将导弹的运动分解为横向和纵向，先研究纵向平面的运动，如图 10-1 所示，是以导弹和预测位置点连线所在的平面为坐标系的 XOY 平面。M_0 为导弹的初始位置，M_f 为导弹的预测位置点，V_0 为导弹的初速度，V_f 为导弹的末速度，θ_0 为导弹的初始速度倾角，θ_f 为导弹的末状态速度倾角，也是控制目标，q 为导弹到目标点的视线角，R 为相对距离。

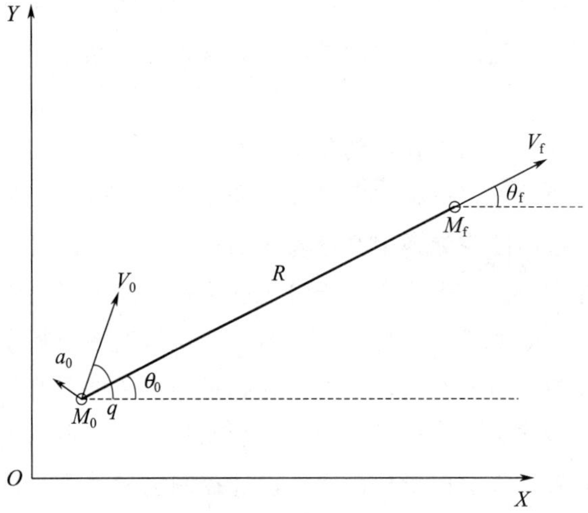

图 10-1　纵平面导弹—预测位置点运动示意图

在纵向平面内，导弹飞向预测位置点的运动模型为

$$\begin{cases}\dot{R}=-V(t)\cos[\theta(t)-q(t)] \\ \dot{q}R=-V(t)\sin[\theta(t)-q(t)] \\ a(t)=V(t)\dot{\theta}(t)\end{cases} \tag{10-1}$$

式（10-1）是典型的导弹到预测位置点的运动模型，现对它进行分析。接近末位置时，R 趋向于 0，$\dot{q}$ 为有限量，则 $\dot{q}R$ 也趋向于 0，速度不为 0，则 $\sin[\theta(t)-q(t)]$ 趋向于 0，而 $\theta(t)$ 与 $q(t)$ 之间的差不可能超过 π，所以，在末位置时，近似有

$$\theta(t)=q(t) \tag{10-2}$$

在末位置时，如果满足

$$q(t)-\theta(t_f)=0 \tag{10-3}$$

则同时满足

$$\theta(t)-\theta(t_f)=0 \tag{10-4}$$

此外，在转弯结束时，如果 $\dot{q}$ 为 0，则更有利于下个阶段中制导的执行。总之，同时满足

$$\begin{cases} q(t)-\theta(t_f)=0 \\ \dot{q}=0 \end{cases} \tag{10-5}$$

这是一种很理想的转换情况。

10.2.2　基于导弹预测位置点的最优制导律

对于最优控制问题，建立状态方程是一个关键的步骤，需要把约束条件涉及的变量设为状态变量，这决定了使用最优理论解算的目标，同时也决定了解算过程的繁复程度以及是否能够得到解析解。

对式（10－1）中间等式求导，得

$$\dot{q}\dot{R}+\ddot{q}R=-\dot{V}(t)\sin[\theta(t)-q(t)]-V(t)\cos[\theta(t)-q(t)]\times[\dot{\theta}(\mathrm{t})-\dot{q}(\mathrm{t})] \tag{10-6}$$

结合式（10－6）和式（10－1）可得

$$\ddot{q}=-2\frac{\dot{R}}{R}\dot{q}+\frac{\dot{R}}{R}\dot{\theta}(\mathrm{t})-\frac{\dot{V}(t)}{R}\sin[\theta(t)-q(t)] \tag{10-7}$$

根据之前叙述的约束条件，取状态量为

$$\begin{cases} x_1=q-\theta_f \\ x_2=\dot{q} \end{cases} \tag{10-8}$$

则系统状态方程为

$$\begin{cases} \dot{x}_1=x_2 \\ \dot{x}_2=-2\dfrac{\dot{R}}{R}\dot{x}_2+\dfrac{\dot{R}}{R}u(\mathrm{t})+\omega \end{cases} \tag{10-9}$$

其中 ω 为包含导弹速度变化率的量。为了在接下来的解算中，更容易得到解析解，这里通过引入伪控制量的办法，将系统形式写成双积分系统。令

$$\bar{u}(t)=\frac{\dot{R}}{R}u(t)+\omega \tag{10-10}$$

则有新系统

$$\begin{pmatrix} \dot{x}_1 \\ \dot{x}_2 \end{pmatrix}=\begin{pmatrix} 0 & 1 \\ 0 & 0 \end{pmatrix}\begin{pmatrix} x_1 \\ x_2 \end{pmatrix}+\begin{pmatrix} 0 \\ 1 \end{pmatrix}\bar{u}(t) \tag{10-11}$$

考虑约束条件，列写指标函数。这里要考虑的约束有系统两个状态变量的末状态，控制量尽可能地小。所以有指标函数式

$$J=\frac{1}{2}[x_1(t_f)\quad x_2(t_f)]\begin{bmatrix} c_1 & 0 \\ 0 & c_2 \end{bmatrix}\begin{bmatrix} x_1(t_f) \\ x_2(t_f) \end{bmatrix}+\frac{1}{2}\int_{t0}^{tf}\bar{u}(t)\times\bar{R}\times\bar{u}(t)\,\mathrm{d}t \tag{10-12}$$

下面利用极小值原理求解上述最优问题，即，

$$\begin{bmatrix} \dot{x}_1 \\ \dot{x}_2 \end{bmatrix}=\begin{bmatrix} 0 & 1 \\ 0 & 0 \end{bmatrix}\begin{bmatrix} x_1 \\ x_2 \end{bmatrix}+\begin{bmatrix} 0 \\ 1 \end{bmatrix}u(t) \tag{10-13}$$

要求的终端条件为

$$\begin{bmatrix} x_1(t_f) \\ x_2(t_f) \end{bmatrix} = 0 \tag{10-14}$$

指标函数为

$$J = \frac{1}{2}[x_1(t_f) \quad x_2(t_f)] \begin{bmatrix} c_1 & 0 \\ 0 & c_2 \end{bmatrix} \begin{bmatrix} x_1(t_f) \\ x_2(t_f) \end{bmatrix} + \frac{1}{2}\int_{t0}^{tf} u(t) \times R \times u(t)\,\mathrm{d}t \tag{10-15}$$

写出其汉密尔顿方程为

$$H = \frac{1}{2}Ru(t)^2 + \lambda_1(t)x_2(t) + \lambda_2(t)u(t) \tag{10-16}$$

利用协态方程，可得

$$\begin{bmatrix} \lambda_1(t) \\ \lambda_2(t) \end{bmatrix} = \begin{bmatrix} 0 \\ -\lambda_1(t) \end{bmatrix} \tag{10-17}$$

$$\begin{bmatrix} c_1 x_1(t_f) \\ c_2 x_2(t_f) \end{bmatrix} = \begin{bmatrix} \lambda_1(t_f) \\ \lambda_2(t_f) \end{bmatrix} \tag{10-18}$$

对式（10－17）进行积分运算，从当前时刻积分到最终时刻 t_f ，可得

$$\lambda_1(t) = c_1 x_1(t_f) \tag{10-19}$$

$$\int_{t0}^{tf} \dot{\lambda}_2(t)\,\mathrm{d}t = -c_1 x_1(t_f)(t_f - t) \tag{10-20}$$

记 $t_g(t) = t_f - t$ ，为剩余飞行时间，对式（10－20）左侧进行积分运算，可得

$$\lambda_2(t) = c_2 x_2(t_f) + c_1 x_1(t_f) t_g(t) \tag{10-21}$$

根据控制量条件，可得

$$u(t) = -\frac{\lambda_2(t)}{R} \tag{10-22}$$

将用协态方程求出的 $\lambda_2(t)$ 代入式（10－22）中，再根据状态方程，可得

$$\dot{x}_2(t) = -\frac{1}{R}[c_2 x_2(t_f) + c_1 x_1(t_f) t_g(t)] \tag{10-23}$$

对式（10－23）进行积分运算可得

$$x_2(t) = x_2(t_f) + \frac{1}{R}[c_2 x_2(t_f) t_g(t) + \frac{1}{2}c_1 x_1(t_f) t_g(t)^2] \tag{10-24}$$

根据状态方程中 $x_2(t)$ 和 $x_1(t)$ 的关系，再次对 $x_2(t)$ 积分，可得

$$x_1(t) = x_1(t_f) - x_2(t_f) t_g(t) - \frac{c_2 x_2(t_f) t_g(t)^2}{2R} - \frac{c_1 x_1(t_f) t_g(t)^3}{6R} \tag{10-25}$$

求解 $x_2(t)$ 和 $x_1(t)$ 的目的在于，反解求出 $x_1(t_f)$ 和 $x_2(t_f)$ 的形式，末值一定是与当前时刻的状态值以及其他参数有关系的，求解后，将其带回式（10－25）中，可以得到控制量的形式为

$$u(t)=-\frac{\left[c_1t_g(t)+\frac{c_1c_2}{2R}t_g(t)^2\right]x_1(t)+\left[c_2+c_1t_g(t)^2+\frac{c_1c_2}{3R}t_g(t)^3\right]x_2(t)}{R\left[1+\frac{c_2}{R}t_g(t)+\frac{c_1}{3R}t_g(t)^3+\frac{c_1c_2}{12R^2}t_g(t)^4\right]}\tag{10-26}$$

即

$$\bar{u}(t)=-\frac{\left(c_1t_g+\frac{c_1c_2}{2\bar{R}}t_g{}^2\right)x_1+\left(c_2+c_1t_g{}^2+\frac{c_1c_2}{3\bar{R}}t_g{}^3\right)x_2}{R\left(1+\frac{c_2}{\bar{R}}t_g+\frac{c_1}{3\bar{R}}t_g{}^3+\frac{c_1c_2}{12\bar{R}^2}t_g{}^4\right)}\tag{10-27}$$

约束要求 $x_1(t_f)=0$，$x_2(t_f)=0$，则 c_1 和 $c_2\to\infty$，且 $\bar{R}=1$，则式（10-27）可转化为

$$\bar{u}(t)=-\frac{6}{t_g{}^2}x_1-\frac{4}{t_g}x_2\tag{10-28}$$

结合式（10-28），以及 ω 的形式，可以得到控制量

$$\dot{\theta}=\frac{R}{\dot{R}}\left[\left(2\frac{\dot{R}}{R}-\frac{4}{t_g}\right)\dot{q}+\frac{\dot{V}}{R}\sin(\theta-q)-\frac{6}{t_g{}^2}(q-\theta_f)\right]\tag{10-29}$$

观察此制导律的形式，与比例导引的基本形式对比，最优制导律也包含系数与弹目视线角速度的乘积项，但其比例系数为时变，而且还包含另外的补偿项。

为了验证方法的正确性和有效性，进行初步仿真分析，主要目标是在主动段结束时，使弹道倾角达到期望值（已经给定 31°），同时要求飞行过程中过载更小，变化比较平稳，以减小动能损失。图 10-2～图 10-4 分别是使用该方法在初始转弯段得到的速度方向角、速度大小、纵向过载变化曲线。

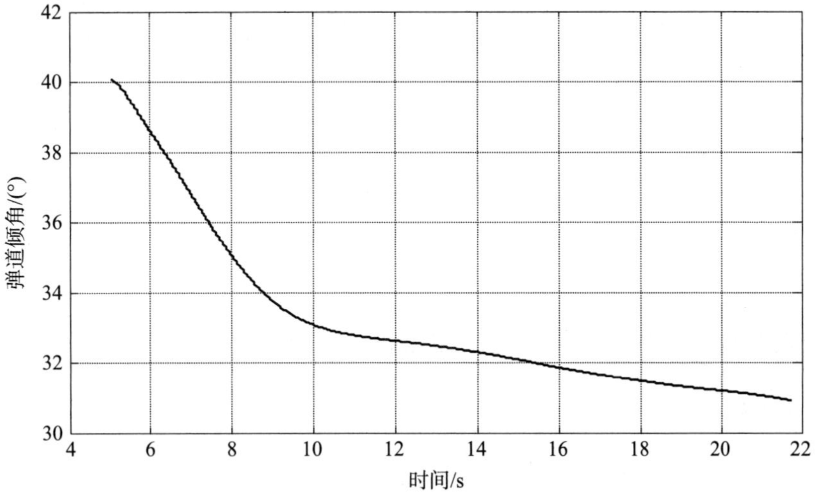

图 10-2　弹道倾角变化曲线

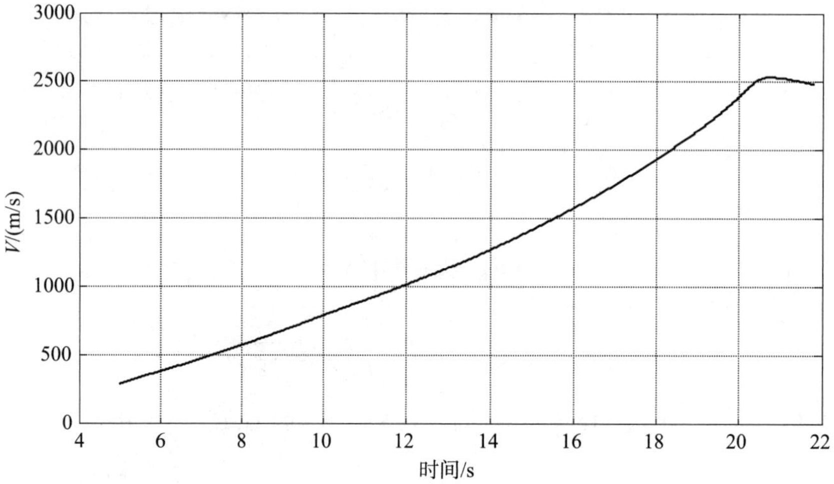

图 10-3 速度大小变化曲线

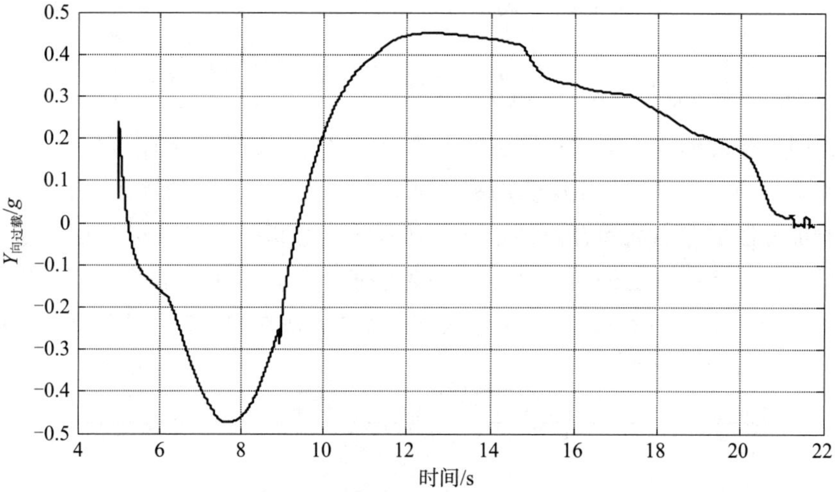

图 10-4 过载变化曲线

观察图 10-4，可以发现，这种方法在保证速度方向角控制精度的前提下，Y 向过载变化峰值比较小，动能损失比较小。但是前期曲线斜率比较大，这种快速的变化不利于弹体稳定。

10.2.3 控制量权重系数自适应时变的最优制导律

选择二次型指标函数形式为

$$\boldsymbol{J}=\frac{1}{2}\boldsymbol{X}(t_f)^{\mathrm{T}}\boldsymbol{F}\boldsymbol{X}(t_f)+\frac{1}{2}\int_{t_0}^{t_f}\bar{u}(t)^{\mathrm{T}}\times\bar{\boldsymbol{R}}\times\bar{\boldsymbol{u}}(t)\,\mathrm{d}t \tag{10-30}$$

目标是求出使 $\boldsymbol{J}$ 取最小值的 $\bar{\boldsymbol{u}}(t)$ 。$\bar{\boldsymbol{R}}$ 代表着在指标函数中，控制量所占的比重。用二次型解算的控制量形式

$$\boldsymbol{u}(t)=-\bar{\boldsymbol{R}}^{-1}(t)\boldsymbol{B}^{\mathrm{T}}(t)\boldsymbol{K}(t)\boldsymbol{X}(t) \tag{10-31}$$

其中 $\bar{\boldsymbol{R}}$ 与 $\boldsymbol{u}(t)$ 为求逆关系，当 $\bar{\boldsymbol{R}}$ 取比较大的值时，控制量在指标函数中所占比重较大，而求解的目标是使指标函数取极小值，则控制量的值会比较小。

使用上节最优导引律的弹道，前期过载大，变化剧烈；后期过载小，变化平缓。本节希望能对其改进，从而实现前期和后期的某种平衡。方法是对前期进行抑制，对后期进行放大。这就要求改变 R 的形式，使前期控制量在指标函数中的比重较大，后期在指标函数中的比重较小。设新的指标函数为

$$J=\frac{1}{2}\begin{bmatrix}x_1(t_f) & x_2(t_f)\end{bmatrix}\begin{pmatrix}c_1 & 0\\0 & c_2\end{pmatrix}\begin{bmatrix}x_1(t_f)\\x_2(t_f)\end{bmatrix}+\frac{1}{2}\int_{t0}^{tf}\bar{u}(t)\times t_g{}^n\times\bar{u}(t)\,\mathrm{d}t \tag{10-32}$$

这里 $\bar{\boldsymbol{R}}$ 由常数阵改成了时变阵，已经不适合于上文中给出过的解的形式，需要另行推导。有两种方法可以解决这个问题，一个是离散的方法，另一个是根据极小值原理直接推导。前者推导容易实现，但是在应用中要求的计算量大；后者推导难度大，但是在应用中要求的计算量较小。

式（10－32）是一个典型的二次型指标函数的形式，所以可以使用线性二次型理论，即写黎卡缇方程，解算出增益阵的值，即可求出控制量。黎卡缇方程和控制量的推导这里不再详细叙述，直接写出

$$\boldsymbol{u}(t)=-\bar{\boldsymbol{R}}^{-1}(t)\boldsymbol{B}^{\mathrm{T}}(t)\boldsymbol{K}(t)\boldsymbol{X}(t) \tag{10-33}$$

$$\dot{\boldsymbol{K}}(t)+\boldsymbol{K}(t)\boldsymbol{A}(t)-\boldsymbol{K}(t)\boldsymbol{B}(t)\bar{\boldsymbol{R}}^{-1}(t)\boldsymbol{B}^{\mathrm{T}}(t)\boldsymbol{K}(t)+\boldsymbol{A}^{\mathrm{T}}(t)\boldsymbol{K}(t)+\boldsymbol{Q}(t)=0 \tag{10-34}$$

根据前文建立的状态方程和指标函数，可知 $\boldsymbol{K}(t)=\begin{bmatrix}k_{11}(t) & k_{12}(t)\\k_{21}(t) & k_{22}(t)\end{bmatrix}$，$\boldsymbol{A}(t)=\begin{bmatrix}0 & 1\\0 & 0\end{bmatrix}$，$\boldsymbol{Q}(t)=0$，$\boldsymbol{B}(t)=\begin{bmatrix}0\\1\end{bmatrix}$，$\bar{\boldsymbol{R}}(t)=t_g{}^n$。将其代入式（10－34），因为 $\boldsymbol{K}(t)$ 为对称阵，可得

$$\begin{cases}\dot{k}_{11}=\dfrac{k_{12}{}^2}{t_g{}^n}\\[2ex]\dot{k}_{12}=\dfrac{k_{12}k_{22}}{t_g{}^n}-k_{11}\\[2ex]\dot{k}_{22}=\dfrac{k_{22}{}^2}{t_g{}^n}-2k_{12}\end{cases} \tag{10-35}$$

利用式（10－35），在已知末值的情况下，可以进行逆向积分，求解离散解。因为一般主动段的飞行时间都是固定的，可以离线计算，在线下可以计算存储每个周期的增益矩阵值，代入式（10－33）就可以计算控制量。如果能提前计算好增益阵的值的话，这种方法在飞行过程中的计算量是不大的。但是从精度的角度来说，还是解析解更好一些，而且解析解不需要提前准备，在飞行中就可以实时计算。

下面给出针对指标函数式（10－32），利用极小值原理的解析解解算过程。将式（10－32）写成

$$\boldsymbol{J}=\frac{1}{2}\boldsymbol{X}^{\mathrm{T}}(t_f)\begin{bmatrix}c_1 & 0\\0 & c_2\end{bmatrix}\boldsymbol{X}(t_f)+\frac{1}{2}\int_{t0}^{tf}u^2(t)t_g{}^n\mathrm{d}t \tag{10-36}$$

根据式（10－36）和系统方程，汉密尔顿方程为

$$H=\frac{1}{2}u^2(t)t_g{}^n+\lambda_1x_2+\lambda_2u(t) \tag{10-37}$$

根据极小值原理，写出横截条件、终值条件和控制方程

$$\begin{cases}\begin{bmatrix}c_1x_1(t_f)\\c_2x_2(t_f)\end{bmatrix}=\begin{bmatrix}\lambda_1(t_f)\\\lambda_2(t_f)\end{bmatrix}\\\begin{bmatrix}\dot{\lambda}_1(t)\\\dot{\lambda}_2(t)\end{bmatrix}=\begin{bmatrix}0\\-\lambda_1(t)\end{bmatrix}\\u(t)=-\dfrac{\lambda_2}{t_g{}^n}\end{cases} \tag{10-38}$$

观察控制量的形式，发现欲求控制量，必须先求 λ_2 。这里有的是 λ_2 的一阶导数和末值，理论上肯定可以求解，直接解算的结果中会包含 $x_1(t_f)$ ，$x_2(t_f)$ 两个量。

$$\int_t^{tf}\dot{\lambda}_2\mathrm{d}t=-c_1x_1(t_f)t_g \tag{10-39}$$

由式（10－39）可得

$$\lambda_2(t)=\lambda_2(\mathrm{t}_f)+c_1t_gx_1(t_f)=c_2x_2(t_f)+c_1t_gx_1(t_f) \tag{10-40}$$

代入控制量的表达式

$$u(t)=-t_g{}^{-n}c_2x_2(t_f)-t_g{}^{-n+1}c_1x_1(t_f) \tag{10-41}$$

接下来，想办法将 $x_1(t_f)$ ，$x_2(t_f)$ 用 $x_1(t)$ ，$x_2(t)$ 表示。对 $\dot{x}_2$ 积分

$$\int_t^{tf}\dot{x}_2\mathrm{d}t=-c_2x_2(t_f)\frac{1}{-n+1}t_g{}^{-n+1}-c_1x_1(t_f)\frac{1}{-n+2}t_g{}^{-n+2} \tag{10-42}$$

由式（10－42）可得

$$x_2(t)=x_2(t_f)+c_2x_2(t_f)\frac{1}{-n+1}t_g{}^{-n+1}+c_1x_1(t_f)\frac{1}{-n+2}t_g{}^{-n+2} \tag{10-43}$$

因为

$$\dot{x}_1=x_2 \tag{10-44}$$

所以积分可得

$$x_1(t)=\left[1-\frac{c_1t_g{}^{-n+3}}{(-n+2)(-n+3)}\right]x_1(t_f)+\left[-t_g-\frac{c_2t_g{}^{-n+2}}{(-n+1)(-n+2)}\right]x_2(t_f) \tag{10-45}$$

根据式（10－43）和式（10－45）可以解算 $x_1(t_f)$ ，$x_2(t_f)$ ，如果直接解算，由于每项的系数很复杂，容易出错，这里将其设为

$$\begin{cases} x_1(t) = Ax_1(t_f) + Bx_2(t_f) \\ x_2(t) = Cx_1(t_f) + Dx_2(t_f) \end{cases} \tag{10-46}$$

可以计算得到

$$\begin{cases} x_1(t_f) = \dfrac{-Dx_1(t) + Bx_2(t)}{CB - AD} \\ x_2(t_f) = \dfrac{Cx_1(t) - Ax_2(t)}{CB - AD} \end{cases} \tag{10-47}$$

根据前文所述，约束要求两个状态末值为 0，所以取 c_1 和 $c_2 \to \infty$。可得

$$u(t) = \frac{-2n+3}{\dfrac{1}{-n+2} - \dfrac{1}{-n+3}} t_g^{-2} x_1(t) + \frac{\dfrac{-2n+4}{-n+3}}{\dfrac{1}{-n+2} - \dfrac{1}{-n+3}} t_g^{-1} x_2(t) \tag{10-48}$$

因为在建立指标函数的时候，用的是 $\bar{R}(t) = t_g^{\ n}$，这样虽然解算过程稍微复杂一些，但是却具有普适性，n 的取值不同，可以达到不同的优化目的。当 $n > 0$ 的时候，前期控制量在指标函数中的比重大，后期小，这样可以实现前期过载较小，后期过载较大的优化目的。而当 $n < 0$ 时正好相反，可以实现前期过载较大，迅速缩小与控制目标的偏差，而后期则过载较小，这也是具有应用意义的。比如，对于一些直接针对目标的制导问题，越到飞行后期，需要过载的大小对目标的机动的反应就越明显，所以希望在飞行前期尽快缩小偏差，而后期的过载尽可能小。

为了验证方法的正确性，进行初步的仿真分析。假设希望前期过载更小，而对后期过载没有要求。根据前文的理论分析，取 n 为 1，如图 10－5～图 10－7 所示，分别为速度方向角、速度大小、纵向过载变化曲线。

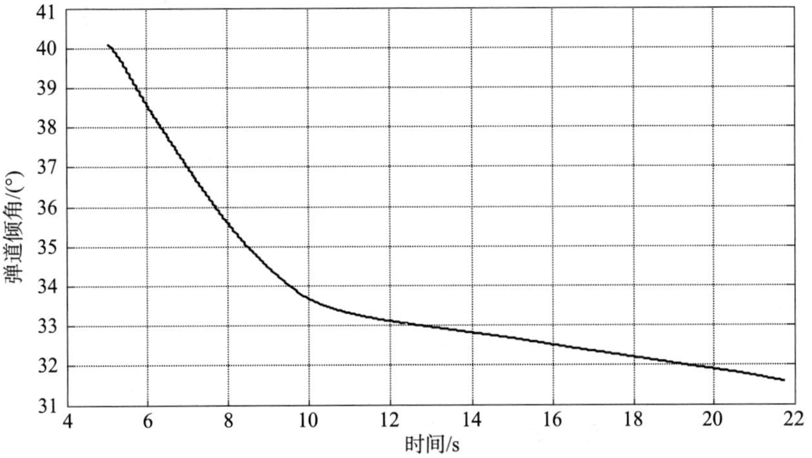

图 10－5　$n=1$ 弹道倾角变化曲线

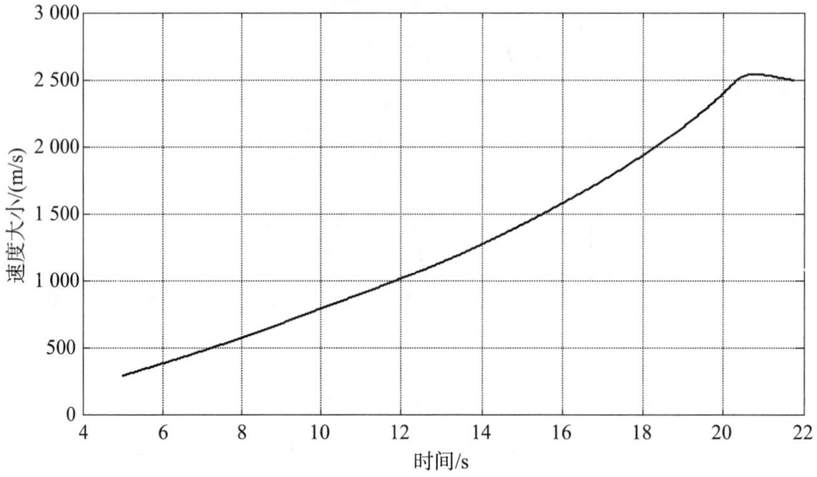

图 10-6　$n=1$ 速度大小变化

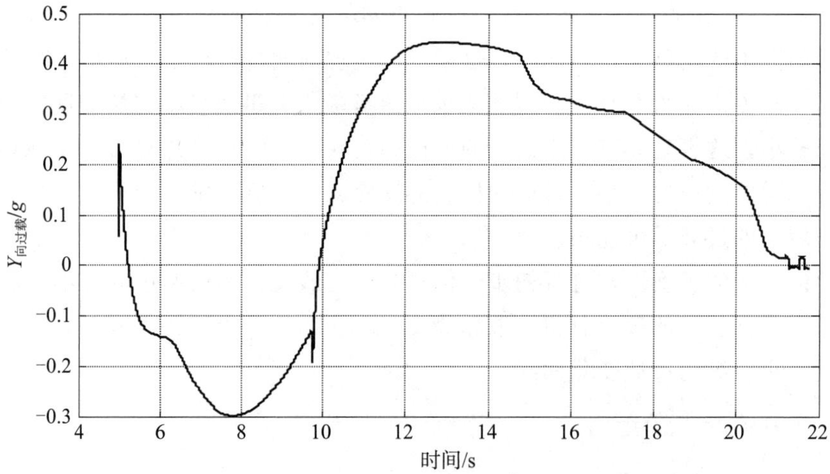

图 10-7　$n=1$ 过载变化曲线

对比图 10-7 和图 10-4 可以发现，采用自适应时变控制量权重的过载曲线，前期峰值更小，变化更平稳。这说明，在指标函数中加入时变的控制量权重系数，当 $n=1$ 时，前期控制量权重系数大，成功的抑制了过载曲线在前期的峰值和斜率，从而验证了方法的正确性，也得到了更合适的制导律形式。

图 10-8 为 n 取不同数值以及未加入时变控制量权重系数方法的过载对比图。从这张图上，可以更直观地看出时变权重系数方法对过载的抑制作用。本文使用的是剩余时间的幂函数形式的自适应时变系数，主要就是能起到对于前期或者后期过载的抑制作用。还可以考虑使用其他形式的时变系数，以达到不同的目的，最终实现满意的机动过载控制时机。

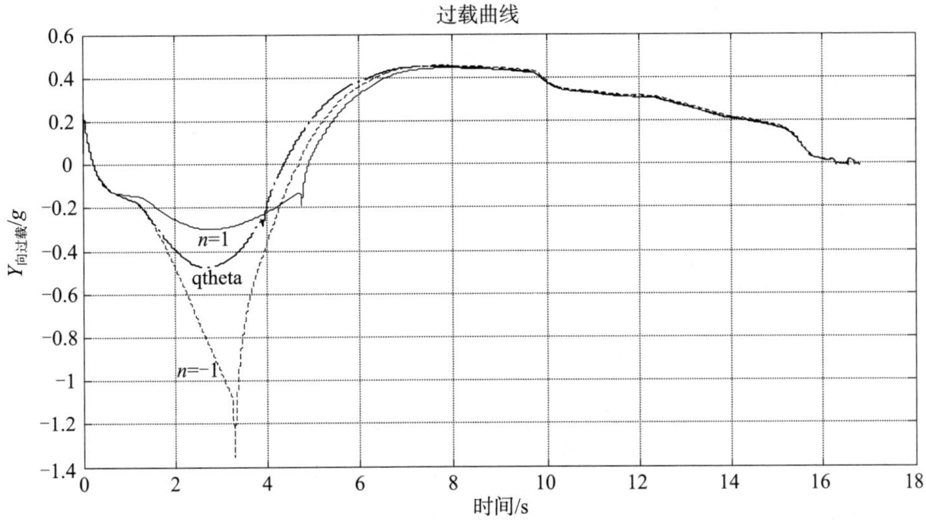

图 10－8　n 取不同值时过载曲线的对比

10.3　中制导段最优制导律研究

拦截弹中制导段根据弹目相对运动关系生成制导指令，控制导弹飞向目标，满足中末制导交班精度、过程量和控制量的约束。在这个飞行阶段，长时间在大气高层中飞行，而且过多过大的过载变化会损失较多动能，速度衰减较大；制导律设计时需要考虑弹道多个约束项，保证弹道平稳，满足中末交班精度，同时提高导弹速度，降低各类干扰及噪声影响。

10.3.1　建立相对参考线的运动模型

中制导的理想控制结果是结束时拦截弹和目标处于碰撞三角形附近，实现预测零控脱靶量趋于零，弹目视线角趋于零，达到更好的中末制导交班条件。为此，可以取弹目视线为参考线，如果可以将弹目视线控制在参考线附近，就会得到一条很接近平行接近方法的弹道，同时在解算中使用能量约束积分项的指标函数，实现能量最优，进一步减小控制量。

导弹和目标相对于参考线的运动示意图如图 10－9 所示，其中，X 为参考线，V_m 为导弹速度，u 为控制量，V_t 为目标速度，R 为弹目相对距离，Z 为弹目相对距离在参考线垂直方向的投影，t_g 和 t_{go} 的含义会在后文中给出。假设 X 就是理想的弹目连线的方向，如果弹目视线与参考线的夹角始终为零，就得到了最优的拦截弹道。夹角 σ 和 Z 存在相互转换关系，Z 是需要修正的量。

根据图 10－9 中的相对运动关系，可以得到

$$z(t)=R\sin\sigma(t) \tag{10-49}$$

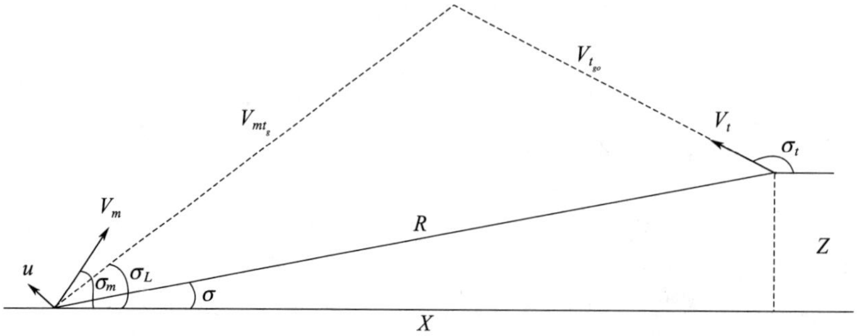

图 10-9 导弹和目标相对于参考线的运动关系示意图

$$\dot{z}(t)=V_t(t)\sin\sigma_t(t)-V_m(t)\sin\sigma_m(t) \tag{10-50}$$

$$u(t)=V_m(t)\dot{\sigma}_m(t) \tag{10-51}$$

如将 σ_L 理解为期望的交班时刻的速度方向角，则设

$$\sigma_L+\Delta\sigma_m(t)=\sigma_m(t) \tag{10-52}$$

可以得到

$$u(t)=V_m(t)\dot{\sigma}_m(t)=V_m(t)\Delta\dot{\sigma}_m(t) \tag{10-53}$$

将式（10-52）代入式（10-50）

$$\dot{z}(t)=V_t(t)\sin\sigma_t(t)-V_m(t)\sin\sigma_L\cos\Delta\sigma_m(t)-V_m(t)\sin\Delta\sigma_m(t)\cos\sigma_L \tag{10-54}$$

$\Delta\sigma_m$ 是一个小角度，可以线性化处理，得

$$\dot{z}(t)=V_t(t)\sin\sigma_t(t)-V_m(t)\sin\sigma_L-V_m(t)\Delta\sigma_m(t)\cos\sigma_L \tag{10-55}$$

对式（10-55）求导，可得

$$\ddot{z}(t)=\frac{\mathrm{d}}{\mathrm{d}t}[V_t(t)\sin\sigma_t(t)]-\dot{V}_m(t)\sin\sigma_L-\dot{V}_m(t)\Delta\sigma_m(t)\cos\sigma_L-V_m(t)\Delta\dot{\sigma}_m(t)\cos\sigma_L \tag{10-56}$$

其中最后一项就是控制量在参考线垂直方向的分量，也就是修正弹目视线偏差的控制分量。记为

$$u_z=u(t)\cos\sigma_L \tag{10-57}$$

第一项为与目标的机动相关项，记为

$$a_{tz}=\frac{\mathrm{d}}{\mathrm{d}t}[V_t(t)\sin\sigma_t(t)] \tag{10-58}$$

设

$$a=\frac{\dot{V}_m(t)}{V_m(t)} \tag{10-59}$$

结合式（10-56），（10-57），（10-58），（10-59）可得

$$\dot{z}(t)=\dot{z}(t) \tag{10-60}$$

$$\ddot{z}(t)=a(t)\dot{z}(t)-a(t)V_t(t)\sin\sigma_t(t)-u_z(t)+a_{tz}(t) \tag{10-61}$$

即

$$\begin{bmatrix} \dot{z} \\ \ddot{z} \end{bmatrix} = \begin{bmatrix} 0 & 1 \\ 0 & a(t) \end{bmatrix} \begin{bmatrix} z \\ \dot{z} \end{bmatrix} + \begin{bmatrix} 0 \\ -1 \end{bmatrix} u_z + \begin{bmatrix} 0 \\ -a(t) V_t(t) \sin\sigma_t(t) + a_{tz}(t) \end{bmatrix} \tag{10-62}$$

这就得到了根据相对于参考线的相对运动模型的状态方程。

10.3.2　体现末值约束的线性系统最优问题解算方法

为了解决在上一节中提出的最优问题，需要改进解算方法。对于一些满足特定要求的问题，可以在不解算黎卡缇方程的情况下，得到控制量形式，在计算式中可以更直观地体现出末值约束对控制量的影响。下面具体介绍这种方法的计算过程。

在最优制导的推导中，对于系统末状态的约束经常遇到这样的情况，需要其中一些状态的末值尽量接近 0，体现在约束上就是使其末值严格为 0，但是有一些状态不需要趋近于 0，即

$$x_i(t_f) = 0, i = 1, \cdots, q \& q \leqslant n \tag{10-63}$$

这种情况下，如果继续使用二次型的指标函数的话，要求矩阵 $\boldsymbol{S}_f$ 中，与 $x_i(t_f)$ 位置相对应的权重趋向于无穷大，而其他数为 0，而 $\boldsymbol{S}_f$ 作为求解黎卡缇方程的末值条件，这样的取值是无法求解的，所以我们可以考虑使用指标函数

$$J = \sum_{i=1}^{q} v_i x_i(t_f) + \frac{1}{2}\int_{t_0}^{t_f} (\boldsymbol{x}^{\mathrm{T}}(t)\boldsymbol{A}(t)\boldsymbol{x}(t) + \boldsymbol{u}^{\mathrm{T}}(t)\boldsymbol{B}(t)\boldsymbol{u}(t)]\,\mathrm{d}t \tag{10-64}$$

利用必要条件，可得

$$\dot{\lambda}(t) = -\boldsymbol{A}(t)\boldsymbol{x}(t) - \boldsymbol{F}^{\mathrm{T}}(t)\boldsymbol{\lambda}(t), \lambda(t_f) = (v_1 \quad v_2 \quad \cdots \quad v_q \quad 0 \quad \cdots]^{\mathrm{T}} \tag{10-65}$$

$$\boldsymbol{u}(t) = -\boldsymbol{B}^{-1}(t)\boldsymbol{G}^{\mathrm{T}}(t)\boldsymbol{\lambda}(t) \tag{10-66}$$

同样可以写成

$$\begin{bmatrix} \dot{\boldsymbol{x}}(t) \\ \dot{\boldsymbol{\lambda}}(t) \end{bmatrix} = \begin{bmatrix} \boldsymbol{F} & -\boldsymbol{G}(t)\boldsymbol{B}^{-1}(t)\boldsymbol{G}^{\mathrm{T}}(t) \\ -\boldsymbol{A}(t) & -\boldsymbol{F}^{\mathrm{T}}(t) \end{bmatrix} \begin{bmatrix} \boldsymbol{x}(t) \\ \boldsymbol{\lambda}(t) \end{bmatrix} \tag{10-67}$$

已知 $x(t_0)$ 且其末值都已知。对于这样的问题，我们可以使用状态转移矩阵的方法，状态转移矩阵的主要思路是，找到两个矩阵，可以将状态向量和 $\boldsymbol{\lambda}(t)$ 统一到一个向量上，因为状态向量和 $\boldsymbol{\lambda}(t)$ 是线性关系，所以这两个矩阵是客观存在的，如式（10－68）、式（10－69）所示。

$$\boldsymbol{x}(t_f) = \begin{bmatrix} 0 \\ \cdots \\ 0 \\ x_{q+1}(t_f) \\ \cdots \\ x_n(t_f) \end{bmatrix} = \begin{bmatrix} 0 & & & & \\ & \cdots & & & \\ & & 0 & & \\ & & & 1 & \\ & & & & \cdots & \\ & & & & & 1 \end{bmatrix} \begin{bmatrix} \boldsymbol{v}_1 \\ \cdots \\ \boldsymbol{v}_q \\ x_{q+1}(t_f) \\ \cdots \\ x_n(t_f) \end{bmatrix} \tag{10-68}$$

$$\boldsymbol{\lambda}(t_f)=\begin{bmatrix} v_1 \\ \cdots \\ v_q \\ 0 \\ \cdots \\ 0 \end{bmatrix}=\begin{bmatrix} 1 & & & & \\ & \cdots & & & \\ & & 1 & & \\ & & & 0 & \\ & & & & \cdots & \\ & & & & & 0 \end{bmatrix}\begin{bmatrix} v_1 \\ \cdots \\ v_q \\ x_{q+1}(t_f) \\ \cdots \\ x_n(t_f) \end{bmatrix} \tag{10-69}$$

其中两个矩阵分别记为 $\boldsymbol{X}(t_f)$，$\boldsymbol{\Lambda}(t_f)$，它是由满足式（10 - 67）的解构成的矩阵，所以有

$$\boldsymbol{x}(t)=\boldsymbol{X}(t)\boldsymbol{\mu} \tag{10-70}$$

$$\boldsymbol{\lambda}(t)=\boldsymbol{\Lambda}(t)\boldsymbol{\mu} \tag{10-71}$$

其中 $\boldsymbol{\mu}=[v_1 \quad \cdots \quad v_2 \quad x_{q+1}(t_f) \quad \cdots \quad x_n(t_f)]$，取时间为初始时刻，可以利用式（10 - 70）求出 μ，再代入式（10 - 71），求出 $\boldsymbol{\lambda}(t)$，即可求出控制量的形式。但是状态转移矩阵是比较难得到的。一般的最优二次型问题的解算思路比较重要的是利用 $\boldsymbol{x}(t)$ 和 $\boldsymbol{\lambda}(t)$ 的线性关系，关键是求解二者的线性相关矩阵。所以我们有另一个解决这个问题的思路，设

$$\boldsymbol{\Psi}^{\mathrm{T}}=[x_1 \quad \cdots \quad x_q]_{t=tf} \tag{10-72}$$

$$\boldsymbol{V}^{\mathrm{T}}=[v_1 \quad \cdots \quad v_q]=[\lambda_1(t_f) \quad \cdots\lambda_q(t_f)] \tag{10-73}$$

$\boldsymbol{\Psi}$ 作为状态量的末值约束构成的向量是已知的，它与状态量的当前值和 $\boldsymbol{V}$ 存在着线性关系

$$\boldsymbol{\Psi}=\boldsymbol{U}(t)\boldsymbol{x}(t)+\boldsymbol{Q}(t)\boldsymbol{V} \tag{10-74}$$

$\boldsymbol{\lambda}(t)$ 和 $\boldsymbol{x}(t)$ 是线性关系，同时与自己的末值也有线性关系，设

$$\boldsymbol{\lambda}(t)=\boldsymbol{S}(t)\boldsymbol{x}(t)+\boldsymbol{R}(t)\boldsymbol{V} \tag{10-75}$$

当 $t=t_f$ 时，上述两等式依然成立，可得

$$\boldsymbol{S}(t_f)=0 \tag{10-76}$$

$$\boldsymbol{U}(t_f)=\boldsymbol{R}^{\mathrm{T}}(t_f)=\begin{bmatrix} 1 & & & 0 & \cdot\cdot \\ & \cdots & & 0 & \cdot\cdot \\ & & 1 & 0 & \cdot\cdot \end{bmatrix} \tag{10-77}$$

$$\boldsymbol{Q}(t_f)=0 \tag{10-78}$$

代换其中的 $\lambda(t)$ 和 $x(t)$ 的导数项，可得

$$\dot{\boldsymbol{S}}\boldsymbol{x}+\boldsymbol{S}[\boldsymbol{F}\boldsymbol{x}-\boldsymbol{G}\boldsymbol{B}^{-1}\boldsymbol{G}^{\mathrm{T}}(\boldsymbol{S}\boldsymbol{x}+\boldsymbol{R}\boldsymbol{V})]+\dot{\boldsymbol{R}}\boldsymbol{V}=-(\boldsymbol{A}+\boldsymbol{F}^{\mathrm{T}}\boldsymbol{S})\boldsymbol{x}-\boldsymbol{F}^{\mathrm{T}}\boldsymbol{R}\boldsymbol{V} \tag{10-79}$$

其中，除了 $\boldsymbol{V}$，其余矩阵都为时变矩阵，对于任何 $\boldsymbol{x}(t)$ 和 $\boldsymbol{V}$，这个微分方程都应成立，所以系数为 0，可得

$$\dot{\boldsymbol{S}}(t)+\boldsymbol{S}(t)\boldsymbol{F}(t)+\boldsymbol{F}^{\mathrm{T}}(t)\boldsymbol{S}(t)-\boldsymbol{S}(t)\boldsymbol{G}(t)\boldsymbol{B}^{-1}(t)\boldsymbol{G}^{\mathrm{T}}(t)\boldsymbol{S}(t)+\boldsymbol{A}(t)=0 \tag{10-80}$$

$$\dot{\boldsymbol{R}}(t)+[\boldsymbol{F}^{\mathrm{T}}(t)-\boldsymbol{S}(t)\boldsymbol{G}(t)\boldsymbol{B}^{-1}(t)\boldsymbol{G}^{\mathrm{T}}(t)]\boldsymbol{R}(t)=0 \tag{10-81}$$

其中式（10 - 80）是黎卡缇方程，它的解是 $\boldsymbol{\lambda}(t)$ 和 $\boldsymbol{x}(t)$ 的线性关系矩阵，而式（10 -

81）则是因为改变了二次型指标函数的形式而出现的。如果通过这两个式子可以解算出 $\boldsymbol{S}(t)$ 和 $\boldsymbol{R}(t)$ ，代入式（10－75）中，则可以得到控制量的形式，而且这个控制量的算法是包含有末状态约束的状态量所占的权重系数的，也就是 $\boldsymbol{V}$ ，它是一个常向量，可以通过某个特定时刻得到它的表达式，要借助式（10－74），对其求导，并用式（10－67）来代换其中的状态量导数项，可得

$$\dot{\boldsymbol{U}}(t)+\boldsymbol{U}(t)\ [\boldsymbol{F}(t)-\boldsymbol{G}(t)\boldsymbol{B}^{-1}(t)\boldsymbol{G}^{\mathrm{T}}(t)\boldsymbol{S}(t)]=0 \tag{10-82}$$

$$\dot{\boldsymbol{Q}}(t)-\boldsymbol{U}(t)\boldsymbol{G}(t)\boldsymbol{B}^{-1}(t)\boldsymbol{G}^{\mathrm{T}}(t)\boldsymbol{R}(t)=0 \tag{10-83}$$

观察上式，可以得到

$$\boldsymbol{U}(t)=\boldsymbol{R}^{\mathrm{T}}(t) \tag{10-84}$$

则（10－84）可以写成

$$\dot{\boldsymbol{Q}}(t)=\boldsymbol{R}^{\mathrm{T}}(t)\boldsymbol{G}(t)\boldsymbol{B}^{-1}(t)\boldsymbol{G}^{\mathrm{T}}(t)\boldsymbol{R}(t),\boldsymbol{Q}(t_f)=0 \tag{10-85}$$

取 $t=t_0$ ，根据（10－74）可以求出

$$\boldsymbol{V}=\boldsymbol{Q}^{-1}(t_0)[\boldsymbol{\Psi}-\boldsymbol{R}^{\mathrm{T}}(t_0)\boldsymbol{x}(t_0)] \tag{10-86}$$

将式（10－86）代入到 $t=t_0$ 时的式（10－75），得

$$\boldsymbol{\lambda}(t_0)=[\boldsymbol{S}(t_0)-\boldsymbol{R}(t_0)\boldsymbol{Q}^{-1}(t_0)\boldsymbol{R}^{\mathrm{T}}(t_0)]\boldsymbol{x}(t_0)+[\boldsymbol{R}(t_0)\boldsymbol{Q}^{-1}(t_0)]\boldsymbol{\Psi} \tag{10-87}$$

取初始时刻为当前时刻，可得 $\boldsymbol{\lambda}(t)$ 的表达式，则可以得到控制量的表达式

$$\boldsymbol{u}(t)=-\boldsymbol{B}^{-1}(t)\boldsymbol{G}^{\mathrm{T}}(t)[\boldsymbol{S}(t)-\boldsymbol{R}(t)\boldsymbol{Q}^{-1}(t)\boldsymbol{R}^{\mathrm{T}}(t)]\boldsymbol{x}(t)-\boldsymbol{B}^{-1}(t)\boldsymbol{G}^{\mathrm{T}}(t)\boldsymbol{R}(t)\boldsymbol{Q}^{-1}(t)\boldsymbol{\Psi} \tag{10-88}$$

观察这个控制量的形式，这里不只有状态变量的反馈，而且还包含末状态约束的影响项，当末状态约束都为零时，其形式与前文中的控制量形式一致。

10.3.3　拦截弹多约束能量最优制导律

根据交班状态和控制量要求，设计指标函数

$$J=v_1z(t_f)+v_2\dot{z}(t_f)+\frac{1}{2}\int_{t0}^{tf}[u_z(t)]^2\mathrm{d}t \tag{10-89}$$

根据前文叙述，取末值约束

$$z(t_f)=0 \tag{10-90}$$

所以，指标函数可以写成

$$J=\frac{1}{2}\int_{t0}^{tf}[u_z(t)]^2\mathrm{d}t \tag{10-91}$$

根据前文的理论推导，可得，

$$\boldsymbol{u}_z(t)=-\boldsymbol{R}^{-1}(t)\boldsymbol{B}^{\mathrm{T}}(t)\boldsymbol{F}(t)\boldsymbol{Q}^{-1}(t)\ [\boldsymbol{\Psi}-\boldsymbol{F}^{\mathrm{T}}(t)\boldsymbol{x}(t)] \tag{10-92}$$

其中

$$\boldsymbol{R}^{-1}(t)=1 \tag{10-93}$$

$$\boldsymbol{B}^{\mathrm{T}}(t)=[0\quad -1] \tag{10-94}$$

$$\dot{\boldsymbol{F}}(t)+\boldsymbol{A}(t)\boldsymbol{F}(t)=0,\boldsymbol{F}(t_f)=\begin{bmatrix}1\\0\end{bmatrix} \tag{10-95}$$

$$Q(t)=-\int_{t0}^{tf}\boldsymbol{F}^{\mathrm{T}}(t)\boldsymbol{B}(t)\boldsymbol{B}^{\mathrm{T}}(t)\boldsymbol{F}(t)\,\mathrm{d}t \tag{10-96}$$

根据前文内容，$\boldsymbol{\Psi}$ 代表对状态量的末值约束，所以在式（10－92）中为零，则

$$\boldsymbol{u}_z(t)=\boldsymbol{B}^{\mathrm{T}}(t)\boldsymbol{F}(t)\boldsymbol{Q}^{-1}(t)\ [\boldsymbol{F}^{\mathrm{T}}(t)\boldsymbol{x}(t)] \tag{10-97}$$

注意，这里的 $\boldsymbol{F}^{\mathrm{T}}(t)\boldsymbol{x}(t)$ 的意义，是在当前时刻的状态下，预估的末状态的值，它与末状态约束 $\boldsymbol{\Psi}$ 的差，是构成这个控制量最重要的一项。而对于本章的系统而言，对状态量末值有影响的不只是 $\boldsymbol{F}^{\mathrm{T}}(t)\boldsymbol{x}(t)$，$\begin{bmatrix}0\\-a(t)V_t(t)\sin\sigma_t(t)+a_{tz}(t)\end{bmatrix}$ 也存在着影响，所以，式（10－97）应该写成

$$\boldsymbol{u}_z(t)=\boldsymbol{B}^{\mathrm{T}}(t)\boldsymbol{F}(t)\boldsymbol{Q}^{-1}(t)\left\{\boldsymbol{F}^{\mathrm{T}}(t)\boldsymbol{x}(t)+\int_{t}^{tf}\boldsymbol{F}^{\mathrm{T}}(t)\begin{bmatrix}0\\-a(t)V_t(t)\sin\sigma_t(t)+a_{tz}(t)\end{bmatrix}\mathrm{d}t\right\} \tag{10-98}$$

想解出这个控制量的形式，必须先得到 $\boldsymbol{F}(t)$，$\boldsymbol{Q}^{-1}(t)$，式（10－95）可以写成

$$\begin{bmatrix}\dot{f}_1(t)\\\dot{f}_2(t)\end{bmatrix}=-\begin{bmatrix}0&0\\1&a(t)\end{bmatrix}\begin{bmatrix}f_1(t)\\f_2(t)\end{bmatrix},\begin{bmatrix}f_1(t_f)\\f_2(t_f)\end{bmatrix}=\begin{bmatrix}1\\0\end{bmatrix} \tag{10-99}$$

寻找满足条件的 $\boldsymbol{F}(t)$ 的形式

$$\boldsymbol{F}(t)=\begin{bmatrix}1\\\dfrac{\int_{t}^{tf}V_m(t)\,\mathrm{d}t}{V_m(t)}\end{bmatrix} \tag{10-100}$$

第二项具有比较重要的物理意义，当导弹速度不变时，其就是 $t_{go}=t_f-t$ 剩余攻击时间，当导弹速度变化时，二者不一定相等。本章研究的是拦截弹的被动飞行段制导，所以假设 $V_m(t)$ 在空气阻力的作用下不断减速。如图 10－10 所示为拦截弹被动飞行减速示意图，当拦截弹速度不变时，积分项为图中 A，B 两部分的面积和，与 $V_m(t)$ 的比值即为 $t_{go}=t_f-t$，当拦截弹减速飞行时，积分项只为 B 部分的面积，比值要小于 $t_{go}=t_f-t$。

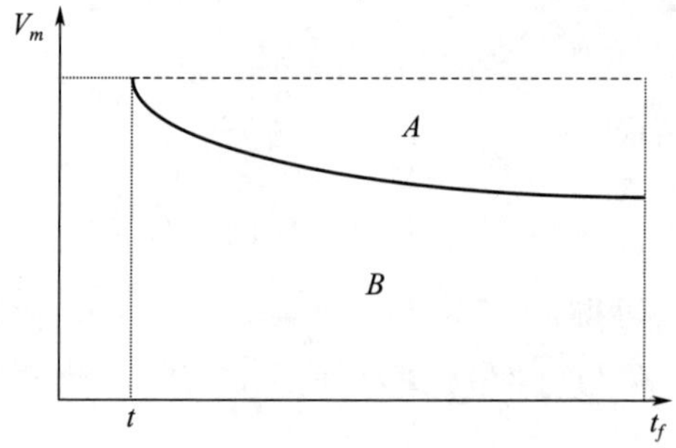

图 10－10　拦截弹被动飞行减速示意图

设

$$t_g(t)=\frac{\int_t^{tf} V_m(t)\,\mathrm{d}t}{V_m(t)} \tag{10-101}$$

结合式（10－98），式（10－100），可得

$$u_z(t)=-\frac{t_g(t)}{-\int_t^{tf} t_g^2(t)\,\mathrm{d}t}\left[z(t)+t_g(t)\dot{z}(t)-\int_t^{tf} t_g(t)a(t)V_t(t)\sin\sigma_t(t)\,\mathrm{d}t+\int_t^{tf} t_g(t)a_{tz}(t)\,\mathrm{d}t\right] \tag{10-102}$$

观察控制量的计算式可以发现，右侧中括号中的计算项是零控脱靶量，它乘以一个时间相关的系数，就是控制量。零控脱靶量的计算当中包含对目标未来机动的积分项，利用分部积分对其进行整理。

对式（10－101）求导可得

$$\dot{t_g}=-1-a\times t_g \tag{10-103}$$

利用式（10－103）对式（10－102）中的积分项进行分部积分，可得

$$u_z(t)=-\frac{t_g(t)}{-\int_t^{tf} t_g^2(t)\,\mathrm{d}t}\left\{z(t)+t_g(t)\dot{z}(t)-[t_g(t)-t_{go}(t)]V_t(t)\sin\sigma_t(t)+\int_t^{tf}\int_t^{\tau} a_{tz}(\tau)\,\mathrm{d}\tau\mathrm{d}t\right\} \tag{10-104}$$

零控脱靶量的计算当中包含 $V_t(t)\sin\sigma_t(t)$ ，为目标的运动信息，结合式（10－90）可以将其变为导弹运动信息，即

$$u_z(t)=-\frac{t_g(t)}{-\int_t^{tf} t_g^2(t)\,\mathrm{d}t}\left\{z(t)+t_g(t)\dot{z}(t)+[t_{go}(t)-t_g(t)]V_m(t)\sin\sigma_m(t)+\int_t^{tf}\int_t^{\tau} a_{tz}(\tau)\,\mathrm{d}\tau\mathrm{d}t\right] \tag{10-105}$$

如此就得到了基于零控脱靶量的制导律表达式。这是一个考虑了拦截弹被动飞行速度衰减对剩余飞行时间影响的制导律，在零控脱靶量的计算式中第三项，就是考虑这个问题的影响项，第四项积分项是对目标机动的补偿。当目标机动能力有限时，机动能力可以忽略不记，直接记此项为零。或者对于一些特定的目标，可以考虑空气阻力减速效应，使用简化的模型积分求解。

另一个需要解决的问题就是 $t_g(t)$ 的形式，其定义为式（10－101）。在拦截弹的被动飞行段，导致其减速的主要因素就是空气阻力，大小由大气模型和当前拦截弹的运动状态决定，可以通过当前时刻拦截弹所受阻力得到一个速度变化的简化模型，就可以计算 $t_g(t)$ ，公式为

$$t_g(t)=\tau\left[1-\mathrm{e}^{-(t_{go}/\tau)}\right] \tag{10-106}$$

其中 τ 的取值与飞行器的加速度有关。

这样，就得到了相对参考线的控制量的计算式，但是在实际应用中，纵向平面的运动模型是图 10－11 所示的形式，需要根据各变量的物理意义进行替换。最终得到的制导律形式为

$$u_z(t)=-\frac{t_g(t)}{-\int_t^{t_f}t_g^{\ 2}(t)\,\mathrm{d}t}\begin{bmatrix}R(t)\sin[q(t)-q_0]+V_t(t)\sin[\sigma_t(t)-q_0]-V_m(t)\sin[\sigma_m(t)-q_0)]t_g(t)+\\ [t_{go}(t)-t_g(t)]V_m(t)\sin[\sigma_m(t)-q_0(t)]\end{bmatrix}$$

(10－107)

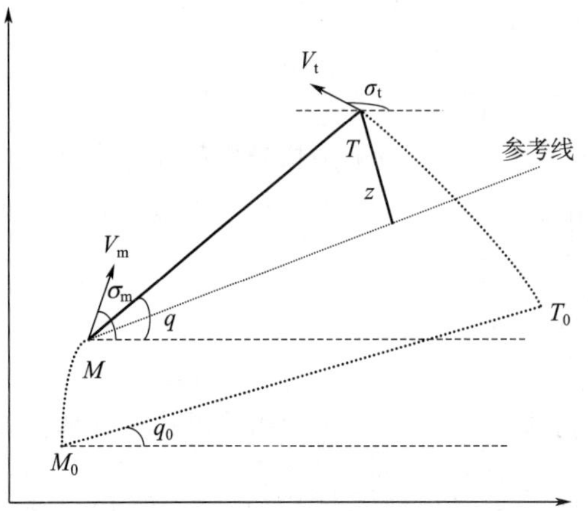

图 10－11　在纵向平面中相对参考线的运动示意图

10.3.4　仿真比较

本节通过仿真验证最优制导律的性能，选择常用的滑模制导律进行比较。两种制导律的速度大小变化曲线如图 10－12 所示，其中细实线为采用最优制导律得出的结果，虚线为采用滑模制导律得出的结果。重点关注了中末制导交班时的速度大小，交班时刻速度越大，说明拦截弹中制导段动能损失小，更有利于成功拦截目标。观察曲线发现，本文的最优制导律将交班时的速度大小提升了 100 m/s 左右。

图 10－13 中，细实线为使用最优制导律的仿真结果，虚线为使用滑模制导律的仿真结果，使用最优制导律的拦截弹 Y 向位移更平滑，滑模制导律则比较陡。这是由于最优制导律的控制量分配更加合理，同时动能损失也比较小。

交班精度，可以通过交班时的零控脱靶量和弹目视线角速度来体现，交班时二者越接近零越好。从图 10－14 为 Y 向零控脱靶量对比曲线，其中细实线为最优制导律的仿真结果，虚线为滑模制导律的仿真结果，可以发现，交班时刻，最优制导律的零控脱靶量更小。图 10－15 为弹目视线角速度对比曲线，同样，最优制导律在交班时弹目视线角速度更小，达到了更好的交班条件。

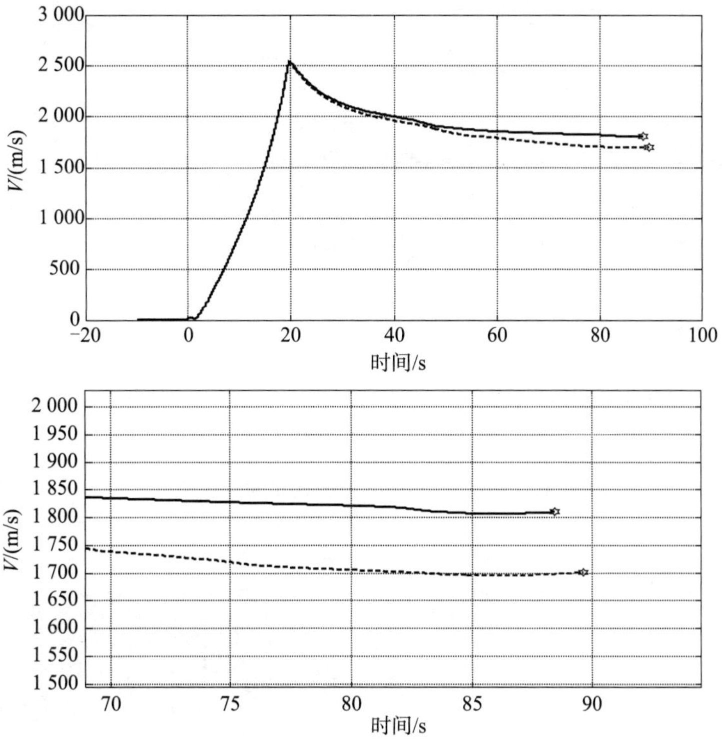

图 10-12　速度大小变化曲线（下为局部放大图）

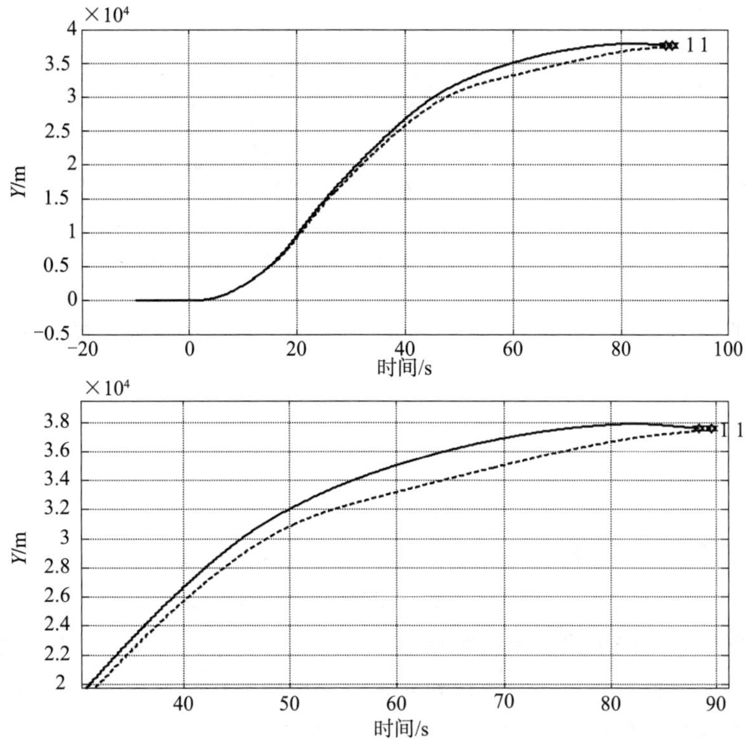

图 10-13　弹道系下 Y 向位移曲线对比（下为局部放大图）

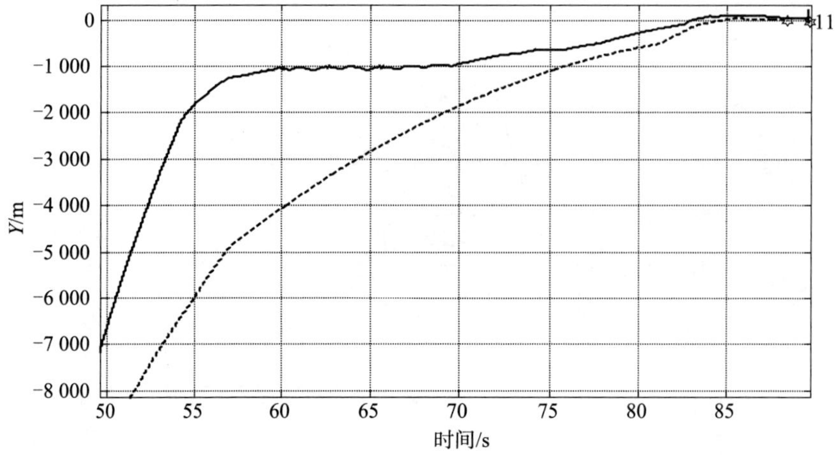

图 10－14　Y 向零控脱靶量对比曲线

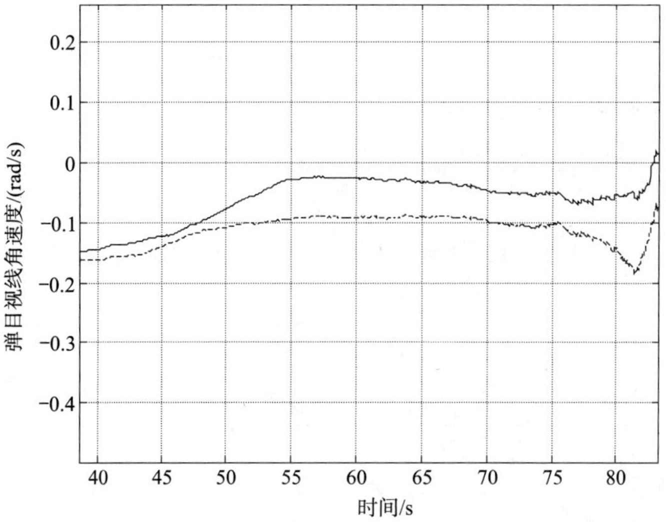

图 10－15　弹目视线角速度对比曲线

从弹道仿真可以看出，最优制导律的动能损失小、末速度更大，弹道更平滑，交班时零控脱靶量更小，弹目视线角速度更接近零，交班精度更好。

10.4　本章小结

本章研究了远程防空导弹能量约束条件下的初中制导方法。初始转弯段，在预测末位置和速度方向一定的条件下，设计控制量权重系数自适应时变最优制导律，实现对弹道不同时段的过载约束，解决了机动控制时机选择难题，有利于实现弹体稳定，同时提高转弯精度；拦截弹中制导段，相对于参考线建立了运动模型和状态方程，采用状态转移矩阵和体现末值约束的线性最优问题的解算方法，避免了求解黎卡提方程中矩阵微分方程的难题，得出了多约束能量最优制导律，降低了动能损失，提高了中末制导交班精度。

第 11 章　远程防空导弹滑跃弹道设计方法

11.1　概述

远程防空导弹为实现对 1 000 km 以上空中目标的有效拦截，需要借助稀薄大气层进行滑跃增程，与对地攻击的助推滑翔高超声速飞行器相比，远程防空导弹在弹体构型、弹道设计、气动特性、控制方法等方面存在很大差别。本章从控制角度出发，对远程防空导弹滑跃弹道设计方法进行探讨。首先根据远程空中目标拦截的任务特点和弹体构型，说明滑跃弹道与桑格尔和钱学森弹道的差别；然后，根据导弹飞行过程的热环境、升阻特性、控制量等约束，说明滑跃弹道设计的基本要素；最后，对滑跃弹道设计方法进行初步探讨。

11.2　远程防空导弹滑跃弹道特性及设计要素

远程防空导弹拦截对象为飞机类高机动目标，要求导弹具备高机动和快响应特性，与同样射程的地地导弹相比，弹体更为轻小，对发动机能量约束极为严格；导弹采用轴对称布局，具有全方位敏捷特性，但是升阻性能受到限制；导弹飞行时间较长，目标可进行大范围机动，因此要求导弹具备实时机动修偏能力；导弹长航时高超声速飞行，气动加热严重，需要通过弹道设计降低气动加热影响。

远程防空导弹的拦截任务和弹体构型，决定了弹道设计需要满足大空域修偏、低减速、低加热量等约束。与对地攻击高超声速飞行器通常采用的桑格尔或者钱学森弹道相比，远程防空滑跃弹道具有明显的区别（如图 11－1 所示），具体说明如下。

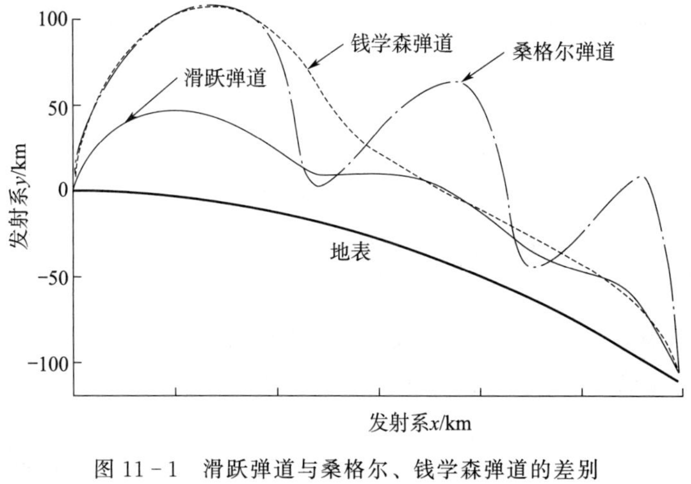

图 11－1　滑跃弹道与桑格尔、钱学森弹道的差别

11.2.1　桑格尔弹道

由德国科学家 Eugene Sanger 提出的跳跃滑翔弹道，利用火箭助推至大气层外，根据随着高度下降而升力逐渐增大的特性，俯仰向产生大空域波浪式机动，控制飞行器在大气层边缘进行轨迹跳跃。

11.2.2　钱学森弹道

由中国科学家钱学森提出的平稳滑翔弹道，利用火箭助推至大气层外，进入大气层后，通过攻角、滚动控制改变升力大小和方向，在俯仰向进行近平衡滑翔，在方位向进行大范围机动。

11.2.3　远程防空滑跃弹道

利用火箭助推至稀薄大气层，全程处于大气层内，利用气动力进行弹体控制，在俯仰向持续进行滑跃机动，在方位向根据目标信息进行大范围修偏。

远程防空滑跃弹道设计需要满足弹体热防护、终端速度、过程控制量等约束，同时需要适应在稀薄大气层高超声速飞行时气动干扰、弹体升阻特性、发动机推力偏差等因素的影响。根据滑跃飞行过程特征，飞行时面临的问题包括：

（1）最大速度约束

远程防空导弹采用小弹径薄壳体结构，防热压力大，需要对导弹最大速度及其到达的海拔高度进行控制，满足热防护和弹体稳定的要求。

（2）弹体参数偏差

防空导弹发动机总冲、弹体质量、气动参数偏差等变化大，导弹长航时飞行，累积效应严重，对弹道的控制偏差和末速影响很大。

（3）升阻比参数变化

防空导弹是轴对称细长弹体构型，在目标拦截空域具有高机动和快响应特性，而在滑跃过程中升阻比相对高超声速飞行器略低，且受地面风洞等试验的局限性导致气动系数存在较大的偏差，难以按最优升阻比飞行，这就进一步增大了远程滑跃弹道的控制难度。

（4）滑跃幅值选择

在导弹升阻比系数、射程一定的条件下，增大滑跃波峰和波谷幅值，有利于提高导弹末速；但波谷海拔低、速度大、攻角大，对导弹的热防护要求较高。因此，在滑跃幅值选择时，需要合理平衡导弹速度和热环境条件。

（5）气动干扰严重

滑跃段导弹在稀薄大气层与稠密大气层高层跳跃飞行，大气环境复杂多变，气动力扰动严重，导致飞行器本身具有强耦合、快时变、强非线性特性。

（6）目标机动影响

导弹长航时飞行过程中，空中目标可大范围机动。因此，导弹在俯仰向滑跃飞行的同时，需要进行方位向轨迹修正，从而控制导弹飞向目标，同时满足飞行过程控制量的约束，确保导弹稳定受控。

(7) 终端速度需求

空中目标远程拦截需要导弹具有足够的末速，以保证充分的机动能力，实现对目标的高精度拦截。因此，滑跃弹道设计需要降低速度损耗。

(8) 交会关系选择

滑跃弹道末端需要进行弹道规划控制，以满足目标探测和弹目最优交会关系，确保目标处于导弹的高概率拦截空域。

11.3　远程防空滑跃弹道设计方法

远程防空滑跃弹道以满足热防护、控制量、速度、探测关系等约束的最优理论弹道为设计依据，根据防空导弹能量限制和控制模型不确定性的特点，进行弹道设计。由于控制对象和设计约束与高超声速滑翔飞行器存在较大差异，导致控制弹道设计方法迥异。下面从滑跃起始点控制、滑跃段控制律设计、滑跃终止点控制等三个方面进行说明。与高超声速滑翔导弹传统的助推、滑翔、俯冲三个阶段划分不同，远程防空滑跃弹道各阶段的任务如下。

1) 滑跃起始点控制任务：在最大速度限制、发动机总冲和弹体参数偏差条件下，对导弹的滑跃起始点高度、速度以及弹道角进行控制，达到导弹远程滑跃飞行的要求。

2) 滑跃段控制任务：在导弹控制量、动压、过载以及热流密度等约束下，控制导弹按近最优升阻比飞向目标，降低速度损耗。

3) 滑跃终止点控制任务：在滑跃段末端，实现滑跃段向拦截段的平稳过渡，满足目标探测约束，形成最优弹目交会关系。

下面首先介绍最优理论弹道的计算方法，再分别对不同阶段的设计方法进行探讨和说明。

11.3.1　理论弹道计算

远程防空最优理论弹道的计算方法主要分为数值解法和解析解法两种，下面分别进行说明。

11.3.1.1　数值解法

数值解法是常规的弹道优化法，一般包括最优控制问题转化法和参数优化算法两部分内容，通过对时间、状态量和控制量进行离散化，可将最优控制问题转化为有限维非线性规划问题，并通过参数化算法进行解算。转化方法包括：直接打靶法、直接多重打靶法、配点法与微分包含法等。非线性规划算法可分为基于梯度的规划算法（梯度法、共轭梯度法、序列二次规划算法等）和进化算法（遗传算法、退火算法、蚁群算法、神经网络算法）两类。本文不针对这两部分展开讨论，仅简要说明直接打靶法对约束条件的转化，非线性规划算法目前有很多成熟的软件包，此处也不再赘述。

最优控制问题可以描述为：确定容许控制 $u(t) \in \mathbf{R}^{m}$ 和参量 $p \in \mathbf{R}^{n_p}$ ，使得由一个微分方程组确定的系统，从给定的初始状态过渡到终端状态，并使性能指标函数 J 达到最小，同时满足规定的约束。其数学描述为

$$J = \Phi[x(t_f), p] + \int_{t_0}^{t_f} L(x, u, p, t)\mathrm{d}t \tag{11-1}$$

满足

$$\dot{x} = f(x, u, p, t) \quad t \in [t_0, t_f] \tag{11-2}$$

$$c(x, u, p, t) = 0 \tag{11-3}$$

$$d(x, u, p, t) \leqslant 0 \tag{11-4}$$

$$x(t_0) = x_0 \tag{11-5}$$

$$\psi[x(t_f), p] = 0 \tag{11-6}$$

其中，$x(t) \in \mathbf{R}^{n}$ ，表示系统的状态变量；t 表示时间变量。标量性能指标函数 J ，由末值型性能指标函数 $\Phi[x(t_f), p]$ 和积分型性能指标函数组成，其被积函数为 $L(x, u, p, t)$，并且积分是从 t_0 时刻到 t_f 时刻。另外，性能指标函数 J 必须在满足式（11-2）～式（11-6）的条件下，使其达到最小值。其中，方程（11-2）表示系统状态方程，方程(11-3）表示状态变量、控制变量和参量的等式约束 $c(x, u, p, t) \in \mathbf{R}^{n_c}$ ，方程（11-4）表示状态变量、控制变量和参量的不等式约束 $d(x, u, p, t) \in \mathbf{R}^{n_d}$ ，方程（11-5）表示状态变量的初始条件，方程（11-6）表示状态变量和参量的终端条件 $\psi[x(t_f), p] \in \mathbf{R}^{n_f}$ 。

模型参数化过程如下。

（1）导弹模型

针对俯仰平面采用简化的运动学方程进行弹道优化设计，导弹的动力学方程为

$$\begin{cases} \dot{V} = \dfrac{P\cos\alpha - X}{m} - g\sin\theta \\ \dot{\theta} = \dfrac{P\sin\alpha + Y}{mV} - \left(\dfrac{g}{V} - \dfrac{V}{r}\right)\cos\theta \\ \dot{r} = V\sin\theta \\ \dot{R}_L = -V\cos\theta \end{cases} \tag{11-7}$$

其他数学模型，包括：推力模型、气动模型、质量特性模型等均需采用实际模型，此处不再给出具体数据和方程。气动力模型在原有模型的基础上进行简化

$$X = -C_x qS$$

$$Y = C_{yz} qS \tag{11-8}$$

（2）控制量

为便于计算，选择攻角作为控制量

$$u = f(\alpha_1 \quad \alpha_2 \quad \alpha_3 \quad \cdots \quad \alpha_f) \tag{11-9}$$

（3）终端约束

选择预测命中点位置和弹道倾角作为终端约束，因此，有

$$
\begin{aligned}
x_f &= x_{\mathrm{PIP}} & R_{Lf} &= R_{L\,\mathrm{PIP}} \\
y_f &= y_{\mathrm{PIP}} \rightarrow & h_f &= h_{\mathrm{PIP}} \\
\theta_f &= \theta_{\mathrm{PIP}} & \theta_f &= \theta_{\mathrm{PIP}}
\end{aligned} \tag{11-10}
$$

预测命中点坐标 x_{PIP}，y_{PIP} 由斜距 R 和海拔高度 H 决定，θ_{PIP} 由导引头探测约束决定。

（4）过程约束

导弹在不同飞行段的过载能力不同，需要进行分段设定，并将过载约束转化为对攻角的约束，有

$$
|\alpha_i| \leqslant \frac{n_y g}{c_x q S} = \alpha_i^{\max}, i\text{ 为对应时间内的控制量编号。} \tag{11-11}
$$

（5）控制量约束

执行机构摆角 $|\delta| \leqslant \delta_{\max}$，根据动力学方程

$$
\dot{\alpha} = Z_\alpha \alpha + q + Z_\delta \delta \tag{11-12}
$$

以及 $\dot{\alpha} \approx \dfrac{\alpha_i - a_{i-1}}{t_i - t_{i-1}}$，可以加执行机构摆角约束，转化为对攻角变化率的约束。

通过以上约束条件的转化，使弹道优化问题得到简化，虽然增加了约束的个数，但是解算相对简单，因此基本不会增加计算量。需要说明的是，以上的过载约束和控制量约束需要结合初值选择策略以及实际经验进行选择，若对每个控制量都进行相应的约束同样难以起到简化算法的作用。

（6）性能指标

以末端速度最大作为性能指标，即

$$
J = -V_f \tag{11-13}
$$

除以上条件外，为方便计算还需要说明两点：

1）参数拟合：控制量采用式（11－9）的线性插值时容易引起不连续，因此采用最小二乘法拟合的方法，当 $t_{i-1} < t \leqslant t_i$ 时，利用 $[t_{i-1}\quad t_i\quad t_{i+1}]$ 与 $[u_{i-1}\quad u_i\quad u_{i+1}]$，采用最小二乘拟合得出 $u(t)$ 关于时间的二次函数，然后进行计算。

2）归一化处理：在梯度计算时，为避免大量淹没小量，对价值函数、约束函数进行归一化处理，以便于参数的选取。

通过以上的参数化过程，实现有限维的最优控制问题，即方程组（11－1）～（11－6）被近似化为有限维的非线性规划问题，利用优化算法即可得到满足约束的最优弹道。

11.3.1.2　解析解法

弹道解析解法是对地攻击高超声速滑翔飞行器常用的一种弹道解法，相关公开文献研究较广。一般针对滑翔过程空域较固定，气动参数变化较小，在“拟平衡滑翔”“常值阻力系数”或“常值升阻比”等假设下，通过简化运动方程并推导出可快速估计未来运动状态的表达式。远程防空导弹滑跃段理论弹道特性与高超声速滑翔飞行器近似，可借鉴相关方法进行理论弹道计算。

弹道解析解的算法较多，此处以“常值阻力系数”假设，简要介绍推导过程。

(1) 远程防空导弹飞行剖面设计

根据滑跃飞行段终端约束可知，滑跃段的主要任务之一是将飞行器降至指定高度。因此，设计飞行高度为剩余射程 R_L 的函数

$$h = f(R_L) = -\frac{1}{\beta}\ln F(R_L) \tag{11-14}$$

式中 $F(R_L) = a_n R_L^n + a_{n-1} R_L^{n-1} + \cdots + a_1 R_L + a_0$，其中，$a_i (i=0, 1, \cdots, n)$ 为未知系数。本文取 $F(R_L)$ 三次多项式，即 $n=3$；因此共有 4 个未知系数。考虑气动力时，采用如下的指数大气密度模型

$$\rho = \rho_0 \mathrm{e}^{-\beta h} \tag{11-15}$$

式中 $\beta = 1.406\,4 \times 10^{-4}\ \mathrm{m}^{-1}$；$\rho_0 = 1.225\ \mathrm{kg/m^2}$。

基于上述剖面，给出攻角的计算方法。式 (11-14) 的一阶导和二阶导为

$$\frac{\mathrm{d}h}{\mathrm{d}R_L} = f'(R_L) = -\frac{F'(R_L)}{\beta F(R_L)} \tag{11-16}$$

$$\frac{\mathrm{d}^2 h}{\mathrm{d}{R_L}^2} = f''(R_L) = \frac{[F'(R_L)]^2 - F''(R_L)F(R_L)}{\beta F^2(R_L)} \tag{11-17}$$

其中

$$\begin{cases} F'(R_L) = \sum\limits_{i=1}^{5} i a_i R_L^{i-1} \\ F''(R_L) = \sum\limits_{i=2}^{5} i(i-1) a_i R_L^{i-1} \end{cases} \tag{11-18}$$

根据式 (11-7)，式 (11-16) 和 (11-17) 又可表示为

$$\frac{\partial h}{\partial R_L} = \dot{h}(R_L) = \frac{\dfrac{\mathrm{d}h}{\mathrm{d}t}}{\dfrac{\mathrm{d}R_L}{\mathrm{d}t}} = \frac{V\sin\theta}{-V\cos\theta} = -\tan\theta \approx -\theta(R_L) \tag{11-19}$$

$$\frac{\partial^2 h}{\partial {R_L}^2} \approx -\dot{\theta}(R_L) = -\frac{\partial\theta}{\partial R_L} = -\frac{\dfrac{\mathrm{d}\theta}{\mathrm{d}t}}{\dfrac{\mathrm{d}R_L}{\mathrm{d}t}} = -\frac{\dfrac{Y}{mV} - \left(\dfrac{g}{V} - \dfrac{V}{r}\right)\cos\theta}{-V\cos\theta} \tag{11-20}$$

联立式 (11-17) 和式 (11-20) 得到滑跃段飞行剖面上各点处的升力为

$$Y = mg + mL_1 V^2 - m\frac{V^2}{r} \approx mg + mL_1 V^2 \tag{11-21}$$

其中

$$L_1 = f''(R_L) = \frac{\partial^2 h}{\partial R_L^2} = -\frac{F''(R_L)F(R_L) - [F'(R_L)]^2}{\beta F^2(R_L)} \tag{11-22}$$

给定倾侧角后，可由式 (11-21) 求出升力，进而得出攻角。由于攻角源于 $F(R_L)$ 的二阶导，因此攻角的变化率是连续的，这对控制系统是很有利的。

为确定滑跃段飞行剖面，需要求出 $F(R_L)$ 中的系数 $a_0 \sim a_3$，需要 4 个方程。

由于初始和终端高度已知，根据式 (11-14) 可得

$$\begin{cases}\exp(-\beta h_0)=\sum_{i=0}^{3}a_iR_{L0}^i\\ \exp(-\beta h_f)=\sum_{i=0}^{3}a_iR_{Lf}^i\end{cases}\tag{11-23}$$

式中　下标“0”表示滑跃段初始运动状态。

另外，由于初始和终端飞行路径角已知，根据式（11－16）可得两个方程

$$\beta\tan\theta_0=\frac{F'(R_{L0})}{\beta F(R_{L0})}\tag{11-24}$$

$$\beta\tan\theta_f=\frac{F'(R_{Lf})}{\beta F(R_{Lf})}\tag{11-25}$$

式（11－23）和式（11－24）可改写为

$$\begin{cases}\sum_{i=1}^{5}a_i\left(R_{L0}^i-\frac{iR_{L0}^{i-1}}{\bar{\beta}\tan\gamma_0}\right)+a_0=0\\ \sum_{i=1}^{5}a_i\left(R_{Lf}^i-\frac{iR_{Lf}^{i-1}}{\bar{\beta}\tan\gamma_f}\right)+a_0=0\end{cases}\tag{11-26}$$

定义 $\widetilde{\boldsymbol{A}}=[a_4, a_3, a_2, a_1]^{\mathrm{T}}$，则有

$$\widetilde{\boldsymbol{A}}=\widetilde{\boldsymbol{X}}_A^{-1}\widetilde{Y}_A\tag{11-27}$$

其中

$$\widetilde{\boldsymbol{X}}_A=\begin{bmatrix}R_{L0}{}^3 & R_{L0}{}^2 & R_{L0} & 1\\ R_{Lf}{}^3 & R_{Lf}{}^2 & R_{Lf} & 1\\ R_{L0}{}^3-\frac{3R_{L0}{}^2}{\beta\tan\theta_0} & R_{L0}{}^2-\frac{2R_{L0}}{\beta\tan\theta_0} & R_{L0}-\frac{1}{\beta\tan\theta_0} & 1\\ R_{Lf}{}^3-\frac{3R_{Lf}{}^2}{\beta\tan\theta_f} & R_{Lf}{}^2-\frac{2R_{Lf}}{\beta\tan\theta_f} & R_{Lf}-\frac{1}{\beta\tan\theta_f} & 1\end{bmatrix}\tag{11-28}$$

$$\widetilde{\boldsymbol{Y}}_A=[e^{\beta h0},e^{-\beta hf},0,0]^{\mathrm{T}}\tag{11-29}$$

式中　$R_{Lf}=0$。

综上所述，确定拦截弹的飞行剖面仅需给出如下两个参数

$$\boldsymbol{U}=[h_f,\theta_f]^{\mathrm{T}}\tag{11-30}$$

性能指标式（11－1）对应的优化变量共 2 个，如式（11－30）所示。

（2）运动状态的解析解

由于高度已被定义为剩余航程的函数，以剩余航程为自变量，滑跃段高度的解析解即式（11－14）。

考虑滑跃段中航向偏差和飞行路径角的值均较小，取 $\cos\zeta\approx1$，$\cos\theta\approx1$ 和 $\sin\theta\approx\theta$；由式（11－14）、式（11－16）和式（11－19）可得滑跃段飞行路径角的解析解为

$$\theta=\frac{\mathrm{d}h}{\mathrm{d}R_L}=-f'(R_L)=\frac{1}{\beta}\frac{\sum_{i=1}^{3}a_iR_L{}^{i-1}}{\sum_{i=1}^{3}a_iR_L{}^i}\tag{11-31}$$

为求得速度的解析解，根据动力学方程可得

$$\frac{\mathrm{d}V}{\mathrm{d}h}=\frac{-\dfrac{X}{m}-g\sin\theta}{V\sin\theta} \tag{11-32}$$

滑跃段中阻力通常远大于引力沿速度方向的分量；式（11-32）可改写为

$$\frac{\mathrm{d}V}{\mathrm{d}h}=-\frac{C_D S_c \rho_0}{2m}\frac{V\exp(-\beta h)}{\theta} \tag{11-33}$$

因此

$$\frac{1}{V}\mathrm{d}V=-\tau\frac{\exp(-\beta h)}{\theta}\mathrm{d}h \tag{11-34}$$

式中　$\tau=c_D S_c \rho_0/(2m)$。

假设阻力系数在滑跃段为常值，则可得

$$\begin{aligned}\int\frac{1}{4}\mathrm{d}V&=\tau\int\frac{\operatorname{esp}(-\beta h)}{-\gamma}\mathrm{d}h+C_V\\&=\tau\int\frac{\exp(-\beta h)}{\mathrm{d}h/\mathrm{d}R_L}\mathrm{d}h+C_V\\&=\tau\int\exp(-\beta h)\mathrm{d}R_L+C_V\end{aligned} \tag{11-35}$$

对上式两端积分得

$$\begin{aligned}\ln V&=\tau\int\exp[\ln F(R_L)]\mathrm{d}R_L+C_V\\&=\tau\int F(R_L)\mathrm{d}R_L+C_V\end{aligned} \tag{11-36}$$

式中　C_V 为积分常数。

$$C_V=\ln V_0-\tau\sum_{i=1}^{4}\frac{a_i(R_L^i-R_{L0}^i)}{i} \tag{11-37}$$

因此滑跃段速度的解析解为

$$V=V_0\exp\left(\tau\sum_{i=1}^{4}\frac{a_i(R_L^i-R_{L0}^i)}{i}\right) \tag{11-38}$$

由于 $R_{Lf}=0$，终端速度为

$$V_f=V_0\exp\left(-\tau\sum_{i=1}^{4}\frac{a_i R_{L0}^i}{i}\right) \tag{11-39}$$

（3）过程约束解析解

根据式（11-38），动压的解析表达式为

$$q=\frac{\rho V^2}{2}=\frac{\rho_0 V_0^2}{2}\exp[2\tau\cdot\gamma(R_L)-\beta h] \tag{11-40}$$

其中

$$\gamma(R_L)=\sum_{i=1}^{4}\frac{R_L^i-R_{L0}^i}{i} \tag{11-41}$$

由于升力的解析表达式为

$$Y \approx mg + mL_1V^2 \tag{11-42}$$

法向过载的解析表达式为

$$N_m = \frac{g + V^2L_1}{g} = \frac{g + V^2 f''(R_L)}{g} = \frac{g + f''(R_L)V_0^2\exp[2\tau \cdot \gamma(R_L)]}{g} \tag{11-43}$$

滑跃段最大动压对应的位置可由 $\mathrm{d}q/\mathrm{d}R_L = 0$ 求得。根据动压解析解可得

$$-\beta \mathrm{e}^{-\beta h}\frac{\mathrm{d}h}{\mathrm{d}R_L}V^2 + 2V\frac{\mathrm{d}V}{\mathrm{d}R_L}\mathrm{e}^{-\beta h} = 0 \tag{11-44}$$

因此

$$-\beta V\frac{\mathrm{d}h}{\mathrm{d}R_L} + 2\frac{\mathrm{d}V}{\mathrm{d}R_L} = 0 \tag{11-45}$$

同时，滑跃段最大法向过载对应的位置可由 $\mathrm{d}N_m/\mathrm{d}R_L = 0$ 求得。据法向过载解析解可得

$$2\frac{\mathrm{d}V}{\mathrm{d}R_L}f''(R_L) + Vf'''(R_L) = 0 \tag{11-46}$$

由于 $\mathrm{d}V/\mathrm{d}R_L = V\tau F(R_L)$，式（11－44）～（11－46）变为

$$\begin{cases} F'(R_L) + 2\tau F^2(R_L) = 0 \\ 2\tau F(R_L)f''(R_L) + f'''(R_L) = 0 \end{cases} \tag{11-47}$$

求解式（11－47），并将结果分别代入式（11－40）和式（11－43），便可得到最大动压和最大法向过载。然后根据气动数据求出最大攻角。

（4）轨迹优化问题转化

通过以上推导，可得出式（11－7）导弹模型的解析解，以及式（11－10）终端约束、式（11－11）过程约束的解析形式，这就实现了式（11－1）优化问题的转化。表示如下

$$\begin{cases} \min \quad f(x) \\ \text{s.t.} \quad g_i(x) \leqslant 0 \quad i = 1,2,\cdots,q \\ \qquad\ h_j(x) = 0 \quad j = q+1,\cdots,m \end{cases} \tag{11-48}$$

式中　$x = (x_1, x_2, \cdots, x_n) \in F \subseteq S \subseteq R^n$ 表示决策变量，是一个 n 维向量，其每维分量取值于区间 $[x_d^L, x_d^U]$，$d = 1, 2, \cdots, n$；$f(x)$ 为目标函数，$g(x)$ 和 $h(x)$ 分别为不等式约束和等式约束。通常情况下，等式约束可以转化为不等式约束

$$|h_j(x)| - \delta \leqslant 0, j = q+1,\cdots,m \tag{11-49}$$

式中　δ 是一个很小的正数。如果一个解满足所有约束条件，则称其为可行解。

采用粒子群等优化算法可以得到理论最优弹道。

11.3.2　滑跃起始点控制

理论弹道的滑跃起始点是需要重点控制的参数。根据稀薄大气层高超声速滑翔飞行器的弹道特性研究表明，滑翔段初始状态和飞行器控制律对弹道特性影响很大：在飞行器控制律确定的情况下，纵向平衡滑翔条件下滑翔段初始状态具有唯一性；纵向跳跃滑翔条件下滑翔段初始状态具有最优性。该研究结果同样适用于远程防空滑跃弹道，滑跃弹道起始

点的速度、高度、弹道倾角等参数变化对弹道特性的影响均较大。通常状态下有几种情况：

1）仅速度变化时，导弹速度越大，末速也越大；

2）仅倾角变化时，随倾角增加，最大飞行高度线性增加，速度非线性变化，先增加后减小；

3）仅高度变化时，飞行高度、末速均增加。

以 11.3.1 节得出的理论弹道滑跃起始点为目标，通过迭代制导或最优制导，可实现滑跃起始点的精确控制，这也是运载火箭上升段制导以及弹道导弹主动段制导一脉相承的方法。但是，这种方法并不适合远程防空导弹。相对于具有推力终止系统等能量充足的弹道导弹，防空导弹能量极为受限，在发动机推力、气动参数、导弹质量等偏差引起的模型不确定条件下，导弹最大速度不可控，难以实现对滑跃理论起始点最优参数的精确控制。

针对远程防空导弹发动机能量约束严格、总体参数散布较大的特点，可以采用遗传算法优化 GA－BP 网络，进行滑跃弹道起始点控制参数的自适应切换方法设计，充分考虑导弹飞行过程的多种干扰因素，减小控制误差、提高拦截弹速度。首先，通过分析导弹不同散布情况下的控制律，形成导弹飞行的样本数据；其次，根据样本规模，设计恰当的GA－BP 网络结构参数和学习算法；最后，根据设计好的 GA－BP 网络模型，分别对采集的控制参数样本数据进行离线训练，得到基于 GA－BP 神经网络的控制参数切换方法。基于 GA－BP 神经网络算法详细设计过程可参见相关文献，此处不再进行详细介绍。

11.3.3 滑跃控制律设计

远程防空导弹滑跃段是实现弹道增程的关键，控制律设计方面与稀薄大气层高超声速滑翔飞行器通常采用的标准轨迹制导、预测校正制导、准平衡滑翔制导等有所差异。防空导弹模型不确定性和复杂飞行环境扰动，使轨迹跟踪变得困难，弹道预测误差同样较大，因此，标准轨迹制导法和预测校正制导法均难以实现；另一方面，防空导弹升阻比相对较低，能够达到平衡滑翔的海拔高度较低，导弹速度损耗大、加热严重，因此，准平衡滑翔制导法难以直接应用。

根据 11.3.1 节的最优滑跃弹道，可得到控制指令的基准值 N^C 为时间 t 、速度 V 、海拔 H 、升阻比 β 的函数，简写为

$$N^C = f(t, H, V, \beta) \tag{11-50}$$

在气动参数存在偏差的条件下，存在最优升阻比漂移，造成过载指令偏差，引起较大的速度损耗，需要对滑跃控制指令进行整体优化。

针对导弹滑跃飞行过程中全局能量最优的控制需求，设计一种远程防空导弹滑跃控制律，在设计过程中考虑了稳定响应特性、气动参数偏差、执行机构非线性及响应滞后等复杂非线性因素的影响，设计结果可根据导弹不同的飞行特性实现最优控制效果。

设计流程如下：

1）根据作战需求，以导弹热环境、控制量、探测关系作为过程约束，以速度最大为

价值函数，进行数值优化，得到最优升阻比滑跃弹道控制指令函数 N^C ，作为模型不确定条件下系统指标整体优化的控制律初值；

2）以导弹滑跃空域覆盖的速度、高度作为边界，根据气动参数偏差，计算升阻比变化范围 $\pm\Delta\beta$ ；

3）在升阻比变化范围 $\pm\Delta\beta$ 内，随机选择升阻比偏差值 $\Delta\beta_i$ ，根据 $f(t, H, V, \beta+\Delta\beta_i)$ 形成滑跃段控制指令，采用控制弹道仿真得到导弹飞行过程的速度、高度等数据；

4）设置优化指标，更新 $\Delta\beta_i$ ，重复步骤 3)，进行控制弹道仿真，采用优化算法进行控制指令 $N^C=f(t, H, V, \beta)$ 函数优化，直至评价指标收敛至最大值。

考虑气动参数偏差条件下的控制指令优化算法不唯一，此处选择遗传算法对性能函数等进行说明。遗传算法是模拟生物在自然环境中的遗传和进化过程而形成的一种随机搜索的全局优化算法。其特点是思路直观，操作简单，虽然也存在收敛速度慢且不能保证收敛到全局最优解的缺点，但是通过适应度函数的选择和调整，可得到改善。

此外，为提高运算速度和效率，进一步改善系统的多样性，可采用自适应多种群并行进化思想，种群划分与自适应参数调整相结合，将种群划分为几个各具特色的子种群；同时引入移民策略，即至少每隔一定的进化代数进行一次移民操作，向种群补充一定数量的优秀个体。这样即使群体中个体具有多样性，又能有效地提高了运算效率和避免早熟现象。

由于采用全弹道模型进行数值计算，且考虑了气动参数偏差影响，因此，控制指令优化后具有更好的鲁棒性，弹道散布得到明显控制。

11.3.4　滑跃终止点控制

滑跃段的终止点也是拦截段的起始点。滑跃段以导弹控制为核心，根据最优升阻比进行俯仰向控制，降低速度损耗；拦截段以目标为核心，主要目的是形成最优弹目交会关系。这两个需求是既相辅相成，又互相矛盾的。不同滑跃终止点对导弹飞行时间和末速影响较大，滑跃终止点弹目距离越小，交会点速度越大，弹上飞行时间并不是最短的，对于目标拦截不是十分有利；另外，滑跃终止点是滑跃段与拦截段之间的过渡段，受导弹飞行高度、速度、指示信息精度、弹目相对距离、导引头探测约束等影响，与高概率拦截空域关系很大。因此，需要对滑跃终止点进行特别设计。

11.4　小结

远程防空导弹滑跃弹道全程位于大气层内，可在稀薄大气层连续跳跃飞行，具有大空域持续修偏能力和低减速、低加热量等优点，与对地攻击高超声速飞行器通常采用的桑格尔和钱学森弹道存在明显差别，控制方式迥异。远程防空导弹滑跃弹道设计，力求在导弹能量受限、模型不确定性和复杂飞行环境扰动条件下，实现导弹的远程稳定、快速飞行，提高系统对偏差的鲁棒性，并保证末端充足的机动能力。重点针对滑跃过程的起始点控制、滑跃控制律、终止点控制等设计方法进行了探讨。

第 12 章　中制导末段多约束多弹协同弹道规划方法

12.1　概述

远程防空导弹目标指示信息精度低，中制导末段需要多弹协同探测来实现制导交班。除传统的单弹控制量、交会条件约束外，多弹协同探测还需增加对时间、位置、速度、方向等约束的控制能力，这对于轴向速度不可控的拦截弹是巨大的挑战，该问题涉及速度时变条件下的多体动态协同优化问题，目前研究尚处于探索阶段。

本章对中制导末段多弹协同探测弹道规划问题开展研究，探讨在一定简化假设下，适用于空中动目标的时间、空间、速度、角度协同一致的弹道规划方法。远程防空导弹中制导末段多弹协同弹道规划与末制导协同拦截的差别主要体现在末速的需求上，在满足时空约束的条件下，需要为末制导段剩余足够的末速，确保导弹的机动能力和拦截能力。为此，首先考虑了防空导弹速度变化非线性特性，设计了升阻系数表达式，新增过渡过程中攻角、马赫数及重力的影响项，提出了一种纵平面内考虑阻力系数时变的拦截弹时速快速预报方法；然后基于该预报方法改进了粒子群寻优算法，提出了末速最优的纵平面弹道规划方法，为协同拦截创造条件；最后在三维空间中引入预测拦截区（Predicted Intercept Area，PIA）及拦截弹协同探测空域（Interceptors Detection Area，IDA）的概念，将动目标协同探测问题转化为动目标点的协同弹道规划问题，以二维纵平面内规划结果作为数值迭代的初始猜想解，用高斯伪谱法处理简化模型，实现了三维空间内静止目标点的中制导末段协同弹道规划。

12.2　基于速度预测的纵平面中制导末段多弹协同规划方法

12.2.1　考虑攻角及马赫数变化的阻力系数模型

远程防空导弹在滑跃段的高度和速度变化相对稳定，预报弹道参数时一般假定阻力系数为常值。但是，中制导末段高度变化较大，攻角、轨迹、指标、气动、约束相互耦合，导致轨迹参数预报困难。为快速且准确地求得交班时间和交班速度，需要针对性地考虑升阻系数的变化规律，从升阻表达式入手，寻找阻力与规划弹道形状之间的关系。

设气动力系数 C_L 和 C_D 为攻角和马赫数的函数

$$\begin{cases} |C_L| = C_{L0} + C_{L\alpha}|\alpha| + C_{L\alpha 2}|\alpha|^2 \\ C_D = C_{D0} + C_{D\alpha 2}\alpha^2 + C_{DM2}Ma^2 \end{cases} \tag{12-1}$$

将 C_{L0} 的影响作为小量忽略，C_L 符号与 α 相同，取 $C_L \geqslant 0$ 为正数，则 $\alpha \geqslant 0$ 也为正

数，由式（12－2）反解 α

$$C_{L\alpha 2}\alpha^2 + C_{L\alpha}\alpha - |C_L| = 0 \tag{12-2}$$

由求根公式

$$\alpha = \frac{-C_{L\alpha} \pm \sqrt{C_{L\alpha}{}^2 + 4C_{L\alpha 2}|C_L|}}{2C_{L\alpha 2}} \tag{12-3}$$

分子大于等于零，舍掉负号，得

$$\alpha = \frac{-C_{L\alpha} + \sqrt{C_{L\alpha}{}^2 + 4C_{L\alpha 2}\left|\dfrac{2Y}{\rho V^2 S_{\mathrm{ref}}}\right|}}{2C_{L\alpha 2}} \tag{12-4}$$

以 Y^+ 代表升力 Y 的绝对值，将攻角表达式代入，考虑攻角 α 对阻力系数 C_D 的影响得到

$$C_D = C_{D0} + C_{DM2}\left(\frac{V}{V_{\mathrm{Sound}}}\right)^2 + C_{D\alpha 2}\cdot\frac{2C_{L\alpha}^2 + 4C_{L\alpha 2}\dfrac{2Y^+}{\rho V^2 S_{\mathrm{ref}}} - 2C_{L\alpha}\sqrt{C_{L\alpha}^2 + 4C_{L\alpha 2}\dfrac{2Y^+}{\rho V^2 S_{\mathrm{ref}}}}}{4C_{L\alpha 2}^2} \tag{12-5}$$

在弹道高度变化范围内，当地声速在 300 m/s ～290 m/s 范围内，取平均值 295 m/s 并且认为是常数。根据动力学方程有

$$\frac{\mathrm{d}V}{\mathrm{d}R_L} = \frac{-\dfrac{\rho V^2}{2m}c_D S_{\mathrm{ref}} - g\sin\theta}{-V\cos\theta} \tag{12-6}$$

联立及得

$$\frac{\mathrm{d}V}{\mathrm{d}R_L} = \frac{\rho_0 S_{\mathrm{ref}} C_{D0}}{2m} VF(R_L) + \frac{\rho_0 S_{\mathrm{ref}} C_{DM2}}{2m}\frac{V^3}{295^2}F(R_L) + \frac{g}{V}F'(R_L) + \frac{C_{D\alpha 2}}{mC_{L\alpha 2}}\frac{Y^+}{V} - \\ \frac{\rho_0 C_{D\alpha 2} C_{L\alpha} S_{\mathrm{ref}}}{4mC_{L\alpha 2}{}^2}F(R_L)V\cdot\sqrt{C_{L\alpha}{}^2 + \frac{8C_{L\alpha 2}}{\rho_0 S_{\mathrm{ref}}}\frac{Y^+}{F(R_L)V^2}} + \frac{C_{D\alpha 2}C_{L\alpha}^2\rho_0 S_{\mathrm{ref}}}{4mC_{L\alpha 2}{}^2}VF(R_L) \tag{12-7}$$

其中，$Y^+ = |mg + mL_1V^2|$ 。如此式中仅含有 R_L 、V 两个变量，以 R_L 为自变量，可由龙格-库塔等数值方法快速求得飞行全程各弹道参数及交班速度和交班飞行时间。观察方程中各项代表的含义：第一项兼顾阻力系数常值项带来的影响，第二项是阻力系数随马赫数变化主导项，第三项是势能和动能转化项，第四项及以后是平衡重力和改变弹道形状需要的攻角主导的影响，它改进了算法对速度的估计，提升了预报精度。若省略后四项，则该方程自动退化为常值阻力假设下的形式。

12.2.2　中制导末段协同弹道约束

中制导末段弹道约束分为终端约束和过程约束，终端约束是为导引头创造良好的中末制导交班条件，在本章主要考虑的约束为交班时间、高度、射程和弹道倾角；过程约束主要保证规划弹道在拦截弹飞行能力范围内，拦截弹稳定受控。本章将拦截弹中末制导交班

时间作为指标函数，故在此不作约束。归纳得到：

过程约束：$n \leqslant n_{\max} q \leqslant q_{\max} |\alpha| \leqslant \alpha_{\max}$ ；

终端约束：$\theta_f = \theta_d h_f = h_d R_{Lf} = R_{Ld}$ 。

其中，下标“ f ”表示实际终端状态，下标“ d ”表示期望终端状态。值得注意的是，过载约束中最大过载在实际应用中受到两方面限制：其一是拦截弹结构设计时，根据结构强度所规定的弹体最大可承受过载 $n_{T\max}$ ，其二是拦截弹过载能力由气动力提供，中制导末段拦截弹最大可用气动过载分布受全程动压 q 影响，其值为 $n_{S\max}$ 。同样以剩余射程 R_L 为自变量，最大过载的表达式可简化为

$$n_{\max}(R_L) = \min[n_{T\max}, n_{S\max}(R_L)] \tag{12-8}$$

由第 11 章可知，弹道形状可自动满足弹道终端高度、位置、角度约束。弹道形状确定后每一位置的需用升力（需用过载）和速度都可以随着半解析积分实时计算。相对于速度变化和时间积分，该方法对动压的预报要直接且精准得多，所以利用动压实现对需用过载的预报和约束转换：

$$C_L = \frac{Y}{qS_{\text{ref}}} \tag{12-9}$$

$$\rho = \rho_0 e^{-\beta h} = \rho_0 e^{-\beta\left(-\frac{1}{\beta}\ln[F(R_L)]\right)} = \rho_0 F(R_L) \tag{12-10}$$

$q = \dfrac{1}{2}\rho V^2$ 为来流动压，空气密度采用指数形式，则式（12－10）给出了空气密度随 R_L 变化的解析表达式，结合速度可半解析求解动压。式（12－9）将升力转换为升力系数，在当前的飞行状态下拦截弹所能提供的最大升力系数与攻角和马赫数有关，可插值或者分段拟合气动参数表达式快速求解，如此就避开了弹道数值积分，而预知拦截弹的过载能力是否在约束范围内。另外，如图 12－1 所示，该方法还有一个独特优势就是可以同时预知未来需用过载和可用过载。在工程实现时这是一个很有利的优势，可以为拦截弹控制能力的余量提供依据，为偏差条件下规划弹道的可实现性提供新的角度。

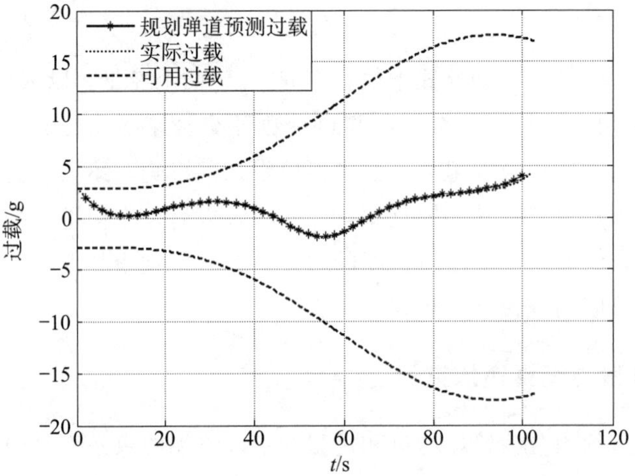

图 12－1　半解析预测算法得到过载能力边界

记 h_{i1}，h_{i2}，h_{i3} 为第 i 枚拦截弹的弹道寻优参数、t_{fi} 为半解析预测的交班剩余飞行时间。设计三枚拦截弹协同飞行场景，优化设计三枚拦截弹各自的弹道参数。取飞行时间差值和平均飞行时间相乘作为性能指标评价标准；时间差值小、平均飞行时间短则协同弹道评价优，时间差值大、飞行时间长则弹道评价差；为方便应用粒子群算法，归一化处理待优化变量，$\bar{U}=\frac{U}{h_u}\in(0,1)$，归一化参数 $h_u=(h_0-h_f)$。

性能指标：$J=\max(|t_{f1}-t_{f2}|,|t_{f2}-t_{f3}|,|t_{f3}-t_{f1}|)\cdot\bar{t}_f$

其中

$$\bar{t}_f=\frac{1}{3}(t_{f1}+t_{f2}+t_{f3}) \tag{12-11}$$

优化变量：$\bar{U}=[(h_{11},h_{12},h_{13}),(h_{21},h_{22},h_{23}),(h_{31},h_{32},h_{33})]$

与分布式相对，该方法在拓扑结构上属于集中式，以同时对三条弹道寻优的方式实现时间一致性。因为时间偏差项在优化过程中会逐渐趋于零，所以优化得到的 $\bar{t}_f$ 可被认为是协商后的全局协同时间变量。

12.2.3　基于改进粒子群的协同参数优化

20 世纪 90 年代起，受生物启发的集群智能及以统计学为基础的随机优化方法受到热捧，并被应用到轨迹优化问题之中。以往的确定性优化方法多依托严格的数学推导和假设，而集群智能方法简单、灵活，对模型本身的要求低、收敛域更宽且不依赖精确的梯度信息，为解决复杂约束问题提供了新的思路和方法。

集群智能方法有很多种，例如：粒子群算法、遗传算法、蝙蝠算法、人工鱼群算法等，考虑粒子群在拓展能力、收敛性、求解效率上的优势，本章基于粒子群算法进行多弹协同轨迹优化问题研究。

12.2.3.1　基本粒子群算法

粒子群算法（PSO 算法）模拟鸟群觅食行为，驱使鸟群搜索当前离食物最近的个体附近，找到最优解。按照这个思路，将鸟群简化为一个个粒子，用位置和速度两个特征量进行描述，每个粒子都被认为是问题的一个潜在解。PSO 算法每次迭代都对速度和位置进行更新，更新算法如下

$$\begin{cases}v_i^{(t+1)}=w_iv_i^{(t)}+c_1r_1(p_{lb}^t-p_i^{(t)})+c_2r_2(p_{gb}^{(t)}-p_i^{(t)})\\p_i^{(t+1)}=p_i^{(t)}+v_i^{(t+1)}\end{cases} \tag{12-12}$$

其中，$p_i^{(t)}$ 和 $v_i^{(t)}$ 分别为粒子在时刻 t 的位置和速度；$p_{lb}^{(t)}$ 为粒子在前 t 步中的最优值，$p_{gb}^{(t)}$ 则为整个种群在前 t 步中的最优值；$w_i\in[0,1]$ 为固定的惯性权重，表示粒子从上一时刻继承速度的比例，较大的 w_i 可以加强算法的全局搜索能力，较小的 w_i 可以加强局部搜索能力；c_1 和 c_2 是学习因子（或称加速系数），为非负常数，分别调节种群向个体最优粒子和全局最优粒子的飞行步长，一般令 $c_1=c_2=2$；r_1，r_2 为（0，1）之间的随机数，由每次更新随机产生。

12.2.3.2 改进粒子群算法

基本粒子群算法适用于连续非时滞系统的寻优问题，同其他智能算法一样，PSO的结果在一定程度上也是随机的，最优解的好坏和收敛速度受初始粒子分布影响。考虑Logistic混沌映射作为初始化函数具有一致性和均匀分布的优势，其基本公式为

$$x_{n+1}=\mu x_n(1-x_n) \tag{12-13}$$

当$\mu \geqslant 3.5699457$时该系统被证明有无穷种混沌映射，且较均匀地分布在[0，1]区间内。

采用惯性权重的PSO算法可以调节种群全局搜索和局部搜索的能力，在搜索过程中线性减少惯性权重值可大大提升解的质量和收敛速度。但是实际的PSO搜索不一定是按照预先制定的线性规律收敛的，所以在此采取更加合理的自适应惯性权重表达式

$$w^k=e^{-\alpha k/\alpha k-1} \tag{12-14}$$

$$\alpha^k=\frac{1}{n}\sum_{i=1}^{n}[f(x_i^k)-f(x_{\min}^k)] \tag{12-15}$$

式中，$f(x_i^k)$为第i个粒子在第k次迭代中的适应度函数值，$f(x_{\min}^k)$为第i个粒子在第k次迭代中的全局最优值；α^k用于表示目标函数的平整度，α^k较大则目标函数平整度较差，需要减小步长来平衡搜索效果。惯性权重的自适应调整充分利用目标函数的统计学信息，使得该值的选取更为合理。若α^k减小则说明相较于上次寻优整体收敛，粒子适应度分布平整度变强，则搜索步长可以越大；若α^k增大说明相较于上次寻优整体发散，粒子适应度分布离散，则搜索步长应该变小。这使得改进后的PSO算法不易早熟而陷入局部极值点且收敛速度加快。

对于复杂约束优化问题，可行解的范围可能比较小且分布离散，大多数初始猜想解远离可行域且距离最优解较远。借鉴花卉授粉算法（FFA）中的全局授粉思想，提出一种可行解授粉策略，具体实现过程如下：在适应度评价函数里将违反约束的粒子适应度设定为足够大的量，优化一段时间后找到个体最优解依旧维持在最大值未发生改变的粒子为无效粒子，用可行域中的粒子对无效粒子进行取代，并在可行粒子的原位置上引入高斯变异，对原可行粒子的速度加以小范围偏移。具体取代公式为

$$\begin{cases}x_i^{t+1}=[1+N(0,1)]\times x_{fx}^t\\ v_i^{t+1}=v_{fs}^t+2\rho(\text{rand}-0.5)\end{cases} \tag{12-16}$$

其中，$N(0，1)$代表期望为零、标准差为1的正态分布随机数，x_{fs}为可行粒子的位置，v_{fs}为可行粒子的速度，ρ为速度漂移半径。

利用随机性优化方法求解约束优化问题时，处理好违反约束的粒子是取得好的优化效果的关键。对于粒子飞出可行解的情况，采用罚函数法的思想对违反约束的粒子进行更新，即

$$P_I(x,\sigma)=f(x)+\frac{1}{2}\sigma\sum_{i\in I}\tilde{c}_i(x) \tag{12-17}$$

其中，常数$\sigma \geqslant 0$称为罚因子，随着迭代次数倍增。$\tilde{c}_i(x)$为惩罚项，可根据不同的不等

式或等式约束形式设定表达式。

上式表明：当粒子逃逸出可行解边界以后，会按指数趋势向可行域逼近，从可行解外部逐渐接近可行域，直到回归可行域内。

12.2.4　中制导末段协同弹道规划算法

综合上述优化模型和改进粒子群算法，拦截大气层内空中动目标的中制导末段多约束协同弹道规划方法步骤如下：

步骤 1：根据拦截弹初始状态，选择协同优化变量，获得满足约束的各枚拦截弹协同弹道；

步骤 2：采用标称轨迹跟踪算法，控制导弹飞行；

步骤 3：在线预测各拦截弹飞行状态，评价现有弹道的适应度，若弹道产生偏离，超出时间偏差容许范围 t_e ，则以当前状态为初始状态，回到步骤 1 重新规划协同弹道。

上述求解过程可用图 12－2 所示的流程图加以表示。

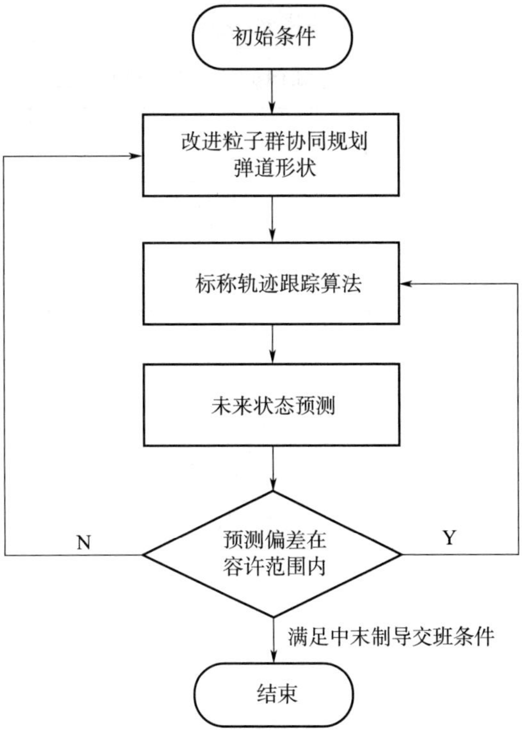

图 12－2　中制导末段协同弹道在线规划算法流程图

12.2.5　仿真分析

（1）初始条件

设置仿真初始条件：初始剩余距离 $R_L=210\ \text{km}\pm 10\ \text{km}$，初始高度 $h_0=35\ \text{km}\pm 2\ \text{km}$，速度倾角 $\theta_0=0°\pm 3°$，期望终端高度 $h_d=20\ \text{km}$，期望终端速度倾角 $\theta_d=0°$，考

虑三枚拦截弹初始参数在取值范围内独立随机取值，其飞行速度分别为 $V_1=2\ 000$ m/s，$V_2=1\ 950$ m/s，$V_3=2\ 050$ m/s 并进行协同弹道规划。

为说明弹道规划的有效性，选取其中具有代表性的情况进行展示说明，并通过仿真寻找算法适应度的极限边界，算例中取的初始条件如表 12-1 所示。

表 12-1　拦截弹初始条件

弹道参数 导弹编号	R_{L0} /km	θ_0 /(°)	h_0/km	V_0/(m/s)
M_1	200	1	35	2 000
M_2	210	−1	37	1 950
M_3	220	−2	33	2 050

（2）比例导引法

比例导引法不具备时间控制能力，可作为交班时间的无控对比值，比例导引法在系数 $N=3$ 时弹道仿真结果如表 12-2 所示，曲线如图 12-3 所示。从图中可以看到比例导引法控制下时间偏差较大，终端角度也无法满足探测要求。

表 12-2　比例导引法终端状态

弹道参数 导弹编号	$\Delta\theta_f$/(°)	V_f/(m/s)	t_f/s	Δr_f/m
M_1	−6.9	1 642.89	107.78	2.8
M_2	−6.4	1 544.28	115.84	1.3
M_3	−4.1	1 532.42	120.18	2.7

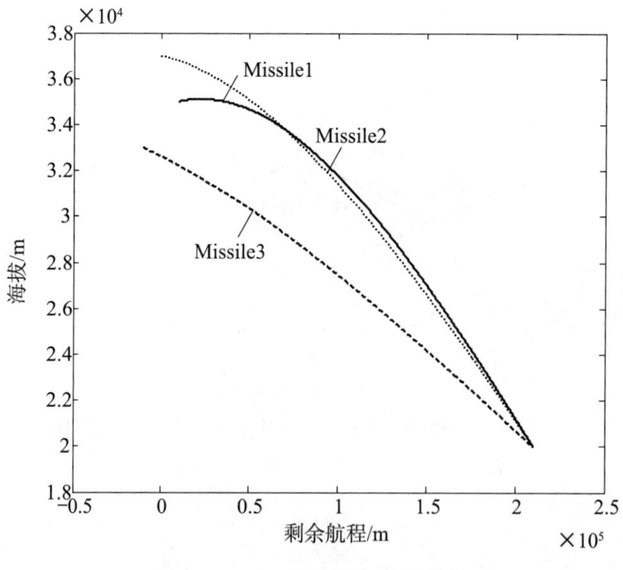

图 12-3　比例导引法弹道曲线

（3）ITCG 方法

ITCG（Impact Time Control Guidance）算法是比例导引法的拓展形式，具备时间控制项，但是该方法需事先设置期望时间，且要求速度为常值，如果不满足可能带来终端偏差。设置期望遭遇时间 T_d =117 s，仿真结果如表 12－3 所示，曲线见图 12－4。可以看到 ITCG 方法在一定程度上减少了交班时间的偏差，但是依旧存在较大偏差，且不具备终端角度控制能力。

表 12－3　ITCG 法终端状态

弹道参数 / 导弹编号	$\Delta\theta_f$(°)	V_f/(m/s)	t_f/s	Δr_f/m
M_1	－14.7	1 515.3	120.78	1.18
M_2	－9.6	1 487.5	124.14	7.3
M_3	－9.2	1 586.2	122.83	5.7

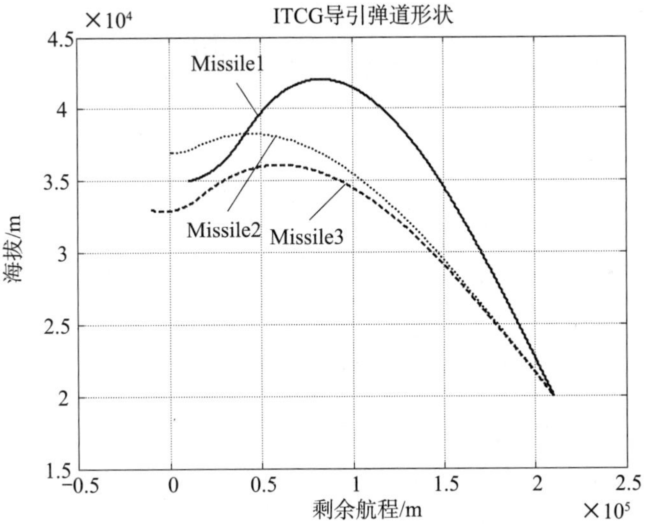

图 12－4　ITCG 法弹道曲线

（4）本章提出的中制导末段多约束多弹协同弹道规划方法

不考虑气动参数偏差，仅考虑 0.5 s 的指令响应延迟时长，协同制导弹道规划后跟踪得到“单次弹道规划-跟踪”结果如表 12－4 所示，仿真曲线如图 12－5 所示。改进粒子群算法首先找到满足三枚拦截弹终端时间偏差几乎为零的弹道后跟踪，由于不考虑气动参数偏差，所以预报结果较为准确，t_f 成功收敛至 1 s 内。

表 12-4 协同弹道单次规划结果

导弹编号 \ 弹道参数	$\Delta\theta_f$/(°)	V_f/(m/s)	t_f/s	Δr_f/m
M_1	0.09	1 451.4	119.04	39.6
M_2	0.04	1 478.6	118.13	32.4
M_3	0.03	1 548.3	118.77	20.1

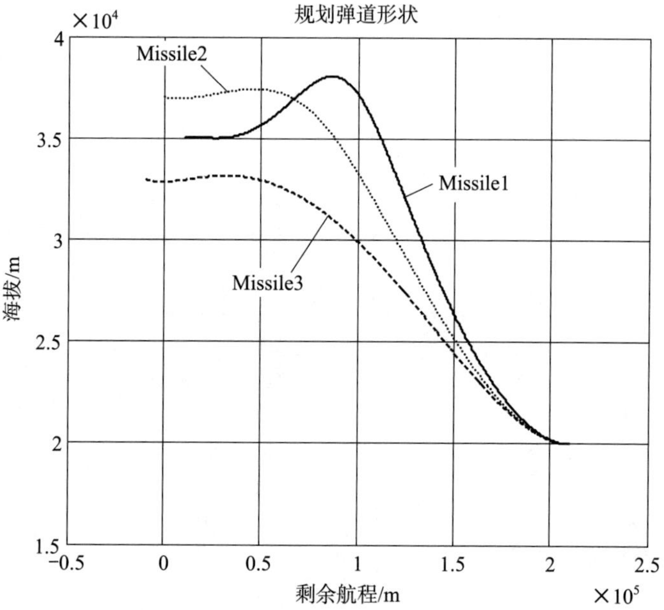

图 12-5 协同弹道规划形状

（5）中制导末段协同弹道规划蒙特卡罗仿真

考虑 20%气动参数偏差及 1s 指令响应延迟，由于本方法预报时并没有考虑在线气动辨识环节适应气动偏差，但是预报偏差随着 R_L 的减少而收敛至 0，所以采用图 12-2 所示的迭代规划思想，产生偏差后在线重新规划弹道以应对偏差。协同制导弹道规划一跟踪仿真效果如表 12-5 所示。虽然偏差条件会存在预报误差，但是通过迭代，交班时间依旧可以有效收敛。

表 12-5 协同弹道拉偏-多次迭代规划效果

导弹编号 \ 弹道参数	$\Delta\theta_f$/(°)	V_f/(m/s)	t_f/s	Δr_f/m
M_1	0.09	1 377.6	117.77	40
M_2	0.14	1 437.4	118.39	24

续表

弹道参数 / 导弹编号	$\Delta\theta_f/(°)$	$V_f/(\mathrm{m/s})$	t_f/s	$\Delta r_f/\mathrm{m}$
M_3	0.75	1 598.7	118.00	30

在上述拉偏条件中进行 1 000 次蒙特卡洛打靶实验，粒子群找到交班时间偏差 $dt<0.1$ s 的弹道参数时终止寻优。得到改进粒子群迭代次数—出现频次如图 12－6 所示。该图说明寻优过程大多数收敛分布在 10 次～45 次之间，单次寻优耗时在 4.2 s～6.8 s 间，最大不超过 10 s。但是也可能会出现在最大迭代次数后仍未找到可行解的情况，约 23 次（合 2.3％），此时拦截弹的速度高度等参数相差过大，导致能力边界内无法实现协同抵达，可选取交班时间偏差最小弹道为协同弹道或沿用上一规划周期得到的弹道。

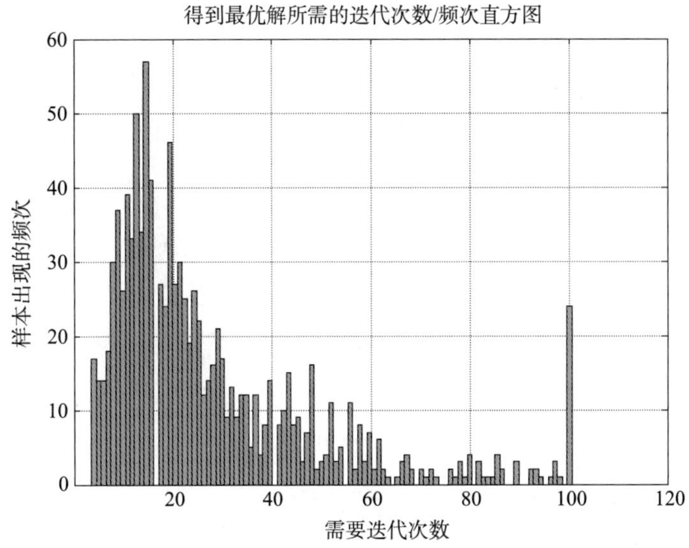

图 12－6　最小时间偏差随迭代次数变化曲线

（6）基于仿真的拦截弹协同能力边界预报

粒子群算法在寻优过程中不仅仅得到最优解，同时也可以记录寻优过程中找到的拦截弹飞行能力约束下的可行解。图 12－7 显示的是以表 12－1 为初始条件，标称气动参数下可行解的分布云图，横坐标代表交班时间，纵坐标代表交班速度。如果三枚拦截弹分布的区域有交集，则表示了拦截弹群在当前飞行能力下具备协同能力，可辅助决策。

（7）时、空、速、角深度协同能力探讨

本章提出的方法没有依赖推导解析解时常用的“平衡滑翔条件”，具备一定程度上的末速度独立控制能力；而时间、空间、速度、角度的一致性是协同搜索时最理想的条件，可实现拦截弹“齐头并进”，从而最大化区域内的搜索能力。

12.2 节提出的半解析预测算法具有同时预测时间和速度的能力，但是 12.2 节中改进的粒子群算法只利用了时间。若将速度预报也考虑进来，设置新的性能指标函数为

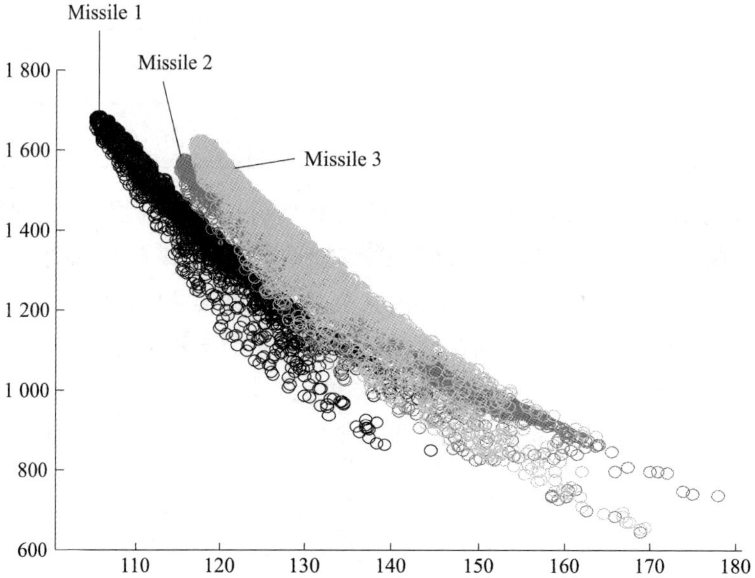

图 12-7　粒子群寻优可行解分布云图

$$J = \max(|t_{f1} - t_{f2}|, |t_{f2} - t_{f3}|, |t_{f3} - t_{f1}|) \cdot \bar{t}_f + \kappa \max(|V_{f1} - V_{f2}|, |V_{f2} - V_{f3}|, |V_{f3} - V_{f1}|) \tag{12-18}$$

设置三枚拦截弹初始条件皆与 M_1 一致，只改变飞行速度为 $V_1 = 2\ 000$ m/s，$V_2 = 1\ 950$ m/s，$V_3 = 2\ 050$ m/s，规划时、空、速、角皆一致的深度协同弹道。仿真曲线如图 12-8 与图 12-9 所示。

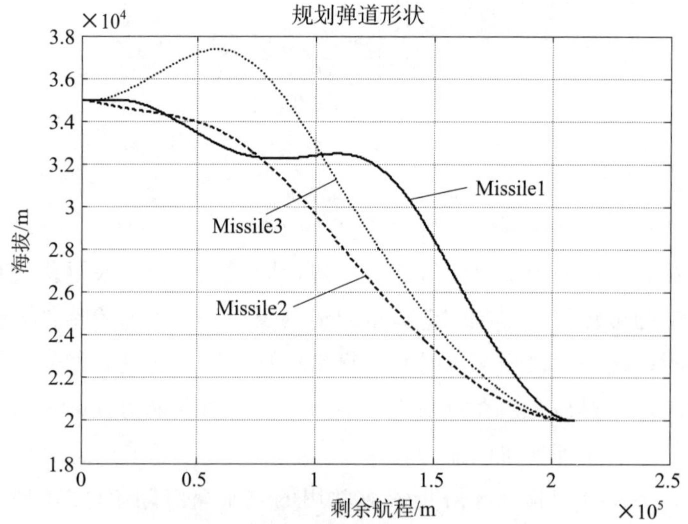

图 12-8　仅初速度不同的协同弹道规划

由 M_2、M_3 弹道曲线可知，如果拦截弹初速度较大，为了实现相同的交会时速，其弹道就要先往上抛，将动能转换为势能，借助转换过程保存能量同时降速，实现延后交班时间的效果。而速度最小的拦截弹则要尽可能减少机动，节省能量、保留速度。这是符合对于拦截弹协同规划的直观认知的。

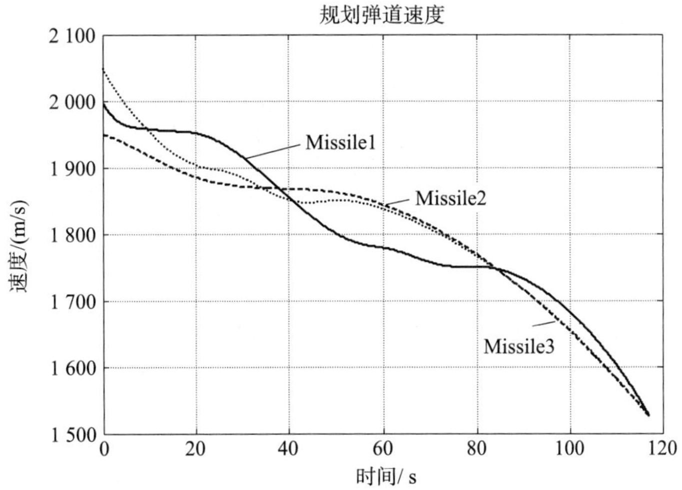

图 12 - 9　协同弹道拦截弹速度变化规律

12.3　中制导末段多弹协同三维弹道规划方法

相较于二维平面，在三维空间中引入横侧向机动，可拓展协同探测起始时间范围和交班速度区间，形成时、空、速、角深度协同，实现对目标区域的最大覆盖。所以有必要研究防空导弹中制导末段多弹协同三维弹道规划问题。

12.3.1　三维中制导末段协同弹道约束及指标函数

中制导末段三维协同弹道规划方法需要考虑横平面内的约束和横纵平面间的耦合，快速规划满足交班要求的弹道，更加困难。这里引入预测拦截区及拦截弹探测空域的概念，将动目标协同探测问题转化为动目标点的协同弹道规划问题。如图 12 - 10 所示，首先预估协同探测起始点，即弹目交会近点，然后在线弹道规划使拦截弹在该点满足协同探测中末制导交班条件。预测拦截区的位置可看作中末制导交班时刻的函数，通过数值或解析方式迭代求解得到。

三维空间内，除二维平面内约束外，还有侧向位置 Z_f 、侧向角度 ψ_f 的约束。另外，考虑到平行搜索可最大程度发挥拦截弹协同探测的能力，所以希望多拦截弹终端时间偏差、终端速度偏差尽量小，满足平行搜索条件，归纳如下。

过程约束：$n \leqslant n_{\max} q \leqslant q_{\max} \mid \alpha \mid \leqslant \alpha_{\max}$ ；

终端约束：$\theta_f = \theta_{\mathrm{d}} h_f = h_{\mathrm{d}} R_{Lf} = R_{L\mathrm{d}} Z_f = Z_{\mathrm{d}} \psi_f = \psi_{\mathrm{d}} \Delta t \leqslant \varepsilon \Delta V \leqslant \hbar$ ；

其中，ε 、$\hbar$ 为预置小量。设置指标函数时可以从可用过载裕度及末速度两个方面考虑。最大化可用过载裕度可增加参数偏差状态下过载指令跟踪的鲁棒性及全程弹道稳定性。同

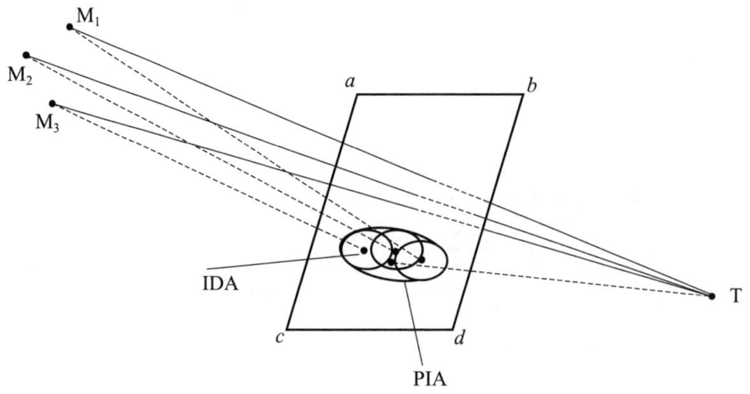

图 12－10　多拦截弹协同探测动目标示意图

时，不同于打击静止目标，拦截弹对动目标拦截能力极其依赖自身速度，所以设置指标函数为

$$性能指标：J=\kappa\int_{R_{L0}}^{R_{Lf}}(|n_1|+|n_2|+|n_3|-|n_{1\max}|+|n_{2\max}|+|n_{3\max}|)\mathrm{d}R_L-V_f$$

可根据单拦截弹探测能力及任务偏好选择参数 ε 、$\hbar$ 、κ 。

12.3.2　三维中制导末段协同弹道规划子过程划分及简化模型

防空导弹中制导末端协同探测问题，难点在于三维空间内控制过程与弹道变化紧密耦合。控制量对协同探测起始时间和末速度的影响可拆解为三个相互耦合的子过程：1）规划弹道全程动压分布对减速特性的影响过程，主要影响因素为海拔高度，对应拦截弹纵平面弹道形状；2）拦截弹机动产生诱导阻力对减速特性的影响过程，主要影响因素为诱导阻力系数，对应拦截弹弹道曲率；3）拦截弹侧向绕飞增加总航程对交班时间的影响，主要影响因素为侧向绕飞过程中弹道增加的距离，对应拦截弹横平面弹道形状。只要拦截弹产生纵向和横向过载，三个子过程就会互相影响。

为此，合理简化的三维弹道规划模型要最大程度上保留上述三个过程对终端状态产生的影响，又要尽量简化，阻力系数可简化为

$$C_D=C_{D0}+K_{Ma}(C_r^2+C_Z^2)$$

其中，第 1、2 子过程分别对应第一项和第二项；第 3 子过程在运动方程内界定。

12.3.3　基于高斯伪谱法的中制导末段协同三维弹道规划方法

高斯伪谱法属于数值迭代算法的一种，为了启动迭代算法，首先需要初始猜想解给状态量和控制量赋初值。如果初始猜想解偏离真实解太远，则会导致迭代过程无法收敛甚至发散。12.2 节得到的纵向指令可由弹道整型变量 a_1-a_6 及式（12－15）快速计算得到，该指令形式简洁，仅需存储 6 位变量，由少量运算即可得到，使其天然便于离线优化存储并在线应用，可作为启动迭代算法时的初始猜想解，增加算法的收敛速度。三维中制导末段协同弹道规划方法流程如图 12－11 所示。

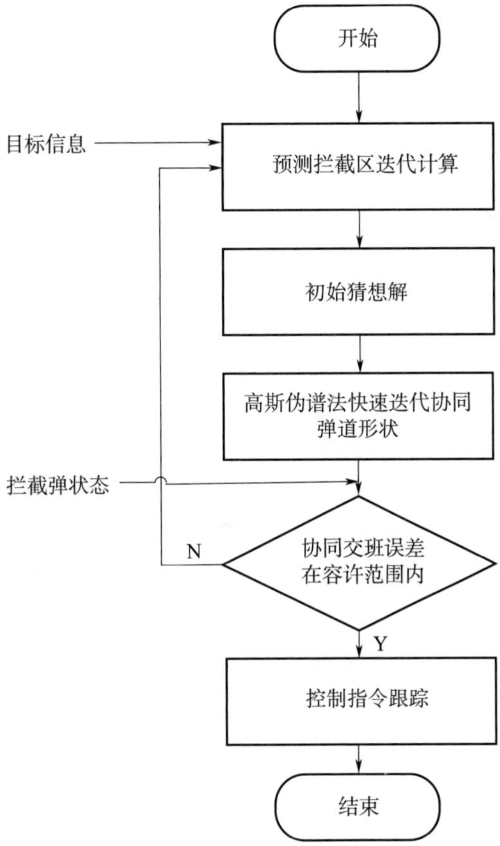

图 12-11　三维中制导末段协同弹道规划方法流程图

12.3.4　仿真分析

拦截弹初始条件及终端约束见表 12-6，高斯伪谱规划弹道的仿真结果见表 12-7。曲线对比如图 12-12～图 12-17 所示。

表 12-6　拦截弹初始条件及终端约束

弹道参数 / 导弹状态	R_{L0}/km	θ_0/(°)	ψ_0/(°)	h_0/km	Z_0/m	V_0/(m/s)	t/s
初始条件	300	−3	−1	35	−500	2 000	0
终止迭代条件	100±100	0.1±0.01	0.1±0.01	20±60	0±60	无约束	120.87

表 12-7　高斯伪谱法规划弹道仿真结果

弹道参数 / 导弹状态	ΔR_L/m	$\Delta\theta$/(°)	$\Delta\psi$/°	Δh/m	ΔZ/m	ΔV/(m/s)	Δt/s	GPOPS 迭代耗时/s（收敛速度优先于精度）
终端状态	939	0.001 2	0.000 8	130	93	1 448	0	1.56 Matlab

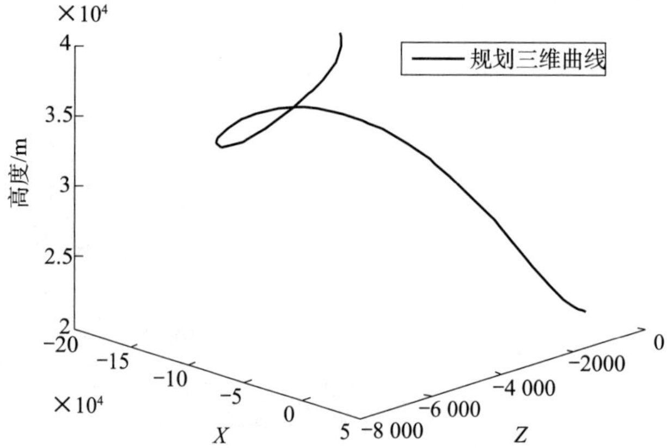

图 12-12　三维空间仿真图

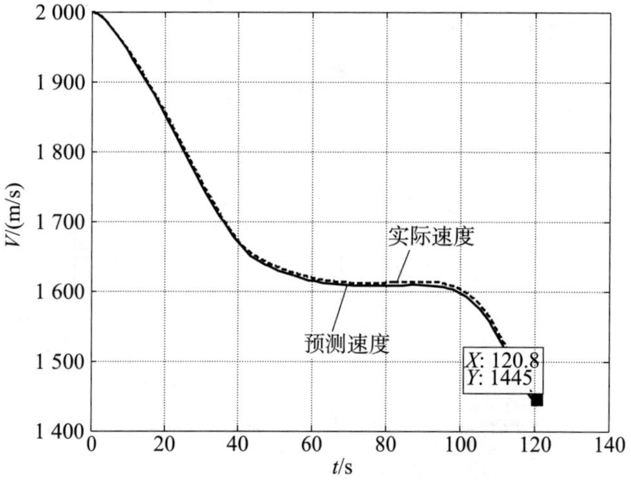

图 12-13　迭代结果仿真-速度变化

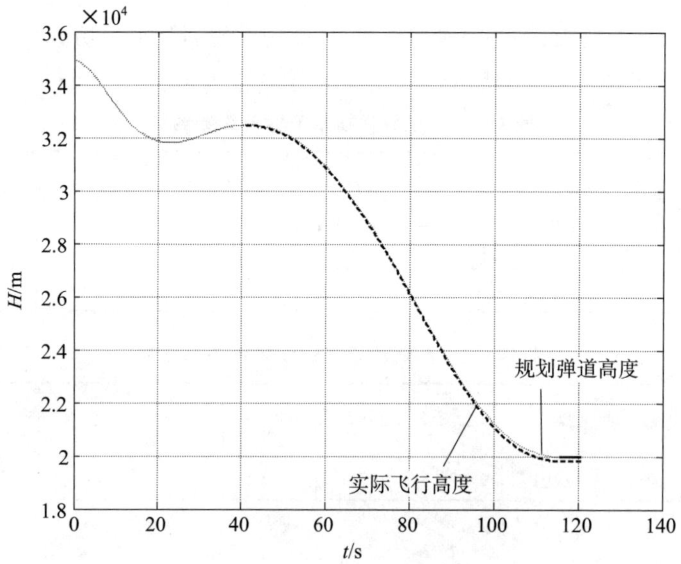

图 12-14　迭代结果仿真-高度变化

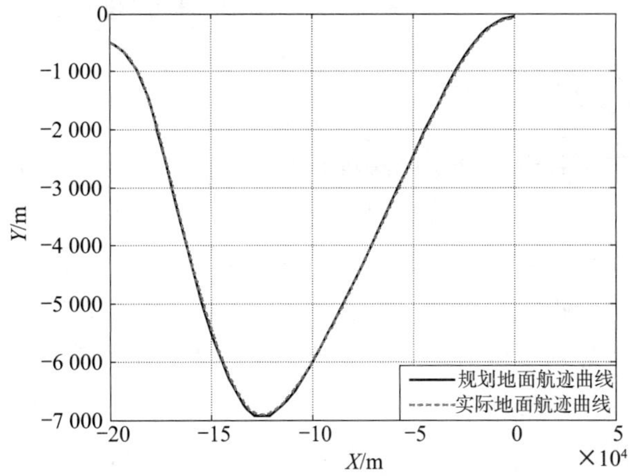

图 12 - 15　迭代结果仿真-侧向绕飞轨迹

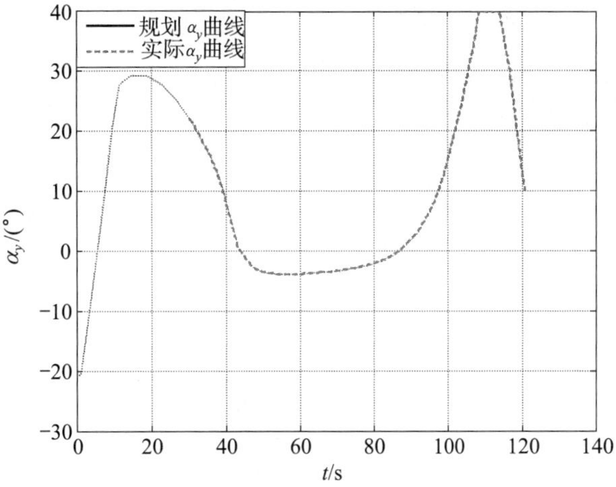

图 12 - 16　迭代结果仿真-纵向指令 α_Y

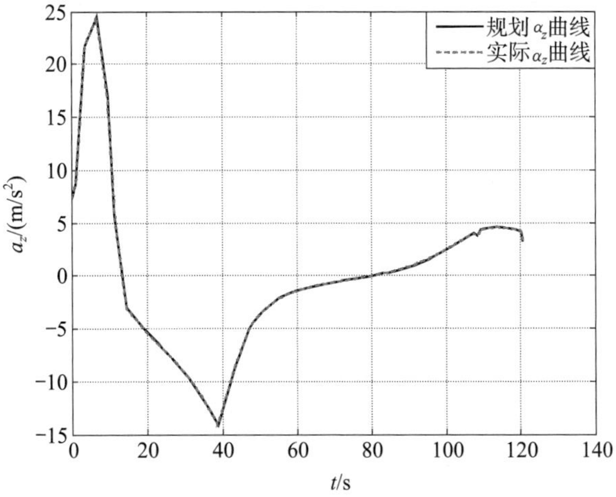

图 12 - 17　迭代结果仿真-侧向指令 α_Z

12.4 小结

本章针对中制导末段弹道参数变化剧烈、飞行环境复杂、被动减速较快，协同难度大的问题开展研究，探讨了二维和三维空间内的中制导末段多约束多弹协同弹道规划方法。二维平面中，提出了惯性权重自适应选择策略和无效粒子再利用策略，提高粒子利用率的同时提升种群脱离局部最优解的概率，并根据目标信息在线搜寻弹道整形参数，可克服飞行散布和弹道偏差，快速规划得到满足中制导末段协同探测弹道，为协同拦截创造良好条件；三维空间中，选用不失规划问题本质又尽量简化的阻力系数模型，以二维平面内的优化结果作为初始猜想解，快速规划得到三维空间内满足终端时、空、速、角一致性约束的中制导末段协同探测弹道，通过数学仿真验证了中制导末段多约束协同弹道规划算法的有效性，实现了远程防空导弹中制导末段协同弹道规划。

参考文献

[1] 达尔文．物种起源［M］．北京：北京大学出版社，2005.

[2] 克劳德·香农．通信的数学理论.

[3] 诺伯特·维纳．控制论（或关于在动物和机器中控制和通讯的科学）.

[4] 冯·贝塔朗菲．一般系统论基础发展和应用［M］．北京：清华大学出版社，1987.

[5] 弗洛．康韦．维纳传：信息时代的隐秘英雄［M］．北京：中信出版社，2021.

[6] 高志强．自抗扰控制思想探究［J］．控制理论与应用，2013（12），30.

[7] 殷瑞钰，李伯聪，等．工程方法论［M］．北京：高等教育出版社，2017.

[8] 王辉，等，编著．防空导弹导航、制导与控制系统设计［M］．北京：国防工业出版社，2017.

[9] 张望生．新型防空导弹制导控制系统展望［J］．航天控制，1990（4）：22－29.

[10] HERMANN R，KRENER A. Nonlinear controllability and observability［J］. IEEE Transactions on Automatic Control，1977，22（5）：728－740.

[11] RABINER L R，SCHAFER R W，RADER C M. The Chirp Z Transform Algorithm［J］. IEEE Trans. on Audio and Electroacoustics，1969，17（2）：86－92.

[12] 和昆英，郭虹，刘洛琨，等．一种 FFT 和 CZT 联合的快速高精度频率估计算法［J］．数字电视与数字视频，2006（8）：10－20.

[13] 王秋生，袁海文．数字双频陷波滤波器的优化级联设计方法［J］．仪器仪表学报，2012，33（12）：2641－2646.

[14] 葛致磊，周军．角加速度计在战术导弹制导控制系统中的应用［J］．弹箭与制导学报，2006（S5）：328－330.

[15] EDWAN E，ZHANG J，O LOFFELD. Angular motion and attitude estimation using fixed and rotating accelerometers configuration. 2012：Myrtle Beach，SC，United states. p. 8－14.

[16] HE P，P CARDOU. Estimating the angular velocity from body－fixed accelerometers［J］. Journal of Dynamic Systems，Measurement and Control，Transactions of the ASME，2012. 134（6）.

[17] SOROUSH A，T RICHARD，S NORDHOLM. Estimation of the drill bit angular velocity using accelerometer measurements and extended Kalman filters. 2011：Dubrovnik，Croatia. p. 68－71.

[18] 付梦印，邓志红，张继伟．Kalman 滤波理论及其在导航系统中的应用［M］．北京：科学出版社，2003.

[19] 宋文尧，张牙．卡尔曼滤波［M］．北京：科学出版社，1991.

[20] 李陟，魏明英，等．防空导弹直接侧向力/气动力复合控制技术［M］．北京：中国宇航出版社，2012.

[21] 彭冠一，孙连举，等．防空导弹武器制导控制系统设计［M］．北京：宇航出版社，1996.

[22] 钱杏芳，林瑞雄，赵亚男．导弹飞行力学［M］．北京：北京理工大学出版社，2006.

[23] 赵善友．防空导弹武器寻的制导控制系统设计［M］．北京：宇航出版社，1992.

[24] 戈卢别夫，斯维特洛夫，等．防空导弹设计［M］．《防空导弹设计》编译委员会，译．北京：中国

宇航出版社，2004.
[25] 高为炳．变结构控制的理论及设计方法［M］．北京：科学出版社，1996.
[26] 陈志梅，王贞艳，张井岗．滑模变结构控制理论及应用［M］．北京：电子工业出版社，2012.
[27] 谢新民，丁峰．自适应控制系统［M］．北京：清华大学出版社，2002.
[28] 刘兴堂．应用自适应控制［M］．西安：西北工业大学出版社，2003.
[29] 刘小河，管萍，刘丽华．自适应控制理论及应用［M］．北京：科学出版社，2011.
[30] 吴振顺．自适应控制理论与应用［M］．哈尔滨：哈尔滨工业大学出版社，2005.
[31] 张卫东．运载火箭动力学控制［M］．北京：中国宇航出版社，2015.
[32] 朱忠惠．推力矢量控制伺服系统［M］．北京：宇航出版社，1995.
[33] 杨敬贤．小型固体火箭发动机摆动喷管设计技术研究［D］．上海：上海交通大学，2015.
[34] 王秋生，袁海文．数字双频陷波滤波器的优化级联设计方法［J］．仪器仪表学报，2012，33（12）：2641-2646.
[35] 郑勇斌，魏明英．一种飞行器弹性新型控制方法研究［J］．导航定位与授时，2018，5（6）.
[36] 刘金琨．滑模变结构控制 MATLAB 仿真［M］．北京：清华大学出版社，2005.
[37] 魏明英．直接侧向力与气动力复合控制技术综述［J］．现代防御技术，2012，40.
[38] 贾倩，魏明英，郭大勇．高空条件下轨控式直接侧向力/气动力复合控制方法［J］．现代防御技术．2015，5.
[39] RUI HIROKAWA，KOICHI SATO. Autopilot Design for a Missile with Reaction - jet Using Coefficient Diagram Method［C］. AIAA 2001 - 4162.
[40] 杨军，杨晨，段朝阳，等．现代导弹制导控制系统设计［M］．北京：航空工业出版社，2005.
[41] COLONEL DANIEL P. Global Missile Defense：Time to Change the Current Command Construct. U. S. Army War College［C］. Carlisle Barracks. PA17013 - 5050，2009.
[42] K A WISE，D J BROY. Agile Missile Dynamics and Control. Journal of Guidance［J］. Control and Dynamics. 1998，21（3）.
[43] THUKRAL A. INNOCENTI M. Varaible structure autopilot for high angle of attack maneuvers using on - off thrusters. Proceedings of the 33rd Conference on Decision and Control［C］. Lake Buena Vista，FL，994.
[44] W K SCHROEDER. Fuzzy Logic Autopilot Synthesis for a Nonlinearly Behaved Thruster - controlled Missile［J］. Ph. D Paper of the University of Texas，1999.
[45] T JITPRAPHAL，B BURCHETT，M COSTELLO. A comparison of different guidanceschemes for a direct fire rocket with pulse jet control mechanism［C］. Proceedings of AIAA Atmospheric Flight Mechanics Conference and Exhibit. 2001.
[46] 王军旗，李素循，倪招勇，等．数值模拟侧向超声速单喷流干扰流场特性［J］．宇航学报，2006.
[47] R K MILLER，M S MOUSA，A N MICHEL. Quantization and overflow effects in Digital implementations of linear dynamic controllers［J］. IEEE transactions on automatic control. 1989，33（7）：689 - 704.
[48] LING HOU，ANTHONY N MICHEL，YE HUI. Some qualitative properties of sampled - data control systems［C］. Proceedings of the 35th conference on decision and control，Kobe，Japan，1996：911 - 916.
[49] BO HU，ANTHONY N MICHEL. Some qualitative properties of multirate digital control systems

[J]. IEEE transactions on automatic control，1999，44（4）：765-770.

[50] R K MILLER，A N MICHEL，J A FARRELL. Quantizer effects on steady-state error specifications of digital feedback control systems [J]. IEEE transactions on automatic control，1989，34（6）：651-654.

[51] MINGJUN ZHANG，TZYH-JONG TARN. A hybrid switching control strategy for nonlinear and underactuated mechanical systems [J]. IEEE transactions on automatic control，2003，48（10）：1777-1782.

[52] 程昊宇，董朝阳，江未来，王青，隋晗．变体飞行器故障检测与容错控制一体化设计 [J]. 兵工学报，2017，38（4）：711-721.

[53] 夏川，董朝阳，程昊宇，王青，王昭磊．变体飞行器有限时间切换 H_∞ 跟踪控制 [J]. 兵工学报，2018，39（03）：485-493.

[54] Seigler. Dynamics and control of morphing aircraft [D]. Virginia：Department of Mechanical Engineering，Virginia Polytechnic Institute and State University，2005.

[55] 王子健．变体飞行器的变形辅助机动控制 [D]. 哈尔滨：哈尔滨工业大学，2022.

[56] 郑文全．变体飞行器的非线性控制方法研究 [D]. 哈尔滨：哈尔滨工业大学，2021.

[57] 殷明．变体飞行器变形与飞行的协调控制问题研究 [D]. 南京：南京航空航天大学，2016.

[58] D. T. Midcourse Trajectory Optimization for a SAM Against High-Speed Target [J]. AIAA Atmospheric Flight Mechanics and Exhibit，August 2002，Monterey California.

[59] 费景高．防空导弹轨道优化的实时计算 [J]. 战术导弹技术，1999，2，7-15.

[60] 李瑜．助推-滑翔导弹弹道优化与制导方法研究 [J]. 哈尔滨：哈尔滨工业大学，2009：54-72.

[61] 袁亚湘．非线性优化计算方法 [M]. 北京：科学出版社，2008：159-171.

[62] 夏辉，宋勋，王硕，等．集群智能原理、发展和应用 [M]. 北京：电子工业出版社，2017.

[63] XIE X F，ZHANG W J，YANG Z L. A Dissipative Particle Swarm Optimization [J]. IEEE，0-7803-7282（2002）.

[64] 朱建文，刘鲁华，汤国建．基于反馈线性化及滑模控制的俯冲机动制导方法 [J]. 国防科技大学学报，2014，4（2）：24-29.

[65] 包为民，朱建文，张洪波，徐明亮，等．高超声速飞行器全程制导方法 [M]. 北京：科学出版社，2021.

[66] 张远龙，谢愈．滑翔飞行器弹道规划与制导方法综述 [J]. 航空学报，2020，41（1）：023377.

[67] LI Z H，HE B，WANG M H，et al. Cooperative guidance strategy for multiple hypersonic gliding vehicles system [J]. Aerospace Science and Technology，2019，89：123-135.

[68] 王肖，郭杰，唐胜景，等．基于解析剖面的时间协同再入制导 [J]. 航空学报，2019，40（3）：322565.

[69] 尤志鹏，杨勇，刘刚，等．基于 Kalman 滤波的空天飞行器再入制导算法研究 [J]. 航空学报，2021，42（X）：X26408.

[70] 周宏宇，王小刚，单永志，等．基于改进粒子群算法的飞行器协同弹道规划 [J]. 自动化学报.

[71] 魏明英，崔正达，李运迁．多弹协同拦截综述及展望 [J]. 航空学报，2020，41（S1）：723804.

[72] 赵建博，杨树兴．多导弹协同制导研究综述 [J]. 航空学报，2017（1）.

[73] WANG X，ZHANG Y，LIU D，et al. Three-dimensional cooperative guidance and control law for multiple reentry missiles with time-varying velocities [J]. Aerospace Science and Technology，

2018，80，127－143.

[74] 李文，尚腾，姚寅伟，等．速度时变情况下多飞行器时间协同制导方法研究［J］. 兵工学报，2020，41（6）：1096－1110.

[75] 乔浩，李师尧，李新国．多高超声速飞行器静态协同再入制导方法［J］. 宇航学报，2020，41（5）：541－552.

[76] FUKUYAMA Y. Fundamentals of particle swarm techniques［A］. Lee K Y. El－Sharkawi M A. Modern Heuristic Optimization Techniques with Applications to Power System［M］.

[77] H ZHOU，et al. Glide guidance for reusable launch vehicles using analytical dynamics，Aerosp，Sci，Technol.（2020）.

[78] RAHIMI A，KUMAR K D，ALIGHANBARI H. Particle swarm optimization applied to spacecraft reentry trajectory［J］. Journal of Guidance，Control and Dynamics. 2013，36（1）：307－310.

[79] TIAN D P，ZHAO T X. Particle swarm optimization based on Tent map and Logistic map［J］. Shaanxi University of Science & Technology，2010，28（2）：17－23.

[80] EBERHART RC，SHI Y. Partical Swarm Optimization Developments：Applications and Resources［A］. Proceedings of IEEE Congress on Evloutionary Computation［C］.

[81] 王启付，王战江，王书亭．一种动态改变权重的粒子群优化算法［J］. 中国机械工程，2005（11）：945－948.

[82] YUHENG G，XIANG L，HOUJUN Z，et al. Entry Guidance with Terminal Time Control Based on Quasi－Equilibrium Glide Condition［J］. IEEE Transactions on aerospace and Electronic Systems，vol. 56，887－896.

[83] 李征，陈海东，彭博．可重复使用航天器再入协同制导研究［J］. 导弹与航天运载技术，2021，3，380：71－77.

[84] LI ZHENG，CHEN HAIDONG，PENG BO. Coordinated reentry guidance law for reusable launch vehicle［J］. Missile and space vehicles，2021，3，380：71－77.（in Chinese）

[85] YU WENBIN，CHEN WANCHUN，JIANG ZHIGUO，et al. Analytical entry guidance for coordinated flight with multiple no－fly－zone constrains［J］. Aerospace Science and Technology，2018，84：273－290.

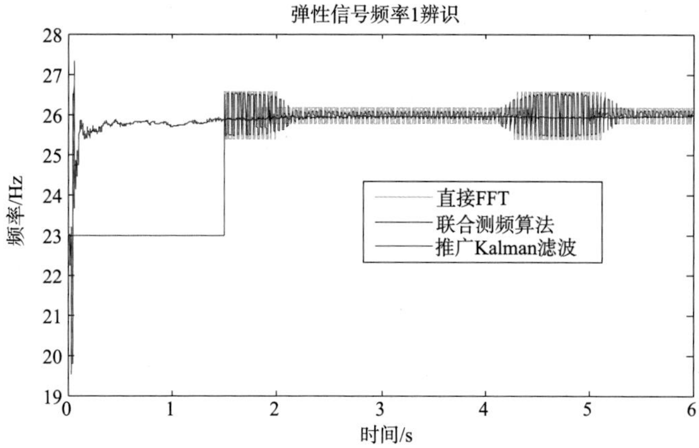

图 5-16　弹性信号频率 f_1 的估计($f_1 = 26$ Hz，$f_2 = 50$ Hz)(P95)

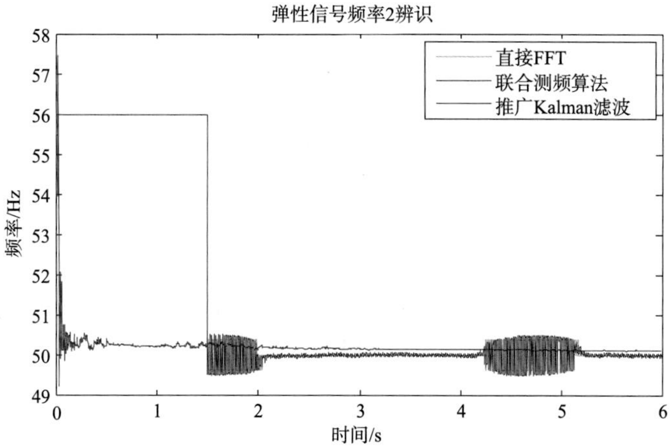

图 5-17　弹性信号频率 f_2 的估计($f_1 = 26$ Hz，$f_2 = 50$ Hz)(P95)

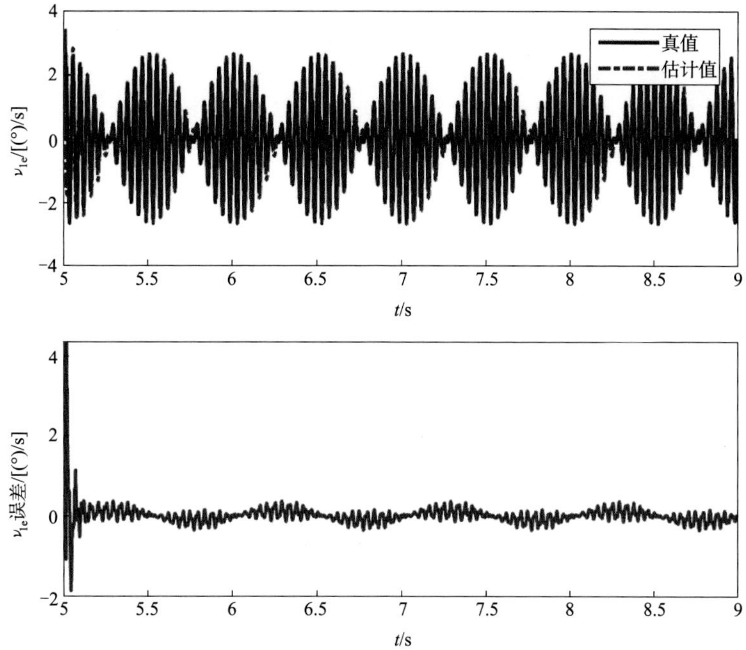

图 5-20　UKF 滤波器对低频弹性角速度信号 ν_1 的估计(频率估计)(P101)

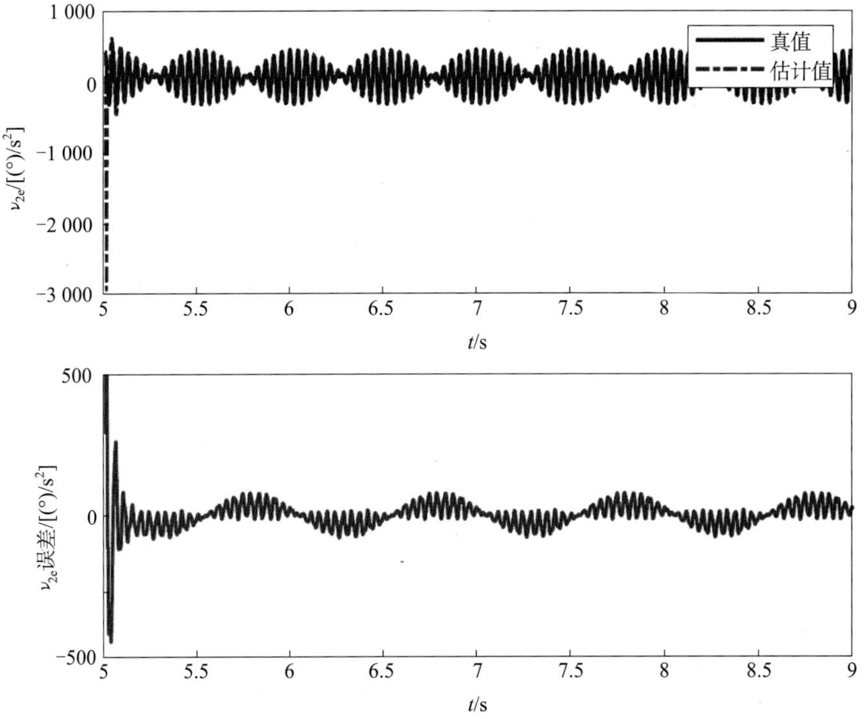

图 5－21　UKF 滤波器对低频弹性角加速度信号 ν_2 的估计(频率估计)(P101)

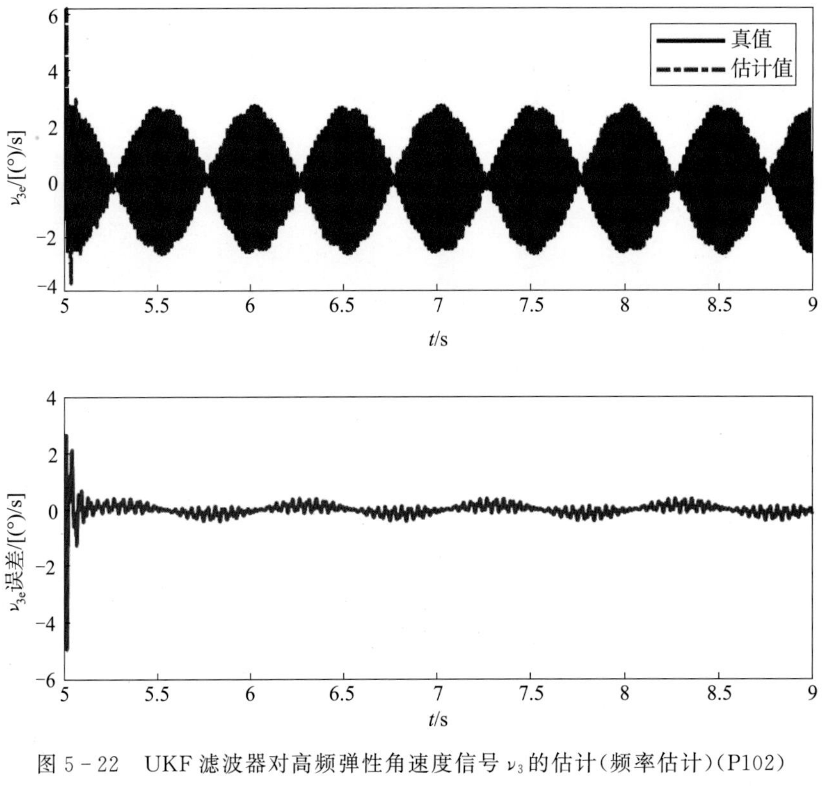

图 5－22　UKF 滤波器对高频弹性角速度信号 ν_3 的估计(频率估计)(P102)

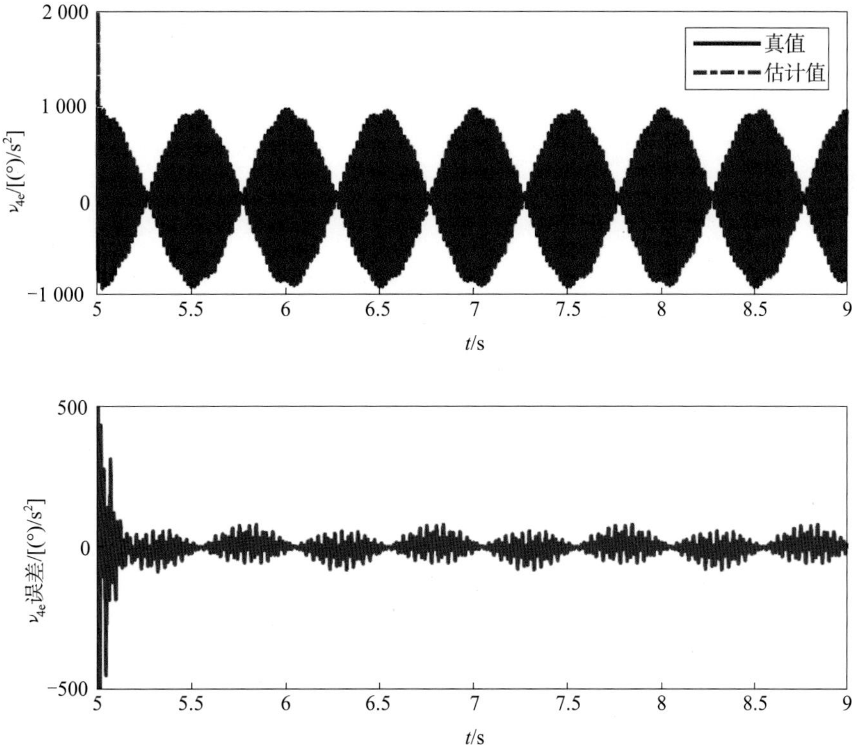

图 5－23　UKF 滤波器对高频弹性角加速度信号 ν_4 的估计(频率估计)(P102)

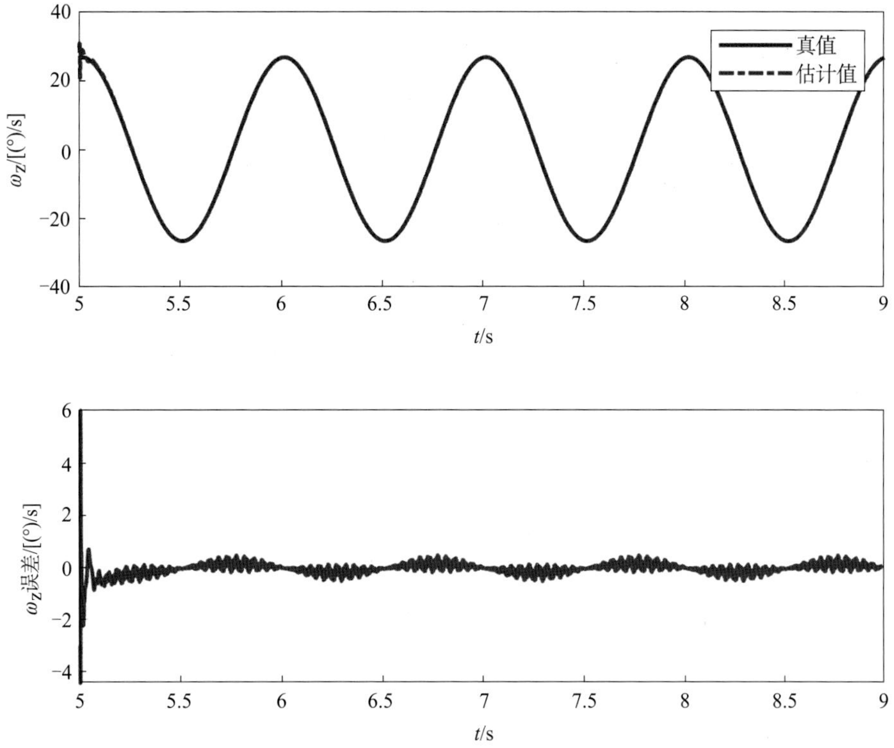

图 5－27　俯仰角速度估计(联合估计)(P107)

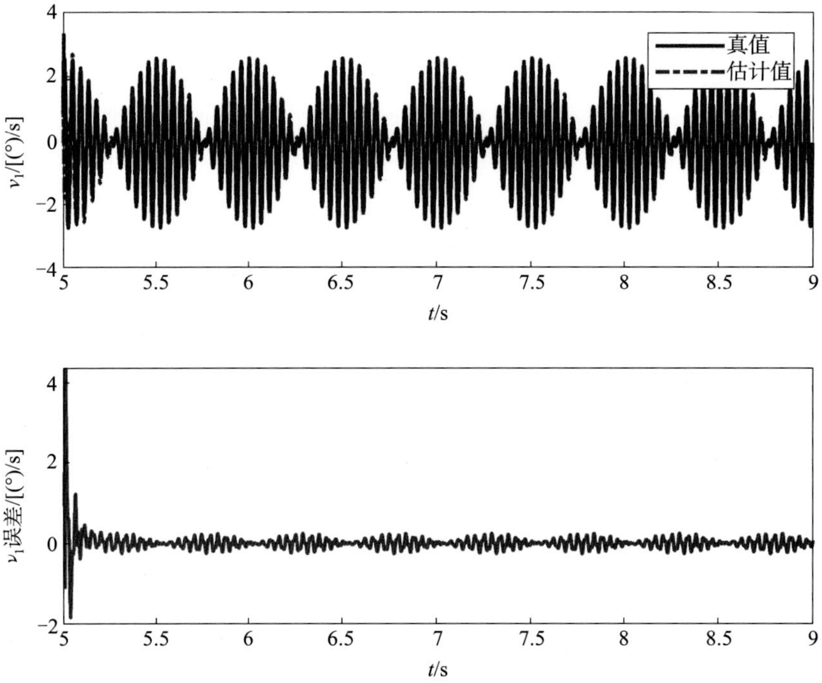

图 5－28　低频弹性角速度信号 ν_1 的估计（联合估计）（P108）

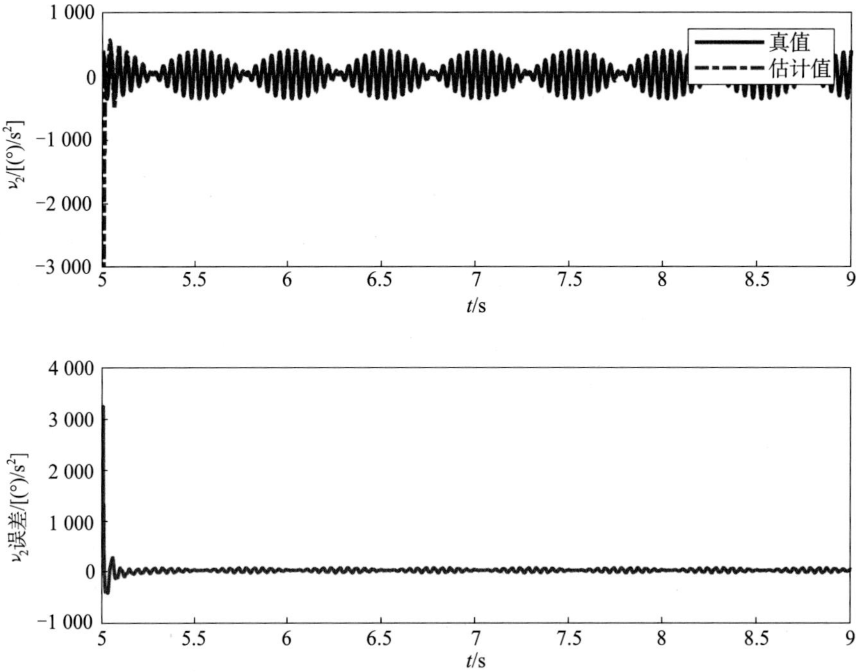

图 5－29　低频弹性角加速度信号 ν_2 的估计（联合估计）（P108）

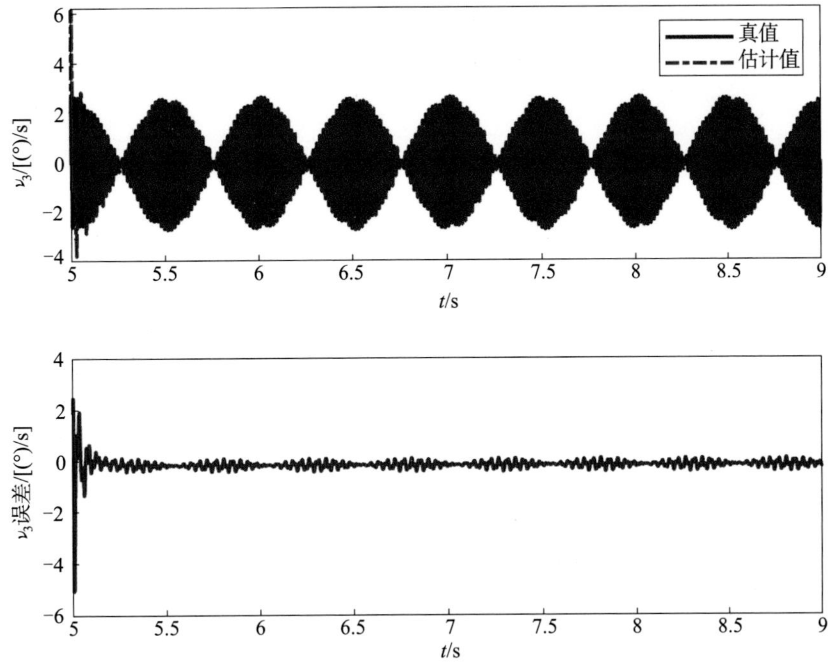

图 5－30　高频弹性角速度信号 ν_3 的估计(联合估计)(P109)

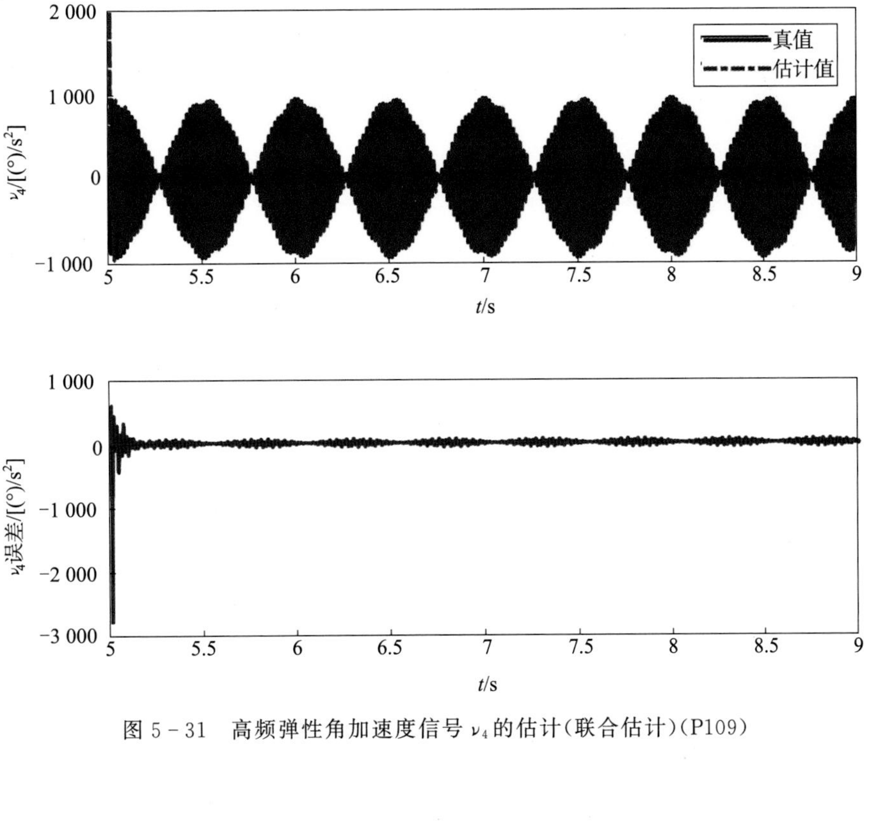

图 5－31　高频弹性角加速度信号 ν_4 的估计(联合估计)(P109)

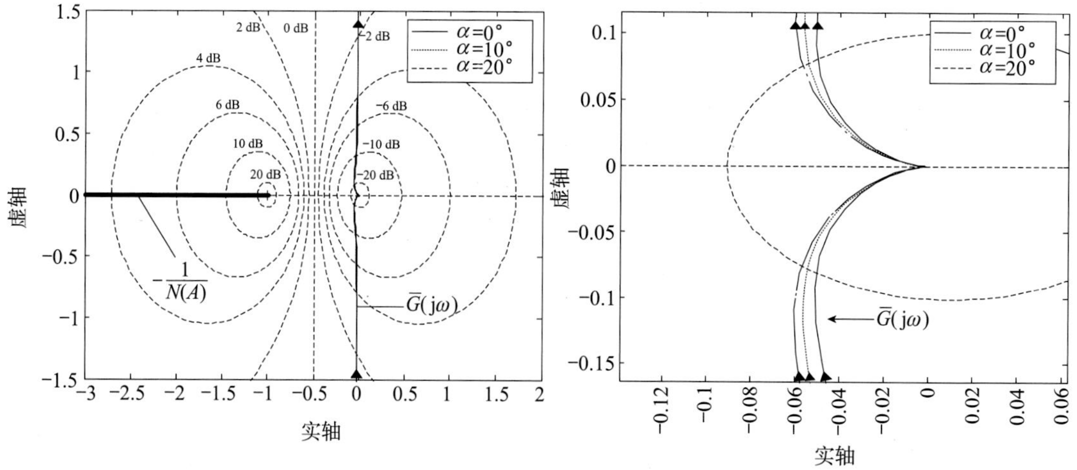

(a) 全景图　　(b) 局部放大

图 7-23　直接力控制回路 Nyquist 曲线(考虑侧喷干扰)(P201)

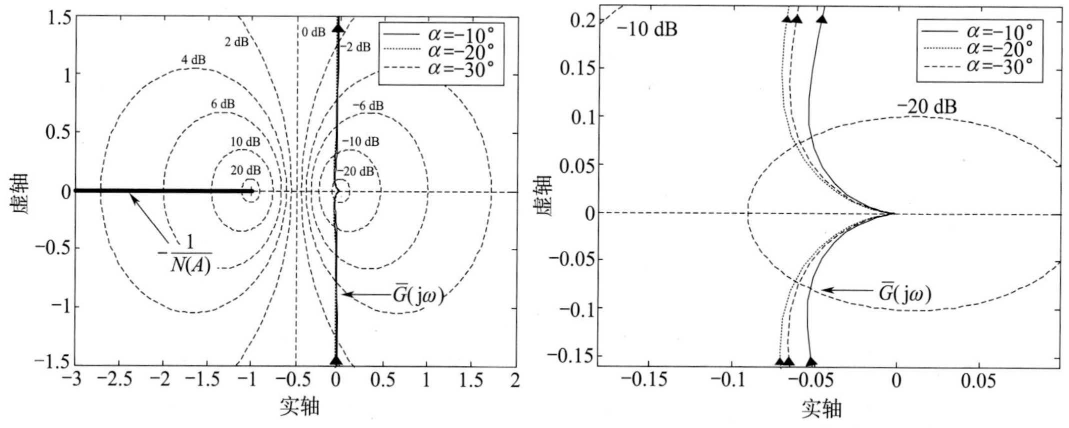

(a) 全景图　　(b) 局部放大

图 7-24　直接力控制回路 Nyquist 曲线(考虑侧喷干扰)(P201)